"十二五"国家重点图书出版社规划项目：光通信技术丛书

光纤材料制备技术

主　编◎魏忠诚

副主编◎何方荣　王玉芬　王体虎　莫　杰　郜豫川

主　审◎毛　谦

北京邮电大学出版社
www.buptpress.com

内 容 简 介

本书对光纤制造中使用的所有材料的特性、制备工艺和提纯技术以及相关检测技术进行了系统、全面的介绍。

全书共有 12 章,第 1 章至第 4 章分别介绍光纤通信的基础知识、光纤分类及性能要求、光纤设计与制造工艺以及光纤制造对材料的技术要求;第 5 章至第 10 章分别介绍光纤制造用石英材料、高纯四氯化硅、高纯四氯化锗、各种高纯气体和光纤涂覆材料等从初始材料到高纯材料的全流程制备技术以及储运要求;第 11 章专门介绍塑料光纤及其材料制备技术;第 12 章集中介绍光纤用材料性能检测涉及的各种测试方法与技术。

本书可作为技术资料用于指导光纤材料制造厂家生产,也可作为光纤制造行业管理人员和技术人员学习、培训用教材,还可作为大专院校学生专业课本和参考用书。

图书在版编目(CIP)数据

光纤材料制备技术 / 魏忠诚主编 . -- 北京:北京邮电大学出版社,2016.9
ISBN 978-7-5635-4895-8

Ⅰ. ①光… Ⅱ. ①魏… Ⅲ. ①光导纤维-材料制备 Ⅳ. ①TQ342

中国版本图书馆 CIP 数据核字 (2016) 第 192827 号

书　　　名:光纤材料制备技术
著作责任者:魏忠诚　主编
责 任 编 辑:刘　佳
出 版 发 行:北京邮电大学出版社
社　　　址:北京市海淀区西土城路 10 号(邮编:100876)
发 行 部:电话:010-62282185　传真:010-62283578
E-mail:publish@bupt.edu.cn
经　　　销:各地新华书店
印　　　刷:北京通州皇家印刷厂
开　　　本:787 mm×1 092 mm　1/16
印　　　张:24
字　　　数:596 千字
印　　　数:1—2 000 册
版　　　次:2016 年 9 月第 1 版　2016 年 9 月第 1 次印刷

ISBN 978-7-5635-4895-8　　　　　　　　　　　　　　　　定　价:48.00 元

光通信技术丛书
编 委 会

序

现代意义上的光纤通信源于 20 世纪 60 年代,华人高锟(C. K. Kao)博士和霍克哈姆发表了题为《光频率介质纤维表面波导》的论文,指出利用光纤进行信息传输的可能性,提出"通过原材料提纯制造长距离通信使用的低损耗光纤"的技术途径,奠定了光纤通信的理论基础,简单地说,只要处理好石英玻璃纯度和成分等问题,就能够利用石英玻璃制作光导纤维,从而高效传输信息。这项成果最终促使光纤通信系统问世,而正是光纤通信系统构成了宽带移动通信和高速互联网等现代网络运行的基础,为当今我们信息社会的发展铺平了道路。高锟因此被誉为"光纤之父"。在光纤通信高科技领域,还有众多华人科学家做出了杰出的贡献,谢肇金发明了"长波长半导体激光器件",金耀周最早提出了同步光网络(SONET)的概念,厉鼎毅是"光波分复用之父"等。

武汉邮电科学研究院是我国光纤通信研究的核心机构。1976 年,武汉邮电科学研究院在国内第一次选用改进的化学气相沉积法(MCVD)进行试验,改制成功一台 MCVD 熔炼车床,在实验过程中克服了管路系统堵塞、石英棒中出现气泡、变形等一系列"拦路虎",终于熔炼出沉积厚度为 0.2～0.5 mm 的石英管,并烧结成石英棒。1977 年年初,研制出寿命仅为 1 h 的石英棒加热炉,拉制出中国第一根短波长(850 nm)阶跃型石英光纤(长度 17 m,衰耗 300 dB/km),取得了通信用光纤研制史上第一次技术突破。1981 年,武汉光纤通信技术公司在国内首先研制成功一批铟镓砷磷长波长光电器件,开启了长波长通信时代。1982 年 12 月 31 日,中国光纤通信第一个实用化系统——"82 工程"按期全线开通,正式进入武汉市市话网试用,从而标志着中国开始进入光纤通信时代。

最近,由武汉邮电科学研究院余少华总工牵头承担的国家 973 项目"超高速超大容量超长距离光传输基础研究"在国内首次实现一根普通单模光纤中在 C+L 波段以 375 路、每路 267.27 Gbit/s 的超大容量超密集波分复用传输 80 km,传输总容量达到 100.23 Tbit/s,相当于 12.01 亿对人在一根光纤上同时通话。对于我们日常应用而言,相当于在 80 km 的空间距离上,仅用 1 s 的时间,就可传输 4 000 部 25 GB 大小、分辨率 1 080 像素的蓝光超清电影。该项目实现了我国光传输实验在容量这一重要技术指标上的巨大飞跃,助力我国迈入传输容量实验突破 100 Tbit/s 的全球前列,为超高速超密集波分复用超长距离传输的实用化奠定了技术基础,将为国家下一代网络建设提供必要的核心技术储备,也将为国家宽带战略、促进信息消费提供有力支持。

经过 40 多年的发展,武汉邮电科学研究院经国家批准为"光纤通信技术和网络国家重点实验室""国家光纤通信技术工程研究中心""国家光电子工艺中心(武汉分部)""国家高新技术研究发展计划成果产业化基地""亚太电信联盟培训中心""商务部电信援外培训基地""工业和信息化部光通信产品质量监督检验中心"和创新型企业等,已形成覆盖光纤通信技术、数据通信技术、无线通信技术与智能化应用技术四大产业的发展格局,是目前全球唯一集光电器件、光纤光缆、光通信系统和网络于一体的通信高技术企业。

2013年第68届联合国大会期间,中国政府推动并支持通过决议将2015年确定为"光和光基技术国际年"。其重要原因是,今年是诺贝尔奖获得者、号称"光纤之父"的科学家高琨先生发明光纤50周年。为了进一步普及推广光纤通信技术的最新成果,武汉邮电科学研究院和北京邮电大学组织资深的工程师和培训师,编写了"十二五"国家重点图书出版规划项目:光通信技术丛书,该丛书包括《光纤宽带接入技术》《光纤配线产品技术要求与测试方法》《分组传送网原理与技术》《光网络维护与管理》《OTN原理与技术》《光纤材料》《光有源器件》等,力图涵盖光纤通信技术的各个层面。

著名的通信网络专家、武汉邮电科学研究院总工程师、国际电联第15研究组(光网络和接入网)副主席余少华院士,烽火科技学院卢军院长和各位领导对光通信技术丛书给予了大力支持。国际电信联盟组织的成员、武汉邮电科学研究院总工毛谦教授在百忙之中对光通信技术丛书进行了细心审核。

我们将这套丛书献给通信技术和管理人员、工程人员、高等院校师生,目的是进一步普及光纤通信的最先进技术,共同为我国的光纤通信技术发展努力奋斗!

陶智勇

前　言

光纤通信是以光波作为信息载体，以光纤作为传输媒介的一种通信方式。从理论设想、应用验证到现在还不到 50 年，光纤通信技术就在全球范围内完成了推广和普及，其发展速度之快、应用面之广是通信史上罕见的。

从 20 世纪 70 年代开始，我国就开始布局光纤通信技术研究，经过以自主开发为主的持续不断地创新发展，在几代科技工作者共同努力下，我国完全掌握了光纤通信全部技术，并以自有知识产权技术建立了覆盖光纤光缆、光传输与网络系统和光器件等完整产业链，光通信产品已走进千家万户，应用遍及全球。仅 2015 年我国光通信产品的消费已占到全球市场需求的近 50%，2015 年的光纤光缆生产量就占全球的 55%，因此我国已成为名副其实的光纤通信技术大国、需求大国和制造大国。

作为光纤通信技术关键技术之一的光纤光缆技术主要包括光纤预制棒制造技术、光纤拉丝技术和光缆制造技术。其中在光纤光缆产业链中，光纤预制棒制造技术是核心。光纤预制棒制造工艺也是我国最早布局研究的核心工艺技术之一，经历了自主开发、引进消化和自主再创新等发展历程，我国自主开发了 MCVD 工艺、PCVD 工艺和套管制纤工艺等全部制造技术，目前正在开发适合光纤规模化生产的 VAD 工艺和 OVD 工艺。

光纤预制棒制造技术是一项系统工程，涉及多领域的技术。主要技术难点包括：（1）低成本的光纤制造最佳工艺技术；（2）配套的工艺设备制造技术；（3）光纤制造配套原材料技术。前两项技术由于国外相关技术封锁已逐步解除，国内技术工作者已借助国外基础工艺技术和设备，逐步掌握了相关核心技术，这些技术已实际应用于预制棒制造并还在进一步完善中。

长期以来光纤制造行业选择光纤预制棒配套主要原材料基本依赖国外厂商提供。造成这种局面的原因在于国内配套的原材料制造技术与国外存在差距，未形成完整的原材料生产配套能力，在一定程度上阻碍了光纤制造技术的快速发展。

作者有幸参与组织了光纤产业化全过程，在全球范围内对光纤预制棒全产业链特别是配套原材料生产技术进行了深入调研，积累了第一手技术资料。在此基础上，特组织业内专家编写了本专著，以期对光纤制造及配套材料自主技术的开发起促进作用。

本书聚焦于光纤制造原材料的制备技术，全书共分 12 章，第 1 章介绍了光纤通信的基础理论和知识以及光纤基本性能；第 2 章主要介绍石英光纤预制棒结构设计（包括基础理论、设计原则和结构参数设计等）、工艺设计（包括预制棒制造材料选择依据）和预制棒制造技术（包括技术原理、工艺设备和工艺过程控制等）；第 3 章着重介绍光纤拉制理论、工艺设备与拉丝技术，讨论了拉丝过程各种影响因素；第 4 章总结了光纤制造用各种原材料的性能、技术要求以及原材料对最终光纤性能的影响;第5章以后开始介绍具体的光纤用原材料的制备技术,其中第5章介绍的是光纤制造用石英材料的制备技术,包括工艺、设备和加工提纯技术;第6章和第7章分别从四氯化硅/四氯化锗性能介绍开始,着重介绍光纤用高纯四氯化硅/四氯化锗制备技术、提纯和包装储运技术;第8章重点介绍光纤预制棒制造中所使用的各种高纯气体材料的制备技术、提纯和包装储运技术;第9章偏重于介绍在光纤拉丝阶段所使用的各种高纯气体材料的制备与提纯技术以及包装储运技术;第10章单独安排一章介绍光纤用涂覆材料的制备技术,包括涂覆材料的特性、组成、配方组成设计、制造工艺技术和光纤对涂料的技术要求。由于塑料光纤是一种比较新颖的光纤材料,制造成本低、传输速度快,作为一种短距离的信息传输介质,具备很多性能优势,目前在通信领域的发展速度很快,未来在汽车传输系统和数据智能系统中具有十分好的应用前景。因此本书在第11章中对塑料光纤制备技术包括相关材料的特性与制备技术作了专门介绍;最后第12章集中介绍了光纤用材料性能检测涉及的各种测试技术与方法,这些测试技术为光纤材料的质量控制提供了可操作的手段。

全书由武汉邮电科学研究院魏忠诚负责筹划、统稿和主编,参与本书编写工作的还有武汉职业技术学院(简称武职);中国建筑材料科学研究总院石英与特种玻璃研究(简称建材院)、四川天一科技股份有限公司(简称天科股份)、亚洲硅业(青海)有限公司(简称亚洲硅业);有研国晶辉新材料有限公司(简称国晶辉)等单位的专家。其中第5章及第12章部分内容由建材院王玉芬、聂兰舰,王友军和武邮魏忠诚执笔;第6章全部及第12章部分内容由亚洲硅业王体虎、肖建忠、宗冰、蔡延国、董海涛、唐东昌、李彦换和武邮魏忠诚执笔;第7章全部和第12章部分内容由国晶辉莫杰、袁琴、王铁艳、武鑫萍和武邮魏忠诚执笔;第8章、第9章和第12章部分内容由天科股份郜豫川、王啸和武职何方荣执笔,其余各章均由魏忠诚和何方荣执笔。行业内多位专家也提供了许多有益资料,在此表示感谢!

光纤制造技术的发展将是一个不断提升的过程,对与之配套的原材料要求也会有所调整,其制备技术也会有新的发展与创新。本书仅是对光纤材料现有研究与实践成果总结。随着我国光纤预制棒制造技术日渐成熟,必将有众多厂家参与配套原材料技术的开发中,会有大量新技术和材料不断涌现,需要我们密切跟踪和深入研究。

光纤材料涉及知识面较广,由于作者掌握资料不全面,书中难免有疏漏之处,敬请批评指正。

编　者
2016 年 5 月

目 录

第1章
光纤通信技术

1.1　光纤通信发展历程

信息交流与传递是人类社会最基本的特征和需求。人类在漫长的生活中创造了用于信息交流与记录的载体——语言和文字,同时还创造了许多信息传递方式,如古代的烽火台、金鼓、锦旗、航行用的信号灯等,这些都是解决远距离信息传递的方式,也是最早的通信手段和方式。

随着社会生产力的发展,人们对传递消息的要求也越来越高,希望通信具有迅速、准确、可靠等特点,且几乎不受时间、地点、空间、距离的限制。因此开发"电"来传递消息的技术成为必然的选择。1838 年,莫尔斯发明有线电报,标志着人类进入电通信阶段。1896 年,在麦克斯韦创立的电磁辐射理论基础上,马可尼发明了无线电报,无线电通信得到了迅速发展。20 世纪 50 年代,跨洋电缆的敷设以及通信卫星的发射使得通信的覆盖范围更广,不同区域的人们相互之间信息传递与沟通更方便。

早期的通信技术受电磁波传输波长的限制,其传输速度和容量均受到影响,难以满足人类社会日益增长的信息交流的需要。由于光是电磁波,其频谱宽,覆盖可见光、近红外到紫外光谱,易于调制且光的传播速度极快,因此科学家一直希望开发光的相关技术用于通信,以突破传统电通信方式的技术瓶颈。

最初人们认为用光来传播信息必须解决光源问题和光在介质中传导的技术问题。利用光的全反射原理在介质中进行光的传导试验最早出现于 19 世纪,如 1841 年 D. Colladan 等研究光在水柱中的传导试验,衍生出了现代水幕电影技术与应用。20 世纪 20 年代,利用玻璃纤维短距离传输图像得到验证,但由于最初使用的玻璃纤维是裸纤维,其强度、传光效果以及实用性受到影响,直至 20 世纪 50 年代,H. H. Hopkins 等人在拉制玻璃纤维的过程中涂覆了一层包层材料,用这种带包层材料的玻璃纤维传输图像取得了较好效果,由此使得玻璃纤维传输图像由实验室走向工业化应用。

受此影响,从事光通信的科学家将玻璃纤维作为光传输介质进行试验研究。这时期主要研究了具有不同折射率分布的玻璃纤维在不同波长光下的传输特性,但由于光在传统的玻璃纤维中传输损耗极大(当时最好的玻璃纤维的损耗在 1 000 dB/km),研究只停留上理论上,无法实用,从而许多研究者并不看好光纤通信。

　　20世纪60年代,激光器的发明特别是可在室温运行的半导体激光器的出现,重新燃起人们对光通信研究的兴趣。1964年,华裔学者高坤博士提出在电话网络中以光代替电流,以玻璃纤维代替铜导线是可行的。1966年高锟博士发表了一篇划时代的论文《光频率介质纤维表面波导》,在无数次实验的基础上,他明确提出,当带有包层材料的玻璃光学纤维损耗降到 20 dB/km 以下时,可用于传送光信号来进行通信。而要降低玻璃纤维的损耗,就必须降低玻璃中杂质,特别是铁离子的含量。在随后的文章中,高锟博士陆续研究了不同材料的传输特性,指出石英玻璃材料可以达到光通信所需的较高纯度,可以作为光纤通信的最佳选择。由此激起了全球范围内开发低损耗石英玻璃纤维的热潮。但在当时的条件下,制造极纯的石英玻璃还是有极大难度的,一是石英玻璃熔点极高,二是制造高纯石英玻璃还没有现存的工艺技术。

　　在高锟研究理论的指导下,经过许多研究者的努力,美国 Corning 公司 R. D. Maurer 领导的一个研发小组采用化学气相沉积法(CVD 技术)成功地于 1970 年制造出几十米损耗小于 20 dB/km 的光纤样品来。这一突破,引起整个通信界的震动,世界发达国家开始投入巨大力量研究光纤通信。几年后,美国 Bell 实验室采用改进的化学气相沉积法(MCVD 技术)制造出 850 nm 处小于 4 dB/km 的光纤,并且生产效率极高。随后,损耗小于 1 dB/km 甚至在 1 550 nm 损耗小于 0.2 dB/km 的实用化石英光纤也问世了。

　　低损耗石英光纤规模制造问题解决后,1976 年,美国 Bell 实验室在亚特兰大进行了世界第一条采用多模光纤、波长 0.85 nm 发光管 LED 的激光、传输距离 110 km 的光纤通信系统的现场实验获得成功,使光纤通信向实用化迈出了第一步,由此开启了光纤通信时代。1981 年又实现了两电话局间使用 1.3 μm 多模光纤的通信系统,1984 年实现了 1.3 μm 单模光纤的通信系统,20 世纪 80 年代中后期又实现了 1.55 μm 单模光纤通信系统,20 世纪末或 21 世纪初发明了第五代光纤通信系统,用光波分复用提高速率,用光波放大增长传输距离的系统,光孤子通信系统可以获得极高的速率,在该系统中加上光纤放大器有可能实现极高速率和极长距离的光纤通信。

　　历经 40 多年突飞猛进的发展,光纤通信速率由 1976 年的 45 Mbit/s 提高到目前的 100 Gbit/s(实验室水平已达 1 Tbit/s 以上),光纤通信系统的传输容量从 1980—2010 年 30 年间增加了近 10 000 倍。光纤通信技术快速发展,新技术不断涌现,大幅提高了通信能力,并使光纤通信的应用范围不断扩大,光纤通信发展速度之快、普及程度之高、应用面之大是通信史上极其罕见的。

1.2　光纤通信特点

和传统通信技术相比,光纤通信具有如下特点:

1. 传输容量大

光波与无线电波相似,也是一种电磁波,图 1.2.1 为电磁波波谱图。常见可见光波长范围为 0.39～0.76 μm,红外线是人眼看不见的光,其波长范围为 0.76～300 μm。

目前光纤通信所用光波的波长范围(λ)为 0.8～2.0 μm,属于电磁波谱中的近红外区。其中,0.8～1.0 μm 为短波长段,1.0～2.0 μm 为长波长段。光纤通信所用波长段与光纤的特性有关,图1.2.2为光纤损耗与波长的关系,从图中可以看到从0.8~2.0 μm为光纤的低损耗区域,或称为低损耗窗口,光纤通信的窗口一般选择在低损耗窗口区。

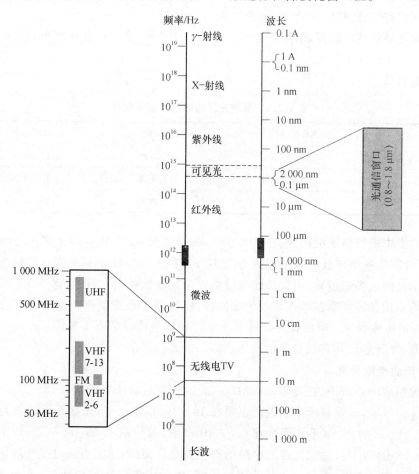

图1.2.1　电磁波波谱图

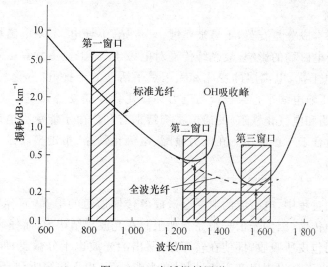

图1.2.2　光纤损耗图谱

一般把光纤通信窗口分为三个窗口区,分别称为第一、第二和第三窗口区。其中多模光纤典型的实用窗口波长有两个:$0.85\ \mu m$、$1.3\ \mu m$,单模光纤典型的实用窗口波长是$1.3\ \mu m$、$1.55\ \mu m$,现已经实现从$1.3\sim1.7\ \mu m$全覆盖。

随着光纤通信技术的发展,除传统的三个窗口波长外,在光纤低损耗窗口又可开发出多个波长段用于实际的单模光纤通信系统中,如表1.2.1所示,借助波分技术,就可大大扩大光纤的传输容量。

表 1.2.1　单模光纤的光传输波段划分

波段	波长范围/nm	波段	波长范围/nm
O 波段	1 260～1 360	C 波段	1 530～1 565
E 波段	1 360～1 460	L 波段	1 565～1 625
S 波段	1 460～1 530	U 波段	1 625～1 675

光在真空中的传播速度约为$3\times10^8\ m/s$,根据波长λ、频率f和光速c之间的关系式$f=c/\lambda$,可计算出各电磁波的频率范围为$1.67\sim3.75\times10^{14}\ Hz$。可见光纤通信所用光波的频率是非常高的。频率越高,可以传输信号的频带宽度就越大,频带的宽窄代表传输容量的大小。目前采用各种复杂技术来增加传输的容量,特别是现在的密集波分复用技术极大地增加了光纤的传输容量。单波长光纤通信系统的传输速率一般在2.5 Gbit/s到100 Gbit/s。正因为如此,光纤通信具有其他通信无法比拟的巨大的通信容量。

2. 极低的传输衰耗

在电缆组成的系统中,在传输800 MHz信号时,电缆每千米的损耗都在40 dB以上,传输60 MHz信号时,电缆每千米的损耗也要在19 dB。相比之下,光导纤维的损耗则要小得多,传输$1.31\ \mu m$的光,每千米损耗在0.35 dB以下,若传输$1.55\ \mu m$的光,每千米损耗更小,可达0.15 dB以下。这就比普通电缆的损耗要小许多倍,意味着通过光纤通信系统可以跨越更大的无中继距离;对于一个长途传输线路,由于中继站数目的减少,系统成本和复杂性可大大降低,而可靠性则大大提高。

3. 抗电磁干扰

因为光纤的基本成分是石英,不易被腐蚀;只传光,不导电,不受电磁场的作用,在其中传输的光信号不受电磁场的影响,故光纤传输对电磁干扰、工业干扰有很强的抵御能力,它不受自然界的雷电干扰、电离层的变化和太阳黑子活动的干扰,也不受人为释放的电磁干扰,还可用它与高压输电线平行架设或与电力导体复合构成复合光缆。这一点对于强电领域(如电力传输线路和电气化铁道)的通信系统特别有利。由于能免除电磁脉冲效应,光纤传输系统还特别适合于军事应用。在电力输配、电气化铁路、雷击多发区、核试验等特殊环境中也可安全使用。

4. 保密性好

在电波传输的过程中,电磁波的泄漏会造成各传输通道的串扰,而容易被窃听,保密性差。光波在光纤中传输,因为光信号被完善地限制在光波导结构中,而任何泄漏的射线都被环绕光纤的不透明包皮所吸收,即使在转弯处,漏出的光波也十分微弱,即使光缆内光纤总数很多,相邻信道也不会出现串音干扰,同时在光缆外面,也无法窃听到光纤中传输的信息。

5．可靠性高

一个系统的可靠性与组成该系统的设备数量有关。设备越多，发生故障的机会越大。因为光纤系统包含的设备数量少（不像电缆系统那样需要几十个放大器），可靠性自然也就高，加上光纤设备的寿命都很长，无故障工作时间达 50 万～75 万小时，其中寿命最短的是光发射机中的激光器，最低寿命也在 10 万小时以上。故一个设计良好、正确安装调试的光纤系统的工作性能是非常可靠的。

6．光缆尺寸小，重量轻，可挠性好

因为光纤非常细，单模光纤芯线直径一般为 $4\sim10\ \mu m$，外径也只有 $125\ \mu m$，加上防水层、加强筋、护套等，用 $4\sim48$ 根光纤组成的光缆直径还不到 $13\ mm$，比标准同轴电缆的直径 $47\ mm$ 要小得多，加上光纤是玻璃纤维，比重小，使它具有直径小、重量轻的特点，敷设安装十分方便。

1.3 光纤通信的基本原理

1.3.1 光波基本理论

光有波粒二重性，就是说既可以将其看成光波，也可以将其看成是由光子组成的粒子流。因此，在描述光的传输特性时相应的也有两种理论，即波动理论和射线理论（几何光学方法）。前者描述起来比较复杂，需要麦克斯韦方程求解，但它可以精确地描述光的传播特性；后者描述起来比较简单直观，易于理解。两种理论的特点和适用范围如表 1.3.1 所示。

表 1.3.1 两种光纤传输理论对比

	射线理论	波动理论
基本点	光为射线，在均匀介质中直线传播；不同介质的分界面，遵循折反射定律	光以电磁波形式在光纤中的传输；光纤中传播的光遵循麦克斯韦（Maxwell's Equations）规律和电磁场边界条件，由波动方程式可得到光纤中的传播模式、场结构、传输常数和截止条件等
研究对象	光线	模式
基本方程	射线方程	波动方程
研究方法	折射/反射定律，近似分析方法	边值问题
适用条件	波长 $\lambda\ll$ 光纤芯径 a 即只能适用于多模光纤	波长 $\lambda\approx$ 光纤芯径 a
优缺点	优点：简单直观，在分析芯径较粗的多模光纤时可以得到较精确的结果，对定性理解光的传播很有效； 缺点：不能解释诸如模式分布、包层模、模式耦合，以及光场分布等现象。而且当工作波长与芯径可比较（单模光纤）时，误差较大	优点：理论上严谨，可以精确地描述光的传播特性，适用于各种折射率分布的单模光纤和多模光纤； 缺点：描述起来比较复杂，需要麦克斯韦方程求解，不太直观

需要注意的是,几何光学理论物理概念清晰,易于理解,但仅仅是波动理论的零波长近似,其结果仅适用于多模光纤,不适合单模光纤。

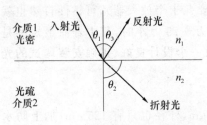

图1.3.1 平面波导介质光传播示意图

1.3.2 光的全反射理论

以光在平面介质中的传播为例,如图1.3.1所示。假设图中介质1的折射率为n_1,介质2的折射率为n_2,设$n_1 > n_2$。当光线以较小的θ_1角入射到介质界面时,部分光进入介质2并产生折射,部分光被反射,它们之间的相对强度取决于两种介质的折射率。

由菲涅耳定律可知

按光的反射定律,有
$$\theta_1 = \theta_3 \tag{1.3.1}$$

按光的折射定律,有
$$\frac{\sin \theta_1}{\sin \theta_2} = \frac{n_1}{n_2} \tag{1.3.2}$$

在$n_1 > n_2$时,逐渐增大θ_1,进入介质2的折射光线进一步趋向界面,直到θ_2趋于90°。此时,进入介质2的光强显著减小并趋于零,而反射光强接近于入射光强。我们把$\theta_2 = 90°$极限值时,相应的角定义为临界角θ_c。由于$\sin 90° = 1$,所以临界角

$$\theta_c = \arcsin\left(\frac{n_2}{n_1}\right) \tag{1.3.3}$$

当$\theta_1 \geqslant \theta_c$时,入射光线将产生全反射。因此,光在平面介质中传播时,发生全反射的条件是:只有当光线从折射率高的介质进入折射率低的介质,即$n_1 > n_2$时,在界面上才能产生全反射,全反射现象是光纤传输的基础。

1.3.3 光纤传输的射线理论分析(几何光学分析)

1. 光在阶跃型光纤中的传输

设纤芯和包层折射率分别为n_1和n_2,空气的折射率$n_0 = 1$,纤芯中心轴线与z轴一致,如图1.3.2所示。

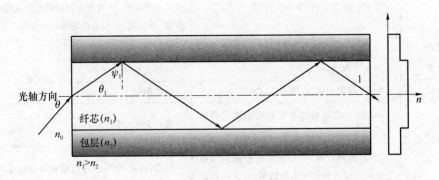

图1.3.2 阶跃型光纤光传播原理示意图

入射光在光纤端面以小角度θ从空气入射到纤芯($n_0 < n_1$),折射角为θ_1,折射后的光线在纤芯直线传播,并在纤芯与包层交界面以角度ψ_1入射到纤芯与包层交界面($n_1 > n_2$)。

根据全反射原理,存在一个临界角θ_c,当$\theta < \theta_c$时,相应的光线将在交界面发生全反射而返回纤芯,并以折线的形状向前传播,如光线1。因此存在一圆锥,只有在圆锥半锥角为

$\theta \leqslant \theta_c$ 时，入射光的光束才能在光纤中传播。

定义临界角 θ_c 的正弦为数值孔径（Numerical Aperture，NA）。根据定义和斯奈尔（Snell）定律：

$$n_0 \sin \theta_c = n_1 \sin \theta_1 = n_1 \sin(90 - \psi_1) = n_1 \cos \psi_1 , \quad n_1 \sin \psi_1 = n_2 \sin 90° \qquad (1.3.4)$$

$n_0 = 1$，由式（1.3.4）经简单计算得到

$$NA = \sqrt{n_1^2 - n_2^2} \approx n_1 \sqrt{2\Delta} \qquad (1.3.5)$$

式中 $\Delta = (n_1 - n_2)/n_1$ 为纤芯与包层相对折射率差。对于多模光纤，相对折射率差 Δ 约 $1\% \sim 2\%$，而单模光纤约 $0.3\% \sim 0.6\%$。

NA 表示光纤接收和传输光的能力，仅决定于光纤的折射率，而与光纤的几何尺寸无关。NA（或 θ_c）越大，光纤接收光的能力越强，从光源到光纤的耦合效率越高，光纤抗弯曲性能越好。但 NA 越大，经光纤传输后产生的信号畸变越大，因而限制了信息传输容量。所以要根据实际使用场合，选择适当的 NA。

2. 光在渐变型多模光纤的传播

渐变型光纤折射率分布的普遍公式为

$$n(r) = \begin{cases} n_1 \left[1 - 2\Delta \left(\dfrac{r}{a} \right)^g \right]^{\frac{1}{2}} \approx n_1 \left[1 - \Delta \left(\dfrac{r}{a} \right)^g \right], & 0 \leqslant r \leqslant a \\ n_1 [1 - \Delta] = n_2 & , \quad r \geqslant a \end{cases} \qquad (1.3.6)$$

式中，n_1 和 n_2 分别为纤芯中心和包层的折射率，r 和 a 分别为径向坐标和纤芯半径，$\Delta = (n_1 - n_2)/n_1$ 为相对折射率差，g 为折射率分布指数。

$g \to \infty$，$(r/a) \to 0$ 的极限条件下，式（1.3.6）表示突变型光纤的折射率分布。

$g = 2$，$n(r)$ 按平方律（抛物线）变化，表示常规渐变型多模光纤的折射率分布。

具有这种分布的光纤，不同入射角的光线簇皆以正弦曲线轨迹在光纤中传播，会聚在中心轴线的一点上，近似成聚焦状，如图 1.3.3 所示。这说明不同入射角相应的光线，虽然经历的路程不同，但是最终都会聚在一点上，这种现象称为自聚焦（Self-Focusing）效应。

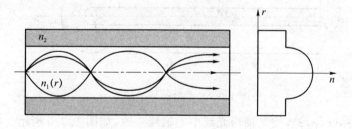

图 1.3.3　渐变型光纤光传播原理示意图

对于多模渐变光纤，由于其纤芯折射率沿着径向按抛物线型变化而非在纤芯/包层分界面发生突变，所以须重新定义 NA，定义局部 NA 和最大 NA。

$$局部\ NA(r) = \sqrt{n(r)^2 - n_2^2}$$

$$最大\ NA_{max} = \sqrt{n_1^2 - n_2^2}$$

3. 光在单模光纤中的传播

单模光纤折射率为阶跃型分布结构，典型单模光纤的折射率分布为：

$$n(r)=\begin{cases}n_1, & 0<r\leqslant a\\ n_2, & r>a\end{cases} \tag{1.3.7}$$

入射光以近乎平行于光纤轴线进入光纤,光在光纤芯层以直线方式传播,如图 1.3.4 所示。

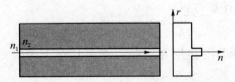

图 1.3.4　单模光纤光传播原理示意图

1.3.4　光纤传输的波动理论

1. 基本理论

根据波动理论,光是以电磁波的形式在光纤内传输,因此可以用麦克斯韦方程来描述和分析。

假设光纤结构为阶跃型光纤结构,如图 1.3.5 所示,光在光纤芯层中传播,有 $n_1>n_2$。由于光具有波动和电磁场特性,则光传播的标量波动方程为:

$$\nabla^2 E+\left(\frac{n\omega}{c}\right)^2 E=0 \tag{1.3.8a}$$

$$\nabla^2 H+\left(\frac{n\omega}{c}\right)^2 H=0 \tag{1.3.8b}$$

式中,E 和 H 分别为电场和磁场在直角坐标中的任一分量,n 为传输介质的折射率,c 为光速,ω 为角频率。

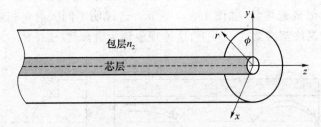

图 1.3.5　光纤结构示意图

选用圆柱坐标(r,φ,z),使 z 轴与光纤中心轴线一致,如图 1.3.5 所示。将式(1.3.8a)、(1.3.8b)在圆柱坐标中展开,得到电场的 z 分量 $E_z(r,\varphi,z)$ 的波动方程为:

$$\frac{\partial^2 E_z}{\partial r^2}+\frac{1}{r}\frac{\partial E_z}{\partial r}+\frac{1}{r^2}\frac{\partial^2 E_z}{\partial \varphi^2}+\frac{\partial^2 E_z}{\partial z^2}+\left(\frac{n\omega}{c}\right)^2 E_z=0 \tag{1.3.9}$$

同理,可得到磁场分量 $H_z(r,\varphi,z)$ 的波动方程。

解 $E_z(r,\varphi,z)$ 和 $H_z(r,\varphi,z)$ 的波动方程,求出 E_z 和 H_z,再通过麦克斯韦方程组求出其他电磁场分量,就得到任意位置的电场和磁场分量。

把 $E_z(r,\varphi,z)$ 分解为 $E_z(r)$、$E_z(\varphi)$ 和 $E_z(z)$。设光沿光纤轴向(z 轴)传输,其传输常数为 β,则 $E_z(z)$ 应为 $\mathrm{e}^{-\mathrm{j}\beta z}$。由于光纤的圆对称性,$E_z(\varphi)$ 应为方位角 φ 的周期函数,设为 $\mathrm{e}^{\mathrm{j}v\varphi}$,$v$

为整数。

现在 $E_z(r)$ 为未知函数，利用这些表达式，电场 z 分量可以写成

$$E_z(r,\varphi,z)=E_z(r)\mathrm{e}^{\mathrm{j}(v\varphi-\beta z)} \tag{1.3.10}$$

把式(1.3.10)代入式(1.3.9)得到

$$\frac{\mathrm{d}^2 E_z(r)}{\mathrm{d}r^2}+\frac{1}{r}\frac{\mathrm{d}E_z(r)}{\mathrm{d}r}+\left(n^2 k^2-\beta^2-\frac{v^2}{r^2}\right)E_z(r)=0 \tag{1.3.11}$$

式中，$k=\dfrac{2\pi}{\lambda}=\dfrac{2\pi f}{c}=\dfrac{\omega}{c}$，$\lambda$ 和 f 为光的波长和频率。这样就把分析光纤中的电磁场分布，归结为根据边界条件选择适当的贝塞尔(Bessel)并求解公式(1.3.11)的过程。

为求解方程式(1.3.11)，设光纤芯径为 a，芯层折射率 $n(r)=n_1$，包层折射率 $n(r)=n_2$。引入无量纲参数 U、W 和 V 定义如下：

$$U^2=(kn_1 a)^2-(\beta a)^2 \tag{1.3.12a}$$

$$W^2=(\beta a)^2-(kn_2 a)^2 \tag{1.3.12b}$$

$$V^2=U^2+W^2=(ka)^2(n_1^2-n_2^2) \tag{1.3.12c}$$

利用这些参数，把式(1.3.11)分解为两个贝塞尔微分方程：

$$\frac{\mathrm{d}^2 E_z(r)}{\mathrm{d}r^2}+\frac{1}{r}\frac{\mathrm{d}E_z(r)}{\mathrm{d}r}+\left(\frac{U^2}{a^2}-\frac{V^2}{r^2}\right)E_z(r)=0 \quad (0\leqslant r\leqslant a) \tag{1.3.13a}$$

$$\frac{\mathrm{d}^2 E_z(r)}{\mathrm{d}r^2}+\frac{1}{r}\frac{\mathrm{d}E_z(r)}{\mathrm{d}r}-\left(\frac{W^2}{a^2}+\frac{V^2}{r^2}\right)E_z(r)=0 \quad (r\geqslant a) \tag{1.3.13b}$$

对于阶跃型光纤，光在光纤中传输，其能量主要集中在纤芯($0\leqslant r\leqslant a$)中，在 $r=0$ 处，电磁场应为有限实数；在包层($r\geqslant a$)，光能量沿径向 r 迅速衰减，当 $r\to\infty$ 时，电磁场应消逝为零。根据这些边界条件，式(1.3.13a)的解应取 v 阶贝塞尔函数 $\mathrm{J}_v(U,r,a)$，而式(1.3.13b)的解则应取 v 阶修正的贝塞尔函数 $\mathrm{K}_v(W,r,a)$。

求解贝塞尔函数 $\mathrm{J}_v(U,r,a)$ 和正的贝塞尔函数 $\mathrm{K}_v(W,r,a)$，得到在纤芯和包层的电场 $E_z(r,\varphi,z)$ 和磁场 $H_z(r,\varphi,z)$ 表达式为：

$$E_{z1}=A\frac{\mathrm{J}_v(Ur/a)}{\mathrm{J}_v}\mathrm{e}^{\mathrm{j}(v\varphi-\beta z)} \quad 0<r<a \tag{1.3.14a}$$

$$H_{z1}=B\frac{\mathrm{J}_v(Ur/a)}{\mathrm{J}_v}\mathrm{e}^{\mathrm{j}(v\varphi-\beta z)} \quad 0<r<a \tag{1.3.14b}$$

$$E_{z2}=A\frac{\mathrm{K}_v(Wr/a)}{\mathrm{K}_v(W)}\mathrm{e}^{\mathrm{j}(v\varphi-\beta z)} \quad r\geqslant a,a>0 \tag{1.3.14c}$$

$$H_{z2}=B\frac{\mathrm{K}_v(Wr/a)}{\mathrm{K}_v(W)}\mathrm{e}^{\mathrm{j}(v\varphi-\beta z)} \quad r\geqslant a,a>0 \tag{1.3.14d}$$

式中，脚标 1 和 2 分别表示纤芯和包层的电磁场分量，A 和 B 为待定常数，由激励条件确定。$\mathrm{J}_v(U)$ 和 $\mathrm{K}_v(W)$ 如图 1.3.6 所示，$\mathrm{J}_v(U)$ 类似振幅衰减的正弦曲线，$\mathrm{K}_v(W)$ 类似衰减的指数曲线。

因为电磁场强度的切向分量在纤芯包层交界面连续，在 $r=a$ 处应该有

$$\begin{aligned} E_{z1}&=E_{z2} & H_{z1}&=H_{z2} \\ E_{\varphi 1}&=E_{\varphi 2} & H_{\varphi 1}&=H_{\varphi 2} \end{aligned} \tag{1.3.15}$$

由式(1.3.14)可知，E_z 和 H_z 已自动满足边界条件的要求。

确定电磁场的纵向分量 E_z 和 H_z 后，就可以通过麦克斯韦方程组导出电磁场横向分量

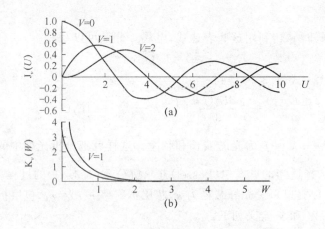

图 1.3.6

(a)贝塞尔函数;(b)修正的贝塞尔函数

E_r、H_r 和 E_φ、H_φ 的表达式。只有当 E_r、E_φ、E_z 和 H_r、H_φ、H_z 这六个场分量全部求出,方可认为光在光纤波导中传播时波导场分布唯一确定。

2. 光传播的模式

如上面介绍,求解 E_r、E_φ、E_z 和 H_r、H_φ、H_z,可得对应方程的本征解及相应的本征值,在光纤传输的波动理论中通常将本征解定义为"模式"。

模式是波导结构固有电磁共振属性的表征,每一个模式对应于沿光波导轴向传播的一种电磁波,也对应于某一本征值并满足全部边界条件。模式具有确定的相速群速和横场分布,给定的波导中能够存在的模式及其性质是已确定了的,外界激励源只能激励起光波导中允许存在的模式而不会改变模式的固有性质。

根据光在光纤传输的电磁场是否存在纵向分量 E_z 和 H_z,可将模式命名为:

① 横电磁模(TEM): $E_z = H_z = 0$;

② 横电模(TE): $E_z = 0$,$H_z \neq 0$;

③ 横磁模(TM): $E_z \neq 0$,$H_z = 0$;

④ 混杂模(HE 或 EH): $E_z \neq 0$,$H_z \neq 0$。

光纤中存在的模式多数为 HE(EH)模,有时也出 TE(TM)模。

3. 光传输模式几个重要特征参数

光传输模式(导波模)的特性可以用三个参数 U、W 和 β 来表达。U 表示导波模场在纤芯内部的横向分布规律,W 表示它在包层中的横向分布规律,U 和 W 可以完整地描述导波模的横向分布规律;β 是纵向的相位传播常数,表明导模的纵向传输特性。

E_r、E_φ、E_z 和 H_r、H_φ、H_z 六个场分量解的形式和传输条件无法确定光纤中的模式特性,在光纤的基本参数如 n_1、n_2、a 和 k 等确定的情况下,还必须确定参数 U、W 和 β 的值。基本思路是利用边界条件,导出 β 满足的特征方程,求得 β 和 U、W 的值。

由 E_φ 和 H_φ 的边界条件导出 β 满足的特征方程为:

$$\left[\frac{J_v'(U)}{UJ_v(U)} + \frac{K_v'(W)}{WK_v(W)}\right]\left[\frac{n_1^2}{n_2^2}\frac{J_v'(U)}{UJ_v(W)} + \frac{K_v'(W)}{WK_v(W)}\right] = \left(\frac{\beta}{nK}\right)^2 v^2\left(\frac{1}{U^2} + \frac{1}{W^2}\right)\left(\frac{n_1^2}{n_2^2}\frac{1}{U^2} + \frac{1}{W^2}\right)$$

(1.3.16)

方程式(1.3.16)需要与式(1.3.12c)定义的特征参数 V 联立求解,其本征解对应的本征值即纵向传播常数 β。β 意义是导模的相位在 z 轴单位长度上的变化量,也就是 β 是 K 在 z 轴上的投影。导模 β 的值是分立的,每一个 β 值代表着一个导模(有时几个导模具有相同的 β 值,称之为"简并"),其结果如图 1.3.7 所示。

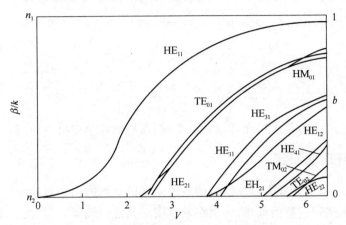

图 1.3.7　低阶模式 β 随 V 的变化曲线

图中坐标的 V 称为归一化频率,是光传输模式重要的参数之一。根据式(1.3.12c),有 $V=\dfrac{2\pi a}{\lambda}\sqrt{n_1^2-n_2^2}$,表明 V 是一个直接与光纤的结构及光波的工作波长有关的无量纲的量,它定量表示了光纤支持横模的能力,决定光纤中模式数量,V 越大,光纤中允许存在的导模数就越多,如表 1.3.2 所示。

表 1.3.2　V 的取值范围与低阶模式数

V 取值	低阶模式			V 取值	低阶模式		
0~2.405	HE_{11}			5.520~7.016	HE_{22}	TM_{02}	TE_{02}
2.405~3.832	HE_{21}	TM_{01}	TE_{01}	7.016~8.654	HE_{13}		
3.832~5.520	HE_{12}			8.654~10.173	HE_{23}	TM_{03}	TE_{03}

从表 1.3.2 可以发现,光纤的归一化频率 $V<2.405$,光在光纤中传输只有模 HE_{11},因此 $V<2.405$ 是阶跃折射率光纤单模传输的条件,HE_{11} 也称为光纤中的基模或主模。

除基模外,其他模式都可能在某一 V 值下不允许存在,这时导模转化为辐射模。而使某一导模截止的频率值,称为导模的"截止条件"。所谓导模"截止",是指当导模的本征值 β 接近 n_1k 时,导模场紧紧束缚于纤芯中传输,称之为导模"远离截止"。同样每一个导模都对应于一合适的 V 值使其远离截止,称之为导模的"远离截止条件"。直观的理解是光纤包层中出现辐射模,则导波"截止",如不出现辐射模,则导波"远离截止"。

令 $V=2.405$,通过式(1.3.12c)可得:$\lambda=\dfrac{2\pi a}{V}\sqrt{n_1^2-n_2^2}$,由此计算出波长称为模式截止波长 λ_c。当光纤中光的波长 $\lambda\leqslant\lambda_c$ 时,光在光纤中为多模传输;当光纤中光的波长 $\lambda>\lambda_c$ 时,光在光纤中为单模传输。

4. 多模渐变型光纤的模式特性

多模渐变型光纤传输常数的普遍公式为:

$$\beta = n_1 k \left[1 - 2\Delta \left(\frac{M(\beta)}{M} \right)^{\frac{g}{g+2}} \right]^{\frac{1}{2}} \tag{1.3.17}$$

式中,n_1、Δ、g 和 k 前面已经定义了,M 是模式总数,$m(\beta)$ 是传输常数大于 β 的模式数。经计算:

$$M = \left(\frac{g}{g+2} \right) (akn_1)^2 \Delta = \left(\frac{g}{g+2} \right) \frac{V^2}{2} \tag{1.3.18a}$$

$$m(\beta) = M \left[\frac{(kn_1)^2 - \beta^2}{2\Delta (kn_1)^2} \right]^{\frac{g}{g+2}} \tag{1.3.18b}$$

式(1.3.17)和式(1.3.18)是多模光纤设计的基础,在后面章节中将有应用。

1.3.5 光纤通信系统

光纤通信,就是利用光纤来传输携带信息的光波以达到通信之目的。

要使光波成为携带信息的载体,必须在发射端对其进行调制,而在接收端把信息从光波中检测出来(解调)。依目前技术水平,大部分采用强度调制与直接检测方式(IM-DD)。

典型的光纤通信系统方框图如图 1.3.8 所示。

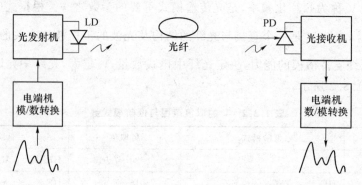

图 1.3.8　光纤通信原理示意图

从图 1.3.8 可以看出,光纤通信系统基本上由光发射机、光纤与光接收机组成。在发射端,电端机把模拟信息(如话音)进行模/数转换,用转换后的数字信号去调制发射机中的光源器件(一般是半导体激光器 LD),则光源器件就会发出携带信息的光波。如当数字信号为"1"时,光源器件发射一个"传号"光脉冲;当数字信号为"0"时,光源器件发射一个"空号"(不发光)。光波经光纤传输后到达接收端。在接收端,光接收机把数字信号从光波中检测出来送给电端机,而电端机再进行数/模转换,恢复成原来的模拟信息。就这样完成了一次通信的全过程。

1.4　光纤通信技术的发展趋势

光纤通信系统涉及高性能光器件技术、光复用技术、光放大技术、光交换技术、光接入技术和光纤光缆技术等关键技术。进入 21 世纪后,由于因特网的业务发展,除了传统的语音需求外,对视频、数据和多媒体业务的需求呈现爆发式增长,为满足人们对超高速度、超大容量和超长距离传输系统和全光网络迫切的需求,光纤通信技术也有重大进展,目前光纤通信总的发展趋势如下。

1. 向超高速系统发展

从过去电信发展史看,网络容量的需求和传输速率的提高一直是一对主要矛盾。传统光纤通信的发展始终按照电信的时分复用方式(TDM)进行。其实现的单信道最高速率已达到 640 Gbit/s。经验告诉我们,每当传输速率提高 4 倍,传输每比特的成本大约下降30%~40%;因而高比特率系统的经济效益大致按指数规律增长,这就是为什么光纤通信系统的传输速率在过去数十年来一直持续增加的根本原因。目前商用系统已从 45 Mbit/s 增加到 100 Gbit/s,其速率在数十年里增加了 2 000 多倍,比同期微电子技术的集成度增加速度还要快得多。高速系统的出现不仅增加了业务传输容量,而且也为各种各样的新业务,特别是宽带业务和多媒体提供了实现的可能。

2. 向超大容量系统扩容

据研究显示,光纤的 200 nm 可用带宽资源仅仅利用了不到 1%,99% 的资源尚待发掘。如果将多个发送波长适当错开的光源信号同时在一根光纤上传送,则可大大增加光纤的信息传输容量,这就是波分复用(WDM)的基本思路。近年来波分复用系统发展迅猛,目前1.6 Tbit/s 的 WDM 系统已经大量商用,单芯光纤 WDM 系统的最大容量在实验室已达到102.3 Tbit/s。同时全光传输距离也在大幅扩展,近期现场实验已实现 40 Tbit/s 传输1 833 km,54 Tbit/s 传输 634 km,实验室已经实现 10.7 Tbit/s 传输 10 608 km。

然而单靠 TDM 和 WDM 来提高光通信系统的容量还是有限,可以把多个 TDM 信号进行波分复用,从而大幅提高传输容量。偏振复用(PDM)技术可以明显减弱相邻信道的相互作用。由于归零(RZ)编码信号在超高速通信系统中占空较小,降低了对色散管理分布的要求,且 RZ 编码方式对光纤的非线性和偏振模色散(PMD)的适应能力较强,因此现在的超大容量 WDM/TDM 通信系统基本上都采用 RZ 编码传输方式。WDM/TDM 混合传输系统需要解决的关键技术基本上都包括在 TDM 和 WDM 通信系统的关键技术中。

在光域,除了采用波分复用 WDM 之外,还可以采用光时分复用 OTDM、光码分复用OCDM、空分复用 SDM 和轨道角动量复用 OAM 等技术。

3. 向超长距离技术眺望

光孤子是一种特殊的 ps 数量级的超短光脉冲,由于它在光纤的反常色散区,群速度色散和非线性效应相互平衡,因而经过光纤长距离传输后,波形和速度都能保持不变。光孤子通信就是利用光孤子作为载体实现长距离无畸变的通信,在零误码的情况下信息传递可达万里之遥。

光孤子技术未来的前景是:在传输速度方面采用超长距离的高速通信,时域和频域的超短脉冲控制技术以及超短脉冲的产生和应用技术使现行速率 10~20 Gbit/s 提高到100 Gbit/s 以上;在增大传输距离方面采用重定时、整形、再生技术和减少 ASE,光学滤波使传输距离提高到 100 000 km 以上;在高性能 EDFA 方面是获得低噪声高输出 EDFA。当然实际的光孤子通信仍然存在许多技术难题,但目前已取得的突破性进展,使人们相信光孤子通信在超长距离、高速、大容量的全光通信中,尤其在海底光通信系统中,有着光明的发展前景。

4. 向智能化全光网目标挺进

未来的高速通信网必定是全光网。全光网络是光纤通信技术发展的理想阶段。传统的光网络只是实现了节点间的全光化,但在网络结点处仍采用电器件,限制了目前通信网干线总容量的进一步提高,因此真正的全光网已成为一个非常重要的课题。全光网络以光节点代替电节点,节点之间也是全光化,信息始终以光的形式进行传输与交换,交换机对用户信息的处理不再按比特进行,而是根据其波长来决定路由。

在全光网络中,光交换技术是最亟待突破的瓶颈。目前主要光交换应用有两种:光交叉连接(OXC)与光分插复用器(OADM)。OXC 与光纤组成了一个全光网络。OXC 交换的是全光信号,它在网络节点处,对指定波长进行互连,从而有效地利用波长资源,实现波长重用,即使用较少数量的波长,互连较大数量的网络节点,其主要用于长途网路和大型都会网路的汇接点。OADM 具有选择性,可以从传输设备中选择下路由信号或上路由信号,或仅仅通过某个波长信号,但不影响其他波长信道的传输,其最佳的使用地点则是大型城域网络的 DWDM(密集波分复用)系统。两者搭配起来可以取代 DCS 在电层的管理模式,直接在光层进行交叉联结、保护和恢复,以及光通道管理。

目前,全光网络的发展仍处于初期阶段,光的分插复用器(OADM)和光的交叉连接设备(OXC)均已投入商用,显示出了良好的发展前景。从发展趋势上看,形成一个真正的、以 WDM 技术与光交换技术为主的光网络层,建立纯粹的全光网络,消除电光瓶颈已成为未来光通信发展的必然趋势,更是未来信息网络的核心,也是通信技术发展的最高理想级别。

作为信息技术的两大载体,计算机技术与通信技术的结合,使得光纤通信技术的智能化成为可能,ASON 和 SDON 等技术逐渐成熟与应用,也促进了光网络向更高级高效的全光网络智能化迈进。

5. 向亿万百姓家庭迈进

过去几年间,网络的核心部分发生了翻天覆地的变化,无论是交换,还是传输都已更新了好几代,"光进铜退"实施完成标志着光纤已走进千家万户,接入网光纤化为 FTTX(FTTB、FTTC、FTTCab 和 FTTH 等)的应用奠定了基础,也解决了高速信息流进千家万户的关键技术,为亿万百姓家庭提供所需要的不受限制的带宽以充分满足家庭宽带接入的需求正在逐步实现。目前,我国正在推行"国家宽带战略",以 FTTH 技术为主的光网络建设已全面展开。光通信技术作为信息技术的重要支撑平台,在未来信息社会中将起到重要作用。

1.5　光纤分类

光纤的种类很多,分类主要是从工作波长、折射率分布、传输模式、原材料和制造方法上进行归类。

一般对光纤的分类有按光纤组成、光纤折射率分布、光纤内传输模式和光纤用途等四种,具体如图 1.5.1 所示。

1.5.1 按光纤组成材料分

1. 石英光纤

石英光纤的主要成分是二氧化硅(SiO_2)，因二氧化硅(SiO_2)俗称石英，因此以二氧化硅(SiO_2)为主要成分的光纤称为石英光纤。

在光纤制作过程中，往往在芯层掺入极少量的杂质如 GeO_2 等，并按不同的掺杂量，来控制纤芯和包层的折射率分布的光纤。石英（玻璃）系列光纤，具有低耗、宽带的特点，现在已广泛应用于通信系统。

石英光纤是本书将阐述的重点，在以后的章节中，如不特别说明，所述光纤均指石英光纤。

2. 多组分玻璃光纤

多组分玻璃光纤是指由硅酸盐系玻璃制成的纤维，其主要成分为 SiO_2-Na_2O-K_2O-B_2O_3，相比石英玻璃，多组分玻璃的软化点较低，制造成本低，且纤芯与包层的折射率可调节的空间大，但由于其损耗大，主要用于医疗光纤内窥镜和短距离图像成像。

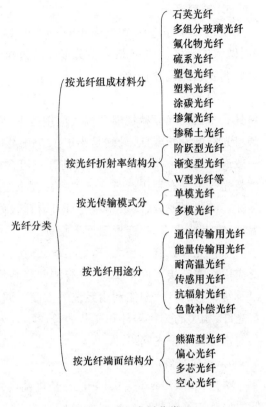

图 1.5.1　光纤分类

3. 氟化物光纤

氟化物光纤是由氟化物玻璃做成的光纤。这种光纤原料主要由氟化锆（ZrF_4）、氟化钡（BaF_2）、氟化镧（LaF_3）、氟化铝（AlF_3）、氟化钠（NaF）等氟氯化物组成，因此也简称 ZBLAN 光纤。氟化物主要工作在 $2\sim10\ \mu m$ 波长，从透光特性计算，氟化物玻璃的理论光损耗为 $0.001\ dB/km$，是二氧化硅玻璃的百分之一以下，氟化物光纤有可能实现 $10\ 000\ km$ 无中继传输，在海底光缆传输的场合特别有效。

目前，ZBLAN 光纤由于氟化物玻璃环境稳定性未完全解决，同时难于降低材料散射损耗，因此只能用在 $2.4\sim2.7\ \mu m$ 的温敏器和热图像传输，尚未广泛实用。

4. 硫系玻璃光纤

所谓硫系玻璃光纤，是指以元素周期表中第六主族的硫（S）、硒（Se）、锑（Te）为主要成分的玻璃制成的光纤。

按基础组分分，硫系玻璃有三种体系：S 玻璃：S-As，S-As-Se，S-Ge，S-As-Ge-Se，S-Ge-Sb 等，Se 玻璃：Se-As，Se-Ge，Se-As-Ge，Se-Sb-Ge，Se-P-Ge，Se-Ge-Te 等，Te 玻璃：Te-Se-Ge，Te-Se-Ge-Sb-Ti，Te-As-Se 等。

硫系玻璃具有较好的透红外性能、耐化学性、力学性能和较低的生产成本，其应用波长范围为 $1\sim12\ \mu m$（其中 S 玻璃 $1\sim7\ \mu m$，Se 玻璃 $3\sim9\ \mu m$，Te 玻璃：$5\sim12\ \mu m$），硫系玻璃制成的光纤已应用于激光医疗（脉冲激光和 CO 连续激光）、远距离切割与焊接、红外成像、各类传感器和军事上。

5. 塑料光纤

塑料光纤(plastic optical fiber,POF)也称聚合物光纤,是指纤芯和包层都用塑料(聚合物)做成的光纤。POF 最早由美国杜邦公司于 1968 年开发出,早期产品主要用于装饰和导光照明及近距离通信中。

塑料光纤原料主要是有机玻璃(PMMA)、聚苯乙烯(PS)和聚碳酸酯(PC)。不同的材料具有不同的光衰减性能和温度应用范围,要想作为通信级塑料光纤,一个最基本要求就是塑料光纤的衰减要低,最好是小于 180 dB/km。受到塑料固有的 C—H 结合结构制约,损耗一般最低每 km 可达几十 dB,目前开发出含氟系列塑料光纤最低损耗已达 20 dB/km 左右。塑料光纤另一有别于石英光纤的指标要求是其耐热性。耐热性主要由其成分性能决定,耐热性好的材料成分,决定塑料光纤具有比较好的耐热性。判断材料耐热性的指标有玻璃化温度、维卡软化点、热变形温度等指标。

塑料光纤具有芯径大、质地柔软、连接容易、质量轻、价格便宜、传输带宽大等优点,可广泛应用在宽带接入网系统、家庭智能网络系统、数据传输系统、汽车智能系统、工业控制系统以及纺织、照明、太阳能利用系统等方面。同时,在 FTTH、光纤到桌面整体方案中,利用塑料光纤、相关的连接器件和安装的总成本较低的优势,可将塑料光纤作为石英光纤的补充,共同构筑一个全光网络。

6. 塑包光纤

塑包光纤(Plastic Clad Fiber)是将高纯度的石英玻璃做成纤芯,而将折射率比石英稍低的如硅胶等塑料作为包层的阶跃型光纤。它与石英光纤相比较,具有纤芯租、数值孔径(NA)高的特点。因此,易与发光二极管 LED 光源结合,损耗也较小。所以,非常适用于局域网(LAN)和近距离通信。

7. 碳涂覆光纤

在石英光纤的表面涂敷碳膜的光纤,称之碳涂层光纤(Carbon Coated Fiber,CCF)。其机理是利用碳素的致密膜层,使光纤表面与外界隔离,有效地截断光纤与外界氢分子的侵入,以改善光纤的机械疲劳损耗和氢分子的损耗增加。据报道其疲劳系数(Fatigue Parameter)可达 200 以上,它在室温的氢气环境中可维持 20 年不增加损耗,被应用于如海底光缆等严酷环境中要求可靠性高的系统。

8. 掺氟光纤

掺氟光纤(Fluorine Doped Fiber)的纤芯,大多使用 SiO_2,而在包层中却是掺入氟的。氟的作用主要是降低 SiO_2 的折射率,常用于包层的掺杂。由于掺氟光纤中,纤芯并不含有影响折射率的氟掺杂物,因此它的瑞利散射很小,光纤损耗接近理论的最低值。

9. 掺稀土光纤

最初稀土元素是指钇(Y)、铽(Tb)和铒(Er)等三种土族元素,现在稀土元素还包括镧系元素等。掺稀土光纤指在光纤制作过程中,在纤芯掺入稀土元素形成具有特殊性能的光纤。

最早的掺稀土光纤是 1985 年英国的索斯安普顿(Sourthampton)大学的佩思(Payne)等在光纤芯层中掺入铒,发现这种掺铒光纤有激光振荡和光放大的现象。进一步的研究结果是：当 Er3＋受到波长 980 nm 或 1 480 nm 的光激发吸收泵浦光的能量后，由基态跃迁到高能级的泵浦态。由于粒子在泵浦态的寿命很短，很快以非辐射的方式由泵浦态弛豫到亚稳态，粒子在该能带有较长的寿命，逐渐积累。当有 1 550 nm 信号光通过时，亚稳态的 Er3＋离子以受激辐射的方式跃迁到基态，也正好发射出 1 550 nm 波长的光。这种从高能态跃迁至基态时发射的光补充了衰减损失的信号光，从而实现了信号光在光纤传播过程中随着衰减又不间断地被放大。基于上述原理，将铒掺入普通石英光纤制成掺铒光纤，再配以980 nm 或 1 480 nm 两种波长的半导体激光器，就基本构成了直接放大 1 550 nm 光信号的放大器，现在已经实用的 1.55 pmEDFA 就是利用掺铒的单模光纤，利用 1.47 pm 的激光进行激励，得到 1.55 pm 光信号放大的。

除此之外，铒镨共掺和铒镱共掺的光纤将改善光纤放大器的光放大效率和性能，掺钕光纤可用于光纤传感器、高功率激光传输、自由空间激光通信和超短脉冲放大等领域，掺镨的氟化物光纤可应用于 1 310 nm 放大器（PDFA）。

1.5.2　按光纤折射率结构分

根据光纤横折射率分布形状可将光纤分为渐变（GI）型、阶跃（SI）型和其他结构光纤。

1. GI 型光纤

GI 型光纤也称抛物线型（或馒头型）光纤，其折射率以纤芯中心为最高，沿向包层徐徐降低。目前应用的多模光纤折射率分布都为抛物线型，图 1.5.2 为典型的多模光纤的折射率分布图。

2. SI 型光纤

SI 型光纤也被称作阶跃型光纤，纤芯折射率最高，在纤芯区域折射率的分布是相同的，如图 1.5.3 所示。常规单模光纤折射率分布就是 SI 型结构。

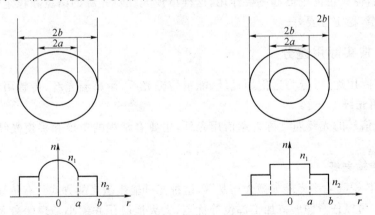

图 1.5.2　典型 GI 型光纤折射率分布图　　图 1.5.3　典型 SI 型光纤折射率分布图

3. 其他结构光纤

典型的有 W 型结构光纤和三角形结构光纤，分布如图 1.5.4(a)和(b)所示，如保偏光纤就是 W 型结构光纤，而 G.656 光纤的折射率分布类似于三角形结构。

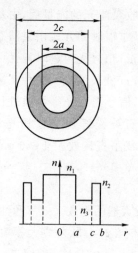
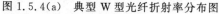
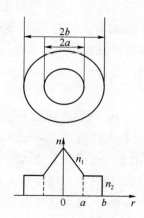

图 1.5.4(a)　典型 W 型光纤折射率分布图　　图 1.5.4(b)　典型三角形光纤折射率分布图

1.5.3　按传输模式分

根据光纤中传输模数的多少可将光纤分为单模光纤(含偏振保持光纤、非偏振保持光纤)和多模光纤。顾名思义,单模光纤是指在工作波长中,只能传输一个传播模式的光纤,多模光纤则传输多个传播模式的光纤。

多模光纤芯径较粗(50 或 $62.5~\mu m$),可传多种模式的光。但其模间色散较大,这就限制了传输数字信号的频率,而且随距离的增加会更加严重。例如:600 MB/km 的光纤在 2 km 时则只有 300 MB 的带宽了。因此,多模光纤传输的距离就比较近,一般只有几千米。单模光纤芯径较细(芯径一般为 8 或 $10~\mu m$),只能传一种模式的光。因此,其模间色散很小,适用于远程通信,但其色度色散起主要作用,这样单模光纤对光源的谱宽和稳定性有较高的要求,即谱宽要窄,稳定性要好。

1.5.4　按实际用途分

光纤按实际用途,可分为通信用光纤、能量传输光纤、耐高温光纤、传感用光纤等。

1. 通信用光纤

传输信息信号的光纤通常称为通信用光纤,主要有常规的单模和多模光纤,将在后面章节中详细介绍。

2. 能量传输光纤

主要用来传送高功率光能如激光切割等,这种光纤输出激光的方式具有传输功率损耗小、操作简单方便、可以任意伸展待加工部位等优点,大大地简化并缩小了现代激光设备,已经广泛地应用于材料表面热处理、激光焊接、激光切割、激光医疗、激光美容、激光制导等领域。

3. 耐高温光纤

普通紫外固化涂层光纤在高温工作环境下,极易发生热老化和热氧老化,降低涂层对光纤的保护作用,并最终可能导致光纤失效。为了应对这一情况,国内外光纤厂商展开了耐高温光纤的研发。目前,国际主流的耐高温光纤主要有:耐高温丙烯酸树脂涂层光纤、有机硅胶涂层光纤、聚酰亚胺涂层光纤以及金属涂覆光纤四种,具体如表 1.5.1 所示。凭借在制造工艺和性能上的不同特点,这几款耐高温光纤已经在油气井探测、航天军工、光纤传能等高端领域实现了部署,开拓了光纤应用的新市场。

表 1.5.1　耐高温光纤的使用温度

光纤类型	使用温度
耐高温丙烯酸树脂涂层光纤	85～150 ℃(长期)
有机硅胶涂层光纤	200 ℃(长期)
聚酰亚胺涂层光纤	300 ℃(长期);350～400 ℃(短期)
金属涂覆光纤	400 ℃

4. 传感光纤

传感光纤是伴随光纤通信技术的发展而迅速发展起来的,基本原理是以光纤为媒质,光波为载体,利用在光纤传输的光受外界环境变化时引起光参量如强度(功率)、波长、频率、相位和偏振态等发生变化,通过测量光参量的变化即可"感知"外界信号的变化。由于光纤在一定条件下特别容易接受被测量或场的加载,是一种优良的敏感元件。目前传感光纤被开发成包括声场、电场、磁场、压力、温度、角速度、加速度、位移、液位、流量、电流、辐射等物理量测试的新型传感器。光纤传感器具有高敏感度、抗电磁干扰、抗辐射、可移植性、可嵌入性等优点,同时便于与计算机和光纤系统相连,易于实现系统的遥测和控制,特别适合于易燃、易爆、空间受严格限制及强电磁干扰等恶劣环境下使用。典型光纤传感器主要有光强调制型光纤传感器、光相位调制型光纤传感器、光偏振调制型光纤传感器、光波长调制型光纤传感器、光频率调制型光纤传感器等。

1.5.5　按光纤截面结构分

标准光纤的纤芯是设置在包层中心的,纤芯与包层的截面形状为同心圆型。但因用途不同,也有将纤芯位置和纤芯形状、包层形状,做成不同状态或将包层穿孔形成异型结构的。相对于标准光纤,称这些光纤为异型光纤。

1. 熊猫型(Panada)光纤

该光纤是一种典型的保偏光纤,其横截面如图 1.5.5(a)所示,因截面像熊猫眼而得名,在 1.6 节中对该光纤有更详细的介绍。

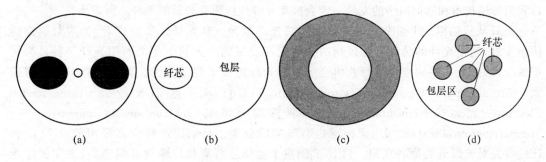

(a)　　　　(b)　　　　(c)　　　　(d)

图 1.5.5　异型光纤的截面图

2. 偏心光纤(Excentric Core Fiber)

该光纤是异型光纤的一种,其纤芯设置在偏离中心且接近包层外线的偏心位置,如

图 1.5.5(b)所示。由于纤芯靠近外表,部分光场会溢出包层传播(称此为渐消波,Evanescent Wave)。因此当光纤表面附着物质时,在光纤中传播的光波受到影响。如果附着物质的折射率较光纤高时,光波则往光纤外辐射。若附着物质的折射率低于光纤折射率时,光波不能往外辐射,却会受到物质吸收光波的影响而使光纤损耗增大。利用这一现象,就可检测有无附着物质以及折射率的变化。

偏心光纤(ECF)主要用作检测物质的光纤敏感器,与光时域反射计(OTDR)的测试法组合一起,还可作分布敏感器用。

3. 空心光纤

将光纤做成空心,形成圆筒状空间,用于光传输的光纤,称作空心光纤(Hollow Fiber)。空心光纤结构有两种:一是将玻璃做成圆筒状,如图 1.5.5(c)所示。其纤芯与包层原理与阶跃型相同,主要用于能量传送,可供 X 射线、紫外线和远红外线光能传输。二是使圆筒内面的反射率接近 1,以减少反射损耗。为了提高反射率,可在筒内设置电介质,使工作波长段损耗减少,例如可以实现波长 $10.6~\mu m$ 损耗达几 dB/m。

4. 多芯光纤

普通光纤是由一个纤芯区和围绕它的包层区构成的,但多芯光纤(MultiCore Fiber)却是一个共同的包层区中存在多个纤芯的。由于纤芯的相互接近程度,可有两种功能。其一是纤芯间隔大,即不产生光耦合的结构。这种光纤,由于能提高传输线路的单位面积的集成密度。在光通信中,可以做成具有多个纤芯的带状光缆,而在非通信领域,可将纤芯做成成千上万个,作为光纤传像束。其二是使纤芯之间的距离靠近,能产生光波耦合作用,利用此原理可开发双纤芯的敏感器或光回路器件。

1.6　典型商用光纤

光纤品种和性能的研究和发展是与传输系统通信网络的研究和发展同步进行的。随着传输距离延长、传输速率提高和传输容量增大,新的光纤品种不断产生,以满足各种通信系统和网络发展的需要。不同品种的光纤本质区别体现在它们各自所具有的衰减、色散、非线性效应和工作波长等传输性能上。不同性能的光纤品种不断产生,恰好反映了传输系统和通信网络从短距离、低速率和小容量向长距离、高速率和大容量的发展历程。同时,这个发展历程又告诉我们传输技术和通信网络的发展一定会推动光纤性能研究和新的光纤品种诞生。

光纤从传输模式上可分单模光纤和多模光纤两种。从光纤发展历程看,为应对通信的快速发展,通信光纤的品种已从最初的一种光纤发展到今天的十多个商用光纤品种。为便于区分,国际上一些标准化或行业协会组织将光纤进行了规范分类。典型的有国际电信联盟(International Telecommunication Union,ITU)、国际电工委员会(International Electrotechnical Commission,IEC)和国际标准化组织(International Organization for Standardization,ISO),我国国家标准也有对应的分类。目前广泛接受并采用的是 ITU 和 IEC 有关对光纤分类命名规则。ITU-T 侧重于通信运营商和传输设备制造商,主要关注光纤在通信运营网络中的正确合理使用,而 IEC 则侧重于光纤光缆生产厂商,主要关注的是产品性能规范和测试方法。IEC 与 ITU-T 的研究的侧重点不同,但两个组织对光纤传输特性的要求是相同的。目前商用光纤的类别代号如表 1.6.1 所示。

表 1.6.1 商用光纤类别代号表

光纤	类别代号			材料	特征	备注
	ITU	IEC 和 GB/T	ISO			
多模光纤	G651	A1	A1a	OM2	渐变型折射率分布	芯包比:50/125
				OM3 OM4	渐变型折射率分布	新一代多模光纤,芯包比:50/125
	N/A		A1b	OM1	渐变型折射率分布	芯包比:62.5/125
	N/A		A1c	N/A	渐变型折射率分布	芯包比:80/125,已很少采用
	N/A		A1d	N/A	渐变型折射率分布,100/140	芯包比:100/140,已很少采用
	N/A	A2:A2a,A2b,A2c,A2d		N/A	准阶跃型和阶跃型射率分布	A2a(100/140),A2b(200/240),A2c(200/280)
	N/A	A3:A3a,A3b,A3c,A3d		N/A	渐变型和阶跃型折射率分布	A3a(200/300),A3b(200/380),A3c(200/230),A3d(200/230)
	N/A	A4:A4a,A4b,A4c,A4d,A4e,A4f,A4g,A4h		N/A	渐变型和阶跃型折射率分布	A4a(包层直径1000,NA0.50),A4b(包层直径750,NA0.50),A4c(包层直径500,NA0.50),A4d(包层直径1000,NA0.30),A4e(包层直径750,NA0.25),A4f(200/490,NA0.19),A4g(120/490,NA0.19),A4h(62.5/245,NA0.19)
单模光纤	G652A/G652B	B1.1		OS1	色散非位移光纤	
	G652C/G652D	B1.3		OS2	低水峰单模光纤	也称全波光纤,分别取代G652A 和 G652B
	G653	B2		N/A	色散位移光纤	
	G654	B1.2		N/A	截止波长位移光纤	
	G655	B4		N/A	非零色散位移光纤	典型的有大有效面积(LEAF)光纤和真波(TRUEWAVEGUIDE)光纤
	G656	B5		N/A	低斜率非零色散位移光纤	
	G657	B6		N/A	耐微弯光纤	主要应用在 FTTH 工程上

材料列:多模光纤区 A1~A1d、A2 为 玻璃芯/玻璃包层；A3 为 玻璃芯/塑料包层；A4 为 塑料芯/塑料包层。单模光纤区为 玻璃芯/玻璃包层。

下面按多模光纤、单模光纤和特种商用光纤分别进行介绍。

1.6.1　商用多模光纤

将在工作波长可传播多个模式的光纤称作多模光纤,多模光纤在 20 世纪 70 年代末到 80 年代初被开发的第一代通信用光纤,使用最多的是 50/125 μm 和 62.5/125 μm 多模光纤。这两种光纤的包层直径和机械性能相同,但传输特性不同。它们都能提供如以太网、令牌网和 FDDI 协议在标准规定的距离内所需的带宽,而且都能升级到 Gbit/s 的速率。A 类渐变型多模光纤工作于 0.85 μm 波长窗口或 1.3 μm 波长窗口,或同时工作于这两个波长窗口。

光纤适用于哪个窗口,主要由其带宽指标决定。多模光纤由于衰减大、带宽小,主要适合于低速率、短距离的场合传输需要,但由于与多模光纤配套的器件和其传输设备等价格低廉,容易施工安装,是综合成本较低的传输光纤,至今短距离传输仍无法由单模光纤完全代替。

依据国标和 IEC 标准,商用多模光纤有 4 个大的类别,分别是 A1、A2、A3 和 A4,国际国内标准中对这四类光纤的主要要求如表 1.6.2 所示。

表 1.6.2　商用多模光纤技术指标要求

多模光纤代号			芯/包	工作波长/μm	带宽/(MHz·km⁻¹)			衰减系数/(dB·km⁻¹)		数值孔径	应用场合
					850 nm		1 300 nm				
					满注入最小模式	最小有效模式	满注入最小模式	850 nm	1 300 nm		
A1	A1a	A1a.1	50/125	0.85 和 1.30	200~800	510	200~1 200	≤3.5	≤1.5	0.20~0.23	数据链路、局域网
		A1a.2			1 500	2 000	500	≤3.5	≤1.5		
		A1a.3			3 500	4 700	500	≤3.0	≤0.7		
	A1b		62.5/125		160~800	N/A	200~1 000	≤3.5	≤1.0	0.275	
	A1c		85/125		100~1 000	N/A	N/A	≤4.0	≤2.0	0.26~0.30	局域网、传感器
	A1d		100/140		10~800	N/A	200~100	≤7.0	≤4.5	0.26~0.29	
A2	A2a		100/140	0.85	≥10(工作波长处)			≤10(工作波长处)		0.23~0.26	短距离通信、传感器
	A2b		200/240								
	A2c		200/280								
A3	A3a		200/300	0.85	≥5(工作波长处)			≤10(工作波长处)		0.4	
	A3b		200/380								
	A3c		200/230								
	A3d		200/230	0.85	≥100(工作波长处)			≤1(工作波长处)		0.35	
A4	A4a		980/1 000	0.65	≥10(工作波长处)			≤40(工作波长处)		0.5	
	A4b		730/750								
	A4c		480/500								
	A4d		480/1 000	0.65	≥100			≤40(工作波长处)		0.3	

ISO/IEC11801 颁布新的多模光纤标准等级中,将多模光纤分为 OM1,OM2,OM3,OM4 四类。其中 OM1 是指传统的 62.5/125 μm 多模光纤,OM2 是指传统的 50/125 μm 多模光纤,OM3 是指新型的满足 10 Gbit/s 传输速率的 50/125 μm 多模光纤。OM4 光纤是一种激光优化型纤芯为 50 μm 的多模光纤,与 OM3 光纤相比,只是在光纤带宽指标做了提升,即 OM4 标准在 850 nm 波长的有效模式带宽(EMB)和满注入带宽(OFL)相比 OM3 光纤都做了提高。表 1.6.3 为 OM3/OM4 具体的指标要求。

表 1.6.3　OM3/OM4 带宽指标

	OM3	OM4	850 nm 激光性能带宽
有效模式带宽(EMB)/(MHz·km^{-1})	2 000	4 700	850 nm LED 光源带宽
满注入带宽(OFL)/(MHz·km^{-1})	1 500	3 500	1 300 LED 光源带宽
满注入带宽(OFL)/(MHz·km^{-1})	500	500	

近几年,随着局域网、存储网、数据中心等对数据传输的需求呈现爆炸式增长,新一代多模光纤以其低成本方案和高带宽的优势,重新引起人们重视。

1.6.2　商用单模光纤

按 ITU 分类,商用单模光纤可分为七大类,分别介绍如下:

1. G652 光纤

G.652 单模光纤称为非色散位移光纤,也被叫作 1 310 nm 波长性能最佳的单模光纤,1983 年开始投入商用,其零色散波长在 1 310 nm,在波长为 1 550 nm 时衰减最少,但有较大的正色散,其色散系数为 18 ps/(nm·km),所以 G.652 工作波长既可选 1 310 nm,也可选 1 510 nm,是目前应用最广泛的单模光纤。

G.652 单模光纤按特性分为 A、B、C、D 四类,其主要区别在宏弯损耗、衰减系数、PMD 系数上有所差异,形成这种差异的原因在于生产制造技术。

(1) G.652.A

该类光纤支持 10 Gbit/s 系统传输距离可达 400 km,10 Gbit/s 以太网的传输达 40 km,支持 40 Gbit/s 系统的传输距离为 2 km。

(2) G.652.B

该型光纤支持 10 Gbit/s 系统传输距离可达 3 000 km 以上,40 Gbit/s 系统的传输距离为 80 km。

(3) G.652.C

该型光纤基本属性与 G.652A 相同,但在 1 550 nm 的衰减系数更低,而且消除了 1 380 nm 附近的水吸收峰,可使系统工作在 1 360~1 530 nm 波段。

(4) G.652D

该型光纤的属性与 G.652B 光纤基本相同,而衰减系数与 G.652C 光纤相同。G652D 是色散位移光纤,零色散波长接近 1 310 nm,因此在 1 310 nm 使用最优,同时低水峰打通了 1 300~1 600 窗口,可使系统工作在 1 360~1 600 nm 波段。

G.652.D 是所有 G.652 光纤级别中指标最严格的并且完全向下兼容的,结构上与普通的 G.652 光纤没有区别。

随着制造技术的进步,G.652 光纤性能还在进一步改善,如超低损耗光纤退出市场,G.652D光纤性能将会被重新定义或修订。由于 G.652A 和 G.652C 光纤逐步退出市场,2016 年的 ITU 最新版本只对 G.652B 和 G652D 指标进行了修订。

商用 G.652 光纤具体指标如表 1.6.4 所示。

表 1.6.4　G652 光纤典型指标

参数名称	说明	典型指标			
		G.652.A	G652.B	G.652.C	G.652.D
衰减系数/ (dB·km)	1 310 nm	≤0.5	≤0.4		1 310 nm 到 1 625 nm 之间≤0.4
	1 550 nm	≤0.4	≤0.35	≤0.3	≤0.3
	1 625 nm		≤0.4		
	1 383 nm				氢老化试验后≤0.4
模场直径	1 310 nm,μm	$(8.6\sim9.5)\pm0.6$	$(8.6\sim9.5)\pm0.6$	$(8.6\sim9.5)\pm0.6$	$(8.6\sim9.2)\pm0.4$
包层直径	标称值/μm	125 ± 1.0	125 ± 1.0	125 ± 1.0	125 ± 0.7
成缆后截止 波长/nm		≤1260			
弯曲损耗 dB(30 mm, 松绕 100 圈)	1310 nm	≤0.5			
	1550 nm				≤0.5
	1625 nm		≤0.1	≤0.5	≤0.5
零色散波长范围	$\lambda_{0\,min}$/nm	1 300~1 324			
零色散斜率	ps/(nm²·km)	0.093	0.092	0.093	0.073~0.092
色散斜率 $S_{1550\,nm}$					0.053~0.066
最大色散系数	ps/(nm·km)	18			1550 nm 处: 13.3~18.5
未成缆光纤链路 最大 PMD_Q 系数	ps/(km)$^{1/2}$	0.5	0.2	0.5	0.2

2. G653 光纤

G.653 光纤又称为色散位移光纤(Dispersion Shifted Fiber,DSF),于 1985 年开始商用。在光纤制造时通过改变光纤的结构参数、折射率分布形状来加大波导色散,从而将最小零色散点从 1 310 nm 位移到 1 550 nm 处,使低损耗与零色散在同一工作波长上,并且在掺铒光纤放大器(Erbium Doped Fiber Amplifier,EDFA)工作波长区域内。但是零色散不利于多信道 WDM 传输,因为当复用的信道数较多时,信道间距较小,这时就会产生一种称为四波混频(FWM)的非线性光学效应,这种效应使两个或三个传输波长混合,产生新的、有害的频率分量,导致信道间发生串扰,同时也阻碍光纤放大器在 1 550 nm 窗口的应用。正是这个原因,色散位移光纤正在被非零色散位移光纤(G655)所取代。

商用 G653 光纤典型指标列于表 1.6.5。这种光纤非常适合于长距离、单信道、高速光纤通信系统,如可在这种光纤上直接开通达 20 Gbit/s 系统,而不需要采取任何色散补偿措施。这种光纤在有些国家,特别是日本被推广使用,我国仅在京九干线上放了 6 芯,但没有使用。

表 1.6.5　G653 光纤指标

参数名称	说明	指标
衰减系数/(dB·km^{-1})	1 550 nm	≤0.35
	1 625 nm	
模场直径	1 550 nm,μm	(7.8～8.5)±0.8
包层直径	标称值/μm	125±1.0
截止波长/nm	成缆后 λ_{cc}	≤1 270
弯曲损耗 dB(30 mm,松绕 100 圈)	1 550 nm	≤0.5
零色散波长范围	$\lambda_{0\,min}$(nm)	1 500～1 600
零色散斜率	ps/(nm^2·km)	0.085
1 525～1 575 最大色散系数	ps/(nm·km)	3.5
未成缆光纤链路最大 PMD$_Q$ 系数	ps/(km)$^{1/2}$	0.5

3. G654 光纤

G654 光纤又称截止波长位移光纤,它以努力降低光纤的衰减为主要目的,零色散点仍然在 1 310 nm 波长区,是在 G.652 光纤基础上将截止波长向长波长方向位移,以适应 G.652 光纤在 1 550 nm 窗口的应用。此类光纤常见的纤芯是纯的 SiO_2,而普通的光纤纤芯要掺锗。在 1 550 nm 附近的损耗最小,仅为 0.185 dB/km,但在此区域色散比较大,约 17～20 ps/(nm·km),而在 1 300 nm 波长区域色散为零。这种光纤在国内实际使用最少,主要应用于海底或地面长距离传输,比如 400 km 无转发器的线路。具体指标要求如表 1.6.6 所示。

表 1.6.6　G654 光纤指标

参数名称	说明	指标
衰减系数/(dB·km^{-1})	1 550 nm	≤0.19
	1 625 nm	待定
模场直径	1550 nm,μm	(9.5～10.5)±0.7
包层直径	μm	125±1.0
截止波长(nm)	光纤 λ_c	1 350≤λ_c≤1 600
	成缆后 λ_{cc}	≤1 530
弯曲损耗 dB(30 mm,松绕 100 圈)	1 625 nm	≤0.5
零色散波长范围	$\lambda_{0\,min}$(nm)	1 300～1 324
零色散斜率	ps/(nm^2·km)	0.07
最大色散系数	ps/(nm·km)	22
未成缆光纤链路最大 PMD$_Q$ 系数	ps/(km)$^{1/2}$	0.2

4. G655 光纤

G.655 光纤常称为非零色散位移光纤（NonZero Dispersion Shifted Fiber, NZDSF），是在 1994 年专门为新一代光放大密集波分复用传输系统设计和制造的新型光纤，属于色散位移光纤，不过在 1 550 nm 处色散不是零值〔按 ITU-T.G.655 规定，在波长 1 530～1 565 nm 范围内对应的色散值为 0.1～6.0 ps/(nm·km)〕，用以平衡四波混频等非线性效应。由于这种光纤利用较低的色散抑制了四波混频等非线性效应，使其能用于高速率（10 Gbit/s 以上）、大容量、密集波分复用的长距离光纤通信系统中。

根据色散特性的不同，G.655 类光纤可分为 A、B、C、D、E 五个子类，具体性能要求如表 1.6.7 所示。其中比较有代表性的是 A 类和 B 类。A 类和 B 类区别在于：G.655A 类光纤用于单通道放大系统和通道间隔不小于 200 G·Hz(≈1.6 nm) 的波分复用系统，G.655B 类光纤用于通道间隔不大于 100 G·Hz(≈0.8 nm) 的密集波分复用系统。G.655A 类光纤代表性的商用光纤是大有效面积（LEAF）光纤，G.655B 类光纤代表性的商用光纤是真波（TrueWave）光纤，其中，大有效面积光纤的优点是，光纤具有更大的有效面积，可以大大降低光纤中光功率的密度，在相同的入射光功率时，降低了光纤的非线性效应，使光信号能传输更远的距离。真波光纤的优点是，在 C 波段和 L 波段具有低的色散斜率，因而可以用一个色散补偿模块补偿整个频带内的色散，使光纤能进行更多通道的传输。G.655A 类光纤在长途骨干网中有更多的应用优势，而 G.655B 类光纤在城域网中有更多的应用优势。

表 1.6.7　G655 光纤技术指标

参数名称		说明	指标				
			A 类	B 类	C 类	D 类	E 类
衰减系数(dB/km)		1 460 nm			≤0.31		
		1 550 nm			≤0.25		
		1 625 nm			≤0.30		
模场直径		1 550 nm, μm			(8～11)±0.6		
包层直径		标称值(μm)			125±1.0		
成缆后截止波长		nm			≤1 450		
弯曲损耗 dB(37.5 mm, 松绕 100 圈)		1 550 nm	≤0.5				
		1 625 nm			≤0.5		
非零色散波长范围		λ(nm)		1 530～1 565			
色散特性	最小色散系数 D_{min}	ps/(nm·km)	0.1	1.0			
	最大色散系数 D_{max}	ps/(nm·km)	6	10			
	$D_{max}-D_{min}$	ps/(nm·km)		≤5			
	符号			正或负			

续表

参数名称	说明	指标				
		A类	B类	C类	D类	E类
S+C+L波段色散特性						
$D_{min}(\lambda)$:1 460～1 550 nm					$\frac{7.00}{90}(\lambda-1\,460)-4.20$	$\frac{5.42}{90}(\lambda-1\,460)+0.64$
$D_{min}(\lambda)$:1 550～1 625 nm	ps/(nm・km)				$\frac{2.97}{75}(\lambda-1\,550)+2.80$	$\frac{3.30}{75}(\lambda-1\,550)+6.06$
$D_{max}(\lambda)$:1 460～1 550 nm					$\frac{2.91}{90}(\lambda-1\,460)+3.29$	$\frac{4.65}{90}(\lambda-1\,460)+4.66$
$D_{max}(\lambda)$:1 550～1 625 nm					$\frac{5.06}{75}(\lambda-1\,550)+6.20$	$\frac{4.12}{75}(\lambda-1\,550)+9.31$
未成缆光纤链路最大 PMD_Q系数	ps/(km)$^{1/2}$	0.5			0.2	

5. G656光纤

2004年7月,ITU-T颁布了宽带光传输用的非零色散位移单模光纤即G.656光纤的建议。该建议在G.655规范基础上将光纤工作窗口由G655的1 565～1 625 nm提高到1 460～1 625 nm的波长,并对最大、最小色散系数方面的规定有严格的要求,确保了DWDM系统中更大波长范围内的传输性能。具体指标如表1.6.8所示。

表1.6.8 G656光纤指标

参数名称		说明	指标
衰减系数(dB/km)		1 460 nm	≤0.4
		1 550 nm	≤0.35
		1 625 nm	≤0.4
模场直径		1 550 nm,μm	(7～11)±0.7
包层直径		μm	125±1.0
成缆后截止波长		nm	≤1 450
弯曲损耗 dB(30 mm,松绕100圈)		1 625 nm	≤0.5
非零色散波长范围		λ(nm)	1 460～1 625
色散特性	最小色散系数 D_{min}	ps/(nm・km)	2
	最大色散系数 D_{max}	ps/(nm・km)	14
	符号		正
未成缆光纤链路最大 PMD_Q系数		ps/(km)$^{1/2}$	0.2

G.656光纤在1 550 nm处保留了一定量的色散,这个色散有助于减小信道间串扰所引起的光纤损耗,可大幅度降低运营商在扩展网络时对中继器的依赖,从而更有利于长途传输。

6. G657 光纤

G657 光纤也叫弯曲不敏感单模光纤,弯曲半径最小可达 5~10 mm。在 ITU-T G657 标准里要求:G657 分为 A、B 两个子类,子类里面又分为 A1、A2、B2、B3 四小类,如表 1.6.9 所示,具体指标如表 1.6.10 所示。

表 1.6.9 G657 光纤分类

G.657	A 类(与 G.652 完全兼容)	B 类(与 G.652 不兼容)
弯曲等级 1(最小弯曲半径 10 mm)	G.657.A1	
弯曲等级 2(最小弯曲半径 7.5 mm)	G.657.A2	G.657.B2
弯曲等级 3(最小弯曲半径 5 mm)		G.657.B3

表 1.6.10 G657 光纤指标

参数名称	说明	指标										
		G.657.A1		G.657.A2			G.657.B2			G.657.B3		
衰减系数 (dB/km)	1 310~1 625 nm	≤0.4										
	1 383 nm	氢老化试验后≤0.4										
	1 550 nm	≤0.3										
模场直径	1 310 nm,μm	(8.6~9.2)±0.4					(8.6~9.2)±0.4					
包层直径	标称值(μm)	125±0.7										
成缆后截止波长(nm)		≤1 260										
弯曲损耗 dB	弯曲半径,mm	15	10	15	10	7.5	15	10	7.5	15	10	5
	圈数	10	1	10	1	1	10	1	1	1	1	1
	1 550 nm 处最大值	0.25	0.5	0.03	0.1	0.5	0.03	0.1	0.5	0.03	0.08	0.15
	1 625 nm 处最大值	1.0	1.5	0.1	0.2	1.0	0.1	0.2	1.0	0.1	0.25	0.45
零色散波长范围	λ_0(nm)	1 300~1 324					1 250~1 350					
零色散斜率	ps/($nm^2 \cdot km$)	0.073~0.092					≤0.11					
色散斜率 $S_{1\,550\,nm}$		0.053~0.66										
最大色散系数	ps/($nm \cdot km$)	1 550 nm 处:13.3~18.5										
未成缆光纤链路最大 PMD_Q 系数	ps/$(km)^{1/2}$	0.2					0.5					

G.657 光纤是为了实现光纤到户的目标,在 G.652 光纤基础上开发的最新的一个光纤品种。这类光纤最主要的特性是具有优异的耐弯曲特性,其弯曲半径可实现常规的 G.652

光纤弯曲半径的 1/4~1/2。同时具有两个诱人的特性:极好的弯曲能力和低水峰,可充分利用 2 个波段(1 260 nm,1 625 nm)传输。G.657 光纤的抗弯曲性能在 1 800 nm 工作窗口范围内抑制了附加损耗。不仅适合 L 波段使用,而且易于安装,尤其是在光纤到户的网络中,光纤的弯曲半径能满足沿最小的墙角铺设。不仅如此,G.657A 光纤的模场直径与标准的 G.652 单模光纤一致,这使其与 G.652 光纤有低的连接损耗,包括熔接损耗和插损等。该光纤能充分满足网络对容量特性的要求,其更适用于实现 FTTH 的信息传送、安装在室内或大楼等狭窄的场所。

1.6.3 商用特种商用光纤

商用特种商用光纤是指根据客户需求,为不同的应用技术背景设计和生产的特殊用途光纤。特种光纤可分为特种材料光纤、特殊结构和特种应用功能等三大类,目前发展迅速,品种繁多。本节重点介绍几种典型的基于石英玻璃的商用特种光纤。

1. 偏振保持光纤

偏振光是电场振动方向与传播方向不一致的光。线偏振光指光波电场的指向限于某一平面内,只沿一个方向振动的偏振光。偏振保持光纤,指能使输入该光纤的线偏振光独立、稳定地在光纤中传输的一种单模光纤,由于其微观结构类似于熊猫眼,因此保偏光纤也称为熊猫型光纤,如图 1.6.1 所示。熊猫光纤在许多与偏振相关的应用领域具有使用价值,如光纤陀螺、光纤水听器、全光纤电流互感器和光纤传感器等。

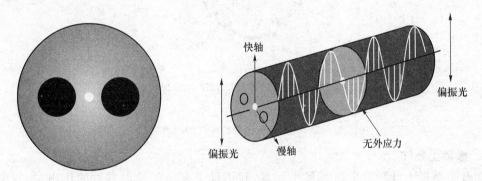

图 1.6.1 熊猫型光纤示意图

常规保偏光纤大多采用预制棒钻孔的方法,然后置入应力硼棒,形成应力双折射。典型的保偏光纤的技术指标如表 1.6.11 所示。

表 1.6.11 Panda 型保偏光纤的技术指标

工作波长,nm	980	1 310	1 550
截止波长,nm	800~970	1 100~1 290	129~1 520
模场直径,μm	6.5±1	6.0±1	10.5±1
衰减,dB/km	≤2.5	≤1	≤0.5
拍长,mm	≤3	≤3	≤4
偏振串音(dB)100 m	≤−30	≤−30	≤−30
偏振串音(dB)典型值 4 m	≤−40	≤−40	≤−40

2. 色散补偿光纤

随着光通信技术的发展,光纤系统需要不断增大传输距离、传输容量和提高传输速率,常规 G.652 光纤在 1 550 nm 波长附近的色散为 17 ps/(nm·km)。当速率超过 2.5 Gbit/s 时,随着累积色散不断增加,会导致传输信号的波形畸变,造成信号失真,这就必须考虑光纤通信系统的色散问题。为了减小通信链路累积色散对通信系统传输性能的影响,当前国际上的主流技术,采用色散补偿光纤进行通信链路的色散补偿,即利用色散补偿光纤正负色散可相互抵消的原理,补偿在常规光纤中传播时所产生的色散,以大大延长光纤的传输距离。

色散补偿光纤可采用常规的 MCVD 或 PCVD 工艺生产,与普通光纤工艺相同。典型的色散补偿光纤的色散特性如图 1.6.2 所示。普遍的做法是将色散补偿光纤制成 G.652 色散补偿模块,用于 10 G 和 40 G 通信线路色散补偿。

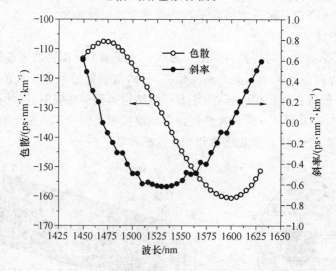

图 1.6.2　典型的色散补偿光纤的色散特性

3. 掺稀土光纤

在石英单模光纤制造中掺入稀土元素,利用稀土离子的受激发射的作用,实现激光光放大,从而实现光纤的新功能。典型掺稀土光纤主要包括掺镱光纤、掺铒光纤、掺铥光纤等。

（1）掺铒光纤

掺铒光纤是 20 世纪 80 年代由英国南安普顿大学首先发明,其主要工作原理是在泵浦光(波长为 980 nm 或 1 480 nm)作用下,掺铒光纤把泵浦光的能量转移到输入光信号中,实现输入光信号的能量放大。由于掺铒光纤的放大区域恰好与单模光纤的最低损耗区域相重合。因此被掺铒光纤放大器放大的光在光纤中的传输损耗得到补偿,能传输比较远的距离,同时其放大频带宽,能在同一根光纤中传输几十甚至上百个信道,且增益饱和的恢复时间长,各个信道间的串扰极小。因此掺铒光纤及放大器的出现,促进了 WDM 技术突破、极大地增加了光纤通信的容量,成为当前光纤通信中应用最广的光放大器件。

掺铒光纤是在石英光纤预制棒制造过程中掺入少量稀土元素铒离子(Er^{3+}),再按常规方式拉丝而成。典型的掺铒光纤的特性如表 1.6.12 所示。

表 1.6.12   典型的掺铒光纤的特性

特性	峰值吸收@1 550 nm	数字孔径	截止波长	模场直径	包层直径
典型值	3～30 dB/m	0.23～0.29	875～1 250 nm	4.4～6.0 μm	80～125 μm

在掺铒光纤发展的基础上,不断出现许多新型光纤放大器,例如,以掺铒光纤为基础的双带光纤放大器(DBFA),是一种宽带的光放大器,宽带几乎可以覆盖整个波分复用(WDM)带宽。类似的产品还有超宽带光放大器(UWOA),它的覆盖带宽可对单根光纤中多达 100 路波长信道进行放大。

(2)掺镱光纤

与掺铒光纤类似,掺镱光纤就是在光纤制造过程中在纤芯掺入稀土元素镱,得到的光纤具有增益带宽宽、上能级荧光寿命长、量子效率高和无浓度猝灭、无激发态吸收等特点,激光输出波长在 1.01～1.162 μm 范围内可调谐,可用于高功率激光系统、光纤传感器、自由空间激光通信和超短脉冲放大等领域。

掺镱光纤可以通过纤芯泵浦,也可采用包层泵浦技术。包层泵浦的关键技术是双包层光纤的设计和制造。理论分析和实验结果均表明,双包层光纤的泵浦吸收不仅与掺稀土浓度和纤芯尺寸(纤芯和内包层面积的比)有关,还与内包层的形状有关,因而从双包层光纤提出到现在,已经有多种关于光纤内包层形状的优化设计方案,以便提高对泵浦光的吸收效率,达到在同样掺杂浓度和内包层尺寸的情况,使用较短的光纤获得较高功率输出的目的。

目前,掺镱光纤通过特殊的掺杂技术可使镱离子浓度突破 13 000 ppm,双包层掺镱光纤的纤芯直径突破 100 μm 的技术关隘,达到 115 μm,单根掺镱光纤成功实现 1 640 W 的 1 080 nm 的激光功率输出,其典型特性如表 1.6.13 所示。

表 1.6.13   典型的掺镱光纤的特性

特性	结构类型	吸收@920 nm /(dB·m⁻¹)	泵浦类型	芯数字孔径	截止波长 /nm	纤芯直径 /μm	包层直径 /μm
典型值	单模	280±50	纤芯	0.2	1 060	4.4*	125
	单模	0.6	包层	0.15	1 060	6±0.8*	125
	大模场面积	0.5～3.2		0.07～0.15		10～25	125～400

*该值为 1 060 nm 处模场直径。

4. 光子晶体光纤

光子晶体光纤又被称为微结构光纤,最早在 1992 年由 St. J. Russell 等人提出,1996 年首根光子晶体光纤问世。光子晶体光纤具有无截止单模、不同寻常的色度色散、极好的非线性效应、优良的双折射效应等优点,能量传输基本无损失,也不会出现延迟等影响数据传输率的现象,可全波段传输。目前,光子晶体光纤应用范围覆盖到通信、传感、非线性光学、光谱学,乃至生物医学等众多科技领域。

其结构可以分为实心光纤和空心光纤。实心光纤是将石英玻璃毛细管以周期性规律排列在石英玻璃棒周围的光纤。空心光纤是将石英玻璃毛细管以周期性规律排列在石英玻璃管周围的光纤,如图 1.6.3 所示。

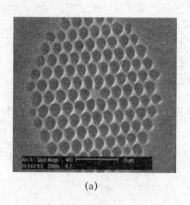
(a)
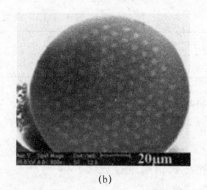
(b)

图 1.6.3　光子晶体光纤横截面图

光子晶体光纤工作的原理有两种解释,一种解释是折射率导光机理,即光纤周期性缺陷的纤芯折射率(石英玻璃)和周期性包层折射率(空气)之间有一定的差别,从而使光能够在纤芯中全内反射传播。另一种解释是光子能隙传光机理,即光纤在石英玻璃中存在周期性的空芯孔,孔中介质为空气,石英玻璃中的小孔点阵构成光子晶体。当小孔间的距离和小孔直径满足一定条件时,其光子能隙范围内就能阻止相应光传播,光被限制在中心空芯之内传输。

光子晶体光纤的制备方法一般为堆积法。它将普通光纤的拉制过程加以改进提高,并更加严格地控制光纤拉丝塔内的温度和拉制速度。步骤如下:首先设计出光子晶体光纤的基本结构;然后将预先熔融制成的预制棒研磨、钻孔后在光纤塔内拉伸成微细管;将这些微细管按照预先设计形状(六角形,网状等)排列在一起,其中心或者替换成一根直径完全相同的实心微棒或者抽掉中间的实心微棒或者再将周围的一圈微细管也同时抽去;再经过一步或两步复拉伸形成最后所要的光子晶体光纤。

光子晶体光纤微结构不同,其特性和应用领域也不同,表 1.6.14～表 1.6.16 分别是三种典型微结构光纤的性能及应用领域。

表 1.6.14　空心光子晶体光纤结构与典型性能

光纤微结构	中心波长/nm	损耗/(dB·m^{-1})	色散/(ps·nm^{-1}·km^{-1})	色散斜率/(ps·nm^{-2}·km^{-1})	带宽/nm	模场直径/μm	应用
	1 060	<0.1	120	1	>90	7.5	高功率脉冲传输、脉冲压缩、传感
	1 550	<30	97	0.5	>200	7.5	

表 1.6.15　非线性光子晶体光纤结构与典型性能

光纤微结构	芯径/μm	包层直径	截止波长	零色散波长/nm	NA	损耗/(dB·m^{-1})	模场直径/μm	非线性系数@780 nm/(wkm)$^{-1}$	应用
	1.8～2.4	105～120	<1 000	750/1 260	0.38 @780 nm	<0.05 @780	1.6	～95	拉曼放大、光参量放大、通信器件、波长转换器
	2.3～4.8	125		975～1 040	0.37 @1 060 nm	<30 @1 060 nm	2.2	11～37	

表 1.6.16　双包层光子晶体光纤结构与典型性能

微结构	纤芯直径/μum	内包层直径/μm	外包层直径/μm	涂覆层直径/μm	模场直径/μm	纤芯 NA	泵浦吸收		泵 NA@950	应用
							@976 nm	@915 nm		
	15~100	135~285	280~450	345~540	16~30	0.03~0.05	2.8~10	3~8	0.6	高脉冲光纤放大器、高功率光纤激光器

第 2 章
光纤设计与制造

光纤从本质上讲是石英玻璃材料,因此制造光纤的过程就是制造石英玻璃的过程。为了解光纤设计的机理,有必要先了解玻璃材料特别是石英玻璃材料及其光学特性。

2.1 玻璃的光学特性

玻璃是一种高度透明的物质,可以通过调整成分、着色、光照、热处理、光化学反应以及涂膜等物理和化学方法,获得一系列重要光学性能,以满足各种光学材料对特定的光性能和理化性能的要求。

光通过玻璃,会产生折射、反射、吸收和透射等。为了便于讨论玻璃的光学性质,先简略介绍光的本质。

外来能源激发物质中的分子或原子,使分子或原子中的外层电子,由低能态跃迁到高能态,当电子跳回到原来状态时,吸收的能量便以光的形式对外产生辐射,此过程就叫发光。光是一种电磁波,具有一定的波长和频率,且以极高的速度在空间传播(光速约为 3×10^8 m/s)。光在真空中传播,波长与频率的关系为

$$f = \lambda / C$$

式中,f 为频率,单位 Hz;λ 为波长,单位 m;C 为光在真空中的传播速度,单位 m/s。

2.1.1 玻璃的折射率

当光照射到玻璃时,一般产生反射、透过和吸收。这三种基本性质与折射率有关。折射率是反映玻璃材料的光学特性参数之一,光在真空中的速度与光在该材料中的速度之比率定义为玻璃的折射率。玻璃的折射率可以理解为电磁波在玻璃中传播速度的降低(以真空中的光速为准)。如果用折射率来表示光速的降低,则:

$$n = C/V \tag{2.1.1}$$

式中,n 为玻璃的折射率;C 为光在真空中的传播速度;V 为光在玻璃中的传播速度。

折射率可分为绝对折射率和相对折射率,式(2.1.1)也称为玻璃的绝对折射率。玻璃相对折射率可定义为:光从介质 1 射入介质 2 会发生折射,如图 2.1.1 所示。

根据折射定律，有：$n_1 \cdot \sin\theta_1 = n_2 \cdot \sin\theta_2$，经变换得：$\dfrac{n_2}{n_1} = \dfrac{\sin\theta_1}{\sin\theta_2}$。定义 $n_{21} = \dfrac{n_2}{n_1}$ 为第二介质对第一介质的相对折射率。显然，相对折射率等于入射角 θ_1 与折射角 θ_2 的正弦之比。

2.1.2 折射率影响因素

1. 玻璃折射率与组成的关系

光波是电磁波，对玻璃来说，光波是一个外加的交变电场，由于玻璃内部有着各种带电的质点，如离子、离子基团和电子，因此光通过玻璃时，会引起玻璃内部质点的极化变形。在可见光的频率范围内，这种变化表现为离子或原子核外电子云的变形，并且随着光波电场的交变，电子云也反复来回变形，如图 2.1.2 所示。玻璃内这种极化变形需要能量，这个能量来自光波。因此，光在通过玻璃过程中，会损失一部分能量，从而导致光速降低，即低于在空气或真空中的传播速度。玻璃内部各离子的极化率（即变形性）越大，当光波通过后被吸收的能量也越大，传播速度降低也越大，则其折射率也越大。另外，玻璃的密度越大，光在玻璃中的传播速度也越慢，其折射率也越大。

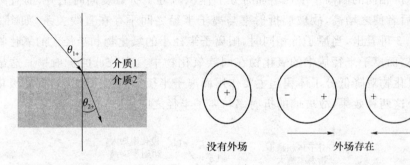

图 2.1.1 光的折射现象　　图 2.1.2 在光波作用下玻璃中离子的电子云变形

若把玻璃近似看成是各氧化物均匀的混合物，则就每一种氧化物来说，它的极化率 α_i、密度 d_i 与折射率 n_i 之间有如下关系：

$$\alpha_i = \frac{1}{\frac{4\pi}{3} \cdot N} \frac{n_i^2 - 1}{n_i^2 + 2} \frac{M_i}{d_i} \tag{2.1.2}$$

$$= K \frac{n_i^2 - 1}{n_i^2 + 2} \cdot \frac{M_i}{d}$$

式中，N 为阿佛加得罗常数；M_i 为氧化物分子量。

用 V_i 代表 $\dfrac{M_i}{d}$，用 R_i 代表 $\dfrac{\alpha_i}{K}$，则得：

$$R_i = \frac{n_i^2 - 1}{n_i^2 + 2} V_i \tag{2.1.3}$$

式中，R_i 为氧化物的分子折射度；V_i 为氧化物的分子体积。

经整理后，式(2.1.3)可改写成：

$$n_i = \sqrt{\frac{1 + 2\dfrac{R_i}{V_i}}{1 - \dfrac{R_i}{V_i}}} \tag{2.1.4}$$

从式(2.1.4)可知,氧化物(组分)的折射率 n_i 是由它的分子体积 V_i 和分子折射度 R_i 决定的。分子折射度越大,玻璃折射率越大;分子体积越大,则玻璃折射率越小。

玻璃的分子体积标志着结构的紧密程度。它决定于结构网络的体积以及网络外空隙的填充程度。它们都与组成玻璃各种阳离子半径的大小有关。对原子价相同的氧化物来说,其阳离子半径越大,玻璃的分子体积越大(对网络离子是增加体积,对网络外离子是扩充网络)。

玻璃的折射度是各组成离子极化程度的总和,阳离子极化率决定于离子半径以及外电子层的结构。原子价相同的阳离子其半径越大,则极化率越高。而外层含有惰性电子对(如 Pb^{2+}、Bi^{3+} 等)或 18 电子结构(Zn^{2+}、Cd^{2+}、Hg^{2+} 等)的阳离子比惰性气体电子层结构的离子有较大的极化率。此外离子极化率还受其周围离子极化的影响,这对阴离子尤为显著。氧离子与其周围阳离子之间的键力越大,则氧离子的外层电子被固定得越牢固,其极化率越小。因此当阳离子半径增大时不仅其本身的极化率上升而且也提高了氧离子的极化率,因而促使玻璃分子折射率迅速上升。

由于当原子价相同的阳离子半径增加时分子体积与分子折射度同时上升,前者降低玻璃的折射率,而后者使之增高,故玻璃折射率与离子半径之间不存在直线关系,如图 2.1.3 所示。从图 2.1.3 可看出,当原子价相同时,阳离子半径小的氧化物和半径大的氧化物都具有较大的折射率,而离子半径居中的氧化物在同族氧化物中具有较低的折射率。这是因为离子半径小的氧化物对降低分子体积起主要作用而离子半径大的氧化物则对提高极化率起主要作用。综合这两种效果,故玻璃的折射率与离子半径之间呈"马鞍形"。

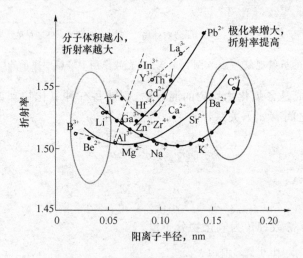

图 2.1.3 玻璃折射率与离子半径的关系

Si^{4+}、B^{3+}、P^{5+} 等网络形成体离子,由于本身半径小、电价高,它们不易受外加电场的作用而极化。不仅如此,它们还紧紧束缚周围的 O^{2-} 离子的电子云,使 O^{2-} 离子不易受外电场的作用而极化。鉴于上述原因,网络形成离子对玻璃折射率起降低作用。例如在石英玻璃中除了 Si^{4+} 离子属于网络形成离子外,其余的都是桥氧离子,这两种离子的极化率都很低,因此石英玻璃的折射率很小,仅为 1.458 9。受外电场作用而变形的 O^{2-} 离子,主要是非桥氧,一般说非桥氧越多,折射率越高。通常提高碱金属氧化物的含量,可使非桥氧的数量增多,玻璃的折射率即增大。

氟离子的可极化性低于氧离子，F^- 的分子折射度(2.4)低于 O^{2-} 的分子折射度(7.0)，因此氟化物玻璃具有很低的折射率。

玻璃的折射率也可根据加和公式进行计算：

$$n = n_1 p_1 + n_2 p_2 + \cdots + n_i p_i \qquad (2.1.5)$$

式中 $p_1, p_2, \cdots, p_i$ 为玻璃中各氧化物的组成（mol%）；$n_1, n_2, \cdots, n_i$ 为玻璃中各氧化物成分的折射率计算系数，具体如表 2.1.1 所示。

表 2.1.1 玻璃中各氧化物成分的折射率计算系数

氧化物	n_i	氧化物	n_i
Na$_2$O	1.590	ZnO	1.705
K$_2$O	1.575	PbO	2.15～2.5
MgO	1.625	Al$_2$O$_3$	1.52
CaO	1.73	B$_2$O$_3$	1.46～1.72
BaO	1.2.17	SiO$_2$	1.452.1～1.475

2. 折射率与波长的关系

玻璃折射率随入射光波长不同而不同的现象，称为色散。色散是光纤通信系统中主要的技术指标，通过光纤折射率结构设计和成分调整来改善光纤的色散是光纤制造的核心技术之一。

光波通过玻璃时，其中某些离子的电子要随光波电场变化而发生振动。这些电子的振动有自己的自然频率（本征频率），当电子振子的自然频率同光波的电磁频率相一致时，振动就加强，发生共振，结果大量吸收了相应频率的光波能量。光的传播速度会降低，对应的玻璃折射率也发生变化。绝大多数的玻璃，在近紫外区折射率最大并逐步向红光区降低，如图 2.1.4 所示。

玻璃从紫外到可见到近红外（近红外到 2.3 μm）波长范围的折射率可以通过塞耳迈耶尔（Sellmeier）色散公式(2.1.6)进行计算。

$$n^2(\lambda) = 1 + \sum_i \frac{B_i \cdot \lambda^2}{\lambda^2 - C_i} \qquad (2.1.6)$$

式中，n 为折射率，λ 为波长，B_i 和 C_i 为依经验决定的 Sellmeier 系数。

该公式是根据经典色散理论推导出来的，可用一组数据来描述整个透射区域范围内的折射率变化曲线，也可用来准确计算中间某个波长的折射率值。

材料的色散随波长变化有正常色散和反常色散之分。在可见光区玻璃的折射率随光波频率的增大而增大。这种折射率随波长减小而增大，当波长变短时，变化更迅速的色散现象，叫正常色散。大部分透明物质都具有这种正常色散现象。当光波波长接近于材料的吸收带时所发生的折射率急剧变化。在吸收带的长波侧，折射率高，在吸收带的短波侧的折射率低，这种现象称为反常色散，如图 2.1.5 所示。

正常色散可通过公式(2.1.7)进行推导，实际工作中常采用柯西经验公式计算：

$$n = A + \frac{B}{\lambda^2} + \frac{C}{\lambda^4} \qquad (2.1.7)$$

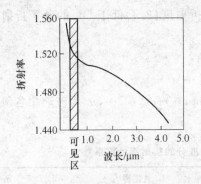

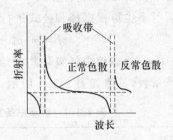

图 2.1.4　玻璃折射率与波长的关系图　　　图 2.1.5　色散曲线示意图

A、B 和 C 是由介质性质决定的常数。要求不严时可近似写成 $n = A + \dfrac{B}{\lambda^2}$，由此可得到色散

率为 $\dfrac{\partial n}{\partial \lambda} = -\dfrac{2B}{\lambda^3}$。

　　上述规律表明，正常色散时 n 随 λ 的增加而趋于某一极限，色散率 $dn/d\lambda < 0$，其绝对值随 λ 的增加而减小。

　　与正常色散相反，反常色散在介质对光有强烈吸收的波段内(吸收带)，折射率随波长的增加而减小，色散率 $dn/d\lambda > 0$。对同一介质，在对光透明的波段内表现为正常色散，而在吸收带内则表现为反常色散。

　　由于玻璃的折射率和色散等光学性能与光波长有关，为了定量地表示玻璃折射率和色散，一般需确立某些特殊谱线的波长作为标准波长。在可见光部分中，玻璃的折射率和色散的测定值通常采用下列波长，这些波长代表着氢、氦、钠(双线的平均值)、钾(双线的平均值)、汞等发射的某些谱线，其数据如表 2.1.2 所示。

表 2.1.2　各种光源的谱色

谱线符号	A	C	D	d	e	F	g	G	h
波长/nm	768.5	656.3	589.3	587.6	546.1	435.8	435.8	434.1	404.7
光源	钾	氢	钠	氦	汞	氢	汞	氢	汞
元素符号	K	H	Na	He	Hg	H	Hg	H	Hg
光谱色	红	红	黄	黄	绿	浅蓝	浅蓝	蓝	紫

　　在上述波长下测得的玻璃折射率分别用 n_D、n_d、n_F、n_C、n_g、n_G 表示。在实际应用中比较不同玻璃波长时，一律以 n_D 为准。

　　玻璃的色散，有下列几种表示方法：

　　① 主色散　即 n_F 与 n_C 之差 $(n_F - n_C)$，有时用 Δ 表示，即 $\Delta = n_F - n_C$。

　　② 部分色散　常用的是 $n_d - n_D$、$n_D - n_C$、$n_g - n_G$ 和 $n_F - n_C$ 等。

　　③ 色散系数(阿贝数)以符号 ν 表示。

$$\nu = \frac{n_D - 1}{n_F - n_C}$$

　　④ 相对部分色散，如 $\dfrac{n_D - n_d}{n_F - n_C}$ 等。

3. 折射率与温度、热历史的关系

玻璃的折射率是温度的函数,它们之间的关系与玻璃组分及结构有密切的关系。

当温度上升时,玻璃的折射率将受到作用相反的两个因素的影响,一方面由于温度上升,玻璃受热膨胀使密度减小,折射率下降。另一方面由于温度升高,导致阳离子对 O^{2-} 离子的作用减小,极化率增加,使折射率变大。且电子振动的本征频率随温度上升而减小,使(因本征频率重叠而引起的)紫外吸收极限向长波方向移动,折射率上升。因此,玻璃折射率的温度系数值有正负两种可能。

对固体(包括玻璃)来说,这两种因素可用下式表示:

$$\frac{\partial n}{\partial t} = R\frac{\partial d}{\partial t} + d\frac{\partial R}{\partial t} \tag{2.1.8}$$

从式(2.1.8)可知,玻璃折射率的温度系数决定于玻璃折射度随温度的变化 $\left(\frac{\partial R}{\partial t}\right)$ 和热膨胀系数随温度的变化 $\left(\frac{\partial d}{\partial t}\right)$。前者主要和玻璃的紫外吸收极限有关。一般光学玻璃的热膨胀系数变化不大(约为 $60\sim2.10\times10^{-7}/℃$),故其折射率温度系数主要决定于 $\left(\frac{\partial R}{\partial t}\right)$。随着温度的上升,原子外层电子产生跃迁的禁带宽度下降,紫外吸收极限向长波移动,折射率上升。若某种情况下玻璃的紫外吸收极限在温度上升时变化不大,而玻璃热膨胀系数有明显的差别,则后者 $\left(\frac{\partial d}{\partial t}\right)$ 对折射率温度系数起主要作用。热膨胀系数大的,由于折射率的温度系数主要决定于 $\left(\frac{\partial d}{\partial t}\right)$,折射率随温度上升而下降。例如硼氧玻璃和磷氧玻璃,其膨胀系数甚大($150\sim160\times10^{-7}/℃$),折射率温度系数为负值。膨胀系数甚小的石英玻璃,折射率主要决定于 $\left(\frac{\partial R}{\partial t}\right)$,故折射率系数为正值,图 2.1.6 是几种氧化物折射率与温度的关系。

热历史对玻璃折射率的影响表现为以下几方面:

① 如将玻璃在退火区内某一温度保持足够长的时间后达到平衡结构,以后若以无限大速率冷却到室温,则玻璃仍保持此温度下的平衡结构及相应的平衡折射率。

② 把玻璃保持于退火温度范围内的某一温度,其趋向平衡折射率的速率与所保持的温度有关,温度越高趋向该温度下的平衡折射率速率越快。

③ 当玻璃在退火温度范围内达到平衡折射率后,不同的冷却速度将得到不同的折射率。冷却速度快,其折射率低;冷却速度慢,其折射率高。

④ 当成分相同的两块玻璃处于不同退火温度范围内保温,分别达到不同的平衡折射率后,以相同的速度冷却时,则保温时的温度越高,其折射率越小,保温时的温度越低,则其折射率越高。

由于热历史不同而引起的折射率变化,最高可达几十个单位(每个折射率单位为

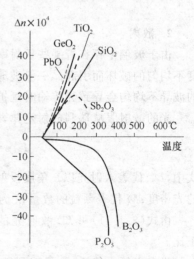

图 2.1.6 几种氧化物折射率与
温度的关系

0.000 1)。因此,可通过控制退火温度和时间来修正折射率的微小偏差,以达到光学玻璃的使用要求。

2.1.3 玻璃的反射、吸收和透过

当光线通过玻璃时也像通过任何透明介质一样,发生光能的减少。光能所以减少,部分是由于玻璃表面的反射,部分是由于光被玻璃本身所吸收,只剩下一部分光透过玻璃。玻璃对光的反射、吸收和透过可用反射率 R、吸收率 A 和透过率 T 来衡量,这三个性质可用百分数表示,若以入射光的强度为 100%,则:

$$R\% + A\% + T\% = 100\% \tag{2.1.9}$$

1. 反射

根据反射表面的不同特征,光的反射可分为“直反射”和“漫反射”两种。光从平整光滑的表面反射时为直反射,从粗糙不平的表面反射时为漫反射。

从玻璃表面反射出去的光强与入射光强之比称为反射率 R,它决定于表面的光滑程度、光的投射角、玻璃折射率和入射光的频率等。它与玻璃折射率的关系在光线与玻璃表面垂直时可用下式表示:

$$R = \left(\frac{n-1}{n+1}\right)^2 \tag{2.1.10}$$

式中,n 为玻璃的折射率,如果入射角$<20\ ℃$,此公式也近似适用。光的反射大小取决于下列几个因素:

(1) 入射角的大小。入射角增加,反射率也增加。

(2) 反射面的光洁度。反射面越光滑,被反射的光能越多。

(3) 玻璃的折射率。玻璃的折射率越高,反射率也越大。

如果反射率达到 100%,即为全反射,全反射正是光在光纤中传播的最基本的条件之一。

2. 散射

由于玻璃中存在着某些折射率的微小偏差而产生光的散射。散射现象是由于介质中密度不均匀的破坏而引起。一般玻璃中的散射特别小,但在光通信系统中,光纤材料本身微小的波导不均匀会导致光传输时延扩大,因此必须重点考虑。

光的散射服从瑞利散射定律,即:

$$I_{\beta \cdot r} = \frac{(d'-d)^2}{d^2}(1+\cos^2\beta)\frac{M\pi V^2}{\lambda^4 r^2} \tag{2.1.11}$$

式中,$I_{\beta \cdot r}$ 代表入射光以 β 角度投射于颗粒时的散射强度;d' 代表粒子的光密度;d 代表介质的光密度;M 代表颗粒的数量;λ 为入射光波长;V 代表颗粒的体积;r 代表观测点的距离。

由式(2.1.11)可知,散射光的强度与波长的四次方成反比,而与微粒体积的平方成正比。

光在光纤中传播,除了瑞利散射外,光的散射还有不同的机理。利用光在光纤中的散射,可制成不同性能的光纤传感器,如压力、温度、应变和位移等。

3. 吸收和透过

当光线通过玻璃时,玻璃将吸收一部分光的能量,光强度 I 随着玻璃的厚度 l 而减弱,

并有下列关系：

$$I = I_0 e^{-al} \tag{2.1.12}$$

式中，I_0 为开始进入玻璃时光的强度（已除去反射损失，即 $I_0 = 1 - R$）；l 为光深入玻璃的深度直至光透出玻璃为止，又叫"光程长度"；I 为在光程长度为 l 处光的强度；a 为玻璃的吸收系数，由于 $I < I_0$，因此 a 前有负号。

从上式可得：

$$\ln \frac{I}{I_0} = -al \tag{2.1.13}$$

令 $\frac{I}{I_0} = T$（透光率），则有：

$$T = e^{-al} \quad （兰别尔定律） \tag{2.1.14}$$

由式(2.1.13)可知，当 l 的单位为 cm 时，a 的单位应是 cm^{-1}。对于普通玻璃来说，由于有两个表面，光将在表面反复反射和吸收，此时总透过率 T 为：

$$T = \frac{I}{I_0} = (1-R)^2 e^{-al} \tag{2.1.15}$$

因为

$$R = \left(\frac{n-1}{n+1}\right)^2$$

所以

$$T = \left[1 - \frac{(n-1)^2}{(n+1)^2}\right]^2 e^{-al} \tag{2.1.16}$$

实际上有时常用光密度 D 来表示玻璃的吸收和反射损失。光密度 D 与透过率 T 有如下关系：

$$D = \lg \frac{1}{T} \tag{2.1.17}$$

表 2.1.3 是光密度与透过率的对应关系。

表 2.1.3　典型光密度值

光密度	透过	透过率/%	光密度	透过	透过率/%
2	0.01	1	0.5	0.316	31.6
1	0.10	10	0.1	0.794	79.4

2.1.4　石英玻璃特性

石英玻璃以其优良的理化性能，被大量广泛用于半导体、电光源、光导通信、激光等技术和光学仪器，高纯的石英玻璃是制造光纤的基础。

1. 石英玻璃结构

石英玻璃为非晶态 SiO_2 结构形态，基本结构特呈 $[SiO_4]^{4-}$ 四面体排列，如图 2.1.7 所示。

2. 石英玻璃的性能

（1）石英玻璃理化性能

石英玻璃的理化性能如表 2.1.4 所示。

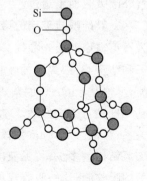

图 2.1.7　石英玻璃结构

表 2.1.4　石英玻璃理化性能

性能	标准值	性能	标准值
密度	2.2 g/cm³	热导率(20 ℃)	1.4 W/(m·℃)
抗压强度	1 100 MPa	折射率	1.458 5
抗弯强度	67 MPa	热膨胀系数	5.5×10⁻⁷ cm/(cm·℃)
抗拉强度	42.1 MPa	热加工温度	1 750～2 050 ℃
泊松比	0.14～0.17	短期使用温度	1 300 ℃
杨氏模量	72 000 MPa	长期使用温度	1 100 ℃
刚性模量	31 000 MPa	电阻率	7×10⁷ Ω·cm
莫氏硬度	5.5～6.5	绝缘强度	250～400 kV/cm
变形点	122.10 ℃	介电常数	3.7～3.9
软化点	172.10 ℃	介电吸收系数	<4×10⁴
退火点	1 250 ℃	介电损耗系数	<1×10⁴
比热(20～350 ℃)	670 J/(kg·℃)		

（2）石英玻璃的光学性能

① 透光性能

一般无色透明的玻璃,在可见光区(390～770 nm)几乎没有吸收,只有小部分由于散射而产生的损失。在近红外波段基本上也是透明的,但在 2 700 nm 则有一吸收带,这是由于溶解在玻璃中的结合水而产生的。到了紫外(λ<0.35 μm)及中红外(λ>3 μm)的波段,吸收就很快增加。其原因是:当入射光作用于介质(如玻璃等)时,介质中的偶极子、分子振子及由核及壳层电子组成的原子产生极化并且跟着振荡。若入射光的频率处于红外波段而与介质中分子振子(包括离子或相当于分子大小的原子团)的本征频率相近或相同时,就引起共振而产生红外吸收,即玻璃对该段频率的光不透过了。若入射光的频率处于紫外波段时,则和介质里的价电子或束缚电子的本征频率重叠,产生电子共振而引起紫外吸收。正是由于玻璃内部组成中的分子振子和电子振动频率处在红外段和紫外段,因共振引起在红外和紫外区吸收而不透过。

一般硅酸盐玻璃的透光和光吸收性,随 SiO_2 含量的增加而接近于石英玻璃。图 2.1.8 为石英玻璃的透光曲线。图中 1.4 μm、2.75 μm 和 4.25 μm 分别为杂质 FeO、游离 OH^- 离子和结合 OH^- 离子的吸收带。实际上石英玻璃光学性能在很大程度上取决于它的化学性能,哪怕是 0.001% 的杂质就明显地影响产品质量。过度金属杂质会改变波长方向移动,羟基 OH 的存在会吸收 2.73 μm 光带。光吸收和石英玻璃的杂质含量和生产工艺有密切的关系;在低于 200 nm 波段的透过率的高低,代表金属杂质含量的多少;240 nm 的吸收表示缺氧结构的多少;可见波段的吸收是由于过渡金属离子的存在造成的,2 730 nm 的吸收是羟基的吸收峰,这一吸收峰可以用于计算羟基含量。

在光纤制造中,应从各个环节避免杂质引入,降低杂质含量也是光纤预制棒材料制造中的重点。

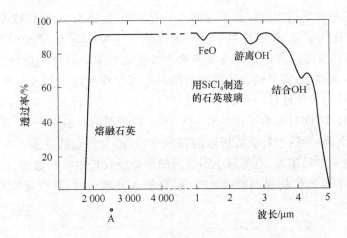

图 2.1.8　石英玻璃的透光曲线

② 红外吸收性能

玻璃在红外区的吸收属于分子光谱，吸收主要是由于红外光（电磁波）的频率与玻璃中分子振子（或相当于分子大小的原子团）的本征频率相近或相同引起共振所致。物质的振动频率（本征频率）ν决定于力学常数和原子量的大小，如下式所示：

$$\nu = \frac{1}{2\pi}\sqrt{\frac{f}{M}} \tag{2.1.18}$$

式中，f 为力常数（表示化学键对于变更其长度的阻力）；M 为原子量。

玻璃形成氧化物如 SiO_2、B_2O_3、P_2O_5 等原子量均较小，力常数较大，故本征频率大，只能透过近红外，不能透过中、远红外。铅玻璃以及一些硫系玻璃，因具有较大的原子量和较小的力常数，故红外吸收极限波长较一般氧化物玻璃要大。例如，石英玻璃的红外透过波段只能到 5 μm 左右，而 Ge—As—S 系统非氧化物玻璃的透过波段可达 12 μm 左右。

③ 紫外吸收

紫外吸收属于电子光谱范畴，相应的吸收光谱频率处于紫外。对于一般无色透明玻璃在紫外波段并不出现吸收峰，而是一个连续的吸收区。在透光区与吸收区之间是一条坡度很陡的分界线，通常称之为吸收极限。小于吸收极限波长的光全部吸收，大于吸收极限波长的光全部透过。而离子着色玻璃在连续光谱中常出现一个或多个选择性的吸收带或吸收峰。因此，无色透明玻璃在紫外区的吸收现象与离子着色玻璃的选择性吸收有本质的不同。一般认为无色玻璃在紫外区的吸收是由于一定能量的光子激发氧离子的电子到高能级所致。凡是能量大于（或波长小于）吸收极限波长的光都能把阴离子上的价电子激发到激发态（或导带），故全部吸收。而能量小于（或波长大于）吸收极限波长的光，由于能量小，不足以激发价电子，故全部透过。激发价电子所需的光子能量可用下式表示

$$h_\nu = E + M - \varphi \tag{2.1.19}$$

式中，h_ν 为光子能量（h 为普朗克常数，ν 为光频率），E 为阴离子的亲电势（氧化物玻璃中主要为氧），M 为克服阴阳离子间的库伦引力所做的功），φ 为阴离子被极化（变形）所获得的能量。

就硅酸盐玻璃来说，阴离子基本是氧离子，因此激发价电子所需光子能量大小主要决定于阴阳离子间的库伦引力 M，因此玻璃透紫外光的性能主要决定于氧与阳离子之间的化学

键力的特性,而这种化学键力的特性又与阳离子的电荷、半径大小、配位数等有密切联系。

石英玻璃具有优异的透紫外性,它能透过 $0.4 \sim 0.22~\mu m$ 波段的紫外区,仅吸收 $0.193~\mu m$ 以下的远紫外波段。石英玻璃的紫外吸收是硅氧四面体中桥氧上的价电子受激发跃迁至激发态(或导带)需要较大的能量的结果。当石英玻璃中加入各种金属氧化物后,都发生紫外吸收极限向长波移动的现象。这是因为此时有非桥氧产生,则激发非桥氧上的价电子所需能量较小,同时产生了比 $\equiv Si-O-Si \equiv$ 键较弱的 $\equiv Si-O \cdots R$ 键,使氧离子上的价电子静电位能下降,导致紫外吸收极限向长波移动,透紫外性能变差。一般来说,网络外体加入量越多、离子半径越大、电荷越小则玻璃的紫外吸收极限波长也越长。

Fe_2O_3 和 CeO_2 等氧化物强烈吸收紫外线,当加入玻璃中时,将引起紫外吸收极限移向长波。

2.2　光纤预制棒结构设计

光纤预制棒结构参数决定了最终光纤技术指标,对光纤传输特性影响很大,是光纤通信系统设计的主要依据之一。所以,在制造光纤预制棒前,必须对它的结构参数有一个正确的设计。

光纤预制棒的结构参数包括芯径($2a$)、包层直径($2d$)、外径($2D$)、折射率差和折射率分布曲线等,如图 2.2.1(a)所示。图中 O 为光纤中心点,r 为中心点到光纤任意点的距离。对采用管内气相沉积工艺制造多模光纤时,为提高折射率差,会在芯层沉积前在外沉积管内先沉积一层包层,会出现不同折射率的包层。严格来讲,图中有颜色的区域都称为包层。典型单模光纤和多模光纤的折射率分布如图 2.2.1(b)和(c)所示。

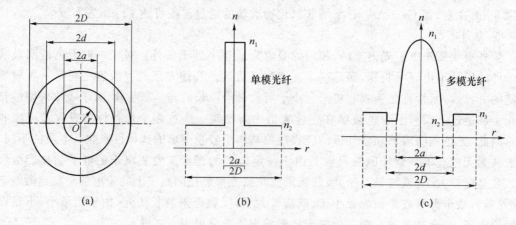

图 2.2.1　石英光纤预制棒结构

2.2.1　光纤结构设计基本原则

光纤预制棒的结构设计必须考虑:

1. 应确保光纤有良好的传输特性,这是设计重点所在

光纤的传输特性包括:①光纤的传输损耗,其中包括光纤因宏弯和微弯引起的附件损耗;②光纤的色散特性;③光纤模场尺寸。

上述这些传输特性参数是互相相互关联相互制约的,在设计中必须综合考虑。

2. 在设计时应保证光纤的机械特性、经济性以及在制造工艺上的可实现性等

2.2.2　光纤结构设计

光纤的结构参数是有光纤预制棒的结构参数决定的,因此对光纤结构参数设计必须首先设计光纤预制棒的结构参数。

1. 折射率分布 $n(r)$ 的设计

根据传输理论的分析,光纤的折射率分布直接影响光纤的损耗、色散等传输性能,而光纤传输性能由光纤材料、波导结构和传输光的模式等因素决定,因此预制棒折射率分布的设计必须保证光纤截面上的折射率分布 $n(r)$ 成最佳分布状态。

由式(1.3.6)可知,渐变型光纤折射率分布可由下式表述:

$$n(r) = \begin{cases} n_1 \left[1 - 2\Delta \left(\dfrac{r}{a} \right)^g \right]^{1/2}, & r \leqslant a \\ n_2, & r > a \end{cases}$$

式中,n_1 和 n_2 分别为纤芯中心和包层的折射率,r 和 a 分别为径向坐标和纤芯半径,$\Delta = (n_1 - n_2)/n_1$ 为相对折射率差,g 为折射率分布指数。

光纤折射率分布有两个重要指标,其一是 g,g 取不同值,光纤的折射率曲线不同。制造光纤前,首先必须确定光纤的种类。如设计 G651(A1)光纤,g 的取值范围为 $1 < g < 3$。g 在 2 左右,光纤折射率称为抛物线分布。当 $g = \infty$,光纤折射率分布为阶跃型曲线。

光纤设计必须考虑的另一指标是光纤芯包相对折射率差 Δ,Δ 不仅影响光纤折射率分布,进而影响光纤的传输性能,而且还影响光纤预制棒制造工艺。对于常规的光纤,Δ 的取值范围如表 2.2.1 所示。

表 2.2.1　单模和多模光纤 Δ 的取值范围

	多模光纤	单模光纤
Δ	0.6%~1.5%	0.3%~0.6%

不同光纤种类,其折射率分布曲线不同,分别如图 2.2.2 所示。图 2.2.2(a)是典型的下凹包层抛物线折射率分布,即在纤芯与纯石英玻璃外层之间具有一层深而狭的下陷的折射率内包层的结构,这样的下凹型包层由 SiO_2 与 F 共掺而成。下凹型包层的主要作用是减少芯层 GeO_2 的掺杂量,降低损耗,同时也减少传输模的泄漏。在制造过程中,为了让通过多模光纤的传导光群时延最小,增加光纤的基带宽度以尽可能地增加通信容量,就要求光纤折射率分布接近抛物线最佳分布,实践和理论研究表明,当 g 并不是"理想"的 $g = 2$,而是有 5%误差的 g 接近于 2 的抛物线分布,这时可使多模群时延最小。图 2.2.2(c)显示了此类光纤 g、Δ 和光纤带宽之间的关系。图中显示,存在一最佳的 g 值,当在 g 最佳时,使所有模式在近截止区都有极小的群时延差。模的色散最小,可获得较宽的带宽。同时 Δ 值越大,则 6 dB 带宽越小。

图 2.2.2(b)是典型的包层匹配阶跃型折射率分布,这是普通的单模光纤选择的分布结构。一般纤芯是掺 GeO_2 的石英玻璃,包层是石英基玻璃。因为单模光纤中相当一部分有

用光是在包层内传递的,因此包层厚度应比芯径大 8～10 倍。这种光纤的典型参数是:芯与包层相对折射差为 0.3%～0.4%,芯径为 8～10 μm。

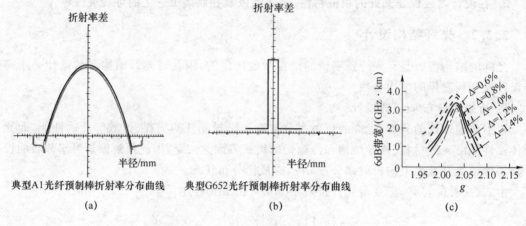

典型A1光纤预制棒折射率分布曲线
(a)

典型G652光纤预制棒折射率分布曲线
(b)

(c)

图 2.2.2　光纤折射率分布

图 2.2.3(a)是双包层单模光纤,又称"W 型分布单模光纤",即在纤芯与纯石英玻璃外层之间具有一层深而狭的下陷的折射率内包层的结构,其折射率分布形状与下陷包层单模光纤相似,G653 和部分 G655 单模光纤选择此类折射率分布。这种折射率的光纤具有以下特点:①具有四个可调整的设计参数,使光纤具有所需的各项性能指标;截止波长 λ_c 由 n_1-n_3 决定,不同于匹配包层光纤,后者的 λ_c 由 n_1-n_2 决定;②模限制在纤芯内;③弯曲损耗小;④色散易受芯径变化而变化,例如芯径比最佳值偏差 2 μm,低色散窗口的宽度就降低一个数量级。典型的双包层光纤芯径 $2a=11$ μm;芯相对于石英玻璃的折射率正值这 0.55%;内包层相对石英玻璃的折射率负值为 0.35%,两个零色散波长分别为 1.495 μm 和1.666 μm,在这范围内色散≤0.665 ps/(nm·km)。双包层光纤在 1.55 μm 处的损耗较大。

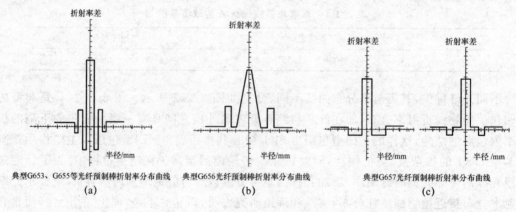

典型G653、G655等光纤预制棒折射率分布曲线
(a)

典型G656光纤预制棒折射率分布曲线
(b)

典型G657光纤预制棒折射率分布曲线
(c)

图 2.2.3　光纤折射率分布

图 2.2.3(b)是复杂三角形折射率分布,其中间芯的折射率呈三角形分布,第一包层为相对折射率差为负值的掺 F 石英玻璃,第二包层的折射率略高于石英玻璃,第三包层为石英玻璃基管层,有时还加一层下陷折射率玻璃层。这种光纤具有独特的优点:用下陷包层降低纤芯内 GeO_2 的含量,从而降低瑞利散射损耗;用第二芯层捕获基模泄漏的光和调节截止波长;芯径较阶跃型为大,而模斑尺寸却较小。这种光纤还具有弯曲敏感性低,对直径波动

的灵敏度低等特点。它的缺点是结构复杂,制造困难。

图 2.2.3(c)左图是一种下凹包层折射率分布,这种光纤的特点是:①由于存在下凹折射率的内包层,所以当总的芯包折射率差与匹配包层相同时,其芯内 GeO_2 浓度较低,有利于低散射损耗和低的缺陷浓度;②包层的负折射率差值 Δ^- 与总的折射率值 Δ 之间合适比值为 0.5;③零色散波长有调整余地,可在 1.30 μm 即低损耗窗口处,也可在 1.40 μm 处,优于阶跃型单模光纤,后者零色散波长偏离在 1.32 μm 处;④大于 1.30 μm 波长的波段处存在基模泄漏损耗,为达到低损耗指标并减少泄漏损耗,内包层沉积厚度与芯径之比应达到 8 左右。非色散位移压低折射率包层光纤的芯为掺 GeO_2 在石英玻璃,内包层为掺 F 的石英玻璃。这种结构的光纤合适的 Δ 在 0.5%～0.6% 和 Δ^- 在 0.25%～0.3%,芯径约为 8.0 μm 左右,零色散波长在 1.28～1.33 μm 范围内。当芯包折射率差为 1%、芯径为 5～6 μm 时,零色散波长可移至 1.40 μm,但其 1.55 μm 处损耗较大。

图 2.2.3(c)右图是一种下凹双包层折射率分布,其紧靠纤芯的包层由纯 SiO_2 组成,另一包层是下凹折射率的包层,这种光纤的特点除了与下凹包层折射率分布光纤类似外,还可以将泄漏的基模限制在纯石英包层内,有效减少泄漏损耗,增加光纤的抗弯曲能力。

在实际操作过程中,对于各种光纤折射率剖面设计的一般方法有两种。第一种方法是首先根据光纤应用需要选择基本剖面形状,设计出折射率剖面参数点阵,再作为数据源全部按理论公式(1.3.6)进行拟合运算,根据结果选择出合适的光纤参数范围。第二种方法是先根据光纤应用需要选择基本剖面形状,设计出折射率剖面参数后,计算拟合结果。根据拟合结果与光纤实际技术需要的偏差,利用已知的工艺经验调整新的参数,再设计出新的折射率剖面参数进行拟合。反复不断逼近到最佳参数后,确定一个较小的折射率剖面参数点阵进行拟合运算,得到理论最佳结果。

由于光纤的折射率分布直接影响光纤的特性,根据 1.3 节的理论分析可知,为得到单模光纤,必须确保在一定的光波长下归一化参数 V〔见式(1.3.12(c))〕<2.405。而对于多模光纤,影响其带宽的参数有传播的模数和传播常数,理论计算公式见式(1.3.17)、式(1.3.18a)和式(1.3.18b)。这些参数都与光纤芯折射率 n_1 及相对折射率差 Δ 等有关,因此在光纤结构设计中,就要控制光纤这些基础性能。

为简明起见,这里仅采用常规单模光纤(G.652 光纤)的简单阶跃型结构进行分析计算。光纤折射率剖面结构,如图 2.2.4 所示。

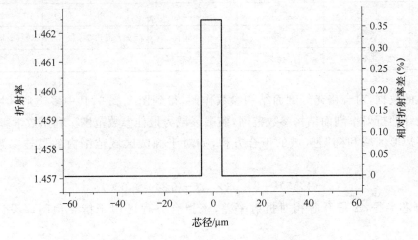

图 2.2.4　常规单模光纤折射率剖面结构

下面就变化不大的各种光纤结构参数与光学指标的关系进行了具体计算,截止波长过长和过短导致整体指标偏差较大的不合格参数表 2.2.2 中都没有列出。另外本节涉及的各种光纤结构的石英玻璃折射率全部为 0.633 μm 波长的数值,光纤包层折射率为 1.457 1,一般光纤的包层直径为 125 μm。计算出的常规单模光纤的结构与各光学指标的对应关系,如表 2.2.2 所示。

表 2.2.2　常规单模光纤的折射率剖面结构与光学指标对应关系

芯半径 /μm	相对折射率差,%	折射率 (0.633 μm)	截止波长 /μm	模场直径 (1.31 μm)μm	模场直径 (1.55 μm)μm
4.50	0.30	1.461 5	1.13	9.8	11.0
4.75	0.30	1.461 5	1.17	10.0	11.1
5.00	0.30	1.461 5	1.24	10.3	11.3
5.25	0.30	1.461 5	1.29	10.6	11.5
5.50	0.30	1.461 5	1.35		
4.25	0.33	1.461 9	1.12	9.3	10.5
4.50	0.33	1.461 9	1.18	9.6	10.6
4.75	0.33	1.461 9	1.24	9.8	10.8
5.00	0.33	1.461 9	1.30	10.1	11.0
5.25	0.33	1.461 9	1.36		
4.00	0.36	1.462 3	1.11	8.9	10.0
4.25	0.36	1.462 3	1.18	9.1	10.2
3.75	0.39	1.462 8	1.10	8.4	9.5
4.50	0.36	1.462 3	1.24	9.4	10.3
4.75	0.36	1.462 3	1.30	9.6	10.5
5.00	0.36	1.462 3	1.36		
4.00	0.39	1.462 8	1.17	8.7	9.7
4.25	0.39	1.462 8	1.24	8.9	9.8
4.50	0.39	1.462 8	1.30	9.2	10.0
4.75	0.39	1.462 8	1.37		

由上述的数据,对合格光纤剖面结构参数作图,得到图 2.2.5,其中多边形区域为合格常规单模光纤的折射率剖面结构参数范围,椭圆区域为最佳参数范围。利用数学算法,可以求出来该多边形区域和椭圆区域的拟合方程,如对于椭圆区域范围内的最佳参数拟合公式为:

$$(a-4.55)^2 + 84.03 \times (\Delta-0.34)^2 \leqslant 0.076 \qquad (2.2.1)$$

式中,a 为纤芯半径,Δ 是纤芯相对折射率差,该拟合方程可用于指导预制棒设计和质量判定。

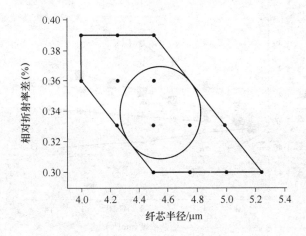

图 2.2.5　合格常规单模光纤剖面结构参数范围

2. 光纤几何参数设计

光纤几何结构参数的设计主要光纤的芯径 $2a$，包层 $2d$ 和外径 $2D_f$，对于商业光纤的几何参数，相关标准是有明确要求的。如 G652 光纤，$2a=(8-9.5)\pm0.6~\mu m$，$2D=125~\mu m$。G651(A1b) 光纤，$2a=62.5~\mu m$，$2D_f=125~\mu m$。

根据光纤制造工艺，光纤是从预制棒制造开始的，要得到所需要的光纤几何参数，必须设计预制棒的几何尺寸，预制棒的几何尺寸包括芯层直径 $2A$ 和外径 $2D_p$。预制棒在拉丝过程中，芯包比是维持不变的，即

光纤芯包比 $=2a/2D_f=a/D_f$，预制棒芯包比 $=2A/2D_p=A/D_p$，有 $A/D_p=a/D_f$，所以有

$$A=\frac{D_p}{D_f}a \tag{2.2.2}$$

一般，D_p 可根据制造工艺预先设定，这样预制棒沉积的芯层直径 $2A$ 就可通过公式计算。同理，预制棒的体积与拉丝后得到的光纤体积也是不变的，设预制棒的有效长度为 L_p（可在制造之前根据工艺及设备来设定），因此有

$$\pi a^2 L_f=\pi A^2 L_p \tag{2.2.3}$$

变换公式(2.2.3)得拉制光纤的长度为：$L_f=(A/a)^2 L_p$

2.3　光纤制造工艺设计

2.3.1　波导结构材料的选择

光纤芯层的高折射率是由掺入芯层中的高折射率氧化物来实现的，即为了满足系统传输的要求，在制造光纤的过程中除了基础结构材料 SiO_2 外，还需要引入一定的掺杂剂以改变石英玻璃的折射率，使光纤具有一定的波导结构。在石英玻璃中增加折射率的掺杂剂有 GeO_2、Al_2O_3、P_2O_5、TiO_2 和 ZrO_2 等，降低折射率的基本掺杂剂为含氟化合物（如 CCl_2F_2，SiF_6，SF_6 等）和 B_2O_3。各种原材料对光纤折射率的影响如图 2.3.1 所示。

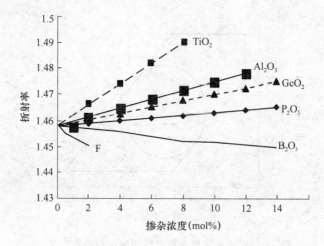

图 2.3.1　折射率与掺杂浓度的关系

掺杂剂种类越少,石英玻璃就越纯,由材料内分子振动引起的吸收带就会越少,同时其化学稳定性也会越好,相应的光纤性能也就越好。但有时为了工艺的要求,需要掺杂其他物质,如在 MCVD 工艺中,为了降低沉积温度以适应工艺的要求,还引入了 B_2O_3 和 P_2O_5 等掺杂,在 OVD 工艺中,为了降低烧结温度,往往也引入 P_2O_5。而对于 PCVD 工艺,高频能直接耦合到衬管内并为反应提供足够的能量,因而在制造普通通信光纤时,不需要引入其他掺杂。

目前商用的单模光纤通常采用的是阶跃型的折射率剖面,而根据是否有内包层,又有两种结构,即匹配包层(Matched claddingsingle mode,MCSM)和下凹陷包层(Depressed cladding single mode,DCSM)主要结构有两种:一是内包层与外包层折射率相同的匹配包层型光纤;二是内包层的折射率比外包层的折射率低的凹陷内包层型光纤。凹陷内包层型光纤,相对于匹配包层型光纤来说,有两个主要优点:

① 光纤的设计自由度多,可通过调整 Δ^+、Δ^- 和 $2a$(纤芯直径)和 $2d$(内包层直径)实现截止波长、色散特性和模场直径的最佳化;

② 芯层掺 GeO_2 浓度可稍小些,有利于紫外吸收和瑞利散射损耗的减小。

下凹包层一般通过掺入含氟化合物来达到。引入 F 除了起降低折射率的作用外,还可降低水峰。同时适量的 F 还可有效降低光纤中的缺陷。在拉丝过程中,光纤易形成 Si-、Ge-、SiO·和 GeO·等缺陷,这些缺陷不仅会引起强的紫外吸收,其拖尾影响直至 1 550 hm 的衰减,同时这些缺陷极易与 H 结合,形成强的吸收峰。氟可与这些缺陷结合,对缺陷起到一个很好的愈合作用,不仅仅使光纤具有低的衰减,还确保了光纤优良的抗氢损特性和提高光纤的抗辐射性能。当然,掺氟也会带来生产效率下降的缺陷,为此,我们推荐采用少掺氟,将光纤预制棒做成准匹配型,以提高光纤预制棒的生产速度,降低光纤成本。

在光纤制造过程中,掺杂剂的选择除了考虑折射率的结构外,还必须考虑各组分之间的高温黏度和膨胀系数的差异。否则会引起波导不均匀或形成应力,严重的会在制造过程中沉积层炸裂导致工艺失败。改进的措施是在预制棒制造中,在确保设计的波导结构的前提下,尽量减少掺杂量,并采取适当的退火工艺,确保不形成致命的应力。

2.3.2　光纤制造工艺的选择

从前面章节介绍中,我们知道光纤的制造工艺包括 MCVD、PCVD、OVD、VAD 和 APCVD 等,目前光纤工业化生产采用的工艺是"两步法",即先制造芯层,再制造包层。

光纤制造工艺的选择一般遵循两方面的原则:技术上的可操作性和经济上的可行性。单从技术层面分析,管内法(MCVD 和 PCVD)更适合制造折射率剖面复杂的光纤预制棒,如制造 DCSM 类型光纤,由于内包层采用掺杂 F 来降低折射率,管内法尤其是 PCVD 工艺在这方面有着明显的优势。而匹配包层光纤折射率结构简单,一般只需要在芯层里掺杂 GeO_2 来提高纤芯折射率而包层采用纯的 SiO_2 玻璃,因而对工艺要求最低,采用 OVD 和 VAD 工艺将更经济。

将管内法和管外法的生产工艺进行组合,经济地生产结构复杂的光纤,将是今后光纤制造工艺的发展方向。

2.3.3　沉积工艺设计

光纤折射率结构的形成是依赖石英玻璃成分变化来实现的,在石英光纤中,包层材料主要是 SiO_2,一些下凹型光纤结构中会少量掺入含氟材料,而典型的芯层材料有 SiO_2-GeO_2 二元体系和 SiO_2-GeO_2-P_2O_5 三元玻璃系统。表 2.3.1 显示了不同工艺单模光纤的材料组成。这些结构组分的氧化物主要是通过让沉积材料如 $SiCl_4$、$GeCl_4$、$POCl_3$ 和 CCl_2F_2 等高温氧化分解而得以实现,因而光纤材料无论是芯层还是包层都含有 Cl 离子。

表 2.3.1　不同制造工艺单模光纤的材料组成

光纤序号	制造工艺	芯层材料	包层材料
1	MCVD	SiO_2-GeO_2-Cl	SiO_2-GeO_2-P_2O_5-F-Cl
2	PCVD	SiO_2-GeO_2-F-Cl	SiO_2-GeO_2-F-Cl
3	OVD	SiO_2-GeO_2-Cl	SiO_2-P_2O_5-Cl
4	VAD	SiO_2-GeO_2-Cl	SiO_2-Cl

下面以 MCVD 工艺制造梯度折射率分布为例,演示光纤沉积工艺的设计过程。

图 2.3.2 是 MCVD 沉积过程的示意图,沉积材料原料气体被气体带到管内反应区,反应最终在高温下形成玻璃。沉积材料不同,反应生成的玻璃折射率不同。被带至反应区沉积材料的量不同,折射率也不同,通过改变沉积材料及其流量,就可改变折射率,从而形成所设计的预制棒折射率分布结构。

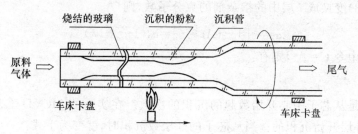

图 2.3.2　MCVD 沉积工艺示意图

　　采用 MCVD 工艺制作多模光纤时,很难得到理想的抛物线形结构,通常是调整沉积材料的流量,增加折射率台阶数来逼近它的理想的折射率分布。图 2.3.3 是表示把折射率分成 2、5、10、25、50 个台阶时的模式图,台阶数越多,越接近抛物线分布,光纤的特性越好,但这需要在制造工艺上对沉积材料的流量进行精确控制。

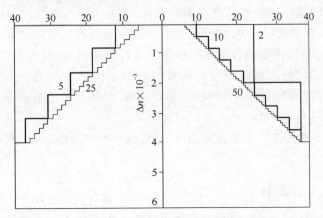

图 2.3.3　预制棒折射率剖面设计

　　假定:预制棒的折射率分布与光纤折射率分布相似;沉积材料通过载流气体输送,其流量与载送气体流量成正比;每一个沉积层折射率的增量与沉积材料的浓度成正比;每一层沉积体积相等。设中心到 i 层的距离为 r_i,沉积玻璃的体积为 V_i,预制棒的长度为 L,于是有:一层沉积的体积为 $V_1 = \pi r_1^2 L$;二层沉积的体积为 $V_2 = \pi r_2^2 L$;i 层沉积的总体积为 $V_i = \pi r_i^2 L$;在沉积 i 层的沉积区,对于任意 r,其单层的沉积体积 V 为

$$V = \frac{V_i}{i} = \frac{\pi r^2}{i} L$$

由此:

$$r = \sqrt{\frac{V}{\pi L} i} = A i^{\frac{1}{2}}, \quad A = \sqrt{\frac{V}{\pi L}} \tag{2.3.1}$$

　　对于抛物线折射率分布,有 $g = 2$,由公式(1.3.6)可知,由于 r/a 值非常小,预制棒的折射率分布近似地表示如下:

$$n(r_i) = n_1(1 - \Delta r_i^2) \tag{2.3.2}$$

　　若石英玻璃中掺杂剂的克分子数 α 与折射率 n 一样,也是半径的函数,设 α_0 是纤芯中心的掺杂剂的克分子数,令:

$$\alpha = \alpha_0(1 - r^2) \tag{2.3.3}$$

　　由式(2.3.3)变换成 i 层中的掺杂剂的克分子数,则

$$\alpha = \alpha_0[1 - (A i^{\frac{1}{2}})^g] = \alpha_0(1 - A^g i^{\frac{g}{2}}) \tag{2.3.4}$$

　　式(2.3.4)中令 $C = A^g$,则有:

$$\alpha = \alpha_0(1 - C i^{\frac{g}{2}}) \tag{2.3.5}$$

　　式(2.3.5)是从芯子中心开始数起的沉积的次数。在实际的 MCVD 工艺制作过程中,是从芯子的最外层开始沉积的。当从芯子的外层数沉积时,就变为下式:

$$\alpha = \alpha_0[1 - C (j_t - j)^{\frac{g}{2}}] \tag{2.3.6}$$

式(2.3.6)中 j_t 是芯子沉积总层数,作为边界条件,在 $j=0$ 时,$\alpha=0$,则 $C=(1/j_t)^{g/2}$,式(2.3.6)可变为:

$$\alpha=\alpha_0\left[1-\left(\frac{j_t-j}{j_t}\right)^{\frac{g}{2}}\right] \tag{2.3.7}$$

因掺杂剂的克分子数与载流气体流量 Q 成正比,设 $Q_{总}$ 为载流气体的总流量,因而得出

$$Q=Q_{总}\left[1-\left(\frac{j_t-j}{j_t}\right)^{\frac{g}{2}}\right] \tag{2.3.8}$$

对于抛物线型多模光纤,$g=2$,则式(2.3.8)变为:

$$Q=Q_{总}\left[1-\left(\frac{j_t-j}{j_t}\right)\right]=\frac{j}{j_t}Q_{总} \tag{2.3.9}$$

式(2.3.9)载送气体流量的方程变成了线性方程式,即把折射率按抛物线分布的规律转化为线性流量的控制,这就在制造工艺上控制更方便了。

载送气体是通过鼓泡瓶把化学试剂材料送入 MCVD 反应管中的,鼓泡瓶都有一定的液面高度,所以,必须要有一个初始的冲击气体流量才能使之鼓泡,因此式(2.3.9)可改写成下式:

$$Q=Q_{初}+\frac{j}{j_t}Q_{总} \tag{2.3.10}$$

实际制造工艺中,根据掺杂 GeO_2 量不引起沉积玻璃出现微裂纹为安全条件,以 O_2 为载气,通过实验可确定纯氧气载送 $GeCl_4$ 最大气体流量 $Q_{总}$ 和初始冲击流量,并假定折射率分布用 m 个台阶逼近梯度分布,利用软件进行流量控制,就可以得到实际的光纤预制棒。实验结果证明,由结构参数的设计确定制造工艺,并通过计算机软件进行沉积材料的流量控制,可实现光纤技术指标的精细控制,重复性也比较好。在光纤预制棒的制造过程中,理论设计和各种工艺参数要可以根据实际测试值进行不断修正,以达到最准确的工艺适用性。

2.4 光纤预制棒制造技术

2.4.1 概述

光纤预制棒制造方法有两种:一种是早期用来制作传光和传像的多组分玻璃光纤的方法;另一种是当今通信用石英光纤最常采用的制备方法,即先将经过提纯的原料制成一根满足一定性能要求的圆柱体玻璃棒,称之为"光纤预制棒"或"母棒"。光纤预制棒是控制光纤性能的原始棒体材料,它的内层为高折射率的纤芯层,外层为低折射率的包层,这样就可满足光波在芯层传输的基本要求。最后将制得的光纤预制棒放入高温拉丝炉中加温软化,并以相似比例尺寸拉制成线径很小的又细又长的玻璃丝。这种玻璃丝中的芯层和包层的厚度比例及折射率分布,与原始的光纤预制棒材料完全一致,这些很细的玻璃丝就是我们所需要的光纤。

SiO_2 光纤预制棒的制造工艺是光纤制造技术中最重要、也是难度最大的工艺,传统的 SiO_2 光纤预制棒制备工艺普遍采用气相反应沉积方法。气相沉积法的基本工作原理是:首先将经提纯的液态 $SiCl_4$ 和起掺杂作用的液态卤化物汽化,选用高纯度的氧气作为载气,将汽化后的卤化物气体带入反应区,并在一定条件下进行化学反应而生成掺杂的高纯石英玻璃。

从 20 世纪 70 年代末期开始规模生产光纤以来,对光纤预制棒制造技术的研究和完善

改进就从来没有间断过。美国 AT&T(Lucent)发明了改进的化学气相沉积法(Modified Chemical Vapor Deposition,MCVD)工艺后,美国 Corning 公司随后开发出了适合光纤大规模生产的管外气相沉积法(Outside Vapor Deposition,OVD)工艺,其后 OVD 工艺又有不断改进,目前已开发出第 8 代工艺,使生产成本大幅度降低;而日本 NT&T 在 OVD 的基础上进行改进,推出了气相轴向沉积法(Vapor Axial Deposition,VAD)工艺;荷兰 Philips 则开发了等离子体化学(Plasma Chemical Vapor Deposition,PCVD)工艺;法国 Alcatel 利用高频等离子技术开发出的先进的等离子体气相沉积法(Advance Plasma Vapor Deposition,APVD)预制棒生产工艺也成功地在生产中得到应用。

除了气相沉积法外,科学家也开发出了多种制备光纤预制棒的非气相技术,包括界面凝胶法(Boundary Surface Gel Process,BSG)主要用于制造塑料光纤;直接熔融法(Direct Melting Process,DM)主要用于制备多组分玻璃光纤;玻璃分相法(Phase Separating of Glass,PSG);溶胶-凝胶法(Sol-Gel Process,SGP)最常用于生产石英系光纤的包层材料;机械挤压成型法(Mechanical Shaping Process,MSP)等。

目前应用最广泛最为成熟的基本技术有四种,即 MCVD、PCVD、OVD 和 VAD,其中 MCVD 和 PCVD 称为管内法,OVD 和 VAD 称为管外法。表 2.4.1 列出了四种气相沉积工艺的特点对比,图 2.4.1 显示了目前这四种方法生产的光纤所占的比例。

表 2.4.1　气相沉积工艺的特点

方法		MCVD	PCVD	OVD	VAD
反应机理		高温氧化	低温氧化	火焰水解	火焰水解
热源		氢氧焰	等离子体	甲烷或氢氧焰	氢氧焰
沉积方向		管内表面	管内表面	靶棒外径向	靶棒外轴向
沉积速率		中	小	大	大
沉积工艺		间歇	间歇	间歇	连续
预制棒尺寸		小	小	大	大
折射率分布控制	单模	容易	容易	极易	极易
	多模	容易	容易	稍难	稍难
原料纯度要求		严格	严格	不严格	不严格

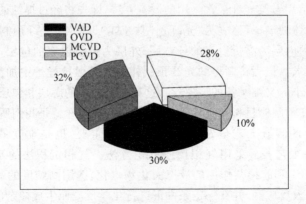

图 2.4.1　不同光纤预制棒制造方法所生产的光纤比例

早期光纤预制棒制造技术采用一步法,1980 年年初开始用套管法制备光纤预制棒,从而使光纤预制棒制造工艺实现了从一步法到二步法的转变,即先制造预制棒芯棒,然后在芯棒外采用不同技术制造外包层,增加单根预制棒的可拉丝公里数,以提高生产效率。图 2.4.2 示出"两步法"工艺示意图。

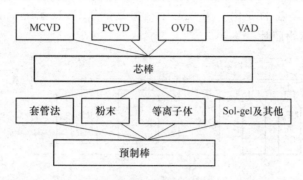

图 2.4.2　光纤预制棒两步法制造工艺示意图

一般认为,芯棒的制造决定了光纤的传输性能,而外包层则决定光纤的制造成本。为了确保光纤的光学质量,在生产芯棒时也会制造部分包层,随后根据芯棒的大小,直接进入外包层工艺,或把芯棒拉细成多根小芯棒再进行外包工艺。在芯棒的制造技术中,MCVD 和 PCVD 称为管内沉积工艺(管内法),OVD 和 VAD 属于管外沉积工艺(管外法);在外包层工艺中,外沉积技术是指 OVD 和 VAD,外喷技术主要指用等离子喷涂石英砂工艺。

由于采用了两步法,克服或部分克服了四种基本工艺制造大型预制棒的各种限制因素,例如衬底管尺寸对管内法(MCVD/PCVD)的限制;烧结炉体积对外沉积法(OVD/VAD)的限制等,光纤预制棒尺寸迅速增大。图 2.4.3 给出了最近 20 年来预制棒尺寸增大趋势。随着设备的改进,通过将多根预制棒或套管接续,甚至可实现一次拉丝 14 000 km。

下面分别对四种主要的预制棒制造工艺进行介绍。

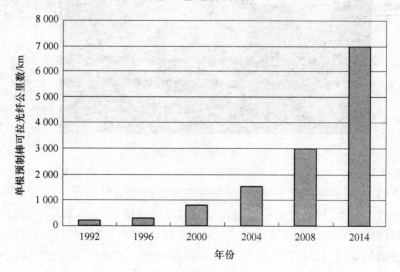

图 2.4.3　近 20 多年预制棒尺寸增大趋势

2.4.2 MCVD工艺及关键技术

1. MCVD工艺

MCVD工艺是由美国贝尔实验室于1973年发明的,经过几十年的改进,MCVD工艺及其配套设备已经有了全新的变化。图2.4.4是典型的MCVD系统示意图。图2.4.5是MCVD沉积设备的实物照片。

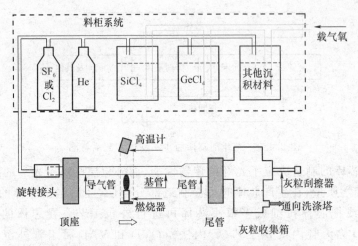

图 2.4.4 典型的 MCVD 系统示意图

图 2.4.5 典型的 MCVD 沉积车床

工艺如下:首先将一根石英玻璃管(通常称之为沉积管或衬底管)安装在卧式玻璃车床的两个同步旋转卡盘上,衬底管的一端与化学原料供应系统(一般为料柜系统)相连,以便将各种化学原料($SiCl_4$,$GeCl_4$,$POCl_3$,O_2,Cl_2,He,CF_2Cl_2等),以控制的量进行混合并输入衬底管。衬底管的另一端与反应尾气及粉尘处理设备相连。衬底管下方的氢氧焰喷灯,以可控的速度沿衬底管纵向平移对衬底管加热。化学原料混合物在衬底管内的流动方向与喷灯的平移方向一致。启动玻璃车床,以几十转/min的转速使其旋转,并用1 400~1 600 ℃高温氢氧火焰加热石英包皮管的外壁,这时管内的 $SiCl_4$ 和 CF_2Cl_2 等化学试剂在高温作用下,发生化学反应,生成亚微米大小的包含所需掺杂剂的 SiO_2 玻璃微粒并沉积于热区下游的衬底管的内表面上,当喷灯平移经过时,沉积的材料就被烧结成一层厚度 $8\ \mu m$ 到 $10\ \mu m$ 透明的玻璃膜。喷灯平移到衬底管的出气端就高速返回进气端,开始第二层沉积,重复上述沉积步骤,可依次进行很多层沉积。按照设计的程序,先沉积包层材料,再沉积芯材料,沉积过程中控制相应沉积层的化学原料混合物的成分和相应的沉积层数,以获得必需的芯/包层光波导结构。在沉积完成之后,接着以很高的温度($1\ 800\sim 2\ 200\ ℃$)把沉积的高纯材料连同衬底管一起熔缩成一根实心石英玻璃棒,即为芯棒。然后,再用各种外包层技术制成预制棒。

MCVD 工艺所需设备主要有可旋转玻璃车床、加热用氢氧喷灯、蒸化化学试剂用的蒸发瓶及气体输送设备和废气处理装置、气体质量流量控制器、测温装置等。

图 2.4.6 示出典型的 MCVD 工艺流程图,预制棒的沉积和熔缩都用同一台车床。

图 2.4.6　典型的 MCVD 预制棒工艺流程图

目前 MCVD 工艺均采用全自动计算机控制,计算机控制工艺示意图如图 2.4.7 所示。

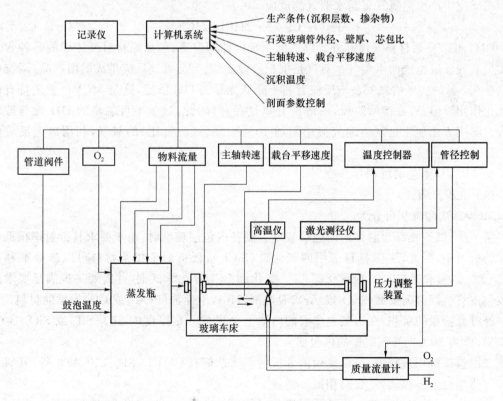

图 2.4.7　MCVD 工艺计算机控制系统

2. MCVD 工艺机理与关键技术

1) MCVD 工艺中的主要化学反应

在 MCVD 工艺中,光纤基底沉积材料采用的是 $SiCl_4$,掺杂材料采用 $GeCl_4$,$POCl_3$,SF_6 等,经高温热解形成基质材料 SiO_2 和纤芯最重要的掺杂剂 GeO_2。P_2O_5 和氟主要用来降低石英玻璃的黏度,调节折射率分布。MCVD 最基本的反应方程式为:

$$SiCl_4 + O_2 \longrightarrow SiO_2 + 2Cl_2 \tag{2.4.1}$$

$$GeCl_4 + O_2 \longrightarrow GeO_2 + 2Cl_2 \tag{2.4.2}$$

$$4POCl_3 + 3O_2 \longrightarrow 2P_2O_5 + 6Cl_2 \tag{2.4.3}$$

$$4BCl_3 + 3O_2 \longrightarrow 2B_2O_3 + 6Cl_2 \tag{2.4.4}$$

$$9SiO_2 + SF_6 \longrightarrow 6Si_{1.5}F + SO_2 + 8O_2 \tag{2.4.5}$$

上述反应的条件是必须在高温状况下,尾气成分的分析证明,在 1 800 K,$SiCl_4$ 几乎完全反应生成 SiO_2,$GeCl_4$ 仅部分反应生成 GeO_2。在典型 MCVD 工艺实践中,喷灯加热的温度不是根据反应需要确定的,而是由沉积层是否能够烧结透明确定的,通常高于 1 800 K。沉积芯材料时,两种反应同时发生。此外,反应的产物之间、反应的产物与原材料气体之间还会发生多达 10 种的副反应。这些反应互相竞争。反应是否完全、反应效率高低、反应进行的方向都是受平衡常数与温度、气相成分浓度的关系控制的。研究反应的动态平衡,对于了解工艺过程、指导生产有重要意义。一般,$SiCl_4$ 100% 反应,而只有 30% 以下的 $GeCl_4$ 发生反应。

在反应中产生的氯气可与水蒸气的反应

$$H_2O + Cl_2 \longrightarrow 2HCl + HClO \tag{2.4.6}$$

H_2O 可来自原材料气体和外界潮气向系统内部的渗透,包括原材料气体中的各种含氢杂质与氧气反应生成的水蒸气。氯气是沉积阶段 $SiCl_4$ 等与氧气反应生成的副产品,系统中典型存在 3%～10% 的氯气。该反应有利于降低光纤的 OH 浓度,这是 MCVD 工艺特有的自纯化作用。但是,在熔缩阶段,一般没有氯气存在,因此,数量不可忽略的 OH 就与玻璃结合。解决方法通常是在熔缩气流中附加 10%～20%（流量比）的氯气,利用以上反应消除 OH。

2) MCVD 工艺的沉积

(1) 沉积步骤

MCVD 法的沉积可分为二步:

第一步,沉积光纤预制棒的内包层玻璃。制备内包层玻璃时,由于要求其折射率稍低于芯层的折射率,因此,主体材料选用四氯化硅（$SiCl_4$）,低折射率掺杂材料可以选择氟利昂（CF_2Cl_2）、六氟化硫（SF_6）、四氟化碳 CF_4、氯化硼 BCl_3 等化学试剂,并需要一根满足要求的石英包皮管。同时需要载气（O_2 或 Ar）、脱泡剂（He）,干燥剂（$POCl_3$ 或 Cl_2）等辅助材料。

经过此阶段的沉积,在石英包皮管的内壁上会形成一定厚度的 SiO_2-SiF_4 或 SiO_2-B_2O_3 玻璃层,作为 SiO_2 光纤预制棒的内包层。

在内包层沉积过程中,可以使用的低折射率掺杂剂有 CF_2Cl_2、SF_6、CF_4、BCl_3 等,其氧化原理与化学反应方程式(2.4.5)相似。

第二步,沉积芯层玻璃。光纤预制棒芯层的折射率比内包层的折射率要稍高些,可以选择高折射率材料（如三氯氧磷 $POCl_3$、四氯化锗 $GeCl_4$ 等）作掺杂剂,沉积方法与沉积内包层相同。用超纯氧(O_2)气把气柜中蒸发瓶内已汽化的饱和蒸汽 $SiCl_4$、$GeCl_4$ 或 $POCl_3$ 等化学试剂经气体输送系统送入石英包皮管中,进行高温氧化反应,形成粉末状的氧化物 SiO_2-GeO_2 或 SiO_2-P_2O_5,并沉积在气流下游的内壁上。氢氧火焰经过的地方,就会在包皮管内形成一层均匀透明的氧化物 SiO_2-GeO_2(或 SiO_2-P_2O_5)沉积在内包层 SiO_2-SiF_4 玻璃表面上。经一定时间的沉积,在内包层上就会沉积出一定厚度的掺锗(GeO_2)玻璃,作为光纤预制棒的芯层。

(2)沉积机理

MCVD 中微粒沉积的机理是热泳,即在存在温度梯度的条件下,处在不同温度区的分子有不同的平均运动速度;在较高温区的分子的平均运动速度大,动能较大;在较低温区的分子的平均运动速度较小,动能较小。当管内原材料气流的温度被加热到高于 1 800 K 时,在某一定的径向位置处,就形成微粒。微粒悬浮在气流中,随气流继续向下游移动。悬浮在气流中的微粒在两侧受到这些分子的碰撞。由于两侧的碰撞力度有差别,结果微粒将受到指向降温方向的净作用力,即微粒向较低温区迁移。在管壁温度降低到低于气流温度时,某些沿着靠近管壁的轨迹移动的微粒就沉积在管内壁,同时,其他沿管中心附近的轨迹移动的微粒就被吹出衬底管。根据该机理建立的数学模型能够预计和解释 MCVD 工艺中的物理化学过程。

(3)沉积效率

沉积效率是氯化物与氧反应生成并有效沉积在管内的氧化物的量与其理论生成氧化物的量之比(%)。在 MCVD 的正常工作状态,$SiCl_4$ 转变成 SiO_2 的化学反应是完全的,沉积效率仅受限于微粒向管壁的热运动,则沉积效率由下式估算:

$$E \approx 0.8[1-(T_e/T_r)] \tag{2.4.6}$$

T_r 是化学反应形成微粒的温度,单位 K;T_e 是 T_r 与热区下游的气体及管壁温度达到均衡的温度,单位 K。

沉积效率对 T_e 很敏感,T_e 与以下工艺参数强烈相关:喷灯行程、喷灯平移速度、管壁厚度、环境温度等。典型情况 SiO_2 沉积效率约 50%。由式(2.4.6)估算的沉积效率与实验结果非常吻合。GeO_2 的沉积效率不是受限于微粒向管壁的热运动,是受反应不完全限制的。典型情况 GeO_2 沉积效率约 20%～30%。

(4)沉积速率

沉积速率是单位时间获得的有效沉积材料的量(g/min)。为了提高沉积速率,首先采取的措施是增加反应物流量/浓度。实验证明,增加反应物流量是有限度的。高速率MCVD 工艺应全面考虑以下各方面的问题:

① 管内气体总流量和进气端锥区长度:料柜系统载出的氯化物流量 Q_r 与载气流量成正比。要求 Q_r 增大,总流量 Q_t 势必增大。而 Q_t 对沉积区长度 L 起决定性作用,一般有 $L \propto Q_t/\eta$,η 是气体热扩散系数。Q_t 越大,虽然沉积效率可增加,但相应地进气端锥区长度就增长,相应有效沉积长度 L 就缩短,因此要权衡得失。

② 气泡问题:在 Q_r/Q_t 比值很大的情况下,微粒生长快,可聚集成 2～3 mm 的大团,造成不均匀沉积,引起气泡,需设计适当的 Q_r/Q_t 比值。

③ 能够顺利玻璃化的单层沉积最大厚度:对于梯度多模光纤,单层厚度增加,折射率分布的层结构明显,带宽会降低。对单模光纤可灵活设计工艺,比如,在沉积初始阶段的若干

层,以最高速率沉积。然后,需略微降低,以适应增厚的管壁和降低的热传递。

④ 兼顾沉积效率:气体总流量高,通常会降低沉积效率,未沉积的大量粉末可能阻塞系统。

⑤ 衬底管直径与熔缩:大直径衬底管有利于高沉积速率;直径增大使管内气体流速降低,不至于把大量粉末吹出沉积区,有利于保持沉积效率。因此,衬底管直径已经从 15 mm 增大到 40 mm 以上甚至更高。典型 MCVD 的沉积时间与熔缩成棒时间相当。管子越大,沉积的材料越厚,越难以熔缩。

在实际工艺中,为提高沉积速率,一般采取如下措施:附加氦气,增大气体热扩散系数;采用宽热区,更有效地加热气体;下游冷却;采用新加热方式等。当前的 MCVD 沉积速率一般为 1～3 g/min。对于单模光纤,由于采用混合工艺,必须用 MCVD 沉积的材料只占 5% 左右,其余都是用衬底管及外包层工艺形成的,MCVD 沉积速率的高低已经不那么重要了。

(5) 沉积的纵向均匀性

MCVD 光纤的纵向均匀性除了拉丝引入的丝径波动外,主要有两大问题。首先是进气端的锥度区,通过降低 Q_1 提高 η 可以缩短锥长。附加的办法是在进气端使喷灯平移速度从零按照设定的坡度逐渐地提升到正常速度,从而增加在进气端的沉积,缩短锥度区。其次是 T_c 沿行程的变化,其中管子几何尺寸的纵向改变,尤其是壁厚/横截面积的波动,造成 T_c 变化,就会引起沉积厚度、沉积成分的改变,使纵向均匀性受损。喷灯平移速度的稳定性、环境温度的稳定性等所有影响 T_c 的因素都会引起不均匀沉积。这里最重要的是采用几何特性好的衬底管及精确的管径控制技术。

(6) 疏松微粒的玻璃化

尽管 MCVD 工艺中每一沉积层完成之后都是透明的,但是,在每一沉积层进行中,是包括了疏松微粒转变成致密透明玻璃膜的过程的,玻璃化机理是黏性烧结,烧结工艺主要关心烧结速率和气泡问题。影响烧结的关键参数是玻璃黏度,玻璃黏度对温度、成分敏感。此外,管内气体的热传递性质也影响烧结速率。

在 MCVD 沉积工艺中,纯 SiO_2 沉积材料的玻璃化极困难,因为石英玻璃黏度大,玻璃化要求的温度高,这样会使衬底管软化、缩细,使沉积不能继续。为使沉积的 SiO_2 能完全玻璃化,需要采取增加管内压力;改进喷灯设计使热区加宽;添加适当的掺杂剂,如 P_2O_5 和氟以降低石英玻璃的黏度、管内加氦气可改善热传递等措施。

3) OH 控制技术

消除光纤中的 OH,是获得低衰减光纤的关键。业界已经为此进行了长达 30 年的研究,对有关技术已经非常熟悉。表 2.4.2 概括了 MCVD 光纤中的 OH 来源及控制技术。除此之外,可以在拉丝后对光纤进行氘气处理,可得到在 1 383 nm 水峰波长的衰减系数为 0.3 dB/km 甚至以下的低水峰光纤。

表 2.4.2　MCVD 光纤中的 OH 来源及控制技术

OH 来源	降低 OH 的关键技术
气态原材料中的含氢杂质	原材料的光化学提纯、改进包装容器的密封
MCVD 系统内部的水蒸气	采用不透水气的管件系统、氦气定期捡漏
衬底管中的 OH 离子	使用低 OH 含量的合成管、熔缩时加氯气
用氢氧焰熔缩时产生的 OH 污染	沉积足够的包层厚度/采用低 OH 的合成管;氘气处理衬底管;用新型热源

4) MCVD 工艺的熔缩成棒

经过包层和芯层沉积后,石英包皮管内壁上已沉积相当厚度的玻璃层,初步形成了玻璃棒体,只是中心还留下一个小孔。为制作实心棒,必须加大加热包皮管的温度,使包皮管在更高的温度下软化收缩,最后成为一个实心玻璃棒,这一过程也称为缩棒。

为使温度升高,可以加大氢氧火焰,也可以降低火焰左右移动的速度,并保证石英包皮管始终处于旋转状态,使石英包皮管外壁温度达到 1 800 ℃,石英包皮管这时与沉积的石英玻璃熔缩成一体,成为预制棒的外包层。

缩棒不是简单地将沉积完成后的石英管高温熔缩成实心棒。在最后的软化缩棒过程中,会出现两种影响预制棒质量的现象。

其一是在缩棒过程中棒体炸裂或产生微裂纹。这主要是掺杂试剂的含量过多、沉积层之间的玻璃热膨胀系数出现不一致产生的。如果玻璃产生裂纹,将影响预制棒的最终质量与合格率,所以必须严格控制掺杂剂的含量。

其二是在成棒过程中往往造成 GeO_2 烧失,即已经沉积的 GeO_2 在 2 000 ℃高温条件下分解成气态 GeO,即 $2GeO_2 \longrightarrow 2GeO + O_2$,而引起中心凹陷,降低光纤的衰减、带宽和色散特性等。为消除或减少这种影响,工艺中可采用两种方法解决。

① 补偿法:所谓补偿法是在熔炼成实芯棒过程中,不间断地送入 $GeCl_4$ 饱和蒸汽,以补偿高温升华、扩散造成的 GeO_2 损失,从而达到补偿光纤预制棒中心位置折射率的降低问题。使用此种方法会使光纤预制棒中金属锗的含量增高,导致瑞利散色损耗的增加,因此此方法并不是最理想。

② 腐蚀法:所谓腐蚀法是在熔缩成实芯棒时,向管内继续送入 C_2F_6、CF_2Cl_2、SF_6 等含氟饱和蒸汽和纯氧气,使它们与包皮管中心孔表面失去部分 GeO_2 的玻璃层发生反应,生成 SiF_4、GeF_4,从而把沉积的芯层内表面折射率降低的部分玻璃层腐蚀掉,这样中心凹陷区会被减少或完成被消除掉,浓缩成棒后可大大改善光纤的带宽特性。同时,由于氯气具有极强的除湿作用,因此,如利用 CF_2Cl_2 作蚀刻材料,具有蚀刻和除湿双重作用。

5) 尾气处理

MCVD 工艺制造光纤预制棒时,被载气带入的原材料在高温区和氧气气氛下分解,在产生氧化物玻璃的同时,也产生大量未完全反应的原料气体、粉尘、含氯气体、氯气等废气。如果不处理直接排放到大气中,不仅严重污染空气,还会对人员和工艺设备造成严重损伤,因此必须对工艺过程产生的尾气进行处理。

一般尾气处理的方法包括燃烧法、水吸收法、化学吸收法和吸附法等方式。各种处理方法的比较如表 2.4.3 所示。实际运用中,为达到处理效果,往往需要多种处理方式联合使用。

表 2.4.3 尾气处理方法对比

处理方法	优点	缺点	适用范围
燃烧法	净化效率高,尾气处理完全	需消耗能源,容易腐蚀设备,成本高,易形成二次污染	气量小、浓度高的可燃气体
水吸收法	工艺简单,成本低,管理方便	效率低,形成二次污染	处理易溶于水的尾气成分

处理方法	优点	缺点	适用范围
化学吸收法	化学中和反应,工艺简单,相对成本较低	需消耗化学品,应用范围窄	只针对尾气的特定气体成分进行处理
吸附法	净化效率高,可吸附多组分气体	吸附材料价格昂贵,难以再生	处理小规模的废气

图 2.4.8 是 MCVD 工艺尾气处理示意图,从 MCVD 设备排出的废气首先进入一集尘器,去掉废气中的粉尘。之后去掉粉尘的尾气进入尾气处理装置,进行尾气处理。尾气首先进入一喷淋塔喷,淋塔喷出的液体为 NaOH 水溶液,对废气进行碱洗。

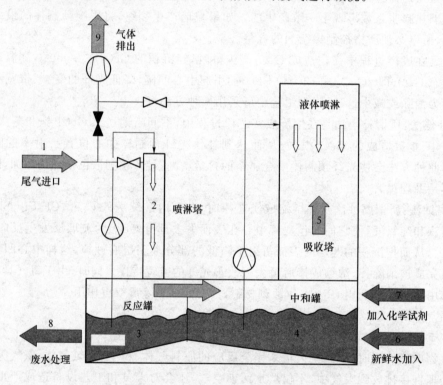

图 2.4.8 典型的 MCVD 工艺尾气处理示意图

尾气通过溶液,发生如下反应:

$$HCl + NaOH \longrightarrow NaCl + H_2O$$
$$Cl_2 + NaOH \longrightarrow NaCl + NaClO + H_2O$$

碱洗的同时,也将部分粉尘或未反应完全含氯物水解而吸收掉。

经过第一阶段处理后,尾气再通过许多阻尼板和烟雾消除器进入中和塔,此阶段的溶液 pH 值控制在 $10 \sim 11$,以确保能有效中和掉尾气中的 HCl 和 Cl_2。最后尾气还通过吸收塔进行反复中和,确保排放气体达到相关国家标准。

3. MCVD 工艺的优缺点

表 2.4.4 概括了 MCVD 工艺的优缺点。

表 2.4.4　MCVD 工艺的主要优缺点

优点	缺点
全封闭系统内部沉积,防止杂质侵入	必须用石英玻璃管,制棒尺寸受限制
易于实现复杂的折射率分布	易于产生中心折射率凹陷
设备简单易行、初期投资少	沉积速率、沉积效率较低
工艺灵活,适于制造多种光纤有商品设备	间接加热,能源消耗大
	大 NA(数值孔径)情况有炸裂问题

4. MCVD 新技术及发展

自 20 世纪 80 年代以来,为了克服上述 MCVD 工艺的各种缺点以提高单模光纤的生产率,国际上研究开发了多种新技术,主要内容简介如下。

(1) 采用合成石英玻璃管的 MCVD 工艺

1993 年年初,德国赫劳斯(HERAEUS)公司开始用火焰水解法大量生产合成石英玻璃管(以下简称合成管)。合成管的纯度比天然水晶粉熔制的石英玻璃管(以下简称天然管)提高了 4 个数量级。OH 含量(平均值)0.1 ppm;金属杂质总含量(平均值)约 5 ppb。显然,用合成管做衬底管,b/a 可以减少到 3 以下,不必要沉积大量的内包层。只需与用天然管情况相同的沉积时间,制造出芯/外径比例较大的芯棒,再用各种外包层技术附加外包层,就可使预制棒增大 10 多倍(以可拉制的光纤长度计)。采用大直径合成石英玻璃管代替天然水晶粉熔制的小直径石英玻璃管作为沉积管,再辅以其他措施,已经能够制造 $>1\,000$ km 光纤的大棒。目前在生产上用的合成石英沉积管外直径约为 30~50 mm,沉积长度 1.5~2.0 m。

(2) 采用新热源的 MCVD 工艺

传统 MCVD 工艺的氢氧焰加热存在着热导率低、温度稳定性差、热效率低等缺点,因此在烧结厚沉积层、熔缩大棒方面有困难,另外还有氢氧焰气流过大,其冲击力使管子变形、表面 SiO_2 烧失等问题。传统 MCVD 工艺中衬底管(典型外直径 25 mm)表面的 SiO_2 烧失高达 20% 以上,衬底管直径越大、管壁越厚则越难成棒,SiO_2 烧失越多。当前普遍使用昂贵的合成管,每 100 吨合成管就有 20~30 吨被蒸发掉了。

近 20 年来,国际上研究了多种新技术来取代或部分取代氢氧焰加热。包括激光器、微波、高频等离子体、石墨感应炉等。其中,在生产中应用最成功的是法国阿尔卡特的石墨感应炉化学气相沉积(Furnace Chemical Vapor Deposition,FCVD)工艺,即沉积和熔缩成棒都用石墨感应炉代替 MCVD 的氢氧焰作热源。该工艺使用大型厚壁衬底管,从腐蚀抛光、沉积、到熔缩成棒的全套 MCVD 工序都是用石墨感应炉加热的。熔缩成棒过程中衬底管表面的 SiO_2 烧失降低到 1% 以下,石墨感应炉加热基本避免了 SiO_2 的损失。

2.4.3　PCVD 工艺及设备

1. PCVD 工艺

PCVD(Plasma Chemical Vapor Deposition)是用微波低压等离子体进行化学气相沉积制造光纤预制棒的方法。等离子体是指发生电离的气体,是物质存在状态除固态、液态和气态之外的第四种状态。等离子体由电子、正离子和中性粒子(包括不带电电荷的粒子,如原子、分子以及原子团)组成。由于宏观上负电荷总量和正电荷总量相等,所以称为等离子体。

通常，根据电离程度不同分为低温等离子体和高温等离子体。

用于化学气相沉积的等离子体属于低温等离子体。低温等离子体又分为两种类型：等温等离子体（又称热等离子体）和非等温等离子体（又称冷等离子体）。在等温等离子体中，电子、离子和分子处于热平衡中，它们的温度相等，可达 10 000 ℃以上，前面介绍的 APCVD 光纤预制棒制造法中所采用的高频等离子体属于这种类型。而在非等温等离子体中，电子、离子和分子是远离热平衡。电子温度达 10 000 ℃到 100 000 ℃，而分子温度可维持在数百度甚至在室温，光纤预制棒制造中的 PCVD 法所采用的微波低压等离子体属于这种非等温等离子体类型。

早在 20 世纪 50 年代，科学家就开始利用微波低压等离子体进行化学反应的研究，并开发了多种用于化学气相沉积的等离子体技术，如直流等离子体化学气相沉积（Direct Current Plasma Chemical Vapor Deposition，DC-PCVD）、微波等离子体化学气相沉积（Micro Wave Plasma Chemical Vapor Deposition，MW-PCVD）和高频等离子体增强化学气相沉积（Radio Frequency Plasma Chemical Vapor Deposition，RF-PCVD）等。由于微波等离子体具有能量大、活性强，激发的亚稳态原子多、工作稳定、无电极污染等优点，非常适合光纤预制棒的沉积。

1972 年荷兰飞利浦公司率先开始研究利用微波等离子体化学气相沉积技术制造光纤预制棒，于 1974 年 9 月 14 日首次申请了联邦德国专利。1976 年在荷兰埃因侯温（Eindhover）的飞利浦玻璃部进行中间试验开发和引入工厂生产，1982 年工厂建成并投入批量生产。

PCVD 法与 MCVD 法工艺十分相似，都是采用管内气相沉积工艺和氧化反应，所用原料相同，不同之处在于 PCVD 法是将 MCVD 法中的氢氧火焰加热源改为微波腔体加热源，PCVD 法的工作原理如图 2.4.9 所示。

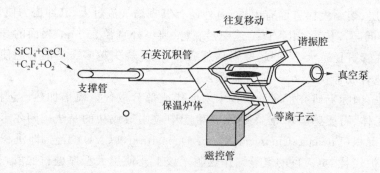

图 2.4.9　PCVD 法的工作原理图

各种卤化物 SiCl$_4$、GeCl$_4$ 的蒸汽和 O$_2$、C$_2$F$_6$ 气体的混合物从气体流量控制柜中输出到石英玻璃反应管中，石英玻璃管另一端连接到真空泵，使石英玻璃管中的混合气体维持在 1 kPa 左右的低气压。石英玻璃管被一只金属谐振腔环绕，频率为 2 450 MHz 的微波能量（功率为数百瓦到数千瓦）输入到谐振腔中，使反应管中的原料气体电离形成等离子体并产生化学反应。谐振腔沿石英玻璃管快速运动，形成透明的 SiO$_2$ 和掺杂的 SiO$_2$ 薄膜，沉积的薄膜厚度可以小于 1 μm，甚至达到 0.2 μm，均匀地沉积在石英玻璃管内壁。石英玻璃管还被一只预热炉包围，温度约为 1 200 ℃，以去除沉积物中残留的氯气。当按设计要求沉积到一定厚度后，将石英玻璃管移至另一台类似于 MCVD 工艺的车床上，用氢氧焰或其他高温炉将沉积的石英玻璃管熔缩成实心的光纤预制棒。石英玻璃反应管中的压力不能太高,当压力超过 3 kPa 后,非等温等离子体逐渐转化为热等离子体,在气相反应中的生成物发生核化,同时反应效率急剧下降,并形成颗粒使沉积物不透明。

2. PCVD 反应沉积机理

等离子体化学气相沉积的原理是选用适当的气体,经过放电电离,利用等离子体中的非平衡过程,使某一物质被衬底表面吸附,沉积成薄膜。在 PCVD 工艺中,气体被激发产生等离子体,其中高能电子与反应气体原子、分子发生非弹性碰撞使之激发和电离。从而产生大量的沉积组元,如原子、离子或活性基团并被吸附到基体表面上沉积成薄膜。在低压等离子体中,由于电子与其他放电粒子质量的悬殊差异,加之低压等离子体中电子、中性粒子的碰撞概率很小,外电场施加的能量主要被自由电子所吸收。因此,低压等离子体可看成由高能电子、低能粒子及中性气体组成,并具有高度的热力学非平衡性。非平衡等离子体激活代替传统的加热激活是 PCVD 的主要特点,它可使基体的沉积温度显著降低。由于在低压等离子中反应的激活主要是靠电子的碰撞作用,而电子的能量分布范围又很宽,因此发生在等离子体中的基元反应是多种多样的。等离子体化学反应链可划分为两个阶段:初级反应和二级反应。在初级反应中电子与原料和载气中的原子、分子发生非弹性碰撞,引起这些原子或分子激发、离化或分解形成各种活性基与活性离子。在二级反应中,主要是在等离子体中及表面处发生离子——分子反应和活性基——分子反应,以形成新的化学活性物质。在等离子体中,由于等离子体的增强作用,气相中将产生大量的各种活性基及活性原子,它们与基体表面具有较高的附着系数,吸附在基体表面上的各种活性基及活性原子实际处于过饱和状态。基体表面上的二级反应速率决定了沉积膜的速率和性能。因此二级反应速率与工艺条件(气体流量、微波功率、压力、沉积温度及反应器形状等)密切相关。

以下定性地对 SiO_2 沉积机理加以说明,如图 2.4.10 所示。

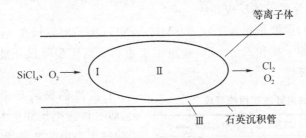

图 2.4.10　等离子体沉积机理示意图

可以将等离子体区划分为三个区域来理解 ,$SiCl_4$ 蒸汽和 O_2 首先进入电离区(区域 I)进行初始反应。气体被分解为离子和不稳定的原子,如 Si^{+4},O^{-2} 等。随着气流及谐振腔的移动,它们进入反应区(区域 II 和区域 III)进行二级反应,在区域内形成 $[SiO]^{+2}$ 并向衬管沉积,在管内壁附近有一个富氧离子区(区域 III),由于管内低气压,这些活性物质快速地扩散到管内壁周围。区域 III 对硅离子的作用就像一个吸收器,温度较低的石英玻璃管壁吸收了这些活性物质的能量,依靠这些能量,反应物来不及形成晶体排序,便以玻璃态沉积在管壁上。

SiO 的产生是由以下形式在等离子体容积中反应形成:

$$SiCl_4 + O \longrightarrow SiO + 2Cl_2 \tag{2.4.7}$$

$$Si + O \longrightarrow SiO \tag{2.4.8}$$

$$SiCl_2 + O \longrightarrow SiO \qquad (2.4.9)$$

$$SiO + e \longrightarrow Si + O + e \qquad (2.4.10)$$

上述化学过程的反应动力学方程式是：

$$d[SiO]/dt = k_1[SiCl_4] \cdot [O] + k_2[Si] \cdot [O] + k_3[SiO] \cdot [e] -$$
$$k_4[SiO] + k_5[SiCl_2] \cdot [O] - \nu[SiO] \qquad (2.4.11)$$

可见它是由反应系数 $k_1 \sim k_5$、电子密度 $[e]$、氧 $[O]$ 浓度和"损耗频率" ν 决定（ν 近似等于 SiO 的扩散半径，$\nu = D/R_{eff}^2$，D 是扩散半径，R_{eff} 是有效半径）。

基于下列化学方程式 SiO_2 在区域Ⅲ形成并在石英玻璃管内壁沉积下来：

$$[SiO]^{+2} + O^{-2} \longrightarrow SiO_2 \qquad (2.4.12)$$

在合适的工艺条件下（总流量、硅氧流量比、微波功率、压力等）上述反应过程在数毫秒内迅速完成，反应效率接近 100%。

对于 GeO_2 的沉积，与上述分析相似。由于 GeO_2 分子较重，有部分随气流冲出反应区，所以反应效率比 SiO_2 低，约为 85%。

在 PCVD 工艺中，SiO_2 和 GeO_2 如果由于热反应或其他原因形成分子团而成粉尘，这些分子团或粉尘将立即被电子轰击分离再一次成为分解的分子，形成透明玻璃沉积。

上述沉积反应是在等离子体区内完成的，不需要外部加热激活反应。在石英玻璃管外部增加预热炉，加热到 1 200 ℃左右，是为了保持反应管内壁与沉积层之间的温度匹配，以阻止在玻璃中沉积过量的氯分子。中子激活分析表明，在炉温为 980 ℃时，氯含量为 1 wt%，而在 1 050 ℃时则下降为 0.1%，如炉温继续升高，氯含量继续降低。在 PCVD 沉积玻璃层中含有过量氯分子会使之与衬管间应力差加大而形成裂纹，或者在熔缩时形成气泡，使预制棒报废。

3. PCVD 关键技术

（1）PCVD 微波等离子体反应系统

在无线电技术中，微波是指频率在 300 MHz～300 GHz，即波长在 1 mm～1 m 范围内的电磁波，为了防止互相干扰和安全，IEC 规定了工业和家庭应用等民用波段，如表 2.4.5 所示，它们都在厘米波波段。

L 波段的微波源和波导原件尺寸太大，而 S 波段则尺寸更为适用，所以 PCVD 工艺选用表中的 S 波段。在此波段内的微波源采用连续波磁控管，输出功率为千瓦级，具有水冷的包装结构。由于体积小，重量轻，非常适合于 PCVD 工艺。在此波段中，使用的能量传输线为矩形波导管，并用矩形波导管加工成波导元件。常用的矩形波导管尺寸如表 2.4.6 所示。

表 2.4.5 民用微波使用的频段

频率范围/MHz	波段	中心波长/m
915±25	L	0.330
2450±50	S	0.122

表 2.4.6 S 波段的常用矩形波导管的标准尺寸

波导型号（中国标准） （国际标准）	BJ-32 （WR-32）	BJ-26 （WR-26）	BJ-22 （WR-22）
内截面宽边/cm	72.1	86.4	109.2
内截面窄边/cm	34.0	43.2	54.6

矩形波导管用铜制成,厚为 2 mm。波导元件用法兰连接,法兰标准型号分别为 FD-32、FD-26、FD-22。

典型的 PCVD 工艺微波等离子体反应系统,如图 2.4.11 所示,微波等离子体反应系统由控制电源、磁控管、波导激励器、环行器、方向耦合器、能量转换装置、谐振腔等组成。

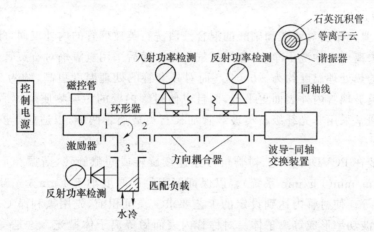

图 2.4.11 典型的 PCVD 工艺微波等离子体反应系统

其运行过程是:受微波控制电源控制,连续波磁控管的功率为数千瓦,在波导激励器中激发出微波能量,以基模 TE_{10} 波形在波导管中向前传播。经过环行器、方向耦合器、能量转换装置到谐振腔,石英玻璃管穿过谐振腔。

环行器是一个三端微波器件,是利用微波旋磁铁氧体的非互易性原理制成的微波元件,特点是微波能量从任一端口进入后,它只能沿单方向从相邻的端口输出,反方向有很高的隔离度。在 PCVD 反应系统中,磁控管激发的能量经过环行器后,如果有反射功率,它将进入第三端被匹配的水负载吸收,起到了信号源和负载之间的隔离保护。因为反射功率返回磁控管后,可能造成磁控管"跳模"而无法正常工作,甚至烧毁,所以环行器的反向隔离度应在 25 dB 左右,它的第三端可用于监测反射功率大小。

方向耦合器是微波系统中的一个重要元件,它的作用是从传输线的入射能量或反射能量中耦合出一小部分,供监测之用。在 PCVD 工艺中,方向性应大于 30 dB,如较小则测量误差会很大。

能量转换装置将从磁控管经波导系统传输来的微波能量传输到谐振腔中去。通常谐振腔采用同轴输入形式,则能量转换装置为波导-同轴变换结构。

谐振腔环绕石英反应管,并可作往复运动。由于石英反应管必须用预热加温到 1 200 ℃ 左右,所以谐振腔必须有水冷和隔热结构保护。当原料气体和蒸汽通过石英玻璃管后,管内为低气压,微波能量使气体和蒸汽电离产生等离子体,化学反应随即产生。就整个微波系统而言,必须要求微波能量尽可能多的耦合到等离子体中去,实现微波源与负载的匹配。通常系统工作时的电压驻波比小于 1.5,即反射功率小于入射功率的 4%,微波系统就可以正常工作了。

(2)预热炉系统

和 MCVD 工艺不同,PCVD 工艺需要预热炉对沉积管进行预热,目的是保持反应管内壁与沉积层之间的温度匹配,以阻止在玻璃中沉积过量的氯分子。预热炉主要性能要求最

高工作温度 $1\,300\pm3$ ℃。结构特点要求是炉膛剖为两半体,两半炉体可开合、可升降,以方便反应管的装卸。微波腔体在预热炉膛内做平移运动时,为尽量减少微波泄漏,应保持该开口炉体的密封。预热炉在高温下悬挂在操作员上方,因此其升降机构必须有自锁功能,升降运动与炉体的开合运动之间必须有互锁功能。

(3) PCVD 沉积

在沉积前,要先用用氢氟酸和硝酸的混合液清洗石英玻璃管的内外表面,此时有轻微的腐蚀。然后用去离子水冲洗干净,内侧用氮气干燥。随后采用氢氧焰对石英管进行热处理,对于沉积套管的热处理温度约为 $2\,000$ ℃,而对外套管的处理温度更高,约为 $2\,300$ ℃。热处理不仅使石英玻璃管内外表面更平滑,而且也使衬管内壁的污染物质烧掉后被管内的高纯氧气带走。通常采用非光纤级石英玻璃管加长石英玻璃管两端,以适应于安装在 PCVD 车床上。

将衬管安装在 PCVD 车床上,衬管可慢速连续旋转或间隙旋转,谐振腔平移为往复匀速运动,可达 $8\,m/min$($1\,g/min$ 系统)。以保证沉积每层厚度小于 $1\,\mu m$。先升高预热炉温度,开动真空泵等。使衬管内达到设定的工艺要求。在沉积前,先用氟利昂 C_2F_6 和氧气通过衬管,输入微波功率形成等离子体。对称管内表面做等离子体抛光。这是一种轻微的腐蚀工艺,既可以保证衬管的石英和沉积的石英更好地熔融,又可以有效地抛光衬管内表以去除安装过程中引入杂质和 OH^- 离子。抛光完后,按设计的原料配方在衬管内侧沉积包层和芯层。该配方是按照所设计的光纤是多模或单模以及管子的尺寸等决定的。蒸汽和气体混合物($SiCl_4$、$GeCl_4$、C_2F_6 和 O_2)的组分决定了每一层玻璃的成分,由于等离子体沉积没有微粒粉末形成过程,不需烧结。每一层玻璃的成分得到很好的保持。最后在光纤芯内获得一个高精度的折射率剖面。

在 PCVD 中,微波能量耦合到石英玻璃管内激发原料气体形成等离子体并完成化学反应仅需数毫秒时间,直接在管内壁均匀沉积出透明玻璃。谐振腔可以沿反应管快速往返运动($4\sim24\,m/min$),而且不受地心吸力的影响。同时微波能量通过石英玻璃管的传递不受管壁厚度的限制而且损耗极小。和其他管内法不同,石英玻璃管在沉积过程中始终维持温度在 $1\,200$ ℃左右,因此石英玻璃管不会变形。

PCVD 工艺对氟和二氧化硅的沉积效率几乎可达到 100%,二氧化锗的沉积效率为 85% 左右,这些在所有沉积工艺中都是最高的。原材料得到了高效率利用,废物产生量相当低,易于处理,在环境保护方面较其他工艺具有明显优势。

在沉积阶段去除原材料中的 OH^- 污染是早期 PCVD 工艺遇到的难题。研究表明,在 PCVD 中,原料中的含氢化合物总量的大约 $1/80$ 的氢以 OH^- 形式结合进沉积层中,而在 MCVD 法中仅为 $1/3\,900$,也就是说 PCVD 法比 MCVD 法高出近 50 倍。传统方法一般采用掺氯消除 OH^- 污染,因为 PCVD 直接生成透明致密玻璃层,无多孔疏松微粒结构,无法用掺氯方法去除含氢化合物。由于 PCVD 工艺可以有效地掺杂氟利昂,圆满地解决了这个问题。其机理是:在石英玻璃管内侧等离子体将水电离化,反应方程式是:

$$H_2O \leftrightarrow H^+ + OH^- \tag{2.4.13}$$

其他污染如 CH_4,$SiHCl_3$ 等也能被电离产生 H^+ 离子与氟利昂反应,相应的反应方程式为:

$$2O_2 + C_2F_6 + 6\,H^+ + 6e^- \longrightarrow 6HF + 2CO_2 \tag{2.4.14}$$

反应产生的氟化氢和二氧化碳被过剩氧气带走,从而降低了 OH^- 污染。

（4）熔缩衬管

和 MCVD 一样，已沉积完毕的石英管，必须熔缩成实心的预制棒，才能用于拉丝成为光纤。熔缩工艺的要求是从沉积管到最后的预制棒必须有良好的几何尺寸（包括不圆度，纵向均匀性等）和预先设计的折射率剖面。熔缩工艺的过程大致可分为 5 步：第一步是准备阶段，包括石英玻璃管安装、消除安装应力、主喷灯点燃及调整合适的流量参数和管压等；第二步是熔缩接待，主喷灯要多次熔缩衬管，管内外压力差要为正值并多次递减，直至内孔为一较小的特定值，熔缩可预先设定参数自动运行；第三步是消除中心折射率下陷，可采用腐蚀法或补 Ge 法；第四步是闭合内孔阶段，即在高温下让内孔闭合，俗称"烧死"，这就得到了一根实心的预制棒，在闭合行程中管压差可为微负压；第五步是抛光阶段，主要目的是消除预制棒的内应力，改善光纤的 PMD，同时可使预制棒外表面的雾状石英升华去除。

影响正常熔缩的因素有以下几点：①黏度。黏度取决玻璃的组分和温度；②表面张力。高表面张力比低表面张力更容易熔缩，表面张力大小也取决于玻璃组分；③压力差。管外压力是大气压和喷灯压力之和。压力差应为正值，它直接影响熔缩速度。正确的压力差在每次熔缩行程是不同的，而且是递减的。它应既保证管子有正确的收缩率，没有形状尺寸畸变（不圆、锥度、鼓胀等）又保证了较快的熔缩速度；④旋转；⑤地心引力；⑥管子材料厚度；⑦喷灯结构；⑧温度和平移的稳定性。归纳上述因素，熔缩速度 V_c 可用以下公式表述。

$$V_c \propto \Delta P + (\sigma/R_{ID}) + (\sigma/R_{OD})]/\eta(T, C, t) \tag{2.4.15}$$

式中，$\Delta P = P_o - P_i$；P_o 是管外压力；P_i 是管内压力；σ 是玻璃的表面张力；R_{ID} 是管内半径；R_{OD} 是管外半径；η 是玻璃的黏度。η 是温度 T，玻璃组分 C 和时间 t 的函数。

在熔缩过程中，由于高温，衬管内表面和外表面均有烧失现象发生。特别是在最后内孔闭合阶段，温度最高烧失最为严重。

衬管在高温熔缩时，内侧的 GeO_2 会蒸发，在闭合内孔成棒后意味着中心折射率会比设计值低，折射率剖面中心出现凹陷。这对于光纤的传输特性不利，特别是影响光纤的带宽和色散。消除中心凹陷有两种方法，具体见 MCVD 工艺中的相关内容。

（5）PCVD 的优缺点

PCVD 法工艺的优点是不用氢氧火焰加热沉积，沉积温度低于相应的热反应温度，石英包皮管不易变形；由于气体电离不受包皮管的热容量限制，所以微波加热腔体可以沿石英包皮管做快速往复运动，沉积层厚度可小于 $1~\mu m$，从而制备出芯层达上千层以上的接近理想分布的折射率剖面，以获得宽的带宽；光纤的几何特性和光学特性的重复性好，适于批量生产，沉积效率高，对 $SiCl_4$ 等材料的沉积效率接近 100%，沉积速度快，有利于降低生产成本。

2.4.4 OVD 工艺

1. OVD 工艺

OVD 工艺是美国康宁公司在 1972 年发明的，其工艺比 MCVD 更复杂，但更适合光纤工业化生产。受专利保护，很长一段时间，只有康宁独家使用。2000 年以后，随着 OVD 专利保护期基本已满，对 OVD 技术的研究与应用开始遍及全世界。

OVD 法的沉积顺序恰好与 MCVD 法相反，它是先沉积芯层，后沉积包层，所用原料完全相同。沉积过程首先需要一根靶棒，如靶棒用氧化铝陶瓷或高纯石墨制成，则应先沉积芯层，后沉积包层。如靶棒是一根合成的高纯度石英玻璃芯棒时，这时只需沉积包层玻璃。

OVD沉积车床置于封闭罩内,该封闭罩为沉积提供保护性环境,使坯棒不受灰尘污染,这些灰尘污染会引起光纤散射损耗、造成断点;封闭罩也使反应的副产品HCl、未沉积的粉灰等废气与周围环境隔开。

图2.4.12示出典型的OVD工艺示意图,包括沉积系统和烧结系统,其中沉积系统可以是水平式的,也可以是垂直式的。

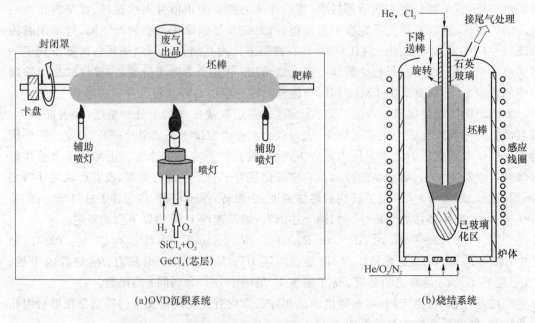

(a)OVD沉积系统　　　　　　　　　　(b)烧结系统

图2.4.12　典型的OVD工艺示意图

OVD工艺典型过程简述如下:首先,把经过仔细清洗的一根靶棒安装在卧式沉积车床的两个同步卡盘上(也出现过采用立式车床的垂直式OVD工艺),以一定速度旋转、平移。靶棒正下方配备氢-氧焰沉积喷灯,该喷灯的火焰朝向靶棒。喷灯中除了有产生火焰的H_2、O_2等燃料外,还通入$SiCl_4$等原料蒸汽。燃料燃烧产生的水成为反应的副产品,而原料蒸汽则处于燃烧体中间,与水分进行反应,故这一过程称为火焰水解反应。反应后生成亚微米大小的包含各种掺杂剂的球形SiO_2玻璃微粒,其中一些玻璃微粒以部分烧结状态沉积于靶棒外表面。未沉积的微粒随废气排放到环保处理系统。靶棒平移一个行程,就在圆周表面上沉积了一层玻璃微粒。反复进行,就形成白色圆柱形疏松质的坯棒(以下称疏松棒)。在靶棒两端各有一支小型辅助喷灯,对靶棒与沉积材料的结合部进行加热,其作用是防止疏松棒开裂。通过改变每层的掺杂物的种类和掺杂量可以制成不同折射率分布的光纤预制棒。例如:梯度折射率分布,芯层中GeO_2掺杂量由第一层开始逐渐减少,直到最后沉积到SiO_2包层为止。沉积中能熔融成玻璃的掺杂剂很多,除常用的掺杂剂GeO_2,P_2O_5,B_2O_3外,甚至可以使用ZnO,Ta_2O_3,PbO,Al_2O_3等掺杂材料。一旦光纤芯层和包层的沉积层沉积量满足要求时,即达到所设计的多孔玻璃预制棒的组成尺寸和折射率分布要求,沉积过程即可停止。

在沉积完成之后,抽出靶棒,把带有中心孔的疏松棒安装到烧结设备上,进行纯化烧结工序。图2.4.13是OVD大型预制棒输送专用图。在该工序中,疏松棒从上往下,以控制的速度送入烧结炉中,烧结炉沿纵向有设计的温度分布,高温区温度约1 600 ℃。炉内按程序通入氦-氯混合气体。Cl_2 可去除坯棒中的物理吸附的水分、化学结合的羟基、金属杂质；He 有助于消除气泡，废气排放到环保处理系统。在严格控制的气氛、温度、速度条件下，通过区域烧结过程，带有中心孔的疏松质坯棒转变为实心的、无气泡的透明的玻璃棒，是为芯棒。为了得到高沉积速率，氯化物原材料的供应速率需要很高。因此，当前的 OVD 原材料供应系统一般不再采用鼓泡瓶方式，而改用直接蒸发式或液体计量泵-闪蒸方式。大规模生产中，OVD 工艺已经采用计算机智能控制。

(a)转运车　　　　　　　　(b)放置架　　　　　　　(c)输送专用导轨

图 2.4.13　OVD 大型预制棒输送专用

在 OVD 工艺中，可采取氢氧火焰固定而靶棒边旋转边来回左右移动，进行逐层沉积，也可采取沉积棒固定，氢氧火焰沿靶棒纵向来回左右移动方式进行沉积。OVD 法的优点主要是生产效率高，其沉积速度是 MCVD 法的 10 倍以上，光纤预制棒的尺寸不受母棒限制，尺寸可以做得很大，目前最高沉积的预制棒可拉制的光纤公里数已达 3 000 km 以上。

由于 OVD 预制棒的尺寸越来越大，因此在预制棒生产中需要专门的设备进行转运、安放和提升送棒，图 2.4.13 是预制棒运输使用的部分专用设备图。

2. OVD 工艺机理与关键技术

(1) OVD 沉积工艺中的主要化学反应

与 MCVD 相比，OVD 的反应更复杂，不仅有 $SiCl_4$ 等原材料，还有喷灯燃料气体(氢-氧焰或者甲烷-氧焰)也参与化学反应。喷灯燃料气体首先反应生成水蒸气，$SiCl_4$ 等原材料再与水蒸气反应生成 SiO_2，因此该工艺属于火焰水解法。但是，在典型 OVD 场合，普遍采用多层同心环结构的喷灯，喷灯的中心通入 $SiCl_4$ 等原材料(包括载气，一般是 O_2)，燃料气体在喷灯的外层，燃料气体反应形成的水蒸气也在火焰外围。当处于中心位置的原材料流量增加时，喷灯的气流速度也增大，使水蒸气向中心的扩散时间不足，不能够与 $SiCl_4$ 接触，也就不能发生火焰水解，此时，可发生 $SiCl_4$ 与 O_2 生成 SiO_2 的氧化反应。一般情况，水解和氧化反应都会发生。在用 O_2 作载气的场合，以氧化反应为主。OVD 沉积过程中主要发生以下化学反应：

$$2H_2 + O_2 \longrightarrow 2H_2O \tag{2.4.16}$$

$$SiCl_4 + 2H_2O \longrightarrow SiO_2 + 4HCl \tag{2.4.17}$$

$$SiCl_4 + O_2 \longrightarrow SiO_2 + 2Cl_2 \qquad (2.4.18)$$

$$GeCl_4 + O_2 \longrightarrow GeO_2 + 2Cl_2 \qquad (2.4.19)$$

$$2H_2O + 2Cl_2 \longrightarrow 4HCl + O_2 \qquad (2.4.20)$$

OVD 通过式(2.4.20)的反应,除去了大量生成的氯气,有利于 SiO_2 和 GeO_2 形成,并消耗部分的 H_2O,但是仍有大量 H_2O 物理吸附在疏松的沉积材料中,也有部分与 SiO_2 化学结合形成 Si-OH,所以在烧结前必须去水,这是 OVD/VAD 等外沉积工艺的特点之一。

（2）OVD 疏松棒的沉积

① 沉积机理

在 OVD 沉积工艺中,火焰水解和氧化反应产生的亚微米的球形微粒在喷灯口以上 $10 \sim 30\ mm$ 处(取决于喷灯设计和气体流量),这些微粒互相碰撞并聚集,使微粒长大。从最初的 $0.01\ \mu m$ 生长到 $0.25\ \mu m$ 以上,颗粒的大小与微粒在火焰中的驻留时间有关,也与喷灯和靶棒之间的距离有关。

已经证明,OVD 的沉积机理也是热泳。对于 OVD 的沉积速率和沉积效率而言,温度梯度就是关键参数,包括火焰温度、沉积表面的温度、靶棒周围的环境温度等。以上每个温度参数都不是单值的,也不是恒定的。因此优化 OVD 的沉积工艺参数,需要考虑喷灯的具体结构、气体流量、气体成分对热传导的影响以及平移速度、靶棒旋转速度、沉积圆周面积等的影响。

② 沉积速率和沉积效率

沉积速率是由热泳速度与反应产生微粒的浓度乘积确定的。增大 $SiCl_4$ 等原材料气体流量,就提高了微粒的浓度并因此提高了沉积速率。但是,该正向效应是有限度的。当 $SiCl_4$ 等原材料气体流量过大时,火焰气体的流速很大,热以及反应物的径向扩散过程受限,形成微粒的浓度反而下降。因为很多原材料来不及反应,而且微粒的生长过程受限,从而降低了沉积效率即原材料利用率。这样,增大 $SiCl_4$ 流量产生了两个方向相反的效应,其间必有最佳值。在提高沉积速率的同时兼顾沉积效率需要根据所用的具体设备情况(喷灯结构、靶棒直径等)确定该最佳值。不过,由于 OVD 所用的 $SiCl_4$ 原材料的价格一般很低,与沉积效率相比,高沉积速率更有吸引力。

除 $SiCl_4$ 等原材料气体流量参数之外,还有两个关键参数:靶直径和燃气流量。靶棒直径增大从两方面改善沉积。首先,圆周面积增大,温度梯度增大,沉积效率提高;其次,圆周面积增大,使微粒与靶棒接触机会增加,有利于提高沉积速率。燃气流量增大,微粒的温度提高,温度梯度增大,沉积效率提高。目前喷灯已经从单喷灯发展到多喷灯同时沉积,平均沉积速率大大提高;也已经从一台设备一次沉积一根棒发展到一台设备同时沉积多根棒,进一步提高了生产率。

与 MCVD、PCVD 不同,OVD 的沉积速率不受衬底管直径、壁厚等因素限制,是高速率工艺。不过,OVD 棒 100% 的材料都必须是沉积产生的,而 MCVD、PCVD 必需的沉积材料只占 5%～10%,其余绝大部分都是用管子熔缩而成。

（3）OVD 疏松棒的固化

疏松棒的干燥和烧结过程合并称固化(consolidation),疏松棒垂直式进入固化炉中,一般是石墨感应炉。计算机控制炉温分布、炉内气氛、升温速度、保温时间等工艺程序。

① 疏松棒的干燥

OVD 生产的疏松棒含有大量物理吸附 H_2O 和化学结合的 OH(约 200 ppm-wt),这对于光纤的衰减特性是致命的危害。因此,OVD 工艺发展的一个重要方面是脱水烧结工艺。把疏松棒加热到 400 ℃ 以上,很容易驱除物理吸附的 H_2O。化学结合的一部分 OH 可与相邻的其他 OH 反应形成 H_2O 并蒸发掉。对于驱除残余的 OH,常规措施是在更高的温度(约 1 200 ℃)用 Cl_2 等干燥气体进行化学处理。处理的效果与 Cl_2 浓度、处理温度、升温速度等参数有关。已有公司用 OVD 生产了低水峰光纤,OH 降低到 <1 ppb。

② 疏松棒的烧结

OVD 疏松棒烧结一般以区域烧结方式在 1 400~1 600 ℃ 烧结成透明棒。区域烧结方式,也称渐进式烧结,从一端开始烧结,连续向另一端进行。疏松棒的密度及其径向一致性对玻璃化有较大影响,已经观察到,与高密度的情况比较,密度低的疏松棒,烧结温度较低;若同样温度,则烧结较快。这样,若疏松棒的外部区域有较低密度,就会比内部先烧结,形成坚固的外壳,使内部无法实现充分烧结,因此在沉积阶段需要控制疏松棒的密度。

疏松棒玻璃化还要注意温度与固化速度的合理选择。一般讲,升温速度不可以太快,因为这会造成疏松棒径向温度分布不均匀。因为热是从疏松棒外表向内部传导的。若热传导不足,可能使外部充分固化了,而在内部留下空隙。该方式的优点是:被烧结部位的微孔内部的气体可通过相邻的未烧结部位排出。

OVD 工艺尽管也有脱出靶棒遗留的中心孔,通常在烧结过程中熔缩闭合。由于烧结温度比 MCVD/PCVD 熔缩温度低得多,减少了掺杂剂的蒸发,中心凹问题并不严重。

理论研究认为,OVD 疏松棒的烧结机理是黏性流动,符合 SiO_2 微粒高温黏性流动(viscous-flow)烧结模型,疏松棒高的初始表面积是黏性流动烧结的驱动力来源。

3. OVD 尾气处理

和管内法一样,OVD 工艺在制造预制棒的过程中产生的尾气必须经过处理才能排放。对 OVD 工艺而言,它的沉积速度是 MCVD 法的 10 倍以上,但由于其沉积效率不高,产生的尾气量大,处理起来更复杂。

图 2.4.14 是 OVD 工艺尾气处理示意图,生产过程中产生的尾气含有大量沉积在靶棒上的粉尘、未完全反应的原料气、反应生成的有毒气体等,因此首先是采用静电去除粉尘,经过碱洗、化学物质中和,再将残留的气体、固体和液体分别进行分离,最后分别处理达标后排放。

目前 OVD 工艺中尾气处理成本已占生产成本的很大比例,因此选用环保型的沉积材料是今后的发展方向。

4. OVD 工艺的优缺点

和管内法相比,OVD 工艺具有如下优点:

① 不用衬底管、全合成工艺、光纤高强度;

② 不受衬底管尺寸限制,可高速率制造大棒;

③ 不受衬底管膨胀系数限制,可实现径向黏度/应力匹配;

④ 不受衬底管几何尺寸精度限制,圆度、同心度出色;

⑤ 有去水工序,易于低损耗;

⑥ 沉积层数目高达数千层;烧结温度较低,掺杂剂不易挥发,使该工艺有利于实现复杂

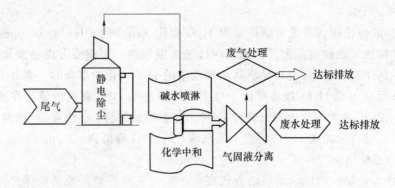

图 2.4.14 典型的 OVD 尾气处理工艺示意图

RIP,适于制造各种光纤;

⑦ 可用较低纯度的原材料,易于低成本。

OVD 工艺也有如下缺点:

① OVD 制造预制棒过程中会产生大量废气粉尘和有毒气体,处理代价高;

② 沉积效率较低,一般只有不到 40%;

③ 需要特殊的清洁空间;

④ 设备复杂、昂贵。

综合来看,OVD 工艺更适合单模光纤的低成本、大规模生产。

5. OVD 新技术及发展

OVD 工艺从发明到大规模应用,至今已 40 多年。目前,OVD 技术发展趋势集中在以下几方面。

(1) 优化烧结方式

最新的技术开发了扫描固化炉,即感应线圈可沿固化炉长度方向平移因而热区也随之沿疏松棒纵向扫描的石墨感应炉,来实现 OVD 大预制棒快速烧结,提高烧结速率。具体做法是将整根疏松棒都放置在炉内,采取区域烧结与整体烧结结合的方式,把固化过程分解为三个阶段:其一是干燥阶段,感应线圈匀速移动,炉子基本等温,温度为 A,不发生致密化,进行去水;其二是致密化阶段,温度为 B,完全致密化但是不透明;其三是透明化阶段,温度为 C。各阶段的温度 $A < B < C$,具体温度取决于成分。

采用这一新技术,烧结固化 10 kg 的疏松棒,时间从原来的约 6 h 缩短到约 4.7 h。

(2) 多棒同时沉积

光纤生产向大规模低成本发展,每设备单位时间生产率的提高可降低成本。最近几年来,国际上已经开发、并且在生产中应用了复式设备和技术,就是在同一台设备上同时沉积多根大预制棒的设备和技术。例如,美国某公司已经应用了复式 OVD 设备,在同一台设备上可同时生产三根芯棒,也可以同时对多根芯棒进行外包层沉积。这表明,预制棒设备和技术的稳定性又提高了一个档次,减少了设备占用的空间、减少了人力费用,为进一步提高生产率、降低光纤生产成本开辟了新途径。

(3) 采用新材料

在光纤预制棒成本中,原材料费用占的比例相当大。为了降低 OVD 预制棒成本,制造厂家已经开发、应用了多种低费用的新材料,比较有成效的有两种:

① 用天然气代替氢气或者甲烷

传统 OVD 工艺中,沉积喷灯的燃料一般用氢气(H_2)或者甲烷(CH_4)。现在,已经在大规模生产中采用了天然气代替氢气或者甲烷。天然气中富含甲烷,天然气也是制造甲醇的原料,而用甲醇裂解方法生产氢气则是常用的工业方法之一。这样,直接使用制取氢气、甲烷的原材料来代替氢气或者甲烷,大幅度降低了 OVD 预制棒的原材料费用。

② 用八甲基环四硅氧烷代替四氯化硅

传统 OVD 工艺中,四氯化硅反应产生大量的氯、氯化氢等废气,危害环境和人体。不仅环保处理费用昂贵,对 OVD 设备本身的寿命也有影响。光纤制造厂家已开始使用八甲基环四硅氧烷(OMCTS)代替四氯化硅。由于 OMCTS 是有机硅化合物,无毒,在 OVD 沉积过程中不产生卤化物废气,因此不对环境、人体、设备造成危害。

2.4.5　VAD 工艺及设备

1. VAD 工艺

VAD 工艺称为轴向气相沉积法,于 1977 年由日本电报电话(NTT Lab)公司茨城电气通信研究所的伊泽立男等人发明。自 20 世纪 80 年代后期以来,VAD 工艺不仅在日本推广应用,也发展到海外,目前已经成为市场份额最大的芯棒工艺。

VAD 法的反应机理与 OVD 法相同,也是由火焰水解生成氧化物玻璃。但与 OVD 法相比主要有以下四个主要区别:

① 沉积获得的预制棒的生长方向是由下向上沿靶棒下端垂直轴向生长的。

② 烧结和沉积可在同一台设备中不同空间同时完成的,实现预制棒连续制造。

③ 芯层和包层玻璃可同时沉积在靶棒上,预制棒折射率剖面分布型式通过沉积部位的温度分布、氢氧火焰的位置和角度、原料饱和蒸汽的气流密度的控制等多因素来实现。

④ 此工艺程序多,氢氧喷灯采用的多,3～8 个,对产品的总成品率有一定的影响,成本比 OVD 法略高。

图 2.4.15 是典型 VAD 工艺系统示意图。为防止外界污染,VAD 工艺的反应与沉积区都封闭在玻璃/不锈钢罩内。上部密封连接着水冷不锈钢壳石墨炉,内有石英玻璃衬管,防止腐蚀,保证清洁。该工艺首先将一根靶棒垂直放置在反应炉上方的夹具上并旋转靶棒,旋转的石英玻璃棒(靶棒)的下端面作为沉积衬底,喷灯火焰朝向靶棒的下端面部位,端面温度一般为 500～800 ℃。用高纯氧载气将形成的玻璃卤化物($SiCl_4$,$GeCl_4$)饱和蒸汽带至氢氧喷灯和喷嘴入口,在高温火焰中水解反应,生产玻璃氧化物粉尘 SiO_2-GeO_2 和 SiO_2,并沉积在边旋转边提升的靶棒底部内、外表面上。随着靶棒端部沉积层的逐步形成,旋转的靶棒应不断向上提升,使沉积面始终处于同一个位置。最终沉积生成具有一定机械强度和孔隙率圆柱形的疏松棒。系统配备有激光器或者摄像机监测沉积端面的位置,位置信号送到轴向提升机构进行反馈控制,以使沉积端面与喷灯的位置保持不变。当沉积的疏松棒提升经过环状石墨加热炉时,就顺序进行脱水与烧结,连续制造出透明预制棒。

出于优化工艺控制、提高成品率的考虑,当前的 VAD 工艺已经将沉积与烧结分开进行。

2. VAD 工艺的沉积控制关键技术

(1) VAD 沉积中的化学反应与沉积过程控制

① 阈值流量

VAD 工艺中的主要化学反应及原理与 OVD 相同。VAD 的沉积机理也与 OVD 相同,

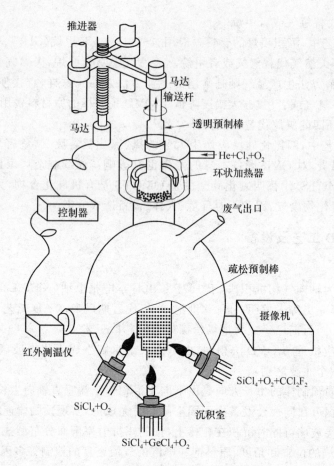

图 2.4.15　典型的 VAD 工艺示意图

仍然是热泳。除了温度等条件之外，要发生能够产生氧化物微粒的反应，还必须满足卤化物阈值流量条件。低于阈值流量，火焰中没有氧化物微粒产生，只有蒸汽。表 2.4.7 列出实验测量的各种卤化物的阈值流量。该阈值流量是由氧化物的饱和蒸汽压决定的，只有当火焰中的氧化物的蒸汽分压超过其饱和蒸汽压时，这种氧化物才可固相存在。阈值流量也与喷灯的氢气流量有关。对于同种卤化物，氢气流量越大，阈值流量也越大。采用低阈值流量的卤化物原材料，更容易形成氧化物微粒。

表 2.4.7　各种卤化物的阈值流量

卤化物	阈值流量/$(cm^3 \cdot min^{-1})$	卤化物	阈值流量/$(cm^3 \cdot min^{-1})$
$TiCl_4$	<0.7	BBr_3	23
$SiCl_4$	<2.8	$SnCl_4$	85
$GeCl_4$	20	PCl_3	>140

$H_2 = 11 \ \iota/min, O_2 = 4 \ \iota/min$

② VAD 喷灯角度与沉积特性

与 OVD 不同的是，喷灯火焰与沉积表面没有相对移动，沉积表面没有机会冷却，温度梯度没有 OVD 那么大。这对于 VAD 是不利因素。但是,研究证明,使喷灯的中心线相对疏松棒纵轴倾斜成适当的角度,仍可获得与 OVD 相当的沉积速率与效率。并且发现,喷灯角度也影响疏松棒的直径起伏。表 2.4.8 列出实验测量的喷灯角度与疏松棒的轴向生长速度以及棒径起伏的关系。

表 2.4.8　喷灯角度对于轴向生长速度及棒径起伏的影响

喷灯角度	生长速度/(mm·h⁻¹)	直径起伏/mm	喷灯角度	生长速度/(mm·h⁻¹)	直径起伏/mm
0	5~20	5~10	40	100	≤0.5
10	20~30	2~5	50	60~65	0.5~1
20	40~45	1~2	≥60	≤5	不可生长预制棒
30	70~75	0.5~1			

（2）VAD 工艺的折射率分布控制技术

① VAD 工艺的折射率分布形成控制因素

VAD 棒的折射率分布（RIP）形成过程与其他工艺（MCVD、OVD、PCVD）都不同。其他工艺都是通过改变每沉积层的成分逐层沉积形成的,沿长度方向任一位置的径向折射率分布都是成百上千次沉积的结果,而 VAD 的 RIP 则是基本"一次定形"的,不过其形成机理不简单。

原理上,RIP 取决于 GeO_2 浓度分布,GeO_2 浓度与微粒的沉积特性相关,微粒的沉积特性又与温度相关。研究表明,VAD 工艺中产生的 GeO_2 微粒的物质结构及浓度与沉积表面温度的关系如图 2.4.16 所示。沉积表面温度低于 500 ℃,GeO_2 成晶态,沉积的大部分晶态 GeO_2 在烧结过程中升华。沉积表面温度增加到 500~800 ℃,沉积的玻璃态 GeO_2 的浓度随温度线性增加。正是这些玻璃态 GeO_2 的浓度确定了 RIP,所以疏松棒沉积表面的温度是最重要的因素之一。影响疏松棒表面温度的因素包括:火焰温度、喷灯与疏松棒的相对位置、疏松棒的形状等。

除了温度因素之外,掺杂剂在火焰中的空间浓度分布也影响 RIP。实际上,VAD 棒的折射率分布是由以下多项条件共同确定的:疏松棒沉积端面的温度分布,喷灯的结构,喷灯的数目,喷灯安装位置,喷灯的火焰相对疏松棒纵轴的角度,氢气、氧气的流量及 H_2/O_2 比例,$SiCl_4$ 及 $GeCl_4$ 的流量,各种气体原材料在火焰中的空间分布、混合效果等。

② VAD 工艺 RIP 计算机控制技术

VAD 开发的早期,认为得到好的 RIP 很困难。针对以上各种因素,通过大量的理论和实验研究,建立了 VAD 计算机控制系统和实际控制技术。

由于多模光纤代表了对 RIP 控制的最高要求,本节以制造梯度多模光纤为例,来说明

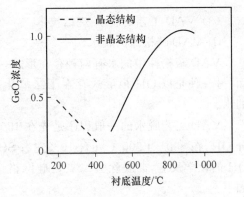

图 2.4.16　VAD 工艺 SiO_2-GeO_2 系统中 GeO_2 浓度、结构与衬底温度的关系

多模光纤的 RIP 计算机控制原理及步骤。表 2.4.9 列出建立 VAD 工艺制造 50/125 梯度多模光纤的 RIP 计算机控制原理及步骤。简单地说，VAD 工艺是通过调节喷灯的氢气氧气流量来控制疏松棒沉积端面上的温度分布从而获得所需要的 GeO_2 浓度分布，也就是折射率分布。

表 2.4.9　VAD 工艺 RIP 计算机控制原理及步骤

步骤	内　　　容
1	把实验得到的非晶态 GeO_2 浓度 $Ge(T)$、疏松棒密度 $\rho(T)$ 在不同表面温度 T 的数据存入计算机；
2	用 2 维红外光学高温计测量表面温度 $T(x\text{-}y)$，x 是径向坐标，y 是纵向坐标；
3	计算疏松棒的径向温度分布 $T(x)$；
4	利用计算的 $T(x)$、存入的 $Ge(T)$、$\rho(T)$ 计算 GeO_2 的径向浓度分布 $Ge(x)$；
5	计算透明棒的密度 ρ，ρ 正比于 GeO_2 浓度 $$\rho(r) = \rho_{max}\left[1-\left(\frac{r}{r_m}\right)^g\right]$$ ρ_{max}＝最大密度； r＝半径； r_m＝疏松棒的最大半径； g＝透明棒的折射率梯度分布指数
6	用下式将疏松棒的径向坐标 x 转换成透明棒的径向坐标 r，$$\int_0^r \rho(r)r\mathrm{d}r = \gamma \int_0^x \rho(x)x\mathrm{d}x$$ γ 是轴向收缩速率
7	计算透明棒的 GeO_2 浓度 $Ge(r)$
8	将 $Ge(r)$ 归一化为 25 μm 半径、相对折射率差 1%，用均方根法计算 g
9	通过比例积分微分（PID）控制器将折射率梯度分布指数 g 反馈到控制系统，调节喷灯氢气氧气流量

（3）VAD 工艺的脱水-烧结技术

① VAD 疏松棒的脱水

VAD 疏松棒中的水有两种存在形式，一种是以水蒸气分子形式物理吸附于微小颗粒表面；另一种是以 OH 根形式存在于二氧化硅网格结构中。因此脱水必须去除这两种形式的水。

VAD 工艺脱水的一般程序是先在 150 ℃左右除去物理吸附的水分子，在 400 ℃除去部分 OH，在 800～1 200 ℃在含 10% 左右 $SOCl_2$ 或者 Cl_2 的氦气气氛中，利用含氯气体与水或 OH 的化学反应，彻底除去二氧化硅网格结构中的 OH，达到脱水目的。其中的化学反应如下：

$$H_2O + SOCl_2 \longrightarrow SO_2 + 2HCl \tag{2.4.21}$$

$$Si\text{-}OH + SOCl_2 \longrightarrow Si\text{-}Cl + SO_2 + 2HCl \tag{2.4.22}$$

$$2Si\text{-}OH + Cl_2 \longrightarrow Si\text{-}O\text{-}Si + 2HCl + 1/2O_2 \tag{2.4.23}$$

脱水的关键在于温度、气氛、升温速度、处理时间等参数的综合优化。图 2.4.17 示出温度与 OH 浓度的关系，图 2.4.18 示出 OH 浓度与 Cl_2 分压的关系。只有在疏松棒中的微孔是开孔时,Cl_2能够进入,处理才有效,因此温度不可过高,升温速度不可过快。

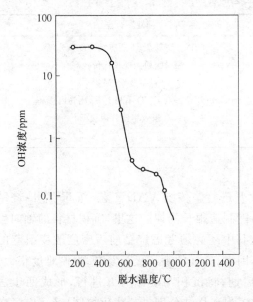

图 2.4.17　OH 浓度随去水处理温度的变化 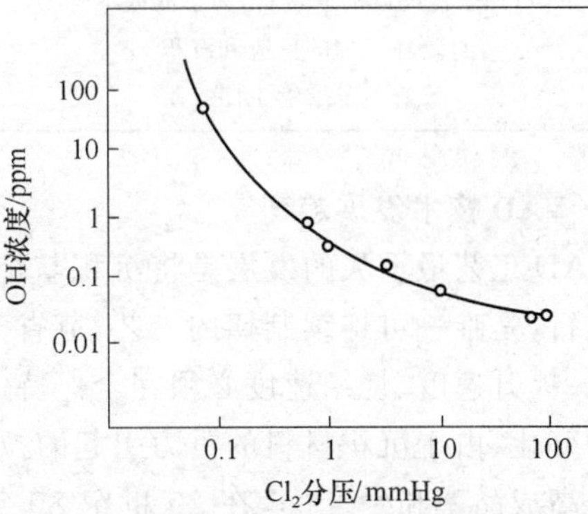　　　　图 2.4.18　OH 浓度随 Cl_2 分压的变化

（2）VAD 疏松棒的烧结

成功的烧结应得到彻底除去 OH 的、无气泡的透明棒。VAD 疏松棒的烧结机理与 OVD 的相同,也是黏性流动。烧结过程包括两个阶段。首先是致密化,$0.05\sim0.2~\mu m$ 直径的微小颗粒部分熔成一体,但仍有微孔互相连通,疏松棒内部的气体可通过互相连通的微孔排出。接着是烧结阶段,微孔闭合、成一个个孤立气泡。此时,气泡内部的气体只能通过扩散和溶解排出。

VAD 区域烧结过程可通过微孔闭合模型来解释,如图 2.4.19 所示,P_o＝外压力,P_i＝内压力,γ＝表面张力,S＝气体在玻璃中的溶解度,D＝气体在玻璃中的扩散常数。

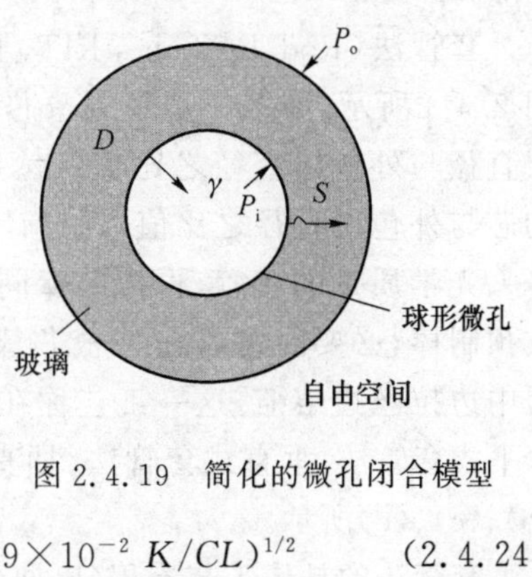

假设存在玻璃内的微孔呈球形,内部是惰性气体,壁厚 L,气泡内体积 V,则存在一临界孔径 d_c。当气泡直径大于 d_c 时,随温度增加,气泡膨胀,难以排除;反之,气泡收缩,可以排除。

图 2.4.19　简化的微孔闭合模型

在 1 600 K,用下式可计算临界孔径 d_c:

$$d_c = -0.545 \times 10^{-3} + (0.297 \times 10^{-6} + 3.09 \times 10^{-2}~K/CL)^{1/2} \qquad (2.4.24)$$

K 是气体在 SiO_2 玻璃中的渗透率,$cm^3(stp)/cm/atm/K$,stp 是标准温度和压力;C 是升温速度,K/sec;L 是气泡壁厚,μm;大 K 值、慢升温、小 L,产生大 d_c,有利于排除气泡。氦气在二氧化硅玻璃中的 $K = 8.32 \times 10^{-7}$;氩气的 $K = 2.27 \times 10^{-7}$;将以上分别代入公式(2.4.24),设 $C = 1~K/sec$,$L = 1~mm$,得到:$d_c(He) = 500~\mu m$;$d_c(Ar) = 0.6~\mu m$;显然,为得到无气泡的透明玻璃棒,用氦气是非常必要的。

3. VAD 工艺的优缺点

表 2.4.10 概括了 VAD 工艺的优缺点。

表 2.4.10　VAD 工艺的优缺点

优　点	缺　点
不用沉积管,全合成工艺,光纤高强度	RIP 控制复杂,不适应结构复杂光纤
不用靶棒,可连续高速率制造大长度的预制棒	废气、粉尘处理代价较高
有脱水工序,易于制作低损耗光纤	设备复杂、昂贵
可用较低纯度的原材料,易于低成本	沉积速率与 OVD 不相上下,比管内法高
封闭环境内的反应和沉积	沉积效率比管内法低
避免了熔缩工序	

4. VAD 技术发展趋势

VAD 工艺最重大的发展是将沉积与烧结分开进行。传统 VAD 工艺,沉积-脱水-烧结同时进行,是唯一可连续制棒的工艺,节省工时,能制造很长的棒。这里,沉积材料的轴向生长速度、提升速度、烧结速度必须完全保持一致,其中还必须考虑烧结前后密度改变引起的长度的变化、由于沉积材料的重力引起的拉伸等因素,这样的系统极为复杂,控制难度很大。为了提高成品率和生产率,在 20 世纪 80 年代后期,将沉积与烧结分开进行,形成两步法VAD。这种改进版本的 VAD 工艺,既有利于对沉积和烧结分别进行优化控制,又适应了向混合工艺的发展。在生产实践中,把烧结炉与沉积设备适当排列,当沉积完成之后,可不必将疏松棒卸下,直接转入烧结炉,趁热立即开始脱水-烧结;同时,沉积设备可开始另一根棒的沉积,这样,在改善工艺控制的同时仍然基本保留了 VAD 连续制棒的工艺特色。

2.4.6　外包层工艺

1. 套管法

（1）套管工艺

套管法(Rod In Tube,RIT)的原理简述如下:套管法是典型的两步法工艺,如图 2.4.2 所示,即第一步是制造芯棒,使芯棒的芯直径与包层直径之比大于最终光纤的芯层直径与外包层直径之比值。然后,根据测量的芯棒的芯/包层比值和要求的最终光纤的芯与外包层直径之比值,通过计算,选择出具有适当几何尺寸(内直径、横截面积、长度等)、光学质量的套管,再把芯棒同心地插入套管中,在高温下把芯棒和套管熔缩成一体,成预制棒,必要时可以在一根芯棒上依次套上多根套管。也可以先不熔缩,而在拉丝过程中边拉丝边熔缩,这一工艺称在线套管法。在套管工艺的完善和发展过程中,先后出现水平式套管法、垂直式套管法、抽真空套管法以及在线抽真空套管法等,如图 2.4.20(a)、(b)、(c)、(d)所示。

套管法的具体工艺流程(以抽真空套管法为例)如图 2.4.21 所示。

（2）套管法新技术发展展望

套管法的应用在光纤生产历史中具有不可磨灭的贡献。由于作为套管的合成管成本较高,在一定程度上限制了套管法的发展潜力。与现在较多采用的粉末外包法相比较,套管法仍有其特色,如设备简单、投资少、见效快、操作便利、工时短、无环境污染。用粉末工艺外包,一般沉积需要 6～7 h,烧结需要 6～7 h,还要处理废气,而套管法总共只要 3～4 h。只要合成石英玻璃管的价格降得足够低,这种方法最简单、最实用。因此,套管技术还在继续

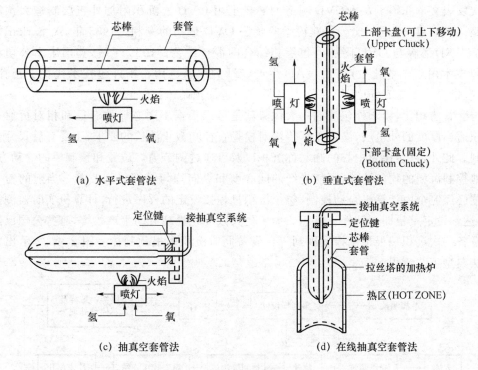

(a) 水平式套管法 　　　　　　　　　　(b) 垂直式套管法

(c) 抽真空套管法 　　　　　　　　　　(d) 在线抽真空套管法

图 2.4.20 套管装置示意图

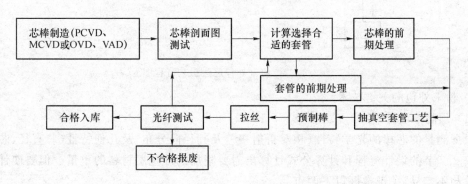

图 2.4.21 套管法工艺流程图

发展。

　　套管法的最新发展主要表现在两方面。其一是采用高效率的新热源代替传统的氢氧焰喷灯进行熔缩,例如射频感应炉、高频等离子体等,大幅度提高了熔缩速度。其二是套管尺寸进一步增大。在此基础上,德国 HERAEUS 公司推出了 Online-RIC(rod in cylinder) 新工艺,采用大型厚壁套管、抽真空套管和拉丝合成一步,已经将单根预制棒拉丝长度增加到 7 000 km,通过级联方式,甚至达到 14 000 km,同步拉丝速度也达到 120～180 km/h。该工艺经过了在全球得到实际应用,进一步降低了光纤制造成本。

2. 粉末外包层法

1) 粉末外包层工艺

　　粉末外包层实质上是一种外沉积技术,国际上通常将 OVD/VAD 之类的火焰水解工艺统称为粉末工艺,是两步法中的重要一环。早在 1979 年,美国西方电器公司和贝尔实验室就初次发表文章介绍了在 MCVD 制造的芯棒上用 OVD 法沉积附加外包层制造大预制棒的实验。1984 年,美国康宁公司获得了两步法 OVD 最初的专利。1985 年,A. Sarkar 博士提出了 VAD 芯棒与 OVD 附加外包层相结合的混合工艺。1985 年后,美国康宁公司将粉末外包技术用于工业化生产,用 VAD 生产光纤的厂家也用粉末外包技术代替了套管法。目前,全世界生产的光纤中,约 80% 是从粉末外包的预制棒拉制的。

与套管法相比,粉末外包法的一大优势就是可以根据不同芯棒的芯径和相对折射率差来沉积适当厚度的外包层,满足光纤传输对模场直径和截止波长的要求,不受套管尺寸规格的限制。此外,以芯棒为中心的圆对称沉积以及可通过调节喷灯位置和预制棒的移动方式,有效地控制沉积的均匀性等,可使光纤的同心度和纵向均匀性都得到改善。当前的粉末外包工艺已经完全由计算机自动控制,整个沉积过程按设定的程序进行,计算机实时监测沉积重量,达到设定重量即自动停止沉积。为了更大限度地提高劳动生产效率,有些公司已经由一台设备一次沉积一根预制棒发展到一台设备同时沉积多根预制棒。图 2.4.22 示出粉末外包法典型工艺流程。

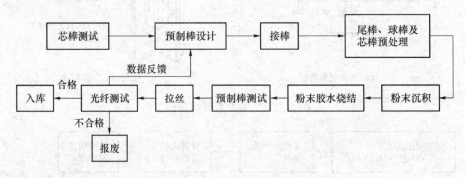

图 2.4.22 粉末外包层法工艺流程图

2) 粉末外包的关键技术

(1) 预制棒设计

根据测量的芯棒的光学特性(相对折射率差及其径向分布)及几何特性(芯直径、芯棒直径),按 2.2 节的设计流程和计算公式计算出需要附加的外包层材料的重量。但要使计算结果有效却不容易,关键掌握以下两点。

① 芯棒测试要可靠:测量所得到的数据是预制棒设计的依据,决定需要附加多少外包层材料以及最终光纤的截止波长和模场直径等重要参数。因此测量数据的可靠性极为重要。通常是沿着芯棒的长度每隔 10～20 cm 测量一次,全长测量之后再将芯棒沿轴向旋转,每 120° 做一次全长测量。

② 确定最终光纤有效的外径 d 和芯径 c 值:粗略地说,对于一定规格的光纤,c 为常数。但是在理论上,c 值是相对折射率差及其径向分布形状的函数。至于 d,由于实际制造的芯棒的 RIP 都不是理想阶跃(step index)型的,不同的取值方法会得到不同的 d 值。因此应当根据具体的芯棒制造工艺、具体的芯棒测试仪器等情况,从理论与实践的结合上确定有效的 d 和 c。

(2) 接棒、安装、预处理

将适当尺寸的芯棒、尾棒等在玻璃车床上进行逐段接续、安装,要点是准直、不偏心、无应力。此外,芯棒与外包界面产生析晶或气泡,业界称界面问题,是两步法工艺中制造外包层遇到的主要问题之一。主要原因是在沉积之前芯棒表面已经受到污染,常规清洗不能完全除去这些污染物。因此,为了保证工艺中所使用的芯棒、尾棒表面足够洁净,安装之前要用 HF 溶液清洗,沉积开始之前必须对芯棒用氢氧焰进行火焰抛光。抛光温度和时间是重要参数,根据相关文献,火焰抛光温度高效果好,时间 5～10 min。

(3) 密度和直径控制

选择并保持适当的沉积密度是工艺技术的难点之一。如果沉积材料的密度太小,沉积层容易开裂,或者导致粉末棒直径过大,无法进行烧结;如果沉积密度太大,又会影响沉积速率;若外层沉积材料的密度比内层的低,又会给均匀烧结造成困难。沉积密度主要由火焰温度和喷灯到沉积表面的距离决定,通常,随着沉积直径的逐渐增大,火焰温度也需要相应提高。对于大直径的棒,随着沉积直径的逐渐增大,喷灯要自动后撤,以保持喷灯到沉积表面的距离恒定。

典型的粉末外包层工艺中,都是往复式的平移,或者喷灯移动,或者棒移动。这种往复式平移方式有两个缺点:其一,预制棒两端是平移的返回点,在此位置重叠加热,温度局部升高,造成沉积材料的密度增加、直径缩小,使外形呈纺锤状,材料性质与中间部分的不一致,导致应力引起炸裂等问题。其二,在使用多喷灯并排沉积的场合增加无效沉积,例如,喷灯从右向左平移,要等排在最后(最右侧)的那个喷灯也到达行程的终点(左端)时,才可反向,而前面先到达的喷灯只能停止沉积或做无效沉积,反向亦然。喷灯越多,这种缺点越严重。根据日本住友公司的专利,解决问题的方法包括:控制喷灯在两端的加热功率、原材料气体流量,在两端返回点附近降温;控制喷灯与预制棒表面距离,在两端返回点附近增加;在两端返回点附近改变平移速度等。

3) 粉末外包法新技术发展展望

(1) 非往复式的喷灯平移新技术

为解决往复式平移引起的一系列问题,并提高沉积速率,发展了各种非往复式的喷灯平移新技术,包括多喷灯振荡式局部平移、多喷灯循环式单方向平移等,其中多喷灯循环式单方向平移最有效。根据该方法,沿芯棒纵向有多个喷灯同时进行沉积,各灯等间隔排列、顺序单方向平移。当最前面的喷灯到达行程的终点(通常往复式平移的返回点)时,该喷灯自动熄灭,并快速经由另一轨道返回到始端,重新进入单方向平移轨道,与前面的喷灯保持设定的等间隔、等速度平移,并自动点燃重新进行沉积。各喷灯依次进行,整个过程始终是单方向平移,从根本上解决了往复式平移引起的预制棒两端的重复加热的有关问题,并且,消除了多喷灯场合在两端的无效沉积问题,有利于采用多喷灯大幅度提高沉积速率。

(2) 纵向直径起伏控制新技术

观察粉末工艺生产的玻璃预制棒,除了两端直径缩小之外,在其中间段的圆周面上还可见波纹状的起伏,实际上就是预制棒直径沿纵向改变。通常是采取每层改变沉积喷灯往复运动的起点的措施,使波纹的峰-谷交错互补,有一定效果。但是仍有沉积不均匀造成的直径起伏。为了克服以上问题,可采取纵向均匀性修正沉积技术。按照该技术,至少用 5 个并排的喷灯沉积,各灯等间隔,距离 150～450 mm,振荡式局部平移,起点每层改变。新颖之处在于:配置 CCD 摄像,沿芯棒纵向全长扫描,检查沉积的外直径的纵向均匀性,输入计算机,然后用另一个独立的沉积喷灯,该喷灯的平移与多喷灯平移无关,全长平移。按计算机控制进行纵向均匀性修正,哪里直径小,就在哪里沉积。并排的多灯与独立的单灯同时工作,既改善了纵向直径起伏,又提高了沉积速率,沉积速率 2 000～10 000 g/h。

3. 等离子体外包层法

1) 等离子体外包层工艺

现有两种等离子体外包层工艺,其一是法国阿尔卡特公司开发、应用的等离子体喷涂法,该工艺是以高纯天然石英粉为原料、用高频等离子体在芯棒上熔制外包层的技术。其二是等离子体外沉积法,与前者的区别在于利用四氯化硅做原材料、是用高频等离子体进行化学气相沉积合成石英玻璃外包层的技术,尚未普遍应用。

(1) 等离子体喷涂工艺简述

利用等离子体喷涂工艺外包做大棒,是为了克服套管法的一些缺点:如熔缩困难、套管的尺寸规格选择范围有限等。图 2.4.23 是等离子体喷涂工艺的示意图。

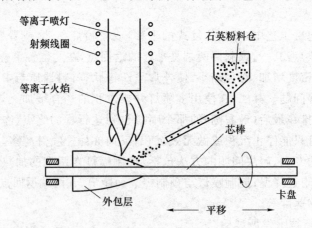

图 2.4.23　等离子体喷涂工艺示意图

此工艺以高纯天然石英粉为原料,要选择粉末密度、粒度,使其能在几毫秒内迅速熔化,还要考虑能够有效地将粉末输送到等离子体并不被等离子体湍流所分散,以达到高沉积速率和效率。热源是大气压状态的高频等离子体,工作气体是过滤后的空气或氧气。工作气体输入用双层石英玻璃管构成的等离子喷灯,喷灯内部水冷,外面环绕高频感应线圈,工作频率 3.4 MHz,功率 50～100 kW,在高频感应下,管内的气体电离,形成等离子体,看起来像喷灯喷出的火焰。被喷涂的芯棒安装在卧式玻璃车床上,边旋转边往复平移。等离子体火焰朝向芯棒,与其纵轴垂直。以控制的速率将石英粉输入火焰,石英粉立即熔融并喷射到芯棒外表面,形成纯净透明的石英玻璃外包层。等离子体火焰的温度极高,约 10 000 ℃,这种高温可把石英粉中的杂质汽化,使石英粉进一步得到纯化。经过多层喷涂,可得到 80～100 mm(甚至更大)的大直径预制棒。沉积之后,等离子体抛光,除去表面冷凝的细微粉末。

与粉末外包层技术不同,等离子体喷涂工艺所沉积的是完全致密化的透明玻璃,工艺控制所监测的外包层直径实际上是最终要求的指标,比粉末工艺更直接、更直观、更有效。在过程控制中,等离子体喷涂工艺不是采取监测沉积重量来控制工艺过程的,而是采取激光测径技术直接监测外包层直径,监测信号反馈到平移机构,控制平移速度,保证获得所设定的外包层直径及其纵向一致性。而粉末外包层技术沉积的是疏松质半烧结态二氧化硅粉,其最终直径取决于疏松质的体密度和经过脱水-烧结工艺完全致密化以后棒直径的收缩,这就增加了预制棒结构和尺寸的变化的控制复杂性。

等离子体喷涂工艺的其他主要优点如下：

① 原材料便宜,成本降低到套管法的 1/3 到 1/4;

② 沉积速率、效率高,因为石英粉不像粉末那么随气流漂浮;

③ 直接玻璃化,不必烧结或熔缩,节省工时;

④ 不产生有腐蚀性、危害环境的副产品,有利于环保。

其缺点是该工艺生产的不是全合成预制棒,而且,高纯天然石英粉自然资源有限,无法满足生产制造需要。

(2) 等离子体外沉积工艺

等离子体外沉积工艺(Plasma Outside Deposition,POD)是将四氯化硅蒸汽和氧气输入等离子喷灯,四氯化硅与氧气反应生成二氧化硅。由于极高的温度,生成的二氧化硅沉积于衬底上并立即熔融成透明石英玻璃。POD 法所用的设备与等离子体喷涂工艺的基本相同,所用的原料则是四氯化硅。该工艺经过改进,开发了"轴向-横向等离子外沉积工艺(Axial and Lateral Plasma Deposition,ALPD)。利用 ALPD 工艺,在 1988 年就已经制造了可拉光纤长度超过 1 000 km 的预制棒,这超过了同期的 MCVD、PCVD 工艺,与同时期的 OVD、VAD 等工艺相比也毫不逊色。但是,POD/ALPD 所产的光纤质量水平与同时期的 MCVD、PCVD、OVD、VAD 光纤相比,是相当差的,主要是衰减很高,完全没有吸引力。因此,此后的 POD 之类的工艺就以制造合成管和外包层为主要发展方向。POD 法外包层的主要特点是:

① 无氢火焰沉积,对于外包层材料,OH 含量足够低;

② 直接沉积透明玻璃,无须去水和烧结,比粉末工艺节省工时;

③ 产品是全合成预制棒;

④ 四氯化硅原材料来源丰富。

2) 等离子体外包层工艺的关键技术

(1) 降低预制棒的内应力

用等离子体喷涂制造预制棒关键是要降低最终预制棒的内应力,使喷涂的外包层材料的热性质及机械性质与芯棒密切匹配。为了解决这个问题,在沉积过程中,通过对等离子体工作气体加湿(通入水蒸气),在喷涂的外包层中掺入控制量的 OH,使外包层中的 OH 平均浓度为 100 ppm。外包层中的 OH 浓度高了,黏度降低,喷涂得更均匀。并且,通过将喷涂的外包层分成几个子层,每个子层含不同的 OH 浓度,从而降低了预制棒的内应力,也降低了光纤衰减。表 2.4.11 通过比较确认了加湿喷涂的效果。

表 2.4.11 等离子体加湿喷涂降低光纤衰减的效果

光纤衰减系数/(dB·km^{-1})	加湿喷涂	不加湿喷涂
1 310 nm	0.32	0.35
1 550 nm	0.195	0.316

(2) 提高沉积速率

正如在 OVD 工艺中已经述及的,沉积速率对靶棒(这里是芯棒)的直径非常敏感,大直径有利于高速沉积。为提高沉积速率,在开始沉积时先不平移,停在起始端一直沉积到几乎接近要求的直径,从而在与相邻未外包的芯棒之间产生一个圆锥段,此时,才开始平移。该圆锥段的表面就成为随后的沉积表面,直径和表面积都比初始的芯棒大几倍,而且,此后该圆锥段的沉积表面一直保持到另一端,从而极大地提高了沉积速度。

3)等离子体外包层工艺展望

相较于粉末外包层工艺,等离子体喷涂法在沉积过程中不产生氯气、氯化氢等废气,而且沉积之后就是透明的预制棒。从环保角度看,等离子体喷涂法优于粉末外包层工艺。不过,天然石英粉来自优质水晶矿产,资源有限,而且天然石英粉的纯度有限。如果有了适当的水晶矿产,等离子喷涂法的成本可能是最低的。利用廉价合成二氧化硅粉为原料,如用溶胶-凝胶法(sol-gel)制造的合成二氧化硅粉以等离子体喷涂制造预制棒外包层的实验已有尝试,该溶胶-凝胶合成二氧化硅粉的纯度与气相法的产品相当,可弥补等离子体喷涂法的不足,使该工艺得到更加广泛的应用。

2.4.7 光纤预制棒非传统制造工艺

从本质上讲,光纤实质上是掺杂的 SiO_2 玻璃,传统的气相沉积法需要在 1 700 ℃以上的温度下制造。相对而言,非传统的制造工艺可以在相对低的温度下制造石英光纤预制棒,因此,从能源节约角度看,具有良好的发展潜力。

用于制造石英光纤预制棒非传统的制造工艺主要是溶胶-凝胶法(sol-gel process)和胶体化学法。

1. 溶胶-凝胶工艺

早在 20 世纪 30 年代,人们就发现利用有机的硅化合物或金属醇盐,通过化学反应可形成无机的具有网状结构的物质。20 世纪 70 年代以后,Dr. Disiich 和 L. L. Hench 等采用溶胶-凝胶工艺在低温下合成了无机块状玻璃,溶胶-凝胶工艺才重新引起人们的重视。

溶胶-凝胶法通过水解含硅的有机醇盐,生成纳米级固体颗粒,这些颗粒分散在溶液中形成胶状悬浮体(colloidal suspension),即称为溶胶。与此同时,水解后的分子又发生相互作用,经脱水、脱醇等缩聚反应,逐步形成具有 Si-O-Si 网状结构的大分子,化学反应式如下:

$$Si-O-R + H_2O \longrightarrow Si-OH + R-OH$$
$$Si-OH + HO-Si \longrightarrow -Si-O-Si- + H_2O$$
$$Si-O-R + HO-Si \longrightarrow -Si-O-Si- + R-OH$$

从溶胶的显微结构看,溶胶是固体或胶体在液体中的分散体,固体或胶体粒子的大小大约在 10～100Å,每个粒子大约含有 10^3～10^9 个原子。

随着水解、脱水和脱醇等缩聚反应的不断发生,含 Si-O-Si 键的网络体比例越来越大,反映在溶液的黏度增加,最后失去流动性,成为凝胶。凝胶是由粒子大小为 100Å 的颗粒相互聚集而成,内含有大量的孔隙,反应中的液体分散其中。根据反应条件,凝胶的孔隙率有很大的变化,如选用不同的催化剂,孔隙率可从 1.9%～70%变化。

为得到致密的玻璃材料,对上述多孔材料进行热处理。在热处理过程中,凝胶的结构开始变化,200 ℃以内主要是凝胶孔内部溶剂等液体的挥发,液体的挥发会引起凝胶收缩,收缩的程度取决于凝胶本身孔大小及其分布和加热速度。笔者曾试验采用正硅酸乙酯(TEOS)水解制备石英玻璃,在 200 ℃干燥凝胶 6 小时,凝胶的体积只有初始时的 55%左右。继续升温,凝胶的收缩加剧,并且出现分子的结构重排。700 ℃以后,凝胶内部孔大部分消失,存在的只是闭气孔。对于 SiO_2 玻璃,在 $900\sim1\,200\,℃$ 就可得到致密的石英玻璃,最终得到的产物只有初始时的 34% 左右。

影响溶胶凝胶工艺的主要因素有催化剂性质、溶液的 pH 值、反应温度和时间、反应物的浓度水与硅的摩尔比、干燥和烧结的方式与参数等。通过控制这些因素,就可得到致密的石英玻璃。

要完全采用溶胶凝胶法制造光纤预制棒,需要分三步实施。

第一步先制造芯棒,芯棒组成主要是 SiO_2 和 GeO_2,为此,选择醇盐材料为正硅酸甲酯(TMOS)或正硅酸乙酯(TEOS)作为 SiO_2 来源,$Ge(OC_2H_5)_4$ 作为 GeO_2 来源。根据设计的预制棒折射率参数推算出 SiO_2 和 GeO_2 在玻璃中的百分比,假设醇盐完全水解,100% 的转化为 SiO_2 和 GeO_2,按化学方程式(2.4.25)和(2.4.26)计算 TMOS 或 TEOS 和 $Ge(OC_2H_5)_4$ 以及水理论配比,具体工艺过程如图 2.4.24 所示。

$$Si(OC_2H_5)_4 + 2H_2O \longrightarrow SiO_2 + 4C_2H_5OH \tag{2.4.25}$$
$$Ge(OC_2H_5)_4 + 2H_2O \longrightarrow GeO_2 + 4C_2H_5OH \tag{2.4.26}$$

图 2.4.24　芯棒溶胶凝胶工艺

第二步制造外套管,同样可采用上述方法,制造石英玻璃管。采用醇盐 TMOS 或 TEOS 直接水解,形成有一定黏度的溶胶,再进行浇注成型。具体流程示意图如图 2.4.25 所示。

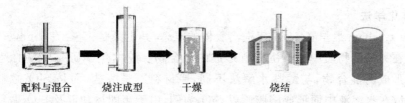

图 2.4.25　溶胶凝胶法制造外套管工艺示意图

第三步利用光纤制造中常使用的套管技术将采用溶胶凝胶工艺制造出芯棒和石英玻璃管组合在一起,就可制造出光纤预制棒。

理论上讲,相对于常规制造工艺,溶胶-凝胶工艺和胶体化学法具有如下优点:

① 制造温度低,可节约能源;

② 溶液合成,可通过精确配比以达到设计的性能。

③ 掺杂容易,避免玻璃制备中因掺杂而引起的分相,从而达到分子级水平的均匀性;

④ 由于材料都是溶液,容易提纯;

⑤ 理论上材料利用率可达 100%,制造成本相对较低。

利用溶胶凝胶工艺低温制造的优势,掺入在高温下易挥发的成分,如含氟化合物,最终得到含氟的石英玻璃管,氟含量可比采用传统技术生产的石英更高,同时其纯度更优。

图 2.4.26 显示采用溶胶凝胶工艺制造的石英玻璃管的折射率曲线，$\Delta n/n = -0.32\%$。含氟石英管可减少芯棒 GeO_2 沉积量，可进一步降低光纤的生产成本。表 2.4.12 为所制石英玻璃管与商用石英玻璃管的杂质含量对比，显然其纯度比商用合成石英管更高。

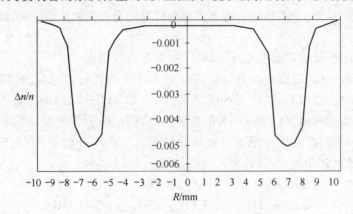

图 2.4.26 掺氟石英玻璃的折射率曲线

表 2.4.12 合成石英玻璃的金属杂质含量（ppb）

金属杂质	商用石英玻璃管	合成石英玻璃管	金属杂质	商用石英玻璃管	合成石英玻璃管
Al	<100	73	K	<15	<50
Cr	<50	<5	Na	<15	<10
Cu	<60	<5	Cl	800~2 000 ppm	<150 ppm
Li	<20	<5	OH	<150 ppm	<20 ppm
Mg	<30	<5			

2. 胶体化学法

Thomas Graham 最早在 1861 年提出胶体的概念，其定义是：直径在 1 nm～1 mm 的粒子均匀分散在另一种物质中而不沉淀所形成的混合物。胶体化学研究较多的是 SiO_2 在水中的分散所形成的混合物，与醇盐水解法不同，原材料不是醇盐，而是 SiO_2 微粒。通过将 SiO_2 微粒分散在水溶液中而形成溶胶。以 SiO_2 为例，由于布朗运动以及 SiO_2 微粒表面带电荷，使得 SiO_2 微粒在水中能稳定而不沉淀，从而形成 SiO_2 溶胶。溶胶的分散相粒子即胶体粒子，是由许多分子或原子聚集而成的，因此分散相与分散介质之间存在着相界面，形成多相体系，于是出现了大量界面现象。

溶胶的凝胶化机理与醇盐水解不同，由于 SiO_2 微粒依据制造方式的不同其大小及特性有区别，但在 SiO_2 微粒的表面，都有 OH 基团，加入一些电解质或酸、碱后，SiO_2 微粒表面特性被改变。如加入氨水，SiO_2 微粒表面负电荷被中和，通过缩聚反应，颗粒之间形成硅氧键，如图 2.4.27 所示，随着硅氧键比例增大，溶胶黏度变大，最后凝胶化成固体。

这样得到凝胶在热处理过程中也会发生收缩，但其收缩率较低。200 ℃ 以下凝胶收缩大约 5%～10%，200～800 ℃ 收缩大约 15%；800～1 300 ℃ 则为 20%～30%。一般在 1 500 ℃ 可得到透明的石英玻璃，最终得到的玻璃大约是初始凝胶的 70%～80%，具体工艺与图 2.4.25 所示类似。

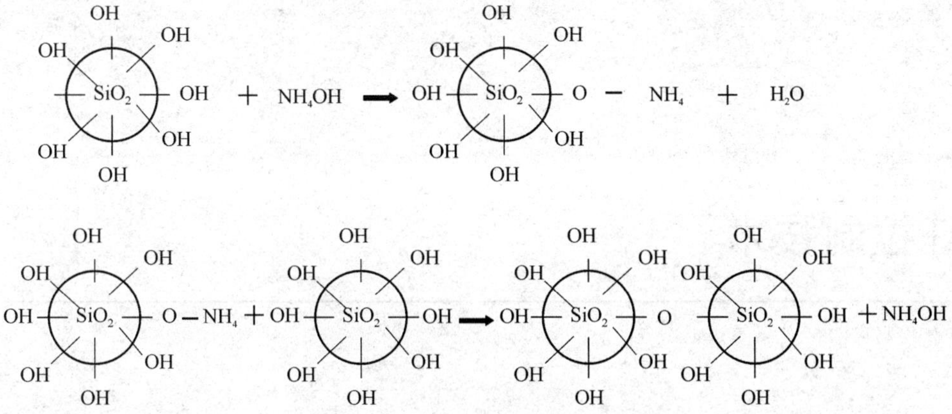

图 2.4.27 胶体化学法制造原理图

胶体化学法在实际应用中更适合制造光纤预制棒用套管。

第 3 章
光纤拉制技术

经过预制棒制造工艺后,要想得到可传输的实用光纤,还需要通过高温炉将预制棒加热软化,在牵引的作用下将预制棒拉制成一定直径的纤维。

3.1 光纤拉制原理

3.1.1 石英光纤成型基础

光纤预制棒本质上就是石英玻璃,在预制棒的芯层含 GeO_2 等掺杂剂,外包层是 SiO_2。而玻璃是一种无定形固体,在结构上与熔体有相似之处,但其内部的微观结构则呈近程有序、远程无序,因而又有些像液体。光纤预制棒和玻璃相同,具有玻璃的优秀物理和化学性能,以及良好加工性能,呈现出下述四个共性:

① 各向同性

玻璃体的任何方向具有相同性质,这点与液体有类似性。但当玻璃中存在内应力时,结构均匀性就遭受破坏,玻璃就显示出各向异性,例如如果光纤存在内应力时,就会造成光纤因双折射现象而产生偏振模色散。

② 介稳性

从热力学观点看,玻璃态是一种高能量状态,必然有向低能量状态转化的趋势,也即有析晶的可能。但在常温下,玻璃黏度非常大,使得玻璃态自发转变为晶态很困难,其速率十分小。因而从动力学观点看,它又是稳定的。一般将这种可以较长时间存在的高能量状态称为处于介稳状态,也即热力学不稳定而动力学稳定的状态。

玻璃这种介稳状态使得当熔体冷却成玻璃体时,能长时间在低温下保留高温时的结构而不变化,因而具有介稳的性质,但这种介稳特性是带有动力学条件的。固态玻璃究竟在多大程度上继承了熔体的结构与热历史有很大关系。冷却速率越快,冷却后,固态玻璃的结构越接近高温时熔体的结构。同组成的玻璃可以根据形成条件不同而具有相应的结构和性质。这说明在一定意义上,固态玻璃的物理性质是相对的,并不是一个常数。例如,密度、折射率、电阻等性质,并不是不变的,而是随着冷却速度的加速而变化。这是由于固态玻璃从熔体冷却至某一温度,需要一定时间才能达到该温度下的平衡结构所致。在光纤拉丝生产上利用这一点可以调整玻璃光纤的性质,例如,通过调整光纤拉丝速度和冷却速度可以控制光纤衰减和光纤偏振模色散性能等。

③ 连续可变性

玻璃的成分在一定范围内可以连续变化,与此相应,性质也随之连续变化。在大部分情况下,玻璃的一些物理性质是玻璃中所含各氧化物特定的部分性质之和。利用玻璃性质的加和性可以计算已知成分玻璃的性质。光纤预制棒的折射率分布设计与实际制作正是以这一性质为基础的。

④ 连续和渐变性

玻璃在固态和熔融态间可逆转化时,其物理化学性质的变化是连续的和渐变的。当熔体向固态玻璃转化时,凝固过程在一定温度范围内完成。利用玻璃的这一性质,可将光纤预制棒在石英玻璃的软化温度范围内转化为规定尺寸的光纤,光纤也是一固化了的玻璃,其保留了光纤预制棒的折射率、成分等性质,这也是光纤成型的基础。

3.1.2　石英光纤成型的黏度与温度特性

类似于玻璃,影响拉制光纤性能关键因素之一是石英玻璃黏度-温度特性。光纤的拉制是将固态石英预制棒玻璃加热至熔融状态后在合适的温度范围内被拉成纤维状,拉出的光纤需要快速的冷却至涂覆过程所需的温度,整个过程是一个物理成型过程。需要外加张力,克服玻璃的内摩擦力(黏度)、表面张力并使光纤获得持续的线速度。

黏度是用来衡量熔体黏滞流动的,石英玻璃在拉丝过程中,从熔制、澄清、均化、成型、加工,直到退火的每一工序都与黏度密切相关。在温度变化不大的范围内熔体黏度与温度之间的关系可用 Arrhenius 方程表示:

$$\eta = A_f \exp(Ea/RT) \tag{3.1.1}$$

式中,A_f 是常数,R 是气体常数,T 是绝对温度,Ea 为流动活化能,它既是大分子向空穴跃迁时克服周围分子的作用所需要的能量,也是熔体黏度对温度敏感程度的量度,即 Ea 越大,黏度对温度的变化越敏感(即流动活化能增大,流体的流动性变差。反之,流动活化能减小,流体的流动性变好)。

将式(3.1.1)Arrhenius 方程两边取对数,得到:

$$\lg \eta = \lg A_f + Ea/(2.303RT)$$

令 $A = \lg A_f$,$B = Ea/(2.303R)$,则有:

$$\lg \eta = A + B/T \tag{3.1.2}$$

η 的物理意义是单位接触面积单位速度梯度下两层液体间的内摩擦力,单位为 Pa·s(帕·秒)。

研究表明,石英玻璃黏度与温度关系经验公式为:

$$\lg \eta = -2.4 + 19\,541/T \tag{3.1.3}$$

图 3.1.1 是石英玻璃黏度与温度关系示意图,从图中可以看出,石英玻璃随温度的变化,出现一些与其加工性能相关的特征点,如表 3.1.1 所示,这些特征点是石英预制棒在拉丝过程中必须控制的重要工艺参数。

① 应变点。黏度相当于 4×10^{13} Pa·s 时的温度称为应变点。在此温度,玻璃不能产生黏性流动,玻璃在该温度退火时不能除去其应力。

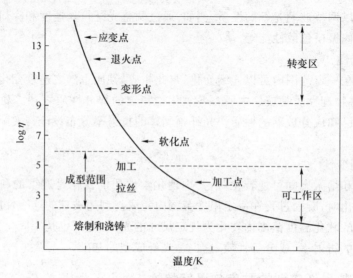

图 3.1.1 石英玻璃黏度-温度曲线示意图

表 3.1.1 石英玻璃黏度特征

$\eta/(Pa\cdot s)$	特征点	对应温度/℃	$\eta/(Pa\cdot s)$	特征点	对应温度/℃
10	熔制与澄清温度	2 000	10^{12}	退火温度	1 084
$<10^3$	熔化温度	1 713~1 756	$10^{13.5}$	应变点	956
3×10^6~1.5×10^7	软化温度	1 580~1 650			

② 退火点(Tg)。黏度相当于 10^{12} Pa·s 时的温度,退火点是玻璃中消除应力的上限温度,此温度下玻璃内部应力在 15 min 内消除,也称为玻璃转变温度。

③ 变形点。黏度相当于 10^{10}~$10^{10.5}$ Pa·s 的温度,是指变形开始温度,对应于热膨胀曲线上最高点温度,又称为膨胀软化点。

④ 软化点。黏度相当于 4.5×10^6 Pa·s 的温度,它是用 0.55~0.75 mm 直径,23 cm 长的玻璃丝在特制炉中以 5 ℃/min 速率加热,在自重下达到伸长 1 mm/min 的温度。

⑤ 加工点。黏度相当于 10^4 Pa·s 时的温度,也就是玻璃成型的温度。

⑥ 成型温度范围。黏度相当于 10^3~10^7 Pa·s 的温度,指准备成型操作与成型时能保持制品形状所对应的温度范围,该温度范围可用来判别玻璃料性的长短。

料性是指玻璃随温度变化时黏度的变化速率,若成型黏度范围(10^3~10^7 Pa·s)所对应的温度变化范围大,则称为料性长,也称为长性玻璃或慢凝玻璃,如硼硅酸盐玻璃;若在相同黏度变化范围内,所对应的温度变化范围小,则称为料性短,也称为短性玻璃或快凝玻璃,石英光纤预制棒是典型料性短的玻璃,在拉制光纤过程中,正是利用其短料性的特点,光预制棒被熔化后拉成极细光纤,并快速固化定型,也可通过冷却条件来改变固化时间的快慢和适应拉丝速度。

3.2 光纤拉丝系统

光纤拉制的过程是先将光纤预制棒接好尾棒的一端垂直夹持在馈送机构上,预制棒另一端送入加热炉中,加热到 2 000 ℃以上,使端部熔融,然后被拉成光纤。光纤通过冷却管、涂覆、固化装置后由牵引轮将光纤经过"舞蹈轮"送到收线轮上。所有过程是在光纤拉丝装置(拉丝塔)上完成的,典型的拉丝塔如图 3.2.1 所示。

3.2.1　拉丝设备的主要构成

1. 拉丝塔架

塔架结构呈双面安装,由多组具有精密端面的刚性箱体部件上下连接组合而成,其上沿垂直方向安装两排加工有安装钻孔和螺孔的安装板,用以固定如高温炉、固化炉、测径仪等必需的设备内容。

2. 送棒装置

主要作用是运送光纤预制棒,使送料速度与拉丝速度匹配,包括送进装置、光纤自动对中装置和预制棒的夹持装置等。结构由垂直安装精密滚珠丝杠、交流伺服电机、滚动导轨、带有预制棒夹头的悬臂载台和带水冷步进电机驱动的滑台等组成,智能控制系统控制各部分的运动和位置。

3. 高温炉与丝径控制装置

高温炉作用是提供合适的温度场(最高达 2 300～2 500 ℃),使光纤预制棒局部达到熔融状态,便于拉丝。对光纤高温炉的基本要求有:

① 满足高速拉丝要求;

② 设计理想的温区分布和气路设计以便产生理想的预制棒变颈形状;

③ 炉温稳定可调,以便准确控制拉丝张力;

④ 加热炉元件选择和气流设计保证光纤表面尽可能少污染;

⑤ 有高的能源利用效率。

高温炉可以是电阻炉亦可以是感应炉(见图 3.2.2和图 3.2.3),其中电阻高温炉的结构示意图如图 3.2.2所示,由炉体、气体控制、冷却水控制、功率和炉温控制组成。炉体的加热元件多用高纯度石墨制成,温度可达到2 300 ℃,其稳定度需小于 1 ℃。感应炉结构示意图如图3.2.3 所示,炉内通入 Ar/He 或二者混合气体吹扫炉膛,炉口采用干燥 N_2 屏蔽,以维持炉膛内的正压,防止炉外气氛进入炉膛。炉顶采用压力传感器来测控炉膛内的压力并维持压力的稳定。

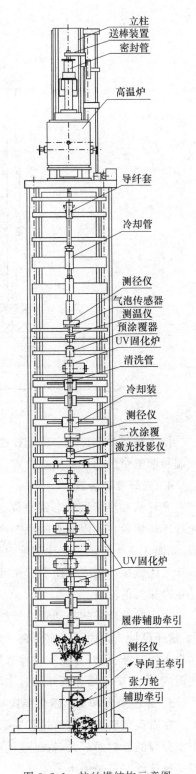

图 3.2.1　拉丝塔结构示意图

（图中标注：立柱、送棒装置、密封管、高温炉、导纤套、冷却管、测径仪、气泡传感器、测温仪、预涂覆器、UV固化炉、清洗管、冷却装、测径仪、二次涂覆、激光投影仪、UV固化炉、履带辅助牵引、测径仪、导向主牵引、张力轮、辅助牵引）

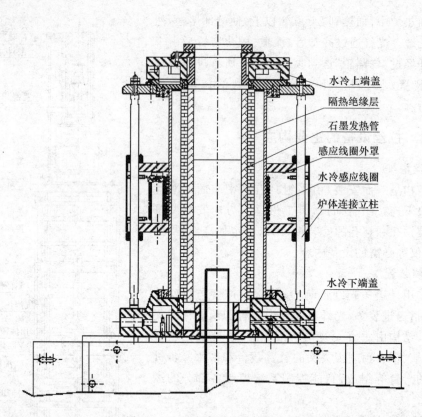

图 3.2.2　电阻高温炉结构示意图

水冷上端盖

隔热绝缘层

石墨发热管

感应线圈外罩

水冷感应线圈

炉体连接立柱

水冷下端盖

作为拉丝炉部件之一的丝径控制装置通过光纤直径监控器监测光纤直径的动态变化，控制和调整牵引速度和光纤位置。

4. 光纤冷却装置

光纤从高温熔融状态到涂覆之前，其温度必须从大于 1 750 ℃降至大约 50 ℃，这就需要光纤冷却装置在有限的空间范围内对光纤提供强制冷却。该装置由数米长的管状冷却室组成，如图 3.2.4 所示。在冷却管内壁开孔，孔的大小和结构经特殊设计，防止从小孔吹出的冷却气体直接冲击光纤而引起振动。冷却气体采用导热系数较大的氦气，用质量流量计来计量冷却气的流量。

大多数拉丝塔的冷却管沿管的中心线被分成两半，可沿垂直向自动开合，如图 3.2.5 所示，这样设计一方面可以避免在开始时由于静电而引起光纤黏在冷却管壁上的问题，另一方面也方便光纤引出，并能及时检查和清洁管孔。也有的厂家设计的冷却管采用整体管道焊接而成，在管中心增加特殊装置来防静电的影响。

5. 涂覆装置和 UV 固化装置

在石英玻璃光纤拉丝过程中形成了大量的新生表面，在光纤表面的微裂纹尚未受空气中水分等的影响而扩大，就迅速地进行涂覆来保护光纤表面，通常涂层都采用两次涂覆。一般高速拉丝时都采用压力涂覆器。压力涂覆装置由带有自动闭环压力控制的高速涂覆装置以及同心监控器和涂覆树脂容器等组成。

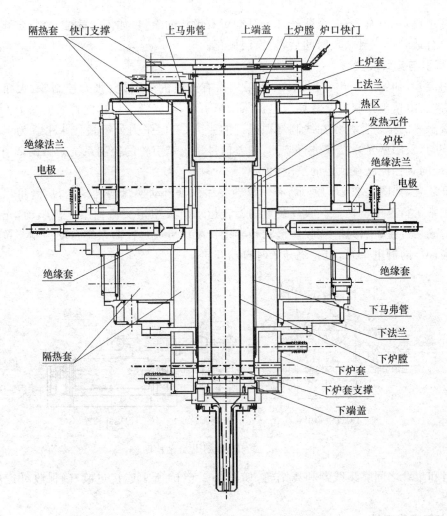

图 3.2.3 感应高温炉结构示意图

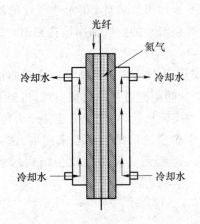

图 3.2.4 光纤冷却装置示意图

图 3.2.5 冷却管自动开合结构

光纤涂覆后涂料必须马上固化,固化有热固化和紫外光(简称 UV)固化两种工艺。高速拉丝工艺一般采用 UV 固化技术,其主要设备是 UV 固化炉,它是由一组对放的半椭圆形紫外灯组成,一般有3~7个紫外灯。对 UV 有敏感的涂料(如丙烯酸酯)经特定频率的紫外灯光以合适光强照射一定时间后,使涂层固化。

6. 牵引与集纤装置

牵引装置,如图 3.2.6(a)所示,一般采用涂有橡胶的牵引轮、张力控制轮、大扭矩交流伺服电机等,由精确控制的交流伺服电机驱动牵引轮,给光纤提供稳定持续的张力。采用接触或非接触式的张力监控仪在线测量裸光纤的张力,确保张力处于最佳水平。为保证裸纤的直径均匀,采用激光测径仪进行监测,偏差信号送入牵引轮的控制系统来微调牵引轮的转速,使光纤的直径控制在预定的范围内。

集纤装置,如图 3.2.6(c)所示,有单盘卷绕和双盘自动换盘两种结构,后者可以在连续变化的正常运行速度下换盘。收丝装置的旋转运动由大扭矩交流伺服电机驱动,光纤在收丝筒上的确切位置、平移速度、收丝形状和卷绕长度均可通过控制系统自动控制。拉丝装置安装有高性能防静电单元,当卷绕开始时自动开启。

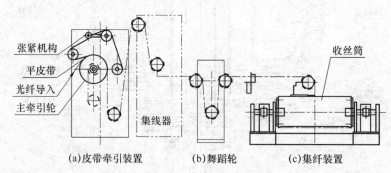

张紧机构
平皮带
光纤导入
主牵引轮
集线器
收丝筒

(a)皮带牵引装置　　　　(b)舞蹈轮　　　　(c)集纤装置

图 3.2.6　牵引与集纤装置结构图

牵引和集纤之间靠集线器和舞蹈轮,如图 3.2.6(b)所示连接过渡,确保收纤速度稳定可控。

7. 空气净化系统

光纤刚拉制成丝后涂覆前,必须确保光纤表面不被污染。为此,在光纤经过的局部区域,会配有空气净化系统。利用高效洁净过滤器,使区别流动的空气洁净度达到 100 级。

8. 强度筛选机

该设备在实际光纤生产过程中为独立使用,主要用于光纤的强度试验。光纤的被测长度可根据要求在一定的范围内变化,长度变化由两个其间距离可调的机架实现,机架上安装的中间导轮组来存储被测光纤。为了设置和控制张力实验负荷,导轮轴上连接压力传感器,将光纤受力信号传给控制系统。张力的加载可由两个牵引之间的速度差来产生,也可通过改变重锤的重量来实现。张力加载可在所需范围内连续无级调节。设备结构示意图如图 3.2.7 所示。

3.2.2　光纤拉丝控制系统

光纤拉制的核心在于拉丝塔的控制系统,由 6 个基本部分构成:

① 光纤预制棒馈送系统;

② 加热炉控制系统;

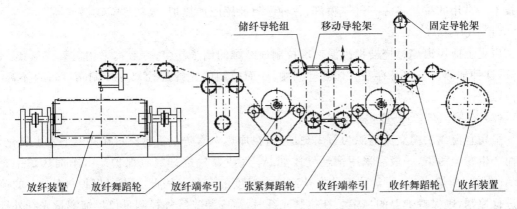

储纤导轮组　　移动导轮架　　固定导轮架

放纤装置　放纤舞蹈轮　　放纤端牵引　张紧舞蹈轮　收纤端牵引　收纤舞蹈轮　收纤装置

图 3.2.7　光纤强度筛选机结构示意图

③ 涂覆层控制系统；

④ 牵引控制系统；

⑤ 外径测控及调心系统；

⑥ 水冷却和气氛保护及控制系统。

此外,为控制光纤的 PMD,现在设计的拉丝塔在收丝前均设置有 PMD 控制系统和控制装置。

拉丝塔中的所有控制系统相互之间必须精确配合才能完成整个拉丝工艺过程。

在拉丝操作过程中,如何保证不使光纤表面受到损伤并正确控制芯/包层外径尺寸及折射率分布形式等是最重要的控制技术。如果光纤表面受到损伤,将会影响光纤机械强度与使用寿命,而外径发生波动,由于结构不完善不仅会引起光纤波导散射损耗,而且在光纤接续时,连接损耗也会增大,因此在控制光纤拉丝工艺流程时,必须使各种下列工艺参数与条件保持稳定,这也是光纤拉制的关键技术。

1. 预制棒馈送速度控制

预制棒送入高温加热炉内的馈送速度主要取决于高温炉的结构、预制棒的直径、光纤的外径尺寸和拉丝机的拉丝速度,一般约为 $0.002 \sim 0.003 \text{ cm/s}$。

2. 光纤外径控制

为保证裸纤的直径均匀,一般都用激光测径仪进行监测,偏差信号送入牵引轮的控制电路,通过控制电路的运算,输出按 PID(比例、积分、微分)规律变化的调整电压来微调牵引轮的转速,使光纤的直径控制在预定的范围内。

在拉丝工艺中,也可在保持高温加热炉温度和送棒速度不变情况下,通过改变光纤拉丝速度的方法来达到控制光纤外径尺寸的目的。

3. 加热炉的炉温控制

加热炉不仅要提供足以熔融石英玻璃的 $2\,000\,℃$ 以上高温,还必须在拉制区域能够非常精确地控制温度,因为在软化范围内,玻璃光纤的黏度随温度而变化,在此区域内,任何温度梯度的波动都可能引起不稳定性而影响光纤直径的控制。炉温的控制一般都是通过控制加热功率来控制,采用恒张力控制方式可真实地反映预制棒的温度,能获得一致性很好的光纤。

同时,由于 $2\,000\,℃$ 的高温已超过一般材料的熔点,因而加热炉的设计是炉温控制的关键技术。常用的拉丝热源有气体喷灯、各种电阻及感应加热炉、大功率 CO_2 激光器。

（1）气体喷灯

历史上应用火焰燃烧器把高温玻璃拉制成纤维的例子甚多，一般都采用氢氧或氧-煤气喷灯，这种加热设备本身存在火焰骚动问题，因而拉制的光纤外径尺寸控制精度一直不高。目前，这种方法极少应用。

（2）石墨加热炉（石墨电阻炉）

采用直流或工频交流电源为石墨炉加热，在加热中为防止石墨材料在高温下发生氧化，进而产生粉尘污染，一般需采用惰性气体如 Ar 气或氮气进行气氛保护。由于加热炉中充入 Ar 保持，而炉内 Ar 的紊乱流动将导致炉内温度的变化。因此必须对保护气体 Ar 的流量进行控制，以保持炉温的稳定。在拉制光纤时，需安装光纤外径测量仪反馈测量光纤外径的变化情况，因此可通过这一反馈测量值的变化来控制保护气体 Ar 的流量，使光纤外径的变化量控制在允许（1 μm）范围内。

（3）氧化锆（ZrO_2）感应加热炉

利用氧化锆材料在常温下为绝缘体，接近 1 500 ℃ 时，就会变成导体的特点而设计制造，其本身既可作炉管又是加热体，在高频感应场中加热。因为氧化锆的氧化温度在 2 500 ℃。因此氧化锆感应炉一般不需要气氛保护，但在制造光纤时，为隔离空气降低制造过程中产生的衰减，必须充 Ar 气进行气氛保护。

（4）高功率激光器

用激光拉制光纤的清净度是各种方法无法比拟的，因为在拉丝过程中，激光器自身不会带来任何污染，而在光纤直径的控制上，在不需控制环的帮助下，大长度光纤直径的偏差小于标准值的 1%，且加热温度稳定不变。常用的激光器为 CO_2 激光器。

4. 涂层厚度控制

影响涂层厚度的因素很多，如模口孔径、涂覆压力、涂料温度（黏度）、纤温以及拉丝速度等。实际生产中因涂覆压力对厚度影响不大，涂料温度滞后太大，纤温难测而拉丝速度受裸纤直径控制，因而通常只能通过调节涂覆器端头的小孔直径、锥体角度和高分子材料的黏度，来得到规定厚度的涂覆层材料。随着拉丝技术的发展，有些生产厂家已能通过控制某些工艺参数来控制第一道涂层的厚度，使第一道涂层的厚度在 ±2 μm 内波动。

5. 拉丝张力控制

拉丝张力是光纤拉制的重要工艺参数，由拉丝速度和高温炉炉温控制，它可影响光纤的性能指标。一般通过在张力轮上安装的张力监测装置监测光纤张力信号，反馈给控制系统，调节拉丝速度和炉温，使得光纤张力在设定范围内微小调节以确保拉丝光纤的各项参数符合要求。

6. 收丝稳定性控制

拉丝最后一道工序是收丝，即将光纤卷绕在圆筒上。随生产规模越来越大，单棒可拉长度也越来越长（目前可达 2 000 km 以上）。对于长纤的卷绕无非是大卷装和自动换筒两种方式，大卷装要注意的是排丝结构，为防止垮塌一般采取梯型结构，排距决定了梯形的角度，是需要认真选择的，自动换筒的技术关键是纤头的捕获，对于高速拉丝的卷绕来说最重要的还是要防止纤头的抽打。

3.3　光纤拉丝关键技术

3.3.1　光纤拉丝工艺

1. 工艺概述

预制棒在加热炉中局部成熔融状态,在张力作用下直径 D 逐步变细直至达到规定的光纤直径 d(一般为 125 μm)。预制棒这一变化是渐变的,存在三个区域,一个是预制棒预热区,这一区域光纤预制棒尺寸不发生变化;二是变颈区,这一区域预制棒尺寸发生明显变化,外形如瓶颈;第三个是光纤拉成区,此区域预制棒尺寸接近光纤的预定值,如图 3.3.1 所示。

由于预制棒变颈区和光纤拉成区的形状对光纤拉丝张力,光纤外径波动均有影响,所以许多学者对这一物理过程用数学方法进行了定量分析,主要方法是有限元法。

描述预制棒在温度场和拉力下流体运动的方程如下:

$$\nabla u = 0$$

$$\rho C_p [T/t + u \nabla T] = k \nabla^2 T + 2\eta s \qquad (3.3.8)$$

式中,u 是玻璃相或气相的流速;C_p 和 k 分别是相的比热和导热率;s 是应变张量的比率,定义为:

$$s = 1/2(\nabla u + \nabla u^{\mathrm{T}})$$

ρ 和 η 分别为相的密度和黏度,玻璃黏度由式(3.1.3)计算。

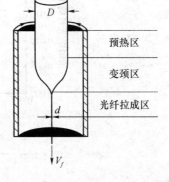

图 3.3.1　光纤成型过程示意图

假设式(3.3.8)的边界条件如表 3.3.1 所示,解上述方程,其结果如图 3.3.2,图 3.3.3,图 3.3.4 和图 3.3.5 所示。

表 3.3.1　玻璃与气体相的边界条件

参数名称	代号	取值	参数名称	代号	取值
加热炉内壁半径	R_w	0.019 m	预制棒入炉处温度	$T_{in玻璃}$	1 900 K
预制棒半径	R_{in}	0.006 m	惰性气体入炉处温度	$T_{in气体}$	1 900 K
光纤半径	R_f	0.000 5 m	石英玻璃导热率	$K_{玻璃}$	2.68 W/mK
加热区长度	L	0.025 4	石英玻璃比热	$C_{p玻璃}$	1 046 J/kgK
石英密度	$\rho_{玻璃}$	2 200 kg/m³	惰性气体比热	$C_{p气体}$	5 190 J/kgK
惰性气体密度	$\rho_{气体}$	0.022 kg/m³		$\sum w$	0.75
预制棒馈送	$v_{in玻璃}$	0.01 m/s	石英玻璃折射率	n	1.5
惰性气体入炉速度	$v_{in气体}$	0.1 m/s	最高炉温	T_{fmax}	3 000 K
石英玻璃熔点	$T_{熔融}$	1 900 K	最低炉温	T_{fmin}	2 300 K
炉温分布		抛物线分布炉,中区温最高度	石英玻璃吸收系数	γ	m

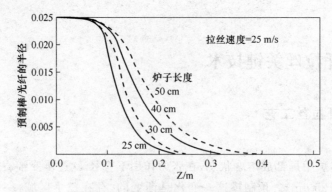

图 3.3.2　各种炉子长度下的变颈区

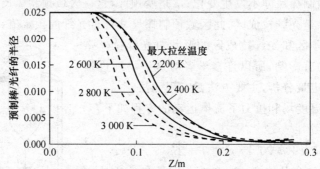

图 3.3.3　变颈区形状对炉壁温度的依赖关系

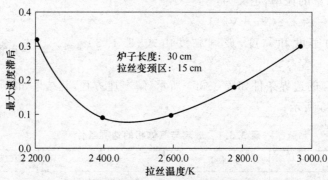

图 3.3.4　最大速度滞后对炉壁温度依赖关系

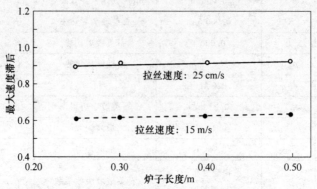

图 3.3.5　不同拉丝速度下最大速度滞后

由图 3.3.2 和图 3.3.3 可见,预制棒变颈区形状与拉丝炉温度、炉子长度和拉丝速度有关。炉温越高,炉子越长,拉丝速度越高则预制棒变颈区和拉丝成形区越长。

由于光纤预制棒在加热炉中是随着送棒速度逐步进入最高温度场,热量经对流和辐射传递给预制棒,因此从预制棒表面至轴芯存在温度差,导致黏度会不同,在向下张力作用下会存在速度差,即速度滞后。设预制棒表面速度 V_s,轴芯速度 V_0,定义速度滞后 $V_{lag} = (V_s - V_0)/V_0$。速度滞后与炉温、拉丝速度等因素有直接关系。炉温过高或过低都会使最大速度滞后明显增大。图 3.3.4 显示,炉温 2 000 K 和 3 000 K 较炉温 2 500 K 的最大速度滞后增加约 30%,而拉丝速度增大,滞后速度也明显增加,如图 3.3.5 所示。保持合适的速度滞后梯度可保证预制棒每一截面各点在拉丝时均以质点运动路径成比例的速度梯度沿轴向被拉伸,这样对保持预制棒的折射率分布是有利的和必须的。但滞后速度太大,预制棒折射率分布在拉丝过程中会发生畸变,导致拉出的光纤性能发生较大变化,影响最终光纤质量。因此存在一个适当的最高温度值,可最大限度减小速度滞后产生的折射率分布畸变。在实际光纤拉丝生产中,需控制拉丝炉炉温度分布函数、预制棒变颈区和光纤拉成区的最佳形状以及拉丝速度等,确保这些工艺参数相互匹配和最优化。

2. 关键工艺参数

(1) 光纤预制棒送棒速度与拉丝速度

在正常状态,光纤预制棒连续缓慢地下降到加热区,若预制棒的送棒速度为 V_r,光纤的拉丝速度为 V_f,预制棒的外径为 D,裸光纤的外径为 d。根据熔化前的棒体容积等于熔化拉丝后光纤的容积的特点,列计算过程如下:

在时间 t 内,预制棒送棒容积 $= \pi \times (D/2)^2 \times V_r \times t$,拉出的光纤拉丝容积 $= \pi \times (d/2)^2 \times V_f \times t$。由于两者相等,则有:

$$\pi \times (D/2)^2 \times V_r \times t = \pi \times (d/2)^2 \times V_f \times t$$

变换可知光纤的外径为:

$$d^2 = V_r D^2 / V_f \tag{3.3.1}$$

$$\frac{V_r}{V_f} = \left(\frac{d}{D}\right)^2 \tag{3.3.2}$$

式中,d 为裸光纤的直径,对于商业光纤,d 是一个定数;D 为预制棒直径,每棒一值,但在一个标称值附近波动;V_f 为拉丝的工艺速度;V_r 为预制棒的送棒速度。式(3.3.2)表明光纤直径取决于预制棒直径、送棒速度和来速度。从式(3.3.2)可以看到,送棒速度与拉丝速度之比只与被拉预制棒的直径与光纤直径有关。对于商用光纤,光纤直径为固定值,通常拉丝过程中送棒机构就以恒定的速度送棒,在预制棒较粗、较长时厂家也可根据拉丝速度的变化来微调送棒的速度,以便更精确地控制裸纤直径。

(2) 光纤拉丝张力

光纤预制棒成型区示意图如图 3.3.6 所示,光纤拉制的张力大小主要由预制棒成型区的黏度、光棒截面积和速度梯度等因素决定,其理论计算公式为:

$$F = 2\eta S \frac{\partial_{v_z}}{\partial_z} \tag{3.3.3}$$

式中,η 是成型区黏度,S 为光纤预制棒的截面积,$\partial_{v_z}/\partial_z$ 为成型区的速度梯度。

实际拉制过程中,预制棒的截面积 S 是不变的,光纤成型区的张力大小主要取决于黏

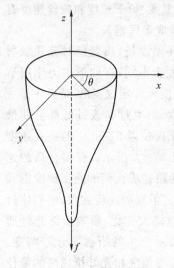

图 3.3.6 光纤预制棒拉
制成型区示意图

度和速度梯度。如果保持加热炉加热功率恒定,即炉温不变,则成型区黏度也不变。拉丝速度增加会造成速度梯度$\partial_{v_z}/\partial_z$的增大,这样 F 也会增加。而每一根光纤预制棒在光纤拉制到后期由于其尺寸不均匀,即截面积发生波动,会引起张力发生变化。当张力变小时,需要调低加热功率,即使石英光纤预制棒成型区温度降低,由式(3.1.4)可知,温度降低,黏度会增加,由此张力增大以维持张力稳定。

由于石英光纤在高温区的黏度对温度非常敏感,呈指数变化关系,所以在拉丝过程中必须使温度场非常稳定,以保证稳定的拉丝张力和稳定的光纤外径。要使成型区温度具有稳定的温度特性,很重要的是使加热炉设计要具有稳定的对流冷却和辐射冷却特性,并使预制棒在颈缩区中心轴线与表面轴向速度滞后适当减小。

理论研究表明,对流冷却稳定性取决于参数 S_t,S_t 值由下式确定:

$$S_t = 0.4K_a L/(V_a \rho C_p V_0^{3.2} a_0^{5.3}) \tag{3.3.4}$$

式中,K_a 为气体的热传导常数;L 为光纤拉成区长度;V_a 为气体相对于光纤的流速;C_p 为气体热容量;ρ 为气体密度;V_0 为光纤拉成区开始处的光纤速度;a_0 为光纤拉成区开始处光纤直径。

由(3.3.4)式可见,要使对流冷却稳定性高,必须:

① 光纤拉成区长度 L 要长,从而应使加热炉加长;

② 相对于光纤表面的气体流速要小,所以气体流动方向应与光纤流动方向一致,而且拉丝速度越高,气体流速也要越大;

③ 气体的导热系要高,密度和热容量要小,采用氦是理想的,其 K_a/C_p 值高,但太贵,一般用氩(Ar)气。

辐射冷却稳定性与辐射热传导的系数 H 和 Q_r 有关,H 和 Q_r 低,辐射冷却稳定性就好,H 和 Q_r 由下式确定:

$$H = 2L\varepsilon\sigma T_0^3/(V_0\ p\ C_p C_0) \tag{3.3.5}$$

$$Q_r \propto H(\Phi_\infty^4 - \Phi^4) \tag{3.3.6}$$

式(3.3.6)中 Φ 是光纤有效温度,Φ_∞ 是以光纤为中心的远场温度。

由(3.3.5)可见,降低 H 值与提高 S_t 值有矛盾,所以要提高辐射冷却稳定性的关键是使 Φ_∞ 接近 Φ 值,即将有效远场温度调到接近光纤温度,可采用的方法是在加热炉出口安装加热延长管,使其温度场接近光纤温度场,加热延长管中充以氦气(He),氦的导热系数为 122.6×10^{-3} Kcal/(mhr℃),是空气和 N_2 的 6 倍左右,是氩气的 8.6 倍,从而可使 Φ_∞ 接近 Φ 值。

(3) 光纤冷却长度

光纤冷却长度是光纤拉丝技术中重要的问题,光纤冷却长度过短,光纤进入涂覆装置的温度过热,会导致涂覆树脂黏度太低,涂层直径波动大,同心度差,甚至出现滴流,使涂层表面不光滑,而冷却长度过长则会导致拉丝塔过高。

光纤出炉后经过时间 t 后其温度可由式(3.3.7)计算：

$$(T - T_0)/(T_s - T_0) = \exp[- 4ht/(\rho C_p 2d)] \tag{3.3.7}$$

式中，T 是光纤温度；T_0 是环境温度；T_s 是玻璃软化温度，$T_s = 1\ 730\ ℃$；h 是石英玻璃热传导系数，$h = 6.4 \times 10^{-3}\ cal/(cm \cdot s \cdot ℃)$；$\rho$ 是石英玻璃密度，$\rho = 2.2\ g/cm^3$；t 是冷却时间，$t = X/V$，X 是冷却距离，其拟合公式 $X = 0.013\ 5V - 0.009\ 3$，V 为拉丝速度；d 是光纤半径，一般为 $125\ \mu m$。

假设 $T_0 = 23\ ℃$，由式(3.3.7)可计算出，当拉丝速度为 $1\ 000\ m/min$ 时，若假设光纤进入涂杯温度为 $50\ ℃$，则冷却距离为 $13.5\ m$。当然，在实际光纤拉丝过程中，为保证加热炉温度稳定采用了加热延伸管，而为加速冷却，会采取强制气体冷却，考虑这两个因素的影响，实际光纤冷却距离会大大减小。

3.3.2 光纤拉制过程对光纤性能的影响

1. 光纤拉制对光纤衰减性能的影响

拉丝过程中引入光纤的附加衰减大致有三种类型：与波长有关的附加衰减；与波长无关的永久附加衰减；随着时间推移能够自行消除的附加衰减。对这三种类型的衰减详细讨论如下。

（1）与波长有关的附加衰减

众所周知，预制棒由芯、包层、外皮三种玻璃构成，因其所含的三种玻璃成分的不同，故在预制棒结构上就存在一定的应力。在光纤的拉制过程中，在熔融时预制棒结构应力可以起到释放作用，但预制棒在加热区内相同的温度下，芯、包层、外皮的黏度不同，致使拉出的光纤在芯、包层、外皮之间仍残留着一定的应力。这些残留应力会使玻璃结构中的 Si-O 键断裂，从而造成与波长密切相关的附加衰减，衰减的峰值为 $0.5 \sim 0.6\ \mu m$。

把预制棒拉成光纤，芯、包层、外皮之间的残留应力虽然不可避免，但经研究发现，只有光纤的纤芯承受拉伸应力时，才出现与波长有关的附加衰减，而纤芯承受收缩应力时，不会给光纤引入与波长有关的附加衰减。所以，如果要降低或消除拉丝过程中给光纤引入的这部分与波长有关的附加衰减，重要的是在拉丝过程中减少或消除光纤芯、包层、外皮之间的残留应力，或者控制拉丝工艺参数，即适当地选择好拉制时高温炉的工作温度、拉丝速度和光纤的冷却速度。

（2）与波长无关的永久附加衰减

拉丝过程给光纤引入的与波长无关的永久附加衰减主要是由波导界面损伤造成的散射衰减。这一附加衰减是由于拉丝过程中损伤了波导界面而造成的，它对单模光纤的影响远比对多模光纤的严重。

降低以至消除拉丝过程中引入光纤与波长无关的永久附加衰减的工艺措施主要有两种：一是降低光纤外径短周期的急促波动和瞬间突变，提高光纤外径几何尺寸的精度；二是使用合适的拉丝张力。

光纤外径的短时波动会造成光纤波导界面严重起伏和微弯，从而增加散射，造成衰减。实践证明，只要多模光纤外径波动起伏小于 $\pm 2.5\ \mu m$，则由其形成的衰减将接近于零；对于单模光纤，由于其芯细，芯包折射率差小，其外径波动浮动要控制在 $\pm 1\ \mu m$ 以内。具体的控制工艺有：针对不同粗细的棒选择合适的发热体、保持炉工作温度稳定或只有极小短时波动、控制好炉内气流等。

在光纤拉制时,使用最佳拉丝张力也是降低与波长无关的永久附加衰减的关键。拉丝时若使用的张力太低,则光纤衰减明显增加;若张力过高,则不但衰减大,而且强度也差。拉丝张力是由高温炉工作温度和拉丝速度决定的。若温度不变,则拉丝速度越高,张力越大;若速度不变,则工作温度越高,张力越小。合理调整工作温度与拉丝速度可以取得合适的拉丝张力。在 $0.8\ \mu m$ 附近,两种速度拉出的光纤的衰减几乎相同,而在 $0.9\ \mu m$ 附近,随着拉丝速度的升高,OH^- 离子吸收衰减峰会有所降低。这是因为在高速拉丝时,送料速度相应加快,从预制棒到光纤这个变化过程缩短了,OH^- 离子从外皮穿过包层向芯子扩散的数量也减少了。因此,高速拉丝对降低水峰有利。但在短波长段 $0.6\ \mu m$ 附近,随着拉丝速度提高,衰减明显增大。

(3)随时间推移能自行消失的附加衰减

光纤中出现随时间推移能自行消失的附加衰减是不常见的,造成的原因多半是随机的,主要有:

① 光纤中有残留应力,有一部分应力能随时间的推移逐渐放松、消失,附加衰减也就减少了。

② 使用高模量预涂敷材料时,若固化炉的功率过高,固化时涂层收缩过量,会造成光纤沿轴向密集的微弯曲,加大了光纤散射。涂层收缩过量,内存应力大,应力促使大量排列不规则的分子逐步定向,内应力也逐渐放松,这样造成的附加衰减会逐渐消失。

③ 收绕光纤用的滚筒表面不平,收绕使用张力又大,这会使光纤产生微弯,测得的附加衰减也大,光纤放置一段时间后,衰减就会明显降低。

2. 光纤拉制对光纤强度的影响

石英光纤的理论强度为 $7\sim14\ Gpa$,但实际强度远低于这个值,当筛选应变为 1% 时,对应的光纤应力仅为 $0.7\ Gpa$,即光纤最低的强度只有大约 $1/10$ 理论强度,导致光纤强度降低的主要原因有:

① 预制棒本身缺陷,如气泡、晶粒、裂纹、表面粉尘、机械损伤等,预制棒弯曲或未对中与炉体接触;

② 来自拉丝加热炉的微粒 ZrO_2 或碳粒反应物,如 SiC 等;

③ 裸光纤的损伤、粉尘污染以及因涂覆未对中引起的对光纤擦伤;

④ 预涂覆的缺陷,包括涂覆材料或涂覆管道系统有微粒、涂层太薄、太软或太脆;

⑤ 拉丝张力太高,出炉后淬冷使光纤中残余应力过大;

⑥ 拉丝温度过高,引起 SiO 链裂产生 E' 缺陷;

⑦ 拉丝速太低,预制棒在高温中停留时间过长。

(1)光纤表面温度对光纤机械强度的影响

研究表明,光纤表面假设温度的关系可有以下公式表示:

$$T_f = 1\ 765.5 - 0.91d + 0.14\alpha + 0.29\beta \qquad (3.3.8)$$

式中,T_f 为预测的光纤表面温度,以 ℃ 为单位;d 是光纤直径,以 μm 为单位;α 为光纤拉丝张力,以 g 为单位;β 为光纤包层中 Al 的浓度,以 ppm 为单位。

光纤动态应力腐蚀敏感度因子 n_d 是表征光纤强度的重要参数,它与 T_f 的统计关系可表示如下:

$$n_d = 3\,788 - 4.532T_f + 1.362 \times 10^3 T_f^2 \qquad (3.3.9)$$

按式(3.3.9)计算的 n_d 与 T_f 关系如图 3.1.7 所示。

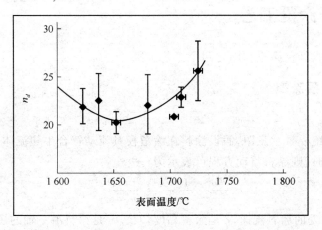

图 3.1.7　光纤动态应力腐蚀敏感度因子 n_d 与 T_f 的关系

(2) 拉丝张力对光纤强度的影响

由式(3.1.5)可求得相应于 n_d 最小值的 $T_f = 1\,663.7\,℃$，如假设光纤包层中不含 Al，由式(3.1.4)可求得，光纤拉丝张力为 85.4 g，为使光纤抗疲劳特性增强，应使光纤拉丝张力大于或等于 85.4 g，按式(3.1.4)、(3.1.5)可计算光纤拉丝张力 α 与 n_d 的关系，计算结果如图 3.1.8 所示。

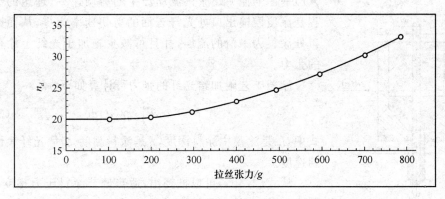

图 3.1.8　光纤拉丝张力 α 与 n_d 的关系

(3) 高温拉丝诱生的 E′ 缺陷

高温拉丝过程中发生的点缺陷将导致光纤传输损耗和机械强度劣化，已发现的最重要的点缺陷之一 E′ 缺陷是石英玻璃硅氧(Si-O)网络链断裂产生的。Si-O 链断裂和重新链合是动态变化的，E′ 缺陷浓度取决于 Si-O 链断裂和重新链合的平衡结果。E′ 缺陷浓度随拉丝炉加热区长度增加而增加，随拉丝速度增加而降低，这是由于拉丝速度低、热区长导致预制棒在高温区时间加长，从而导致 Si-O 链断裂产生频度更高。E′ 浓度对拉丝温度非常敏感，当拉丝温度从 2 200 K 增加到 3 000 K 时，炉子出口平均 E′ 浓度可增加近两个数量级。因此适当降低炉温，缩短加温区长度，使 E′ 浓度降低可使光纤强度增加，提高拉丝速度，使预制棒在高温区停留时间短，也有利于 E′ 浓度减小。

3.4 光纤涂覆工艺

光纤涂覆包括光纤预涂覆和固化两个工艺步骤。

3.4.1 光纤预涂覆

1. 涂覆理论

图 3.4.1 是涂覆模具示意图,假设涂料在涂覆模具流动符合牛顿流体,在不考虑流体重力和黏性发热作用时,则涂料流动方程可表示为:

$$\frac{\partial^2 \upsilon}{\partial^2 r} + \frac{1}{r}\frac{\partial \upsilon}{\partial r} = \frac{1}{\eta}\frac{\partial P}{\partial z} \tag{3.4.1}$$

式中,$\upsilon(r)$ 为半径 r 处的涂料流速,η 是涂料黏度,$\partial P/\partial z$ 是涂料沿 z 轴的压力梯度。

对内涂层,有边界条件:$\upsilon=V_0$,$r=d$(光纤半径),对涂覆器,有边界条件:$\upsilon=0$,$r=R(z)$(涂覆器模壁),解式(3.4.1),得

$$\upsilon(r) = \frac{r^2-d^2}{4\eta}\frac{\partial P}{\partial z} + \frac{\ln(r/d)}{\ln(d/R)}\left(V_0 - \frac{d^2-R^2}{4\eta}\frac{\partial P}{\partial z}\right) + V_0 \tag{3.4.2}$$

$$\gamma(r) = \frac{r}{2\eta}\frac{\partial P}{\partial z} + \left(V_0 - \frac{d^2-R^2}{4\eta}\frac{\partial P}{\partial z}\right)\cdot\frac{1}{\ln(d/R)}\cdot\frac{1}{\gamma} \tag{3.4.3}$$

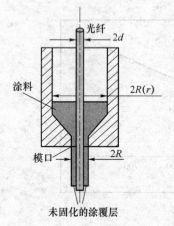

图 3.4.1 预涂覆模具示意图

$\gamma(r)$ 是在半径 r 处涂料流动产生的剪切速率,理想的流动方程是涂覆模输出口处光纤表面的剪切速率为零,从而造成模口处涂料为平滑的流层,并且可减少施加于光纤上涂覆附加的张力。

涂覆工艺附加给光纤的张力可计算如下:

$$F = 2\pi d\int_0^L \eta\gamma(d)\,\mathrm{d}z \tag{3.4.4}$$

式中,L 是涂模中涂料深度,η 是涂料黏度,γ 是光纤表面的剪切速度。

从式(3.4.3)可以推算出,适当调节涂料压力梯度 $\partial P/\partial z$ 或涂料黏度,均可使模口光纤表面剪切速率为 0。式(3.4.2)中如果 $\gamma=0$,$r=5$,则有:

$$\frac{\partial P}{\partial z} = \frac{4\eta V_0}{d^2 - R^2 - 2d^2\ln(d/R)} \tag{3.4.5}$$

显然涂料压力梯度 $\partial P/\partial z$ 与涂覆模口半径直接相关。

涂覆模具每一环切面都是同心圆,涂料在任一同心圆的流速是不同,单位时间从涂覆模口流出的涂料体积为:

$$Q_1 = \int_d^R \upsilon(r)\cdot r\mathrm{d}r$$

当涂覆半径是 R_1 时,单位时间流出模口的总涂料体积为:

$$Q_2 = \pi V_0(R_1^2 - d^2)$$

当 $r=d$ 时即在光纤表面,涂料流动的剪切速率 $\gamma=0$,令 $Q_1=Q_2$,结合式(3.4.2)可解得:

$$R_1^2 = \frac{(d^2-R^2)^2}{2[d^2-R^2-2d^2\ln(d/R)]} \tag{3.4.6}$$

一般普通光纤 $2d=125\ \mu m$,一旦涂覆模具选定,模口半径 R 是固定且已知的,因此通过式(3.4.6)可求得未固化的涂覆半径 R_1,显然在一定压力梯度条件下,涂覆半径与涂覆模口有单一关系,这意味着通过设计合适的模口半径可控制涂覆层厚度。

对于外涂覆层也可用类似的方法进行涂料流体力学分析,结果表明,在一定压力下,外涂模口径与流体速度的关系只决定于内外涂料黏度比 η_1/η_2。当设定光纤内外涂层直径后,便可求出外涂层模口与两层涂料黏度比 η_1/η_2 的关系。

以上分析只考虑了涂料的流体运动,将涂料黏度视为常量,未考虑黏性发热问题。实际上,在高速拉丝中,由于光纤与涂料之间存在摩擦,会产生黏性发热现象,导致涂覆模具内的涂料沿轴向的温度是有变化的,这将影响 η_1/η_2 的值。为正确分析光纤预涂覆过程,可引入有限元法分析手段,对解析法导出的最佳压力梯度条件和涂覆模口直径等参数进行修正。

2. 光纤预涂覆工艺

在石英玻璃光纤拉丝过程中形成了大量的新生表面,在光纤表面的微裂纹尚未受空气中水分等的影响而扩大时就迅速地进行涂覆,以此来保护光纤表面。通常涂层都采用两次涂覆。内层选用折射率比石英玻璃偏大且弹性模量较低(只有几百兆帕)的聚合物涂层,用来吸收透过包层的多余的光并保护光纤表面的损伤,在使用中起到缓冲外界应力作用,该层的厚度越厚,抗缓冲作用越大。外层较硬,弹性模量较高(可达几万兆帕),有利于防止磨损并提供强度。

涂覆工艺分为湿-湿涂覆和湿-干涂覆,但它们本质上没有区别。湿-湿涂覆可以节约较大的空间,使拉丝塔总体高度下降,同时,如果模具调节好的话,生产出来的光纤同心度会很好,但是模具使用前的调节非常重要,需要比较高的技能和技巧。双涂覆则不需要对模具进行精确调节,使用前的准备工作相对简单,但因为是分开进行涂覆,这种情况下占用了较多的拉丝塔空间,拉丝塔相对要高一些。不管是哪一种涂覆方式,只要工艺参数得当,操作正确,都可以得到高涂覆质量的光纤。

光纤的预涂覆是通过涂覆模具来进行的,对涂层质量的影响也是非常大的。模具有两种形式,一是无外部加压开口杯式,二是压力涂覆器,如图 3.4.2 所示。

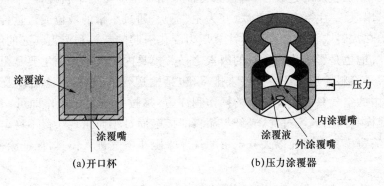

(a)开口杯   (b)压力涂覆器

图 3.4.2　涂覆装置示意图

采用简单的无外部加压开口杯式涂覆器,移动中的光纤会黏附一些液体涂料,并穿过一个使涂料在光纤上自对中可调模具口,涂层厚度由模具口大小和光纤直径决定。但这种结构涂覆器,在高速拉丝时($>1\,000$ m/s)得不到均匀涂敷层。因此,实际应用更普遍的是压力涂覆器。

控制光纤与涂层良好的同心度是涂覆工艺的关键,为此在涂覆器结构中设计有一可调整水平的机架支撑件。涂覆嘴安装在支撑件微调架上,借助 He-Ne 激光器正交光束综合监控仪检测涂层与光纤的同心度,通过调整微调架的水平位置以控制同心度大小。

涂覆工艺中采用的涂料一般有三种,其一是热固性硅树脂;其二是紫外光固化丙烯酸酯;第三是聚氨基甲酸乙酯,有关涂料将在后面章节中详细介绍。

3. 光纤涂覆质量影响因素

不良涂覆对光纤性能的影响主要是微弯损耗、强度和影响到下一道工序的加工,因此必须控制涂覆过程的每一道工序。

首先,涂覆器结构设计必须确保涂料供给的压力和温度合适、供料管路可控加热等,要考虑涂料防污染、涂料溢出的收集、与涂料接触的零件尽量减少以方便清洗、发生断纤等意外事故时可自动关闭涂料流通,以防止涂料树脂溢出的浪费和污染。

其次,对涂覆模具加工精度要严加控制。由于在涂覆过程中光纤与涂料之间存在摩擦力,与光纤接触的涂料会随光纤向下运动,在下模口多余的涂料沿模具壁上升而形成涡流,并作用于光纤,将光纤保持在涡流的中心。如果涂料形成的涡流中心与涂覆模具的中心不重合就会影响涂覆的同心度。为了形成稳定的涡流,下模孔的形状以及与涂覆杯之间的过渡曲线也是很讲究的,否则会产生局部的回流。因此加工涂覆模具时必须控制加工精度和装配精度,以消除涂料流动的不稳定性,确保涂覆质量。

拉丝生产中,涂覆模具的清洁也非常重要。如果涂覆模具出口不清洁,会影响出口模的形状,不圆的出口模使涂覆不稳定,生产出的光纤涂层不圆度增大,同心度变差,或是涂层表面不光滑。对于内涂覆模来说,出口模或导模的不清洁还增加了裸光纤与异物接触的机会,有可能会大幅度影响光纤的强度。模具上的异物主要是上次拉丝生产后未清洁的涂料,或是涂料固化过程中的挥发物形成的致密壳状物,生产过程中还有可能有其他的外界物质进入到模具之中。因此,每次生产之前,涂覆模具必须进行全面的清洗。

目前,高速拉丝时都采用压力涂覆器以减少光纤与涂料间的剪切力来保证涂覆质量,在大规模生产中为保证生产的连续性,每道涂覆都采用一主一备两个料罐,两个料罐的连接方式一般有两种,串联(一主一备)和并联(互为主、备)。通过主罐的液位或重量传感器决定加料或转换时机,在加料或转换过程中需注意压力变化引起的断料和产生气泡的问题。

涂层内的气泡也是影响涂覆质量的因素之一。模具内空气的来源主要是由高速运动的光纤带入,其次是涂料输送系统中空气未排尽(包括输送管道、涂料过滤器以及涂覆模具)。对于输送系统中的空气只要建立必要的操作程序,严格按操作程序操作即可。光纤带入的空气过多,会使模具内的涡流过深,光纤与涂料的接触面过小而出现涂覆不稳定的现象。现许多厂家都在涂覆模具入口充以大分子量的气体来阻止空气进入模具,保证涂覆质量。

3.4.2　固化工艺

光纤经过预涂覆后,其状态仍然保持液状,需要进一步固化以保证其性能的稳定性。固化包括热固化和紫外光灯固化两种工艺,由于目前拉丝速度非常高,热固化难以保证涂料的固化度,因此现在普遍采用紫外光固化工艺。

1. 紫外光固化理论

光是具有特定频率(波长)的电磁辐射,它涵盖从宇宙射线到无线电波的范围。通常所说的光指的是紫外光、可见光、红外光,其中紫外光的波长为 40～400 nm。

紫外光又可分为真空紫外(＜200 nm)、中紫外(200～300 nm)和近紫外(300～400 nm)。中紫外和近紫外又可分为:UVA(315～400 nm)、UVB(230～315 nm)、UVC(200～315 nm)。光固化涂料中应用较多的是 UVA 和 UVB,UVC 用于集成电路的光刻技术。

光纤用涂料大多是采用在紫外光照射下发生聚合的高分子材料,包括甲基丙烯酸酯、环氧树脂类和乙烯醚类等,其中甲基丙烯酸酯是光纤涂料最常用的树脂。这类高分子材料由预聚物、活性单体、光引发剂和助剂等组成。光固化过程是指液态树脂经光照后引发自由基聚合反应最后变成固态的过程,主要包括引发、链增长、链转移和链终止过程。

(1)光引发

涂料受紫外光辐射后,光引发剂 PI 吸收 UV 光一个波长适合的光子将一个电子注入高一能级分子轨道,分子由基态转为激活态

$$PI \xrightarrow{UV} PI^* （激活态）$$

激活态不稳定,分解形成自由基:

$$PI^* \longrightarrow R_1^{\cdot} + R_2^{\cdot}$$

(2)链增长

自由基与单体的 C＝C(以 M 表示,非循环单体)结合并反应形成增长链:

与单体的 C＝C 结合 $R_1^{\cdot} + M \longrightarrow R_1 - M^*$

在此基础上进行链增长:

$$R_1 - M^* + M \longrightarrow R_1 - MM^{\cdot}$$

使 C＝C 双键发生聚合

$$R_1 - MM^{\cdot} + n \cdot M \longrightarrow R_1 - M_n^{\cdot}$$

(3)链转移

聚合反应继续延伸,引发链转移

$$R_1 - M_n^{\cdot} + R_3 - H \longrightarrow R_1 - M_n - H + R_3^{\cdot}$$

$$R_3^{\cdot} + M \longrightarrow R_3 - M^{\cdot}$$

(4)链终止

伴随着增长链上的自由基的转移,最后链自由基会通过耦合或歧化而完成链终止。

$$R_1 - M_n^{\cdot} + R_1 - M_i^{\cdot} \longrightarrow R_1 - M_{n+i} - R_1$$

$$R_1 - M_n^{\cdot} + R_2^{\cdot} \longrightarrow R_1 - M_n - R_2$$

$$R_1 - M_n^{\cdot} + R_1 - M_i^{\cdot} \longrightarrow R_1 - M_n + R_1 - M_i$$

随着连锁聚合,使涂料中高分子组分中的双键段裂开,相互交联而固化成膜。

2. 紫外固化设备

主要设备是紫外固化炉,其主要由反射器、光源、反射器、冷却系统(一般为排气机)和传

动装置(传送带)组成。其中反射器作用是提高光源的使用效率,常用的反射器有两类:抛物线形反射器(产生平行光束)和椭圆形反射器。而光源是由一组对放的半椭圆形紫外灯组成,一般有 3～7 个紫外灯。对紫外灯选择的关键因素有四个关键的参数,分别是 UV 辐射度(或密度)、光谱分布(波长)、辐射量(或 UV 能量)和红外辐射。UV 灯有许多种,常用的包括以下几种。

(1) 汞弧灯

封装有汞的、两端有电极的透明石英管,其原理为通电加热灯丝,汞蒸汽跃迁到激发态,由激发态回到基态时即发射紫外光。视管内汞蒸汽压力的不同可分为低压汞灯(254 nm,185 nm)、中压汞灯(303 nm,313 nm,365 nm)和高压汞灯。

(2) 无极灯

无灯丝,高频感应系统来激发其内部汞蒸汽放电,从而产生大量紫外线。其优点是快速启动(关后可立启)、输出功率稳定、无易损部件、寿命长(可达 8 000 hr)和紫外效率较高,输出有效达 36%(有极的紫外灯 13%),缺点是一次性投入高。

(3) 金属卤化物灯

在普通汞灯中加入少量的金属卤化物可使其发射光谱发生显著变化,同时改善辐射效率。一般均用碘化物(易挥发,不甚活泼),常用的金属:钠、镁、铝、镓、铟、铊。

(4) LED 灯

紫外 LED 一般指发光中心波长在 400 nm 以下的 LED,但有时将发光波长大于 380 nm时称为近紫外 LED,而短于 300 nm 时称为深紫外 LED。其优点是即时开关、不发热、寿命长(50 000 hr)和功率恒定。应用在光纤涂料固化时,一般采用半导体光矩阵技术将 LED、矩阵排列、光学和冷却技术相结合构成 UV-LED 灯系统,这样使产品具有最优越的固化性能。由于 LED 固化技术无须使用汞、无臭氧排放、环境友好、绿色环保、常温固化,LED 固化技术无挥发、低噪声,将是新一代拉丝技术发展方向。

3. 固化工艺过程

一般来讲,紫外固化涂料是由高黏度预聚物、低黏度单体、光引发剂以及其他填料等组成,是一种黏度随温度而变化的触变型流体。光纤涂层固化过程如图 3.4.3 所示。

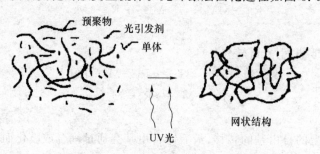

图 3.4.3　紫外光固化工艺过程示意图

如图 3.4.3 中所示,高黏度预聚物和低黏度单体都含有丙烯酸醋官能团。光引发剂又称紫外聚合引发剂,它是紫外固化涂料中必不可少的组分,当受到紫外 UV 光照射时,光引发剂受激发产生游离基物质,其对光敏感而对热稳定,从而引发预聚物和单体交联反应成膜。

光固化反应速度 V_{pp} 可表达如下：

$$V_{pp} = K_{pp} \cdot [M] \cdot \left[\frac{f\varepsilon I_0 [PI]}{K_t} \right]^{1/2} \tag{3.4.7}$$

式中，K_{pp} 为光引发链增长的总速度常数，K_t 为终止反应的速度常数，$[M]$ 为反应的空间浓度，f 是光引发剂引发的量子，ε 是光引发剂的摩尔消光系数，I_0 是入射光光强，$[PI]$ 为光引发剂的浓度。其中，K_{pp}、K_t、f、ε 是决定于材料本质的参数，f 和 ε 是由光引发剂决定的常数，当树脂和光引发剂选定后，要提高固化速度就需：①选择树脂和光引发剂；②增加光引发剂浓度；③增加紫外光强。

实际固化速度达不到理想预测速度，主要原因是：①现有紫外灯辐射的整个光能量中只有 30% 左右为紫外光，70% 以上的能量对树脂固化不起作用；②聚合反应过程中，只有一小部分光引发剂分裂并进入聚合物，导致实际固化速度减慢；③氧气的阻聚作用，氧气阻聚作用使激发态光敏剂猝灭，降低了光引发效率，同时氧还在聚合过程中作阻聚剂，氧的阻聚作用可大大降低固化速度，使固化膜表层固化不完全，发黏，降低涂层对光纤机械保护作用。消除氧阻聚作用可采取：① 物理方法。用氮气保护，使氧与固化体隔离；② 增大光引发剂浓度；③ 使用对氧不敏感的齐聚物和单体。

现在拉丝工艺中广泛采用对涂覆光纤进行氮气保护的措施，使固化在缺氧的气氛中进行。

4. 影响光纤涂覆质量的因素

光纤涂覆涂层的目的是保护裸光纤的原始强度，使大量的新生表面不同外界尘埃粒子接触，这些粒子能明显地降低光纤的强度。涂层还能防止外界的水分浸蚀光纤，避免损耗增大。涂层除了能提供强度保护外，它还能缓解在各种环境中对光纤产生的侧压力，防止应力集中，为光纤提供微弯保护。

良好稳定的涂覆质量表现在以下几个方面：①在涂覆层中，无气泡或颗粒；②良好的涂层同心度（偏芯度小于 1 μm 最佳）；③涂层直径变化小；④涂层均匀，颜色稳定。

一般来说，影响涂覆质量的因素主要有：

（1）涂料

涂料本身性能会影响光纤涂覆的稳定性、生产速度、光纤表面光洁度。

① 涂料黏度的影响

涂料黏度会影响拉丝生产时在涂覆模具中的流动性，与涂覆质量密切相关，式(3.4.3)～式(3.4.6)对黏度对光纤涂覆质量的影响从理论上进行了分析。因此应选用一种高品质的涂料，在适当的温度和速度下进行生产，以保证生产过程中不会出现因涂料本身的原因而产生的涂覆不均匀，甚至断流的现象。

② 涂料附着力的影响

产生附着力的前提是涂料与光纤基材必须充分接触、润湿，如无润湿差，就无法形成能量最低的、有效接触界面，涂层与光纤基材之间就难以形成较强的层间作用力。

固体基材的润湿一般用杨氏方程接触角理论来表示：

$$\sigma_S = \sigma_{SL} + \sigma_L \cdot \cos\theta$$

式中，σ_S 为基材表面张力，σ_L 为涂料表面张力，σ_{SL} 是固液界面张力，θ 为接触角。

当液体在固体表面上完全润湿成薄膜状时，接触角达到最小值，$\theta = 0$，$\cos\theta = 1$，得：

$$\sigma_S = \sigma_{SL} + \sigma_L$$

当 $\sigma_S > \sigma_L$ 时,即涂料表面张力小于光纤基材表面张力时,涂料可以润湿基材。所以降低涂料表面张力,在一定范围内可以提高涂层的附着力。

涂层的附着力提高有利于涂覆层在后续各种加工和使用过程中对光纤更好地保护,但涂料对石英光纤的附着力会影响涂覆层的剥离力。附着力越大,涂层剥离力也越高,这对光纤的测试、接续和维护带来困难。因此要控制涂料的表面张力在合适的范围内。

③ 涂料对光纤的颜色的影响

光纤的颜色则是和涂料的成分有很大的关系,涂料中光引发剂量的多少直接影响到光纤颜色的稳定性,过量的光引发剂在涂层的固化过程中不能完全消耗,受光和热的作用下会进行分解,而光引发剂不足则会引起涂层固化不完全,同样会使光纤发黏变黄。

④ 涂料对光纤涂层固化工艺的影响

光纤工业中常用的紫外光固化涂料是通过紫外光的辐照,使涂料中光引发剂分解产生自由基,从而引发丙烯酸树脂的链式反应,整个反应在不到 1 ms 的时间内完成。涂层固化好坏与涂料本身有很大的关系,它决定了此种类型的涂料是否适合高速拉丝生产。

如固化度不足,则会影响光纤的衰减、外观及后续工序的使用;如固化过度,则可能会引起光纤涂层降解,也会使其颜色变黄。

故一般来说,固化速度是由所用光引发剂的品种与数量,以及预聚物和单体的官能团度所决定的。不同涂料生产厂家配方不同,即使是同一厂家不同批号的涂料成分之间也有所差异,这些都对涂料的固化程度有所影响,所得光纤的性能也有细微差别,应在实际生产中加以注意。

(2) UV 灯系统的影响

涂层紫外固化 UV 灯一般包括以下几个部件:W 灯管、反射罩、中心管等部件。在拉丝生产过程中,不同的部件及部件的及时更换与否会对固化工艺产生很大的影响。

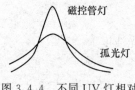

图 3.4.4 不同 UV 灯相对
光强度对比

① 紫外固化灯管的影响

在一定的输入电流和电压下,紫外固化灯有紫外光能量输出。图 3.4.4 是弧光灯和磁控管灯的相对光强度曲线,可以看出磁控管灯具有较高的光强度,能达到更好的固化效果。

涂料中的光敏剂只有一个特定的很窄的吸收波谱。目前,涂覆用紫外固化灯管所发射出的紫外光波长为 $200 \sim 450$ nm,主要有 D 型和 H 型两种灯管。D 型和 W 灯含有水银与金属卤化物,主要产生长波,在 $320 \sim 400$ nm 区域内 W 光强度较强;H 型灯只含水银,主要产生短波,在 $240 \sim 280$ nm 区域内 W 光强度较强。在生产时应根据涂料特性选择不同的灯管,以达到控制固化的目的。

但所有紫外固化灯管都有其使用寿命。其光照强度随着使用时间的延长会有所减弱,从而对光纤的固化度、固化质量产生影响,影响涂层剥离力等光纤性能。

② 反射罩的影响

图 3.4.5 为 UV 灯的反射原理图,由图可见:W 灯管和光纤分别位于椭圆形反射罩的

两个焦点上,且两者互相平行。使得照射光纤的紫外光聚焦并反射在光纤上,从而提高效能,加速固化。

在实际生产中,一方面,由于反射罩受到外界的污染而变脏,导致反射光的强度减弱,降低了固化效果;另一方面,由于反射罩变形或者加工精度不够,导致反射罩的聚焦能力减弱,从而使光纤固化率降低。因此要保持反射罩内表面的清洁以确保 W 固化工艺的稳定。

③ 石英管的影响

如图 3.4.5 所示,光纤穿过紫外固化炉时,为防止受炉内空气污染和振动,往往将其穿过一定直径的石英玻璃管,故中心石英管的透光率、洁净程度对光纤的固化较为重要。

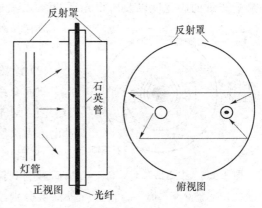

图 3.4.5　反射罩的反射原理图

中心石英管使用一段时间后,其透光率会有所降低,且在固化过程中,由于受到涂料中挥发材料和涂料的污染,致使 UV 紫外光穿透石英管的能力变弱(有时只能输出 50% 的紫外光)。所以应对 UV 固化炉的中心管进行维护和保养以保证光纤的固化度。

④ 其他部件及 UV 炉数量、布置的影响

UV 固化炉一般都抽排风装置,冷却涂料固化及灯管所释放出的热量,保护炉子,且炉子的抽排风量有一个合适的设定范围。如果抽风量太低,则会导致炉内温度过高而影响灯管的使用寿命,使光纤表面温度升高,影响后续的固化反应,使光纤固化率降低;如果抽风量太高,则使炉内温度过低,引起灯管发光不足。

在设计拉丝塔时,往往应根据生产速度等工艺参数,选择不同种类和一定数量的 UV 灯,以保证光纤在固化炉内的相对停留时间,保证光纤的固化度和涂层拉出力。

在正常拉制光纤时,有时配置的 UV 灯会有不同的功率设定,满足不同工艺,不同客户的需求。应根据不同工艺适当调整输出功率,保证光纤的 UV 固化量。

(3) 气体的影响

当光敏剂受激形成游离基时,氧气是十分有效的激发态催灭剂,使 PI^* 转化成 PIO_2^*,而后者是一种低效的链引发剂,使自由基反应变慢。

$$PI^* + O_2 \longrightarrow PIO_2^*$$

所以在 UV 固化炉的中心管内,常使用惰性气体(如氮气)来避氧以加速固化。不同结构的 UV 炉送氮气方式不同。一般来讲,一定纯度的洁净氮气从中心管底部流入,上炉口往往安装抽风装置,使进入中心管的氮气以层流方式到达上炉口,从而排除由光纤带入的氧气,并且带出涂料中的挥发物质,保持中心管和光纤的洁净度。为保证不同速度下光纤的固化,氮气的流量和纯度应控制在一定范围内。如流量或纯度太低,则使中心管内氮气中的含氧量过高,导致固化不良;如流量太高,则使生产过程中光纤抖动,造成光纤强度降低。另外,如中心管有破裂或密封不好,都会造成氮气中含氧量过高,导致固化不良。

(4) 工艺调整影响

① 光纤在固化炉中位置的影响

在拉丝时,必须保证光纤在固化炉中的中心位置,保证光纤所能接受的紫外光辐射剂

量。一般来讲,UV炉能保证中心石英管安装在光纤能接受到最大紫外光辐射量的中心焦点位置,如图3.4.6所示。在实际生产中,光纤与中心焦点的误差只能在几毫米以内,否则将影响光纤的固化度以及所得光纤的涂层不圆度。

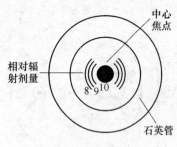

图 3.4.6 中心焦点 UV 光强度示意图

故在拉丝时应注意维护保养,定期做拉丝塔的校直,确保光纤的运行轨迹在各设备中心。

(2)涂覆工艺的影响

前面介绍过,光纤涂覆工艺有两种,即湿-湿工艺和湿-干工艺。对于湿-湿工艺,由于内外涂层一次性涂覆,同时固化。内涂层在固化时受到外涂层固化所释放的热量的影响,其固化程度受到一定限制,很难达到较高的固化值,从而影响到涂层剥离力等性能。对于湿-干涂覆工艺,内外涂层分别涂覆固化,且固化工艺调节自由度比较高。而且在一涂和二涂之间可以增加冷却管,降低涂覆光纤的温度,从而保证光纤更好地涂覆固化。

此外,由于模具和涂覆工艺对光纤所得的内外涂层几何尺寸有直接影响,即使是在相同的固化工艺下,如果内涂层厚度不同,也会影响光纤的固化度,最终影响涂层剥离力等性能,因此需要通过调整模具和涂覆工艺来控制光纤涂覆层厚度的稳定性。

随着拉丝速度的提高,光纤涂覆时空气混入涂层的概率大大提高,同时在高速拉丝时,拉丝张力也大大提高了,由涂覆模产生的向心力和拉丝张力相作用的结果决定了涂覆工况的稳定性。这就要求在高速拉丝时,使用能产生更高向心力的模具和更精准的模座倾角调整系统。

(3)拉丝速度的影响

光纤涂料固化程度与涂料吸收 UV 光剂量、吸收时间等因素有直接关系。在拉丝塔上固化炉数量、长度及输出功率一定的情况下,拉丝速度会影响光纤在固化炉停留的时间,本质上会改变光纤涂料对 UV 灯辐射的紫外光的吸收量,从而直接影响到光纤的固化度和涂层剥离力等性能,因此拉丝塔固化炉的设计、UV 辐射剂量的大小应与正常拉丝速度匹配。

第4章
光纤制造用材料的性能与技术要求

众所周知,材料是制造优质光纤的基础。为了满足光纤通信对光纤特性的要求,光纤制造过程中除了石英材料外,还需要各种掺杂剂。这些材料的引入,在形成一定的波导结构的同时,也赋予了最终光纤独特的性能,包括光纤的光学性能、传输性能、机械性能和环境性能等,可以说材料的特性决定了光纤最终的性能。

4.1 光纤用原材料分类

光纤制造过程中,需要通过各种材料相互化学反应来实现光纤设计的性能。从光纤制造工艺过程看,不同工艺阶段需使用的材料不同,因此可将材料分为预制棒制造用材料和光纤拉丝用材料。如预制棒制造阶段,主要是四氯化硅($SiCl_4$)、四氯化锗($GeCl_4$)等在高温下与氧气的化学反应,而在拉丝阶段主要是使用氦气、氩气、氮气等来冷却、保护发热元器件等。

依据纯度不同,可使用材料分为高、中和低等几个纯度级别。其中高纯材料一般是用于制造预制棒芯层,而中等纯度材料可用于制造预制棒外包层,低纯度的材料大多用于辅助工艺中。

依据其常温下物质形态,也可分为固态材料、液态材料和气态材料。其中固态材料主要包括石英材料,液态材料主要是四氯化硅($SiCl_4$)、四氯化锗($GeCl_4$)、三氯氧磷($POCl_3$)、三氯化硼(BCl_3)等,气态材料包括氧气、氯气、氮气、氦气、含氟气体等。

制造石英玻璃光纤采用的主要原材料依据其所起作用的不同,可将它们分成工艺材料和辅助材料两大类,如表 4.1.1 所示。

表 4.1.1 石英光纤常用原材料及其作用

名称		主要作用
工艺材料	石英玻璃管	用作反应管(也是沉积管)和外包层管
	四氯化硅 $SiCl_4$	经反应生成的产物构成石英光纤的主体 SiO_2 成分
	四氯化锗 $GeCl_4$	掺入芯层,产物 GeO_2,提高折射率
	三氯氧磷 $POCl_3$	产物 P_2O_5,提高折射率

名称		主要作用
工艺材料	三氯化硼 BCl_3	产物 B_2O_3，降低折射率
	三溴化硼 BBr_3	
	氟利昂 CCl_2F_2 或 六氟化硫 SF_6	掺入包层，构成 Si-F，降低折射率
	高纯氧 O_2	参加氧化反应并兼做载气
	氦 He	增强热传导，提高沉积效率或加速拉丝过程中光纤冷却
	氩 Ar	维持正压或用作系统保护气氛
	高纯氮 N_2	冲洗、干燥保护系统和载气
	氯 Cl_2 或亚硫酸氯 $SOCl_2$	用作脱水干燥剂，在沉积芯层或外包层工艺预制棒烧结中通入可起重要脱水作用
	CO_2	拉丝涂覆保护用
	N_2O	拉丝涂覆保护用
	丙烯酸酯类材料	紫外光固化光纤涂料，用作光纤涂覆材料
辅助材料	氢 H_2	化学气相沉积或石英玻璃接续、抛光用燃料
	氧 O_2	
	天然气 CH_4	
	石英玻璃管、棒	用作沉积时的支撑棒或拉丝用尾柄等
	压缩空气	吹扫气体或气动元件用气

4.2 光纤用材料的理化性能

依据各种材料在光纤预制棒成分组成中的作用不同，对光纤用原材料的技术要求可分为理化性能要求和纯度要求。目前光纤用原材料的技术要求国内外均没有统一的指标规定。根据实践，一般对于制作纤芯的原材料对其性能要求高，包层用材料相对来说要求较低。

4.2.1 石英玻璃材料的理化性能

石英玻璃是光纤生产的重要材料，贯穿于制棒、拉丝等光纤生产的全过程。根据作用不同，光纤用石英材料分为石英主要材料（石英衬管、石英套管）和石英辅助材料（延长管、延长棒等）。

石英衬管、套管被应用到光纤预制棒生产过程，最终成为光纤组成部分，其对纯度、尺寸精度要求很高。在 MCVD、PCVD 芯棒生产技术中，作为沉积基管的石英管材称为石英衬管，在光纤预制棒套管工艺中用于外包层的石英管称为石英套管。石英辅助材料仅参与到光纤生产中的不同过程中，但不会成为光纤组成部分。相对石英主要材料来说，辅助材料纯度要求有所降低，但尺寸精度要求仍然非常严格。

早期制造光纤用石英材料大都采用天然水晶熔制而成的石英玻璃管，随着技术的发展，目前制造光纤用石英玻璃套管或衬管主要采用合成石英玻璃管,这种石英玻璃管是通过四氯化硅高温水解制成坯体再经过脱水烧结和拉管而成,其基本理化性能如表 4.2.1 所示。

表 4.2.1　石英材料基本理化性能

名称	分子量	密度	光折射率	膨胀系数
SiO₂	60	2.21	1.457	$5.5 \times 10^{-7} \text{℃}^{-1}$

光纤外观质量和尺寸精度直接影响光纤的最终性能,在石英玻璃管上,不允许有开口的气泡、散射光下无可见的气线和划痕,石英玻璃管中气泡根据石英管的壁厚有不同的要求,如表 4.2.2 所示。

表 4.2.2　Φ26×1 000 mm 光纤用石英玻璃管中气泡允许含量

允许的气泡		数量/个			
宽度/mm	长度/mm	≤4.0 mm*	4.0~8.0 mm	8.0~13.0 mm	>13.0 mm
0.8	>1.0~2.0	≤1		≤2	≤3
0.4	>0.5~1.0	≤3	≤4	≤5	≤7
0.1	0.2~0.5	≤5	≤7	≤9	≤11

注:* 为管的壁厚。

石英玻璃管的几何尺寸直接影响光纤的芯径比及偏心度等几何标准,所以对其尺寸误差做了非常严格的规定,具体指标有椭圆度、偏壁度、曲度和截面积偏差等,依据石英管直径相关指标如表 4.2.3 所示。

表 4.2.3　Φ26×1 000 mm 光纤石英玻璃管的尺寸精度

管径公差	壁厚公差	截面积偏差	椭圆度	偏壁度	曲度(每米)
<0.03 mm	0.01 mm	1%	<0.03 mm	<0.03 mm	<0.5 mm

4.2.2　光纤制造用材料的物化性能

光纤制造包括光纤预制棒制造与拉丝两步工艺。用沉积材料主要是液体材料包括主体反应及掺杂用液体材料和部分气体材料,表 4.2.4 和表 4.2.5 分别列出了这些材料的基本物化性能。

表 4.2.4　光纤预制棒沉积工艺用原料理化性能

序号	名称	化学式	分子量	外观	液体密度克/mL	气体密度克/L	熔点/℃	沸点/℃	主要化学特性
1	四氯化硅	SiCl₄	169.89	无色透明液体	1.483(20 ℃)	6.21(70 ℃)	−70	57.6	易挥发,有强烈刺激性,易水解,有腐蚀性
2	三氯化硼	BCl₃	117.2	无色气体	1.35(11 ℃)	5.326	−107.3	12.5	很易水解,无燃烧性,有毒

续表

序号	名称	化学式	分子量	外观	液体密度 克/mL	气体密度 克/L	熔点/℃	沸点/℃	主要化学特性
3	三氯氧磷	$POCl_3$	153.35	无色透明液体	1.645(25 ℃)	5.32	2	105.8	易挥发,易水解,有窒息性
4	四氯化锗	$GeCl_4$	214.43	无色透明液体	1.88(20 ℃)	/	−49.5	83.1	在空气中发烟,易水解,气味特殊,有毒

表 4.2.5 光纤制作工艺中常用气体的性质

序号	名称	化学式	分子量	常温下状态	密度 $D(t\ ℃)$	熔点	沸点
1	氧	O_2	32	无色气体	气 0.001 331(g/mL) 液 1.14(g/mL)(−183)	−218.8	−183.0
2	氯	Cl_2	70.90	黄绿色气体	气 3.198(g/L) 液 1.574(g/mL)(−40)	−101	−34.05
3	氦	He	4	无色气体	气 0.1785(g/L) 液 0.125(g/mL)(−268.9)	−272.2	−268.9
4	氮	N_2	28.016	无色气体	气 1.251(g/L) 液 0.805(g/mL)(−195.8)	−209.86	−195.8
5	氩	Ar	29.944	无色气体	气 1.784(g/L) 液 1.400(g/mL)(−185.9)	−189.38	−185.9
6	氢	H_2	2.016	无色可燃性气体	气 0.089 9(g/L) 液 0.070 9(g/mL)(−252.8)	−259.18	−252.8
7	甲烷	CH_4	16.042	无色可燃性气体	气 0.716 8(g/L)(0)	−182.5	−161.5
8	二氧化碳	CO_2	44	无色气体	气 1.975(g/L)	−56.57	−78.74
9	笑气	N_2O	44.013	稍有甜味的无色无臭麻醉性气体,空气中不燃烧,但能助燃	液体密度(−88.33 ℃,101.325 kPa): 1 281.5 kg/m³ 气体密度(0 ℃,101.325 kPa): 1.977 kg/m³	−90.8	−88.5

4.3 光纤用材料技术要求

要制造出杂质含量,即提高原材料的纯度是实现光纤低损耗的前提。为此首先必须对光纤原材料纯度的要求有明确的认识。

4.3.1 光纤材料的纯度

1. 材料纯度表示方法

光纤原材料分液体材料和气体材料。液体材料有时也称化学试剂,其纯度的规格国际上尚无统一标准。在我国常用的《全国化学试剂产品目录》中,分为三级,有优级纯、分析纯和化学纯,还有高纯、色谱纯、基准纯、分光纯等。另外,根据各生产厂的企业标准而选定的参考规格,并将超纯、特纯、高纯、光谱纯以及纯度为 99.99％以上的各种试剂的名称,统称为高纯。国际上对高纯试剂目前尚没有统一的明确规定,常用的有电子级、外延级等,近几年还有"光纯专用级"之称。然而,对高纯物质纯度,国内外较普遍使用百分数数字 9 的个数(N)表示法。如果纯度为 99.999％的金属,英国用 5N 表示,即主体物质的纯度达到 5 个"9",美国等国家用 Grade 5 表示。一般对某一杂质含量以"ppb"(part per billion)与"ppm"(part per million)表示。这里 1 ppb 相当于 0.000 000 1％或 $1×10^{-9}$,1 ppm 当于 0.000 1％或 $1×10^{-6}$。

对于气体材料纯度,主要有两种表示法:

① 用百分数表示,如 99.9％,99.999 99％等;

② 用 N 表示,如 2 N,5 N 等,N 的数目与①中的 9 的数目对应,小数点后的数表示不足 9 的数。如 2 N 表示 99％,5 N 表示 99.999％,5.5 N 表示 99.999 5％等。

2. 光纤材料纯度等级

根据气体纯度的不同,光纤制造中将气体纯度分为四级,即普通气体、纯气体、高纯气体和超高纯气体。表 4.3.1 给出了气体纯度等级及用途。

表 4.3.1　气体纯度等级

序号	气体等级	纯度要求	在光纤生产中的应用
1	普通气体	99.9％	吹扫气体、辅助气体
2	纯化气体	99.99％～99.999％	燃烧气体、冷却气体
3	高纯气体	99.999％～99.999 9％	反应气体、反应载气
4	超高纯气体	＞99.999 9％	纤芯用气体

对光纤原材料,除了要求主体成分的纯度外,其所含的杂质成分的多少常以 ppm 或 ppb 的形式表示。

4.3.2　光纤用材料技术要求

1. 石英玻璃管

相比于半导体用石英玻璃管,光纤用石英玻璃管对纯度的要求更高。表 4.3.2 是对杂质含量的要求。

表 4.3.2　光纤用石英玻璃管中允许的杂质含量

杂质		Al	Fe	Cu	Ca	Mg	Ti	Mn	Li	Cr	OH^- 含量
沉积基管	含量 ppb	≤100	≤60	≤60	≤25	＜30	≤30	≤30	≤20	≤50	≤1.0 ppm
外包层管	含量 ppm	所有金属杂质含量累计≤50									≤10

2. 沉积用主要原材料技术要求

光纤预制棒制造中使用的主要原材料包括 $SiCl_4$、$GeCl_4$、$POCl_3$ 和 C_2F_6 等,可分为芯层沉积材料和包层沉积材料。

（1）芯层沉积材料技术要求

在预制棒制造中沉积芯层时，主要用到的原材料是 $SiCl_4$、$GeCl_4$ 和 $POCl_3$，具体纯度要求如表 4.3.3 所示。

表 4.3.3　芯层沉积用材料纯度要求

成分	指标要求		
	$SiCl_4$	$GeCl_4$	$POCl_3$
纯度	≥6 N	≥6 N	≥6 N
−OH	<10.0 ppm	<10.0 ppm	<10.0 ppm
HCl	<10.0 ppm	<10.0 ppm	<10.0 ppm
$-CH_3 + -CH_2$	<0.5 ppm	<0.5 ppm	—
Cr	<1.0 ppb	<2.0 ppb	<5.0 ppb
Co	<1.0 ppb	<2.0 ppb	<1.0 ppb
Cu	<1.0 ppb	<2.0 ppb	<1.0 ppb
Fe	<5.0 ppb	<5.0 ppb	<15.0 ppb
Mn	<0.5 ppb	<2.0 ppb	<2.0 ppb
Ni	<2.0 ppb	<5.0 ppb	<5.0 ppb
V	<2.0 ppb	<10.0 ppb	—
Zn	—	—	<10.0 ppb

（2）包层沉积材料技术要求

在采用 MCVD 和 PCVD 工艺时，包层沉积材料主要采用 $SiCl_4$ 和 C_2F_6，而采用外包层沉积工艺时，只采用 $SiCl_4$ 具体要求如表 4.3.4 所示。

表 4.3.4　包层沉积用原材料纯度要求

序号	材料	纯度要求	
1	$SiCl_4$	$SiCl_4$	≥4N
		$SiHCl_3$	<0.01%
		SiH_2Cl_2	<0.005%
		$Si_xH_yCl_z$	<0.001%
		Cr	<10 ppb
		Co	<10 ppb
		Cu	<10 ppb
		Fe	<10 ppb
		Mn	<10 ppb
		Ni	<10 ppb
		Zn	<10 ppb
2	C_2F_6	C_2F_6	≥5 N
		H_2O	<0.2 ppm
		O_2	<10 ppm
		$CO + CO_2$	<1.0 ppm

在 OVD/VAD 外沉积工艺中,沉积用包层材料也有采用有机硅氧烷替代四氯化硅,如采用八甲基环氧硅烷作为外包层材料。八甲基环氧硅烷分子结构如图 4.3.1 所示,相比传统的 $SiCl_4$ 材料,这种新型材料具有沉积效率高、反应产生的副产物对环境无污染,是今后发展的方向。表 4.3.5 是外包层沉积用对八甲基环氧硅烷纯度技术要求。

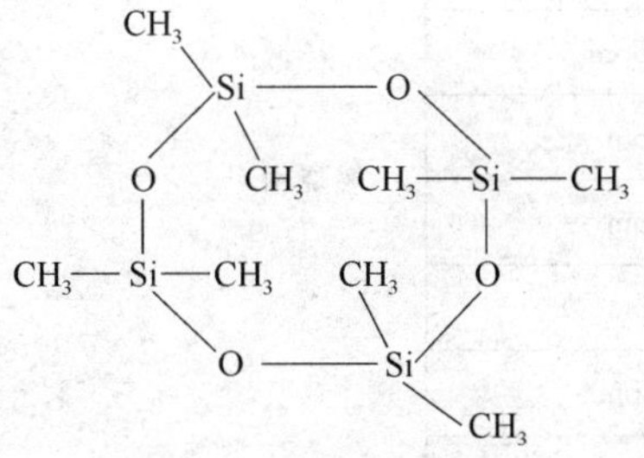

图 4.3.1 八甲基环氧硅烷分子结构

表 4.3.5 八甲基环氧硅烷技术指标要求

杂质	单位	含量
低沸点小分子量化合物	ppm	<100
高沸点大分子量化合物	ppm	<2
O_2	ppm	<0.20
H_2O	ppm	<50

3. 气体材料的技术要求

光纤制造中在不同的工艺对气体的纯度要求是不一样的,每一种气体除本身的纯度外,对其他杂质气体特别是总碳氢化合物(THC)以及气体中的微粒均有要求。表 4.3.6 列出了对不同工艺过程中使用的气体的纯度要求。

表 4.3.6 对气体材料的性能要求

序号	气体	成分	指标	备注
1	O_2	O_2	≥4.8 N	高纯工艺气体,参与化学反应
		Ar	<8 ppm	
		N_2	<5 ppm	
		CO	<0.2 ppm	
		CO_2	<0.2 ppm	
		THC	<0.5 ppm	
		HO	<0.1 ppm	
		微粒(≥0.2 μm)	<15 pcs/scf	
2	Cl_2	Cl_2	≥4.6 N	工艺用气体,烧结脱水用
		H_2O	<2.0 ppm	
		H_2	<1.0 ppm	
		O_2	<4.0 ppm	
		N_2	<10 ppm	
		CH_4	<1.0 ppm	
		CO	<0.5 ppm	
		CO_2	<8.0 ppm	
		THC	<1.0 ppm	

序号	气体	成分	指标	备注
3	H_2	H_2	≥4 N	燃烧用
		O_2	<8 ppm	
		N_2	<100 ppm	
		CO	<2 ppm	
		CO_2	<2 ppm	
		THC	<2 ppm	
		H_2O	<15 ppm	
		微粒(≥0.2 μm)	20 pcs/scf	
4	O_2	O_2	≥2.5 N	燃烧用
		Ar	<4 000 ppm	
		N_2	<1 000 ppm	
		CO	<2 ppm	
		CO_2	<2 ppm	
		THC	<20 ppm	
		H_2O	<6 ppm	
		微粒(≥0.2 μm)	20 pcs/scf	
5	N_2	N_2	≥3.5 N	辅助气体,用于管道吹扫和保护
		O_2	<500 ppm	
		H_2	<20 ppm	
		CO_2	<20 ppm	
		THC	<10 ppm	
		H_2O	<200 ppm	
		微粒(≥0.2 μm)	<20 pcs/scf	
6	N_2	N_2	≥4 N	高纯辅助气体,用于沉积系统管道保护、拉丝系统保护等
		O_2	<8 ppm	
		H_2	<3 ppm	
		Ar	<2 ppm	
		CO_2	<2 ppm	
		THC	<3 ppm	
		H_2O	<3 ppm	
		微粒(≥0.2 μm)	<15 cs/scf	

序号	气体	成分	指标	备注
7	He	He	≥5 N	高纯辅助气体,用于烧结和拉丝
		露点	<-70 ℃	
		O_2	<1 ppm	
		H_2	<0.5 ppm	
		N_2	<2 ppm	
		CO	<1 ppm	
		CO_2	<1 ppm	
		THC	<0.5 ppm	
		H_2O	<1 ppm	
		微粒($\geqslant 0.2\ \mu m$)	<15 pcs/scf	
8	Ar	Ar	≥5 N	高纯辅助气体,用于拉丝加热系统保护
		O_2	<1 ppm	
		N_2	<15 ppm	
		H_2	<3 ppm	
		CO	<1 ppm	
		CO_2	<1 ppm	
		THC	<1 ppm	
		H_2O	<3 ppm	
		微粒($\geqslant 0.2\ \mu m$)	<15 pcs/scf	
9	CO_2	CO_2	≥4.5 N	辅助气体,用于拉丝系统
		H_2O	<5.0 ppm	
		O_2+Ar	<10 ppm	
		N_2	<20 ppm	
		CO	<0.5 ppm	
		THC	<5 ppm	

注:pcs/scf 每平方英尺的颗粒数;THC:总碳氢化合物

4.4 光纤涂覆材料技术要求

涂覆材料是光纤拉丝过程中关键原材料,包括内外两层不同涂料。第一层称为内层涂覆材料,是一种软的低模量缓冲涂层,其功能是使微弯损耗减至最小。第二层称为外层涂覆材料,是一种坚韧的较高模量的涂层,它对光纤起着机械和环境保护作用。

光纤涂覆材料的技术指标与下列因素有关:

1. 固化形式

涂料固化形式主要有热固化和紫外光固化，不同的固化形式对涂料的性能要求不同。

2. 光纤拉丝速度

目前工业化生产单模光纤的拉丝速度为 2 000～3 000 m/s，而多模光纤一般拉丝速度为 500～1 000 m/s，有些特种光纤拉丝速度可能更低。如采用紫外光固化，则涂料的指标要求相差非常大。

3. 使用环境的要求

一般常规光纤使用温度为 −60～+80 ℃，而特种光纤使用温度有的高达 700 ℃，需要特殊的涂覆材料，如金属涂覆层，相应地对涂料性能要求迥异。

通常，对常规单模光纤，配套使用的涂覆材料基本性能要求如表 4.4.1 所示。

表 4.4.1　常规单模光纤用涂覆材料基本性能要求

技术指标	内层涂料	外层涂料
固化前（液态涂料）		
黏度（25 ℃下测量）（mPa.s）	4 000～6 000	3 000～6 000
折射率（23 ℃下测量）	1.45～1.50	1.48～1.55
固化后（固态涂料）		
玻璃化温度（Tg，DMA 测得）	−50～−20 ℃	50～80 ℃
特定模量（2.5% 弹变时，23 ℃下测量）	0.5～5 MPa	500～900 MPa
伸长率（23 ℃下测量）	100%～200%	10%～50%
抗张强度（23 ℃下测量）	0.3～2 MPa	10～50 MPa
固化速度	0.15～0.30 J/cm²	0.1～0.4 J/cm²
固化收缩率	1%～5%	3%～10%
玻璃黏结力	0.5～1.0 N	

4.5　对光纤特性的影响

在 2.3.1 节中，介绍了各种波导材料对光纤折射率的影响，依此通过精心设计，将不同波导材料按不同比例匹配，可得到不同的光纤折射率曲线，这是光纤制造的基础。但波导材料除了赋予光纤所需要的特性外，也因为在使用过程中成分配比不适当或本身带入一些杂质，最终会影响光纤的性能。

4.5.1　光纤损耗

1. 光纤损耗定义

所谓损耗是指光通过光纤时每单位长度上的衰减，因此也称光纤衰减，它是光纤重要的传输性能指标。评价光纤损耗特性可以通过损耗系数来衡量，光纤的损耗系数定义为：

$$\alpha = \frac{10}{L}\log\left(\frac{P_{\text{in}}}{P_{\text{out}}}\right) \tag{4.5.1}$$

其中，L 为光纤长度，P_{in} 和 P_{out} 分别为输入和输出光功率，单位为 dB/km。

光纤损耗的高低直接影响传输距离或中继站间隔距离的远近，实现光纤通信，一个重要的问题是尽可能地降低光纤的损耗。因此，了解并降低光纤的损耗对光纤通信有着重大的现实意义。

2. 光纤损耗影响因素

光纤的损耗包括吸收损耗与散射损耗，各损耗的影响因素如图 4.5.1 所示，也有将光纤损耗分为本征损耗和非本征损耗，其中本征损耗包括瑞利散射损耗、紫外和红外吸收损耗等。这些衰减均与通信所用的波长有关，工作波长不同，其损耗变化甚大。本征损耗是光纤固有的损耗值，仅与光纤组分的属性和特性有关，这一损耗是决定光纤能达到的最低损耗的理论极限。

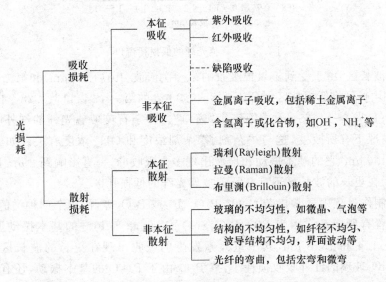

图 4.5.1　光纤损耗影响因素

本征损耗中影响较大的是瑞利散射，瑞利散射除了与波长有关外，也与材料本身有关，如玻璃材料存在着密度和浓度的微小随机起伏（接近 1/10 波长或更小）会引起散射。对于纯二氧化硅，瑞利散射系数具有固定值。增加光纤纤芯折射率的掺杂物则增加玻璃的密度和浓度起伏，相对于纯二氧化硅光纤的折射率 Δ 越高，瑞利散射损耗越高。近来证据表明，对于掺入 GeO_2 的阶跃型单模光纤，其瑞利散射损耗估算公式如下：

$$A(\mu m^4 \times dB/km) = 0.75 + 0.96\Delta_+ (\%) \tag{4.5.2}$$

非本征损耗主要是包括因光纤波导结构的随机变化、光纤宏微观弯曲和杂质吸收等引起损耗。造成这类光纤损耗的因素主要与光纤制造工艺和光纤原材料有直接的关系，包括制造时的工艺技术条件、原材料组分及纯度等。

4.5.2　光纤预制棒沉积用原材料对损耗的影响

1. 沉积用掺杂原材料本体对光纤损耗的影响

光纤的本征损耗最大的因素是石英玻璃的折射率。为了得到不同折射率分布，石英玻璃光纤使用主要原材料 $SiCl_4$ 外，还掺入 BBr_3（或 BCl_3）和 CCl_2F_2、SF_6 等氟化物，使折射率减小；掺入 $GeCl_4$、$POCl_3$、$AlCl_3$、$TiCl_4$ 等使折射率增大，具体参见 2.3.1 中有关内容。

而且掺杂剂不仅可修正石英玻璃光纤的折射率指数，还能改变石英光纤低损耗波长窗口，如图 4.5.2 所示。

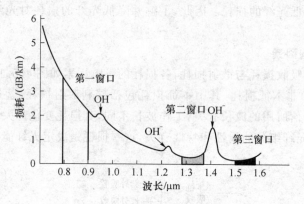

图 4.5.2　石英光纤的低损耗窗口

在低损耗波长区，由于受到氢氧根吸收的第一次谐波（1υ）（$1.38\ \mu m$）和第二次谐波（2υ）（$0.95\ \mu m$）的影响，可将低损耗区划分为 $0.8\sim0.9\ \mu m$ 的第一个"窗口"；$1.28\sim1.325\ \mu m$ 的第二个"窗口"；$1.530\sim1.565\ \mu m$ 的第三个"窗口"。掺杂石英玻璃光纤的红外吸收波长的起点，在不同情况下有所改变，这与掺杂剂、掺杂剂浓度和 OH^- 浓度有关。如红外吸收起点，纯 SiO_2 是 $1.6\ \mu m$，它的基本振动和谐波出现多个吸收峰，一直影响到 $2\ \mu m$ 以上的波长范围，因而认为在更长的波长区不存在石英玻璃光纤的低损耗区。

石英光纤制作过程中通常掺杂 GeO_2、P_2O_5、F^- 或 B_2O_3 等，依掺杂剂种类的不同，光纤吸收峰值的位置有所变动。因为 B-O、P-O、Si-O、Ge-O 和 Si-F 键的基本振动波长分别是 7.4、8.0、9.1、11.4 和 $13.8\ \mu m$，其中重元素发生的吸收出现在更长的波长区，因此掺入 GeO_2 的比纯 SiO_2 玻璃的红外吸收损耗小，掺 P_2O_5 由于 P=O 的基本振动，还有 P—O—P，O—P=O 和 P—OH 振动引起的吸收峰，所以掺 P_2O_5 的 SiO_2 玻璃的红外吸收损耗比掺 GeO_2 的要高。而 B 是轻元素，红外吸收向短波长移动较大，引起的吸收给光纤 $1\sim2\ \mu m$ 波长区带来很大影响，所以掺 B_2O_3 在长波长区就不容易得到低损耗光纤。而 Si—F 键基本振动波长长，使掺 F 光纤在 $1\sim1.8\ \mu m$ 可得到低损耗。又因 F 不仅可以降低折射率，并且 F^- 和 O^- 离子半径相近，极性相近，有相同晶型结构，沉积界面平滑，无波导散射，而 B_2O_3 是三角形结构，与四面体机构有不同的结构形式，会产生不规则晶界，出现位移及缺陷而导致散射。因此 B_2O_3 不适于作长波长光纤的原材料，所以用含氟的原材料代替。

2. 沉积用材料中所含杂质对光纤损耗的影响

影响损耗的因素较多，而杂质损耗和工艺造成的损耗则带有极大的人为性，光纤制造中需极力避免的是光纤中杂质引起的损耗。

造成光纤衰减增加的物质光纤中杂质常称为有害杂质，主要包括两类，一是金属杂质如铁（Fe）、铜（Cu）、镍（Ni）、锰（Mn）、钴（Co）、铬（Cr）、钒（V）、铂（Pt），另一是含氢成分如氢氧根（OH^-）、碳氢化合物等。

上述有害金属杂质大都为过渡元素，当以离子形式在玻璃中存在时，这些离子变形性大、变价多,在光波的激励下容易振动,产生 α 电子跃迁。由于消耗光能,因之吸收光,造成光的吸收损耗,其吸收波长从紫外波段的 $0.2~\mu m$ 起,经过可见光波段($0.34 \sim 0.78~\mu m$),一直到近红外的 $1.1~\mu m$ 附近,当金属杂质含量为 1ppb 时,在 $0.8~\mu m$ 以上的波长范围中,除铬、钒的影响较大外,其他均较小。光纤的有害杂质离子 Fe、Co、Ni、Cu、Mn、Cr、V、Pt 和 OH^- 等,大都来源于制造石英玻璃的原材料中,因此必须在合成石英玻璃之前除去它们。低衰减光纤要求总的杂质浓度必须小于百万分之一,而个别离子浓度低于亿分之一,甚至更小。

有害杂质含量与引起的吸收损耗间有一定的关系,这种关系列入表 4.5.1 中。

表 4.5.1　金属杂质含量与吸收损耗的关系

元素	主要吸收峰/nm	附加峰/nm	增加的损耗/(dB·km^{-1}·ppb^{-1})
Fe	1 100 nm(Fe^{2+})	UV 吸收(Fe^{3+})	0.047 1(800 nm 处)
Cu	800 nm(Cu^{2+})	800~1 100 nm	2.222(800 nm 处)
Cr	460 nm,625 nm(Cr^{3+})	UV 吸收	0.606(800 nm 处)
V	725(V^{2+})	395 nm,595 nm,1 100 nm(V^{4+})	1.053(800 nm 处)
Mn	460 nm(Mn^{3+})	UV,330 nm(Mn^{2+})	0.024(800 nm 处)
Co	685 nm(Co^{3+})	1 700 nm(Co^{2+})	0.025
Ni	410 nm(Ni^{2+})	525 nm,650(Ni^{2+})	0.028

可见,金属元素杂质因其在光纤中特定的吸收峰,对光纤通信波段会发生影响。不同杂质元素,对光纤通信波段的影响不同,杂质含量越高,对光纤衰减影响也越大。同一金属元素,不同离子价,对光纤的波长影响会发生变化。因此,要制造出合格光纤,需要对原材料进行精细的提纯,使其中杂质含量尽可能低。同时,在合成玻璃和拉制光纤的全过程中谨慎地防止由于操作不当或环境不佳而引入的其他污染。

除了金属杂质元素外,对吸收损耗影响最大的是氢氧根 OH^-。OH^- 有很大的变形性,易产生振动吸收,其影响程度和范围均很大。玻璃中如有—Si—OH,基本振动产生的吸收峰值为 $2.73~\mu m$,它的二次谐波(2υ)吸收峰值为 $1.38~\mu m$,三次谐波(3υ)在 $0.95~\mu m$ 附近,由这些引起的吸收损耗在红外区影响是严重的,并且 OH^- 还和石英玻璃的分子振动引起吸收叠加,影响更大,表 4.5.2 所列为石英玻璃中含水 1 ppm 所引起的吸收损耗大小。

表 4.5.2　玻璃中含有 1 ppm 水而引起的吸收损耗和波长的关系

波长/μm	振动频率	衰减/(dB·km^{-1})
0.95	$3\upsilon OH^-$	1.0
1.13	$2\upsilon SiO_2 + 2\upsilon OH^-$	0.11
1.24	$\upsilon SiO_2 + 2\upsilon OH^-$	2.8
1.38	$2\upsilon OH^-$	65.0
1.90	$2\upsilon OH^- + \upsilon OH^-$	10.0
2.22	$\upsilon SiO_2 + \upsilon OH^-$	260.0
2.73	υOH^-	1 000.0

从表 4.5.2 中可以看出，石英玻璃光纤中如果含水 1 ppm，在 0.95 μm 的吸收损耗为 1.0 dB/km，而在 1 μm 以上时，氢氧根引起的吸收损耗急剧增大，在 1.38 μm 处为 65 dB/km，对波长为 1.0~1.35 μm 和 1.45~1.8 μm 两个波段的吸收损耗影响最大。

由此可知，要制作低损耗的光纤，必须降低 OH 在 1.38 μm 处的吸收峰。光纤中 OH 的来源主要有：

① 原材料引入。光纤制造中的主要原材料是 $SiCl_4$ 和 $GeCl_4$，由于制造工艺的特点，这两种原料中会存在 $SiHCl_3$/$GeHCl_3$、$SiOHCl_3$/$GeOHCl_3$、HCl、CH_2/CH_3 等含氢化合物或含氢基团。这些杂质会与反应系统中的氧反应在光纤芯层、包层石英玻璃中产生 OH 基团，影响光纤的光传输性能。

② 在管内工艺中，沉积基管自身引入的杂质。这种情况下会影响光纤包层的性能，但随着时间的推移，在包层中的 OH 离子会向芯层扩散，直接影响光纤的长期老化性能。

③ 光纤制造过程中引入的杂质。包括原材料的蒸发器、供料系统和拉丝工艺等。

在上述三种来源中，原材料中自身的杂质含量是最直接的，对光纤的性能和质量影响最大，因此必须对光纤用原材料杂质含量进行控制。

第 5 章
光纤用石英材料制造技术

5.1 石英材料概述

5.1.1 石英材料产业发展现状

石英玻璃在国外已有 170 多年历史,1839 年法国人首先用氢氧燃烧火焰熔化石英制造石英玻璃,1902 年英国人用石墨棒通电获得高温(称为单棒电熔炉)制造石英玻璃,20 世纪 40 年代发明了电熔连熔炉,50 年代随着半导体技术和新型电光源的发展(急需大量石英玻璃),石英玻璃才迅速发展起来。

我国石英玻璃研究始于 1957 年,大体可分为 6 个发展阶段:1957—1961 年为开创阶段,以研究工艺制造方法为主;1962—1966 年为形成产业阶段,在此期间完成很多军工任务,民品产量和质量也有很大提高,已初步形成产业;1978—1988 年为改革创新时期,高新技术用石英玻璃,如大规模集成电路用高纯耐高温石英玻璃管、高纯涂层坩埚、电弧法坩埚、光通信用石英玻璃、激光用石英玻璃等都是这一时期研究并大量生产的;1989—2000 年为引进国外先进技术、技术创新、增加品种和产量等大发展时期,最为突出的是东海县发展成为电光源用石英玻璃生产基地,年产石英玻璃达 6 000 吨(其中优质品 2 000 余吨),质量极大提高,成本几倍下降,技术装备显著改进;2 000 年以后为产业大发展期,突出表现在掌握了石英生产的各种技术,可生产国防军工所要求的各种特种石英材料,产业规模成倍增加。

与一般玻璃制品截然不同,生产石英玻璃有很多难点。第一,熔化温度高、黏度大,气泡很难排除。石英玻璃的原料为水晶单一成分,不能加任何熔剂,水晶熔点 1 740 ℃,即便已熔化,仍是固体(软硬程度如 20 ℃的沥青),当温度升高到 1 900 ℃时,才能成形(软硬程度如面团),直到 2 200 ℃气化时,黏度仍很高,气泡不能排除。第二,要获得优良性能的石英玻璃必须是高纯度,杂质总量小于万分之一,因此熔化石英玻璃的容器,目前只有高纯钨和高纯石墨两种材料满足要求。由于钨和石墨在高温要被氧化,熔化石英玻璃必须在真空或气体保护下进行。

为解决高温熔化问题,其热源主要采用如下几种方式:(1)氢氧焰为热源,温度可达

2 000 ℃；(2)利用电加热，电热温度的高低取决于加热元件材质的耐温性，用石墨、钨、钼材料作为加热元件温度可达 2 100 ℃，而钨、钼基本上不与 SiO_2 反应；(3)采用电弧法可获得 3 200 ℃高温，如常用高纯石墨做电板放出电弧来制造石英玻璃坩埚；(4)等离子、激光等新技术可获得高温，也都可用来熔化生产石英玻璃，其中等离子加热已投入生产。

常用的石英玻璃生产基本工艺主要有电熔法、气炼法、气相合成法等离子法和溶胶凝胶法。为提高生产效率，目前石英玻璃的制造一般采取二步法生产技术，其工艺流程如图 5.1.1 所示。所谓二步法即先生产石英玻璃砣(或厚壁管)再经过二次熔拉成所需要的棒和管等。二步法是制备石英玻璃制品时常采用的工艺，其特点是：工艺简单、生产灵活，产品种类多、产品质量易控制，一次性投入少；但产品能耗大、成本高。两步法工艺通常用于制造棒材、光纤管材、石英玻璃大管等。

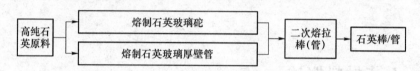

图 5.1.1　二步法生产石英玻璃棒和管材的工艺流程图

5.1.2　光纤用石英材料

发展光纤离不开石英玻璃，因为光纤就是石英玻璃纤维，生产石英玻璃纤维需要石英玻璃管材和棒材。根据作用不同，光纤用石英材料分为石英主要材料(石英衬管、石英套管)和石英辅助材料(延长管、延长棒等)。主要材料包括沉积用的衬管和外包层用套管，辅助材料包括石英管材如 MCVD/PCVD 沉积用支撑管、尾管、OVD/VAD 烧结用大口径炉芯管、拉丝固化炉用石英管等以及石英棒材如石英支撑棒、石英把持棒、尾柄和拉丝用把手棒、引棒等。

光纤和预制棒制造用石英主要材料要求高纯度、高几何尺寸精度、良好外观质量、高结构强度等，尤其是对纯度及尺寸要求非常严格。我国在光纤和预制棒制造用石英玻璃棒材生产技术与装备方面均较成熟，成本优势明显。而石英玻璃管材目前国外公司处于主导地位，国内只有久智光电材料科技有限公司可以生产石英外包层用套管，特别是单模光纤用石英沉积套管目前全部依赖进口德国 HERAEUS 公司。

石英管材是光纤和预制棒制造过程中不可或缺的材料，也是一种用量极大的消耗品。受宽带中国、物联网、智慧城市、互联网＋、中国制造 2025、FTTH\LTE 等战略的实施以及国家"一带一路"战略的提出，未来 3～5 年仍是中国通信网络建设高峰期，光纤制造产业将获得良好的市场发展空间。表 5.1.1 显示了国内光纤预制棒和光纤生产能力的增长趋势。

表 5.1.1　中国 2013—2016 年光纤预制棒生产能力与拉丝能力

（百万芯千米）	2013 年	2014 年	2015 年	2016 年
光纤预制棒产能	130	168	187	208
拉纤产能	221	268	304	332

数据来源：CRU，August 2015

光纤制造业的大发展,也将推动国内外对石英材料需求增长。预计未来三年内国内外光纤客户对石英材料产品的需求将会以每年 8%～10% 的速度增长。因此,光纤用石英材料制造行业前景诱人!

5.2 石英玻璃制坯工艺

本节在介绍石英玻璃基本生产技术的基础上,重点介绍气炼熔制石英玻璃砣(厚壁管)、高频等离子熔制石英玻璃砣(厚壁管)和二次熔拉棒(管)等工艺与装备。

5.2.1 电熔法

电熔法以电加热为主,将石英原料在真空或低压惰性气体中熔炼成石英玻璃。

1. 生产工艺

(1) 单棒电熔炉

以水晶为原料,采用 $\Phi 30～60 \ mm \times 1\,200～2\,000 \ mm$ 的石墨棒通电加热,熔化温度依靠表面功率来控制,温度达到 $1\,900 \ ℃$ 时将水晶原料熔化,此时 $SiO_2 + C \longrightarrow SiC + CO\uparrow$ 反应使石英玻璃与石墨棒分离并产生一定内压,温度继续提高,不会再起硅碳反应。该工艺可以生产石英玻璃砖、各种不透明石英玻璃器皿(石英玻璃筒、石英玻璃管、石英玻璃坩埚等)。

(2) 真空电阻炉及真空加压炉工艺

以水晶为原料,采用大电流、低电压电阻加热石墨坩埚,当温度达到 $1\,950 \ ℃$ 时,将坩埚内水晶粉熔化到可成形的熔块。为了减少气泡,熔化时炉内抽真空,因此称为真空常压电阻炉工艺,该工艺可以生产石英管、石英棒等产品。到 20 世纪 70 年代,又改进为真空加压工艺,即熔化时抽真空,熔化好后,再提高温度,使熔体更软一些,在高温下向炉内充 $25 \ kg/cm^2$ 氮气,通过微气泡溶入玻璃体内来消除熔体内的微小气泡,从而提高透明度(大气泡不能消除,只能压小),故称该工艺为真空加压电阻炉工艺。真空加压电阻炉工艺由真空常压炉经技改为真空加压炉,炉子有大、中、小三种,最大的直径 4 m,加热依靠一排石墨棒,在高温下炉内的水晶熔化成玻璃,此工艺可以生产大块光学石英玻璃,现在军工用的红外光学石英玻璃全部用它生产;中型的直径 1～1.5 m,用来生产红外光学石英玻璃,用机械真空泵和罗茨泵抽真空,真空度可达 $10^{-4} \ mm \ Hg$,加压用瓶装氮气,一般 20～25 kg/cm^2,做光学石英玻璃的原料都是经过特殊加工的一级熔炼水晶;小型真空加压炉 $\Phi 650 \ mm$ 高800 mm,生产石英管用 J-550 或 H-8 真空泵抽真空,高温真空度 $10^{-1} \ mm \ Hg$,用石墨坩埚为熔器。

(3) 电熔连熔炉工艺

该工艺采用高纯钨做熔化坩埚,用钨棒加热,温度可达 $2\,100 \ ℃$ 以上,水晶粉在炉子上口由料仓连续慢慢加入,炉子下口连续拉石英管。由于该工艺实现了连续加热、连续加料、连续拉制石英玻璃管,因此称为连熔炉工艺。

连熔工艺有很长的历史,早在 1940 年有人采用电阻炉装上钼坩埚连续 14 天生产石英玻璃管,但是管子气线多。这是最早连熔炉的雏形,连熔工艺发展到今天,已能生产出直径 2～180 mm 石英玻璃管、双孔石英玻璃管、石英玻璃棒等制品。

连熔工艺消除气泡的办法是在水晶粉料仓内通 H_2 或 He,置换掉孔隙中的空气。因为

H_2和 He 在高温下能透过石英熔体扩散掉,所以可以熔化出几乎无气泡的全透明石英玻璃。

国产连熔炉工艺经过引进国外全套技术、工艺及设备,消化吸收、技术创新,整体水平有了很大提高,1993 年以后,电阻炉逐渐被连熔炉所代替。2007 年钨坩埚已扩大到 Φ500 mm,每台炉年产 150～200 吨。

2. 生产工艺关键控制参数

电熔连熔炉工艺的特点是机械自动化程度高、炉子寿命长(1～2 年),可以连续生产,产量高,生产成本低、产品尺寸一致性好。通过控制一系列工艺参数控制连续生产出定型规格石英玻璃制品。

(1)原料

一般采用水晶原料,经筛选、炸料、破碎、酸洗、水洗、烘干等各工序处理后检验包装入库待用,连熔用水晶原料粒径一般在 80～200 目。原料可以在炉外预热(预热温度 800～1 000 ℃),可以补偿坩埚料面的温度。随着钨坩埚尺寸不断加大,热容量大幅上升,一般不需预热炉,可直接熔化水晶料。

(2)保护气体

国内连熔炉保护气体常用有两种方式:一种是采用氮、氢混合保护,另一种是纯氢气体保护。国外一些企业也有通入氩气作为保护气体的,效果不如纯氢气体。纯氢气体作为保护气体,虽然产品中羟基含量高于其他保护气,但由于氢气的活性大,渗透能力强,管材的气线、气泡少。保护气体一方面保护高温区域的发热体、钨坩埚等免被氧化,另一方面流动的气体可以将高温挥发物带出炉外。

芯杆内通入保护气体一方面保护芯杆、成型器,防止被氧化;另一方面,调整芯杆保护气体的流量大小以调整管壁厚度。

(3)钨坩埚及芯杆

钨坩埚是用来盛装石英料和高温熔融玻璃的容器,吊放在钨网加热的炉内,如图 5.2.1 所示。钨埚大小决定连熔炉熔化能力大小,目前国内最大钨坩埚可做到 Φ760×1 600 mm,但常用连熔炉钨坩埚 Φ360～460 mm,熔化效率可达 10～20 kg/h,如图 5.2.2 所示。

芯杆是连熔石英玻璃生产的内成型器,在炉内的高低可调,可调解生产不同壁厚的石英玻璃管;同时芯杆还有利于石英玻璃烧结时气体的排出。国

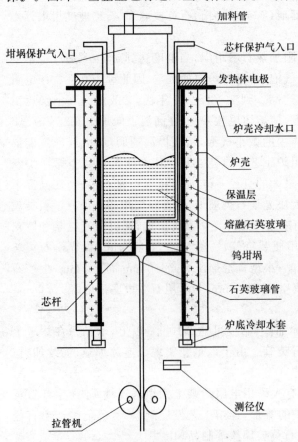

加料管
芯杆保护气入口
坩埚保护气入口
发热体电极
炉壳冷却水口
炉壳
保温层
熔融石英玻璃
钨坩埚
石英玻璃管
芯杆
炉底冷却水套
测径仪
拉管机

图 5.2.1　连熔工艺示意图

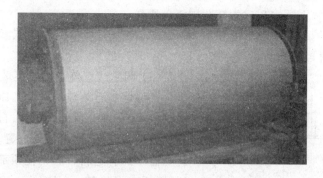

图 5.2.2　尺寸 Φ760×1 600 mm 钨坩埚

内有采用双芯杆工艺生产双孔石英玻璃管,如图 5.2.3 所示。

将芯杆提出钨坩埚下料口,可以进行石英玻璃棒的生产。目前国内连熔石英玻璃棒直径可达 10～20 mm,但是由于钨杆的氧化污染,连熔棒中心都存在黑线。

总之,连熔工艺是石英玻璃生产的最主要工艺之一,可以生产出透明和不透明的石英玻璃管,还可以通过掺杂等技术,在石英玻璃中掺入着色离子可生产出不同颜色的石英玻璃管,用作彩色加热管,如图 5.2.4 所示。

图 5.2.3　连熔双孔石英玻璃管

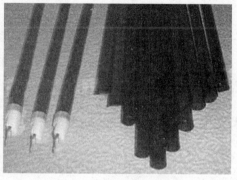

图 5.2.4　彩色连熔石英玻璃管

5.2.2　气炼法

气炼法采用氢气和氧气燃烧或者气体碳氢化合物燃烧产生的高温熔炼水晶原料,清洁无污染,用分层熔化排除气泡,可以生产高纯度多种石英玻璃产品,包括实心坨和厚壁管。气炼工艺在 20 世纪 70、80 年代为一步法,以后改为二步法,先制锭再用锭加工成管、棒及各种石英器件。

1. 气炼法生产工艺

气炼法可分为间歇式制坨工艺和连续式制坨工艺。

1) 间歇式气炼熔制石英玻璃砣工艺

气炼熔制石英玻璃砣工艺是用粒度为 100～200 目的天然水晶粉或经高度提纯的硅石粉为原料,送入氢氧燃烧器中,喷洒到石英玻璃靶托上,后者置于两端开口的保温熔炉内,以均匀速度旋转并下降(立式),从而使靶面与燃烧器总保持恒定距离,并始终处于最高温度区。于是石英原料即被不断熔化成玻璃态,由于炉内由高到低的适当温度场的作用,熔化的玻璃在离开高温区后逐渐冷却成为柱状固体玻璃砣。

此种工艺制出的石英玻璃气泡较少,若选用优质原料和恰当的工艺参数可以熔制出光学级产品,但其所含羟基较高,一般都在$(150\sim250)\times10^{-6}$。

(1) 间歇式气炼熔制石英玻璃砣原理

气炼熔制石英玻璃砣工艺原理如图 5.2.5 所示,在一个下部开口的熔炉内,自下而上送入一根石英玻璃制靶托,熔炉顶部放置一个氢氧燃烧器,燃烧器中部有送料管。靶托顶部位于燃烧器高温区,靶托一面旋转,一面下降。当炉温足够高时,送入具有一定粒度范围的粉状原料,随着原料受热熔化,在靶托上开始堆积熔体。当调节下降速度和送料速度达到平衡时,熔体顶面就会始终位于高温区的恒定位置。由于石英玻璃料性短的特点,在熔炉特定温度场的制约下,就会自然成型为具有一定尺寸的石英砣。

(2) 间歇式气炼熔制石英玻璃砣装备

工艺装置的布局是由工艺原理决定的,气炼熔制石英玻璃砣装备的总体布局如图 5.2.6 所示,由中国建筑材料科学研究总院主持研发,包括制砣机、熔炉、防污染工作室、燃烧器、送料器、氢氧气压力流量测量和调节器、温度测量和调节装

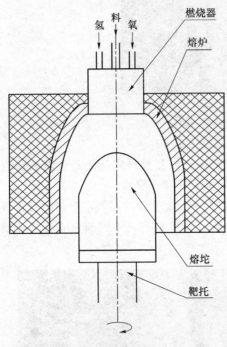

图 5.2.5　气炼熔制石英玻璃砣工艺原理

置以及电控系统,目前国内的气炼制砣生产厂家大多使用这套工艺装备。

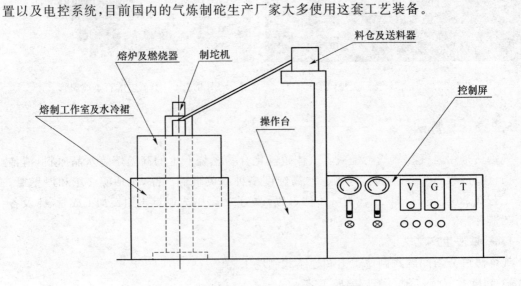

图 5.2.6　气炼熔制石英玻璃砣装备的总体布局

① 制砣机。制砣机是气炼熔制石英玻璃砣装备的关键部件,其作用是给熔砣提供旋转和快慢速升降运动,其结构如图 5.2.7 所示。

② 熔炉。熔炉的作用是保证熔制区有一个容积足够大、温度足够高的高温环境,使

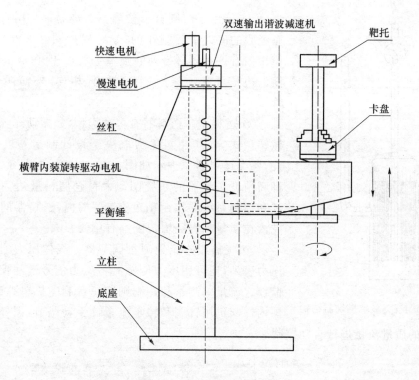

图 5.2.7　制砣机结构

粉料能顺利熔化且形成的玻璃有一均化区。图 5.2.8 给出可熔制直径 250 mm 石英玻璃砣的熔炉结构,双层钢制炉底,内有螺旋形导水板。其上是钢制炉壳,炉壳里面最内层是高铝耐火炉膛,中间是轻质多孔保温砖,最外层是硅酸铝纤维棉。经实测熔制时炉壳温度不超过 90 ℃。

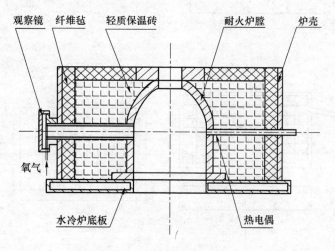

图 5.2.8　制砣熔炉结构

③ 燃烧器。气炼熔制石英玻璃砣是以氢氧气混合燃烧产生热量将原料熔化成玻璃的过程。熔砣内在质量的优劣、热效率的高低,很大程度上取决于燃烧器的性能。采用氢为燃料是出于石英玻璃纯度的要求,除氢以外的气体燃料都含碳,乙炔氧焰的温度比氢氧焰高得

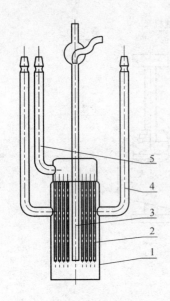

图 5.2.9　石英玻璃燃烧器结构

多,但不能用于熔制石英玻璃。燃烧器都是用石英玻璃经有经验的工人手工制作的,其结构如图 5.2.9 所示,在外筒 1 内有许多环行排列的喷氧细管 2,中心是送料管 3,外筒上边是氧室,有进氧管 5 与其相连,外筒两侧有进氢管 4。

④ 送料器。送料器有多种类型,如振动式、螺旋式、机械转盘式等,其性能优劣取决于设计制造精度和自控程度,各类送料器原理示如图 5.2.10 所示。图 5.2.11 是一种高精度送料器的系统图。大料仓储料量达 50 kg,电子秤和控制系统的控制精度在 1‰ 以内,送料器的精度对熔砣内在质量和直径均匀度都有重要影响。

⑤ 气体压力流量测量调节器。气体压力测量除使用压力表外,还可用压力传感器将压力信号送到控制室进行监控。流量的测量和控制则应每台制砣机单独配备,目前国内厂家仍用针阀和转子流量计手动调节,国外多通过检测氢氧气的质量流量进行自动控制。

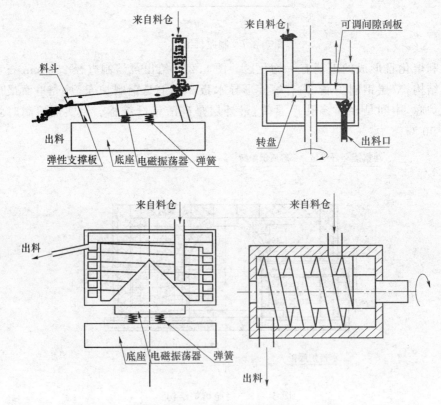

图 5.2.10　各类送料器原理

⑥ 温度测量和调节装置。使用下部开放式熔炉熔制石英玻璃砣炉温测量和控制一直是难以彻底解决的问题。原因有三:其一是炉膛空间太小,各处温度相差较大;其二是影响温度的因素较多,除氢氧气压力和流量外,送料量、下降速度以致砣面形状变化都对温度测

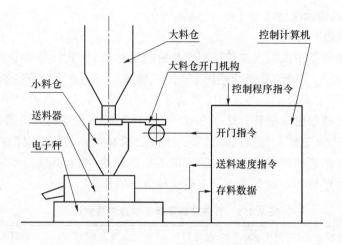

图 5.2.11　一种高精度送料器的系统图

值有影响;其三随着熔制时间延长,炉膛内壁积料越来越多,也影响温度测值的准确度。到目前,国内厂家仍凭经验靠手动操作,有的用双铂铑热电偶量测炉膛中部炉壁温度,也只是做参考;有的根本不测温,只靠工人观察砣面熔化情况操作。

2)连续式气炼熔制石英玻璃砣工艺

连续式气炼制砣技术是由法国 SAINT-GOBAIN 石英玻璃公司发明的,工艺原理如图 5.2.12 所示。

此项工艺技术特点是熔炉分为上下两部分,下炉口封闭,因而形成一个熔池,熔池用隔热砖支撑在底板上。熔池底可做成锥形以便使熔砣顺利引出,要保持壁面合适的温度场,减少壁面析晶对引出砣尺寸的影响。熔炉上、下部分开,上部安装多个燃烧器。熔池及其成型模、砣子和卡具组同步旋转,以确保玻璃均匀,否则各处羟基含量不同会影响玻璃折射率的均匀度。熔池出口下方有几个夹具以一定速度向下运动,促使熔砣引出,其速度要与熔化速度相当。在适当时间间隔这些夹具中的每一个都会脱开夹持,并在下一次夹持砣之前独自向上运动回到起点。夹具以此种方式循环快上慢下,而砣子始终都有两个夹具夹

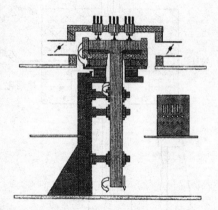

图 5.2.12　连续式气炼制砣工艺原理

持,故能不断引出并能完全保持直线。熔池旋转台和卡盘由立柱导向,就像大型立式车床一样。若有更均匀的要求,就可以让整个立柱在 x、y 方向上作平移运动。从原理上讲,让灯和炉子在 x、y 方向上平移也是可行的。

耐火材料的选择至关重要。一般来说,用高质量的氧化锆是可以满足要求的。但若使用氧化镱稳定的二氧化锆就更抗腐蚀,其所增加的成本实际上被炉子寿命的增加所抵消了。

过程开始时先把预先做好的靶托伸入炉口内,靶托要先加工到与口径配合好。熔池底铺上一层碎玻璃块作为饵料,升温到熔制温度时送料,当熔池内料面长到一定位置时就可开始拉砣了。

2. 气炼热顶成型厚壁管工艺

(1) 厚壁管制造工艺

石英玻璃厚壁管是用来二次加热拉制成品管材的坯管,在光纤外皮管和半导体用大口径管制造中用途很广,常用的厚壁管外径 150 mm、壁厚 35 mm。厚壁管的制造方法很多,德国的 HERAEUS 石英玻璃公司是先用卧式法熔制细长砣,再送入电阻炉中二次加热,用耐热顶头和外成型器挤压出厚壁管。法国 SAINT-GOBAIN 石英玻璃公司则采用高频等离子火焰加热粉料,在中央芯杆上沉积成厚壁管。中国建筑材料科学研究总院在 20 世纪 90 年代初主持研发的气炼热顶成型厚壁管工艺获得了中国发明专利,其优点是不需二次加热直接得到石英玻璃厚壁管坯。表 5.2.1 是上述三种方法的比较。

表 5.2.1 石英玻璃厚壁管制造方法对比

工艺方法	成型精度	内在质量	能耗高低	设备复杂程度	可制厚壁管尺寸/mm
德国法	高	高	高	复杂	Φ150×Φ80×4 000
法国法	中	中	高	复杂	Φ165×Φ75×1 500
中国法	低	中	低	简单	Φ165×Φ70×2 000

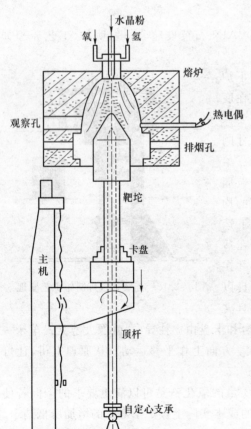

图 5.2.13　热顶成型厚壁管工艺

(2) 厚壁管生产设备

热顶成型厚壁管工艺是在气炼熔制石英玻璃砣基础上增加了一个中心顶杆,使原来简单的热沉积过程演变为热沉积与强制成型的复合过程。图 5.2.13 是工艺过程示意图,可以看到在靶托中心轴线放置一个顶杆,顶杆下部由不锈钢制成,上部镶有石墨顶头。熔制时,顶杆可随靶托同步旋转,但在轴向上是固定不动的。这样就可以熔制出中空的砣。

5.2.3 高频等离子火焰熔制石英玻璃砣及厚壁管工艺

高频等离子体是 20 世纪 60 年代发展起来的高温新技术。这种等离子火焰温度比一般火焰高得多,内核温度可达 15 000 K,平均温度 4 000～5 000 K,由于是无极放电现象、不存在电极污染,其火焰纯净,且大多数气体都能用来产生高频等离子火焰,可依据工艺要求选择工作气体,适于熔制高纯、低羟基石英玻璃。

1. 高频等离子体加热原理

高频等离子体加热设备一般由控制电路、冷却系统、整流及稳压电路、高频振荡器、输出电路等组成,示于图 5.2.14。振荡器将工频电流转换为高频电流,使工作线圈内产生强大的高频电磁场电离气体,并形成高频等离子火焰熔制石英玻璃。

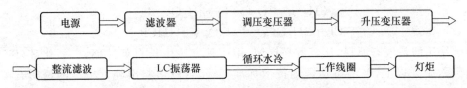

图 5.2.14　高频等离子体加热设备及装置

设备运行时,应针对不同的气体和灯炬,选择不同的工作线圈,再根据工作效率确定槽路电容,然后引燃等离子炬,并通过调节气流和输出功率来维持等离子火焰,同时调整设备的各种电参数和灯炬的火焰形态,以适应石英玻璃熔制工艺要求。

2. 高频等离子火焰立式熔制石英玻璃砣工艺

高频等离子火焰熔制合成石英玻璃砣的方法示于图 5.2.15。其工艺原理:高频感应设备激发工作气体 O_2,无极放电产生高频氧等离子体,形成 1 600 ℃以上的高温气氛,$SiCl_4$ 气相原料由载料气体带入等离子火焰,与等离子体中的氧直接反应生成 SiO_2 并沉积在基杆上,经高温等离子焰熔融成玻璃态。等离子体合成石英玻璃的显著特点是:纯度高、几乎不含羟基,微观结构接近 SiO_2 玻璃的理想状态。

此外,也可利用高纯水晶粉为原料,采用等离子火焰熔制石英玻璃砣。由于等离子火焰温度高,熔融速度很快,玻璃质量主要取决于加料的均匀性。其金属杂质和羟基含量高于合成石英玻璃砣,与水晶粉料本身的纯度和羟基含量有关。

3. 高频等离子火焰卧式熔制厚壁管工艺

高频等离子火焰熔制石英玻璃厚壁管的技术由法国石英玻璃公司开发,20 世纪 80 年代我国久智光电材料科技有限公司曾引进法国工艺生产同类产品。其制备方法:在专业设备上,用高频等离子火焰在一根外径 70 mm 的石英管坯上加热沉积水晶粉,管坯卧式装卡并按一定程序做旋转和往复运动,经过 80～100 小时即可制成一根 1.5 m 长的厚壁管毛坯,再经冷加工达到产品要求的尺寸。

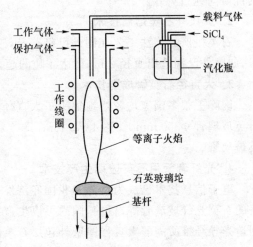

图 5.2.15　等离子焰立式熔制合成
石英玻璃砣示意图

5.2.4　石英材料制造新技术

1. 气相合成工艺

将高纯 $SiCl_4$ 蒸汽由净化后的氢气带出,通至氢氧喷灯的火焰中,当氢氧燃烧时生成水蒸气,水蒸气与 $SiCl_4$ 蒸汽发生水解反应生成 SiO_2 和 HCl。水解反应生成的 SiO_2 被喷到自转的基础杆上,由于石英喷灯的加热,使 SiO_2 以半熔融状态黏附在底砣上。随着 SiO_2 的不

断沉积,底坨逐渐长高增大,控制好一定的退车速度,最后长成一定直径和高度的高纯石英玻璃坨。化学反应式为:

$$2H_2(g)+O_2(g)\longrightarrow 2H_2O(g)$$
$$SiCl_4+2H_2O(g)\longrightarrow SiO_2\downarrow+4HCl(g)$$

由于使用的是液态原料,比较容易提纯,用这种方法生长石英玻璃,二氧化硅(SiO_2)含量可达到六个九以上,气泡可达国内技术标准特级,可以熔制出纯度极高的透明石英玻璃坨,经过槽沉、热处理和精密机械加工后就可以制成各种光学性能非常好的石英材料。

2. 溶胶凝胶法

将含硅有机化合物如正硅酸乙酯等进行水解制成溶胶,在一定条件下溶胶凝胶化,成为多孔固态二氧化硅(SiO_2)凝胶物质,然后将 SiO_2 凝胶在 250 ℃真空处理排出水分,进一步升温处理排出有机物,高温焙烧到 1 500~1 600 ℃即成透明石英玻璃坨。

5.2.5 光纤用石英材料制造技术展望

和国外石英玻璃先进制造技术相比,国内石英制造技术主要努力方向为:

1. 石英原料纯化技术

需要开发先进的 SiO_2 原料(硅石或水晶粉)纯化生产技术,生产杂质总含量低于 10 ppm 的优质高纯石英砂。

2. 大尺寸石英熔制技术

石英生产二步法工艺在国外已经普及,三步法已成功,需开发更大尺寸的石英坨生产技术,如国外已制造出直径 2 m,重达 4 吨的超大型石英玻璃坨。

3. 大直径石英管成型技术

国际上很多国家均较好地解决了大直径石英玻璃的成型工艺,如德国采用热挤压成型,石英玻璃管 Φ350 mm,长达 4 000 mm,日本采用 31 离心扩管生产 Φ200~300 mm 大直径石英玻璃管。

4. 光纤套管用石英玻璃生产技术

电子信息技术已成为世界和我国经济发展的带头工业,它要求提供优质、高精度、大规格的石英光纤玻璃管等,目前,国内可以生产拉制光导纤维用的支撑棒和某些管材,而大量制造光导纤维所需的大直径厚壁外包层石英套管产品生产技术仍然有待解决。

5.3　石英管及棒材熔拉技术

经过 5.2 节所述制造工艺后得到石英玻璃坨或厚壁管,再经过熔拉技术可获得需要的各种规格石英棒或管。石英管和棒材的熔拉技术包括接触法和无接触法。

5.3.1 接触法

接触法就是通过成型器,在牵引力作用下将熔融状态下石英玻璃挤压成所需尺寸。工艺特点是操作简单、尺寸容易控制、可加工品种多,特别适宜做大尺寸产品;其缺点是表面容易划伤,一般要对表面进行精密加工。

1. 中频拉棒工艺

使用中频加热炉,将石英玻璃砣加热至熔融状态,在牵引力作用下通过成型器挤压成棒,冷却后达到所需要尺寸,所需设备:中频熔炉、成型器、牵引设备、测径仪、电控设备。该工艺适合大直径石英玻璃棒的生产,图 5.3.1 是中频拉棒的示意图。

中频炉拉管/棒工艺参数:

① 炉子功率。表明炉子熔化能力大小,在炉子直径一定时,炉子功率大小取决于线圈的匝数。国内常用中频炉功率为 30～150 kW。

② 中频电源。中频电源一般由两种方法提供:其一,中频发电机提供电源,发电机可将380 V、50 Hz 的普通电源变为 1 000～2 000 Hz 中频电源,并通过励磁调节提供不同功率电源。其二,可控硅变频柜调节,通过调压、整流将普通电源整流、逆变成中频电源进行感应加热,频率可达 500～2 000 Hz。

③ 成型器及拉棒机速度。成型器是决定成品形状重要机构,高温下熔融态石英玻璃在重力作用下通过成型器成型,在拉棒机牵引下冷凝成

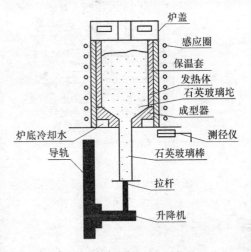

图 5.3.1　中频炉拉管/棒工艺图

形。拉棒机速度决定成品尺寸。不同成型器可拉制不同形状产品:如方管/棒、扁管/棒、椭圆管/棒、半圆管/棒等产品。

玻璃流出下料口速度与拉棒机牵引速度相对快慢,造成拉棒两种成形方式:堆积成形和牵引成形。前者成形工艺不易控制,容易出现弯管/棒;后者成形不易控制异型产品。

2. 中频拉管工艺

使用中频加热炉,将石英玻璃砣加热至熔融状态,在牵引力作用下通过成型器挤压成管,冷却后达到所需要尺寸,所需设备:中频熔炉、成型器、牵引设备、导轨、测径仪、电控设备,适合大直径或厚壁的石英玻璃管生产。图 5.3.2 是中频拉管的示意图,其工艺与中频拉棒相同,只是需要内成型器,玻璃砣为空心玻璃砣。

5.3.2　无接触法

无接触两步方法的原理是:在熔炉的加热区域内,石英玻璃成为可塑状态,这时通过牵引使石英柱体缩小,调节牵引速度,使石英玻璃棒(管)达到所要求尺寸。设备包括熔炉、送料器、牵引装置和管材的切割设备,如图 5.3.3 所示。熔融状态时石英玻璃表面不接触任何固体,成品表面光滑,无划伤或沟棱。

无接触法一般用于细棒(管)的生产。

无接触两步工艺生产石英玻璃管时,要将石英玻璃砣做成空心石英玻璃砣或使用石英玻璃厚壁管,内、外两个表面都要进行细磨。空心内部通入惰性气体,调节拉管速度可以控制管子外径,调节管心内气体压力大小可以控制玻璃管内径和壁厚。

无接触两步法对设备要求很高,续料系统做到无爬行和震动,拉管系统运行平稳不能有速度波动,否则会造成产品质量波动。

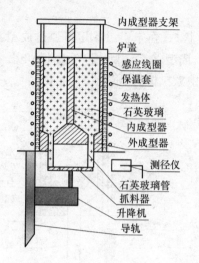

图 5.3.2　中频炉拉大管工艺示意图

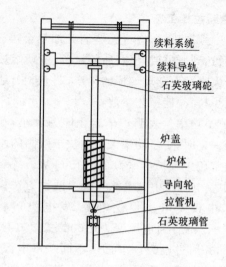

图 5.3.3　无接触拉管(棒)

5.4　石英材料的深加工技术

石英玻璃材料的深加工通常分为:热加工和冷加工。

5.4.1　石英材料的热加工工艺

石英棒及石英管的热加工通常是在高温状况下进行的石英玻璃制品的加工,主要有:高温扩管、火焰抛光、熔断、密封、熔接、热顶成型等。

1. 石英管的扩管技术

通常,通过二步法和连熔法很难直接生产出大尺寸的石英玻璃管,烧结用大口径炉芯管一般还需要采用相应的扩管技术实现大口径的尺寸要求。国外生产石英玻璃扩散管的技术较多:热顶成型、两步法拉制、离心扩管成型等,但大规格石英玻璃扩散管(直径 200 mm 以上)一般均采用离心扩管成型工艺,国外也有采用在电加热厚壁管的同时通入气体,通过管内气体的正压实施扩管。

(1) 离心扩管原理

离心扩管工艺的基本原理在于:旋转的玻璃管质点受到离心力作用,石英玻璃厚壁管随着玻璃车床转动做圆周运动,当火焰加热到石英玻璃软化温度时,石英玻璃中的质点便可移动,在高速旋转下质点产生的离心力就可以克服玻璃体内的相互作用力而做离心运动向外扩展,从而达到扩大管径的目的。

(2) 离心扩管的过程

第一步:制备石英玻璃厚壁管,在 5.2 节和 5.3 节等章节中有所阐述。即方法一:采用天然石英原料在气炼熔制装备、高频等离子装备上直接制备厚壁管或连熔炉直接拉管。方法二:先用天然石英原料在气炼熔制装备、高频等离子装备上制备实心石英坨,然后采用热顶技术制备厚壁管或者采用二次熔拉制备石英管。

第二步:目前实施方法有两种。方法一即离心扩管,将石英厚壁管清洗后置于二次成型机上,用氢氧焰加热,并高速旋转,当加热区域质点向外扩展后向前移动燃烧器直到整根石英管得到扩大,经过数次反复熔扩使石英管达到规定的尺寸,示于图5.4.1。方法二即电或氢氧焰加热石英厚壁管,并在旋转的同时通入气体,使管内形成正压力达到管壁向外扩展,示于图5.4.2和实物图5.4.3。

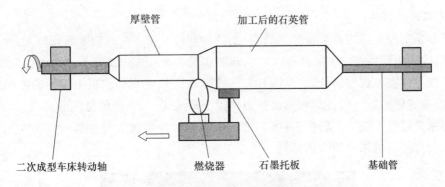

图 5.4.1　离心扩管示意图

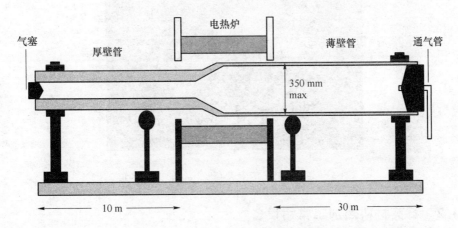

图 5.4.2　电热软化通气扩管示意图

(3) 扩管技术中的几个主要工艺参数

① 温度

无论是离心扩管还是电热软化气压扩管,温度是至关重要的,石英玻璃都要加热到其软化温度(1 650 ℃左右,不同工艺制备的石英玻璃软化温度有所差异)以上,玻璃中内部的质点方能运动。当温度低于软化温度时,玻璃的黏度大,在离心扩管的过程中,玻

图 5.4.3　电热软化通气扩管照片

璃体的黏滞力大于离心力,扩管无法进行;温度若太高,玻璃挥发加大,且黏度过小易使玻璃管变形而难以操作,通常气炼石英玻璃离心扩管使用的温度在 1 650 ~1 780 ℃。在电热软化气压扩管工艺中,因玻璃体除受离心力作用外,还有管内气压的外力作用,因此使用的温度不必过高,通常在 1 650 ~1 750 ℃。

② 旋转速度

在离心扩管过程中,转速和管径决定着离心力的大小,当管径一定时,转速越高离心力越大,而在离心力作用下,管径越大,转速越慢,因此扩管过程中采用的转速应根据石英管的直径、壁厚和相应的温度决定。而在电热软化气压扩管工艺中管径的控制主要是依靠一组与石英管同步旋转定径器控制,因此对转速要求的范围较宽。

2. 火焰抛光技术

光纤和预制棒制造用石英支撑棒、石英把持棒和拉丝用手棒等通常需要抛光,而采用通常的抛光(冷加工研磨、抛光)方法是无法实现的。简单方便的方法是采用火焰抛光技术,即将欲抛光的工件在经过精细处理后,用氢氧气的燃烧火焰将石英玻璃工件的表面加热到熔化温度,玻璃表面的质点熔化后在表面张力作用下形成光滑、透明的抛光面。

火焰抛光通常在热加工转台、玻璃加工车床或二次成型机上操作进行。图 5.4.4 为玻璃车床上大直径石英棒材的火焰抛光。

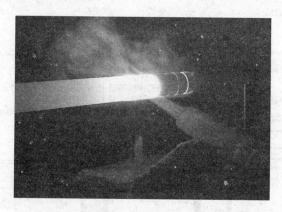

图 5.4.4　玻璃车床上大直径棒材的火焰抛光

5.4.2　石英材料热加工常用设备

石英材料热加工过程中使用的设备工具有:喷灯、转台、玻璃灯工加工车床和二次成型机床等。

1. 喷灯

对石英玻璃棒及管进行二次热加工是利用石英玻璃在高温下黏度降低的特点进行的。二次热加工的温度需达到石英玻璃的软化温度以上,喷灯是石英玻璃热加工的关键工具,通常采用燃气(H_2、O_2)喷灯,燃烧加热的温度取决于喷灯的尺寸、结构、H_2 及 O_2 的压力流量。燃气的混合有内混和外混两种方式,火焰的形状、喷灯的结构和尺寸大小根据具体的使用目的有多种多样,喷灯用材料有金属材料也有石英玻璃材料。

2. 转台

转台是石英玻璃热加工普遍使用设备之一,其结构简单、操作灵活。通常台面采用耐高温石墨材料,下面配一可自由旋转的轴及底座,操作中可根据制品的加工要求任意旋转,示于图 5.4.5。

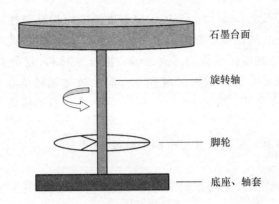

图 5.4.5　热加工中使用的转台

3. 玻璃加工车床

加工石英玻璃扩散管等大型石英玻璃制品时,因加工面积大、温度高,为防止温差过大产生应力造成制品的炸裂,必须沿着制品的圆周均匀加热使其软化,这对利用转台手工操作来说是困难的,这就需要采用玻璃加工车床,将石英玻璃制品横向或纵向位置的一端或两端夹注使之旋转,在加热部位用一个或多个喷灯进行全圆周加热。该车床是将机械旋转的启动与停止、通气、火焰温度调节、停火等动作组合起来进行加工,示于图 5.4.6 。

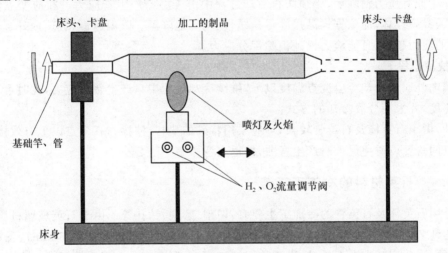

图 5.4.6　玻璃车床示意图

二次成型机是普通玻璃车床的改型,其功能更加完备,可加工的尺寸范围更大,是加工大规格石英玻璃扩散管及扩散管与法兰组装焊接的必须设备。

5.4.3　石英材料的退火处理

石英玻璃膨胀系数虽小,但经高温熔融或热加工后冷却过程中,由于温差产生不同程度的热应力,应力存在及其不均匀分布会大大降低石英玻璃棒及管机械强度和结构稳定性。退火是为消除或减小石英玻璃中的热应力,不同石英制品的退火方法会有差异,如:灯工仪器、器皿和厚壁石英玻璃筒体,多采用气体火焰普遍加热逐步烘烤一遍以消除其内应力。

不同规格尺寸的石英棒和石英管的退火工艺制度会有差异。玻璃在转变点(也称退火

点 $\eta=10^{13}$ dPa·s)至应变点($\eta=10^{14.5}$ dPa·s)温度范围内为黏弹性体,结构中分子仍能进行位移,即产生应力松弛,从而消除热应力和结构状态的不均匀性,此时玻璃黏度相当大,已测不出其外形变化,这一黏度区域称为退火区域。由于原材料、制备工艺和热历史不同,不同工艺生产的石英玻璃棒及管的退火区域存在差异。通常随羟基和金属杂质(Al^{3+} 除外)含量增加,石英玻璃黏度降低。此外,热历史不同,同一类型石英玻璃应变点、退火点温度值也会有差异。

石英棒及石英管的退火工艺通常可分四个阶段:

1. 升温阶段

依据石英棒及石英管的尺寸与原始应力大小确定升温速度,通常采用 100 ℃/h 左右的速度加热。

2. 保温阶段

在应变点至退火点温度范围内某一温度下长时间保温,以消除石英玻璃中的内应力。保温温度和时间是关键参数,温度越高,玻璃黏度越小,应力松弛速度越快;退火时间越长,应力松弛程度越大,具体应依据石英棒及石英管的尺寸、原始应力大小和玻璃黏度等值确定。保温过程中,要求退火炉内温度分布均匀、温差小,且炉温控制稳定、波动小。

3. 慢冷阶段

玻璃中原有应力消除后,必须防止冷却过程中由于温差产生新应力。在应变点温度以上,玻璃为黏弹性体,应依据样品尺寸尽量缓慢、均匀地降温。降温越慢,玻璃内外层温差越小,产生的应力越小,且能应力松弛消除部分应力。

4. 快冷阶段

玻璃内外层皆冷却至应变点温度以下,继续冷却过程中只产生暂时应力,此时可适当加快冷却速度,并采用分段冷却的方式。

此外,由于石英棒及石英管较长,均应采用特殊的垫托,使棒与托多点以上有效接触,减少接触点间跨度以避免退火时产生弯曲,使退火弯棒率小于2%。

5.4.4　石英材料的冷加工工艺

光纤用石英棒及石英管的冷加工主要有:切割、磨削、钻孔等。由于石英玻璃材质硬(莫氏硬度达到7),抗折强度低,在冷加工时常常会出现蹦碴(要求不大于 0.5 mm)、飞边、"颤棒"等现象,因此应减小进刀量,适当调整好加工速度,保证产品外观质量要求。

1. 切割

通常采用外圆切割机切割石英棒及管。根据不同的棒及管的尺寸选择不同的切割锯片,其中常用的 Φ400 锯片是先以青铜为结合剂烧结制成条形锯齿,再镶装到钢基体上。更大直径则须先制成锯齿节块,再用钎焊、高频焊接、激光焊接等方法焊接到基体上。

2. 磨削

主要进行石英棒外圆的磨削和断面的平面磨削。对于石英棒外圆磨削用机床通常为外圆磨车床,示于图 5.4.7。磨削石英玻璃的金刚石磨具一般用金属结合剂,选用较高强度的,粒度在 60 目到 400 目以内的人造金刚石。

3. 钻孔

由于石英玻璃的脆性,目前还只能钻通孔,不能钻盲孔,常用工具是金刚石薄壁钻头。

当孔长度较小时使用一体式钻具,而钻深孔时应使用分体式钻具,因为当钻头磨损到不能使用时不必连钻杆一起换,只需换头部即可。钻头通常由钻杆和胎体组成,胎体又分为工作层和非工作层。工作层含有金刚石和硬质合金粉末,非工作层仅有硬质合金粉末,起过渡作用。工作层起加工作用的唇面可有多种形状,其中同心圆尖齿形用来钻深孔时,可明显提高钻进效率。由于钻孔时金刚石磨料深埋孔底,必须特别加强冷却。因此钻具工作层设计有水口,以便冷却水顺利流过。通常,冷却水都从钻具尾部送入。

图 5.4.7　外圆磨车床

5.5　光纤沉积基管和套管用石英材料的纯化技术

石英管中的杂质主要有:金属杂质和羟基等。其中金属杂质的去除较难,只能通过氢氟酸等酸溶液清洗等去除表面的碱金属和碱土金属杂质等,而几乎无法去除石英棒及管内部的金属杂质。羟基的去除也主要针对石英管,石英棒中羟基也较难脱除,石英管羟基的去除主要采用高温脱羟处理。

5.5.1　石英材料的表面清洗

通常用浓度为 10% 左右的 HF 酸(或 HF、HCl 的混合酸)为清洗液,根据石英棒及管的表面洁净程度浸泡 10～20 min,然后先用自来水冲洗掉酸液,再用去离子水冲洗干净,晾干后即可。

5.5.2　脱羟处理

石英棒及管中的羟基会破坏玻璃基体的硅氧键,从而改变石英玻璃的结构和理化性能。在光纤应用领域,作为沉积用基管和套管,石英管中的羟基含量直接关系到光纤的损耗,因此对沉积用石英管进行脱羟处理是必要的。

1. 脱羟机理

羟基是高温水蒸气、H_2 与石英玻璃中硅氧键作用而形成的,同时上述羟基形成的反应是一个可逆反应,因此在高温下,当外界条件为真空、干燥无氢等情况下,即当外界 H_2、水蒸气的分压极小的状况下,可逆反应向左进行,羟基即可扩散出来。

2. 脱羟工艺条件

(1) 脱羟气氛

根据羟基的形成条件和脱羟机理,为使羟基的形成反应逆向进行就要采用干燥(无水)和无氢的气氛条件。目前通用的脱羟气氛一般采用真空脱羟(真空脱羟炉中进行)、在脱羟炉中通入干燥的氮气脱羟或在干燥的空气中脱羟。

(2) 脱羟温度

脱羟过程实际上是石英玻璃中的 $\equiv$Si—OH 之间的 —OH 和 H 反应生成 H_2O 分子而

扩散释出的过程,因此温度应达到石英玻璃的应变温度($\eta = 10^{14.5}$ dPa·s),大量实验证明,脱羟温度在应变温度和转变温度($\eta = 10^{13}$ dPa·s)之间较合适。温度低,分子运动减慢,脱羟时间长,温度高,脱羟时间短但玻璃在高温下易产生变形或析晶。通常脱羟采用的温度为950～1 100 ℃,不同生产工艺制备的石英玻璃管采用的脱羟温度有所不同。

(3) 脱羟时间

脱羟时间取决于石英玻璃管的制备工艺及规格尺寸、所采用的脱羟气氛及温度。

在正常熔制情况即氧化或中性气氛下如以水晶为原料、氢氧焰为热源气炼熔制成石英玻璃砣,再二次熔拉为石英棒或石英管中大部分羟基呈稳定状态,石英棒即使脱羟时间再长也很难将其中的羟基全部脱出。通常 0.5～1.0 mm 壁厚的气炼-二次熔拉的石英管在真空或干燥的氮气、1 050 ℃的脱羟条件下,经过 140 h 以上方可脱出 50% 左右的羟基,时间再长几乎不再脱出。

而在富氢的还原性气氛下熔制的石英玻璃如以氢气为保护性气体的连熔炉熔制的石英玻璃管,由于氧缺陷的存在,石英玻璃中的羟基呈亚稳状态,很容易扩散放出 H_2,如 1～1.5 mm 壁厚的连熔石英玻璃管在真空或流动的干燥氮气、1 050 ℃的脱羟条件下,经过 2 h 即可脱出 90% 以上的羟基。

同样若在富氢的还原性气氛下气炼-二次熔拉的石英玻璃管,相同脱羟条件下,也可大幅度增加脱羟量。

第6章
光纤预制棒沉积用四氯化硅制造技术

6.1 四氯化硅的特性

光纤中石英玻璃 SiO_2 含量＞97％,它是通过四氯化硅 $SiCl_4$ 高温水解产生的。四氯化硅($SiCl_4$)是制造石英玻璃光纤的主体原料,它的特性直接影响光纤的损耗特性,对光纤的质量和成本起重要作用。

四氯化硅分子式为 $SiCl_4$,又称氯化硅、四氯化矽,英文名 Tetrachlorosilane,其分子结构如图 6.1.1 所示。

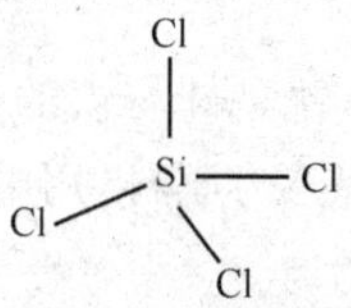

常温常压下四氯化硅为无色或淡黄色发烟液体,有刺激性气味,易潮解,其物理性能如表 6.1.1 所示。四氯化硅无闪点,在空气和氧气中不燃烧。四氯化硅可混溶于苯、氯仿、石油醚等多种有机溶剂。

图 6.1.1 四氯化硅分子结构示意图

表 6.1.1 SiCl₄物理性质表

名 称	数 值	名 称	数 值
分子量	169.89	饱和蒸汽压	55.99 kPa(37.8 ℃)
液态密度,kg/l	1.47	蒸发热,kcal/mol	6.96
气态密度,kg/l	0.006 3	生成热,kcal/mol	−163.0
熔点,℃	−70	标准生成自由能,kcal/mol	−136.9
沸点,℃	57.6	临界温度,℃	230(3.59 MPa)

$SiCl_4$ 性能活泼,能与许多物质发生化学反应。$SiCl_4$ 在大于 400 ℃ 时能与空气中的氧反应生成 SiO_2:

$$SiCl_4 + O_2 \longrightarrow SiO_2 + 2Cl_2$$

在潮湿空气中水解生成氧化硅和氯化氢气体而发烟,有强刺激气味;遇水激烈反应放出大量热,生成 SiO_2 和盐酸:

$$SiCl_4 + 2H_2O \longrightarrow SiO_2 + 4HCl$$

与醇反应生成硅酸酯,如与甲醇或乙醇反应则得到硅酸四甲酯和硅酸四乙酯:

$$SiCl_4 + 4ROH \longrightarrow Si(OR)_4 + 4HCl$$

高温下与硅发生归中反应:

$$Si + SiCl_4 \longrightarrow Si_2Cl_6 + 同系物$$

此外,$SiCl_4$还可与许多金属氧化物反应生成相应氯化物,与氨作用生成四氨基硅,与氢作用或与其他还原剂反应时,生成三氯氢硅和其他氯代硅烷。

四氯化硅具有腐蚀性,有窒息气味,被列入我国危险化学品 8.1 类酸性腐蚀性化学品管理。四氯化硅能与苯、三氯甲烷混溶,能溶于四氯化碳、四氯化钛、四氯化锡、醚等有机溶剂。在无水时对金属极为稳定,甚至对金属钠也不起反应。

6.2　四氯化硅的制造技术

工业级 $SiCl_4$ 原料来源有两个方面:以含 Si 物质为原料合成和副产回收。合成部分有采用硅铁或硅粉直接氯化合成、由含二氧化硅(SiO_2)物质与碳混合合成、工业生产过程中排出的副含硅废渣合成、硅氢氯化法合成等,副产部分主要是多晶硅生产过程中的副产。

6.2.1　硅铁氯化法

硅铁是硅与铁的合金,按含硅量多少有多种品级。炼制硅铁时,通常以焦炭、钢屑、石英(或硅石)为原料,用电炉冶炼,将硅从含有 SiO_2 的硅石中还原出来:

$$SiO_2 + C \longrightarrow Si + CO_2 \qquad (6.2.1)$$

硅铁常用于炼钢作脱氧剂,同时由于 SiO_2 生成时放出大量的热,在脱氧同时,对提高钢水温度也是有利的。硅铁作为合金元素加入剂,广泛用于低合金结构钢、合结钢、弹簧钢、轴承钢、耐热钢及电工硅钢之中,此外硅铁在铁合金生产及化学工业中,常用作还原剂。

制造四氯化硅的硅铁含硅量需达 95% 以上,如图 6.2.1 所示,生产时先将硅铁加入氯化炉内,然后加热到 300 ℃,通 Cl_2 反应生成 $SiCl_4$,经冷凝后得到粗品 $SiCl_4$。加入相对于 $SiCl_4$ 质量分数为 0.05% 的 Sb 粉后进行精馏,取 56~59 ℃ 的馏分,即得工业级 $SiCl_4$ 产品。将工业品进一步精馏并长时间回流,可制得高纯度的 $SiCl_4$。

$$Si + 2Cl_2 \longrightarrow SiCl_4$$

也可预先在反应器中填充 200~500 mm 厚、粒径为 350~600 μm 的硅粒子,反应器底部通入 N_2 稀释的 Cl_2,与硅粒子于 600~800 ℃ 下反应生成 $SiCl_4$。为除去反应热,使纯 $SiCl_4$ 液体从反应器上部经喷嘴向下喷淋,反应器上方设置一个旋风分离器,用以回收细硅粉,以及除去 $FeCl_3$、$AlCl_3$、$TiCl_4$ 等副产物,最后用精馏手段对产品进行精制。这一工艺称为改进的硅铁氯法,该方法 Cl_2 的利用率达 99.9% 以上。

硅铁氯化法工艺成熟,装置能力大。但该方法需在较高温度下反应,能耗大,设备腐蚀严重。

6.2.2　有机硅废触体氯化法

有机硅废触体指有机氯硅烷单体合成过程中排出的富含 Si、Cu、C 的废渣,典型的废触

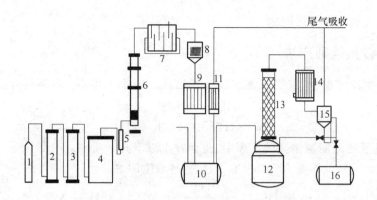

图 6.2.1　硅铁氯法工艺流程图

1—氯气瓶；2、3—干燥塔；4—平衡罐；5—流量计；6—反应器；7—过滤器；9、11、14—冷凝器；
10—贮槽；12—塔釜；13—蒸馏塔；15—分离器；16—成品贮槽

体组成如表 6.2.1 所示。由于废触体中一般含有较高（一般 70％以上）的硅粉，通入 Cl_2 等可以生成一系列有用的 $SiCl_4$ 产物。

表 6.2.1　典型废触体组成

元素	Si	Cu	C	Fe	Zn	O	杂质
含量，%	75.00	11.48	1.80	2.43	2.00	6.03	1.26

　　有机硅废触体生产四氯化硅的工艺流程图如图 6.2.2 所示。废触体经计量后由定量加料器在送料气体四氯化硅作用下加入流化床反应器中，氯气与四氯化硅分别汽化一同进入气体缓冲罐，混合预热后进入流化床反应器。用 $SiCl_4$ 产品做载气主要是为除去反应热，可以有效地解决反应床下部发烧结块现象，使反应平稳。控制氯气与四氯化硅摩尔比为 1.76：(1.5～3.0)，气体流速 0.05～0.12 m/s，表压 0～0.3 MPa。

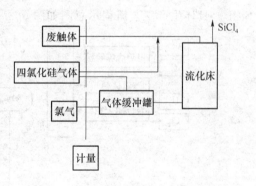

图 6.2.2　废废触体氯化法工艺流程图

　　氯气在流化床与废触体发生反应，反应为气固相反应，不使用催化剂，反应温度 290～450 ℃。生成的产物经除尘、冷凝，可得纯度 >90％粗 $SiCl_4$ 产物，以此为原料，经反复精馏提纯可得到高纯的 $SiCl_4$。

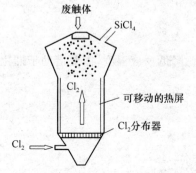

图 6.2.3　用于废触体氯化工艺的反应器

　　也有报道采用如图 6.2.3 所示的反应器由废触体制 $SiCl_4$ 的，此反应器底部呈锥型，中间为圆柱型，上部为扩展型，Cl_2 进料管位于反应器底部，含废渣进料管在上部，产生的 $SiCl_4$ 从顶部出料。反应器底部有一个 Cl_2 分布器（由多孔盘和轴向分布器组成），还有一个可移动的圆柱状热屏，它可以在 400～800 ℃下保护反应器壁。此反应器在一定程度上解决了床温局部过热以及流化床材质问题。

6.2.3　多晶硅副产法

在多晶硅生产过程中,需要合成 $SiHCl_3$。合成工序中主要发生以下反应:

主反应: $$Si + 3HCl \longrightarrow SiHCl_3 + H_2$$

副反应: $$Si + 4HCl \longrightarrow SiCl_4 + 2H_2$$

在 $SiHCl_3$ 氢还原制取多晶硅工序中,也会发生以下几个反应:

主反应: $$SiHCl_3 + H_2 \longrightarrow 3HCl + Si$$

副反应: $$4SiHCl_3 \xrightarrow{900\,℃以上} Si + 3SiCl_4 + 2H_2$$

$$2SiHCl_3 \longrightarrow Si + 2HCl + SiCl_4$$

合成和还原工序产生的大量副产物 $SiCl_4$ 会随着尾气排出,在实际生产中,副反应不可避免,且产生的 $SiCl_4$ 的量非常大。根据统计,每生产 1 吨多晶硅产生 $10\sim20$ 吨四氯化硅。如果处理不善,泄漏出去会造成环境污染。为防止污染环境,降低总体生产成本,在多晶硅生产过程中,对于副产物 $SiCl_4$ 必须进行综合利用,使其转化为有用的原料或产品,这样就可以创造出良好的经济效益。

为综合利用副产物 $SiCl_4$,一般先对气态混合物过滤,去除硅粉,再冷凝副产物,分离出气态 H_2、HCl。分离出的气体返回到反应中或经环保处理后排放到大气中,得到 $SiHCl_3$ 和 $SiCl_4$ 混合物。将混合物 $SiHCl_3$ 和 $SiCl_4$ 进行多级精馏,把 $SiHCl_3$ 和 $SiCl_4$ 分离开,得到高纯 $SiCl_4$。具体生产工艺流程示意图如图 6.2.4 所示。

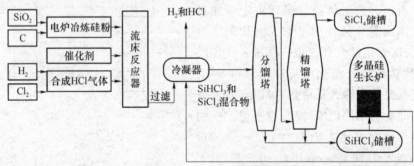

图 6.2.4　多晶硅副产法工艺流程图

6.2.4　硅氢氯化法

硅氢氯化法与传统多晶硅合成工序的反应类似,但为降低反应温度,需要借助于催化剂生产 $SiCl_4$,典型的有两种途径:

1. 以 Ni、Pd 或它们的化合物做催化剂

让冶金级 Si 与 HCl 在 $250\sim500\,℃$ 下反应:

$$Si + 4HCl \xrightarrow[250\sim500\,℃]{Ni、Pd\ 催化剂} SiCl_4 + 2H_2。$$

催化剂中金属 Pd 质量分数优选 $0.5\%\sim10\%$,HCl 转化率均为 100%,$SiCl_4$ 选择性在

70%~90%。

2. 以 CuCl₂ 做催化剂

采用硅粉、Cl₂ 和 HCl 做原料、CuCl₂ 做催化剂来生产 $SiCl_4$ 的方法。该方法包括 3 个步骤：

（1）氯化

在 HCl 存在下，使 $HSiCl_3$ 与 Cl_2 反应生成 $SiCl_4$ 和 HCl。反应器用槽式反应器，$n(SiHCl_3)/n(Cl_2)=1:1$，$n(HCl)/n(Cl_2)=(2\sim3):1$，反应温度 400~550 ℃，表压0.01~1.00 MPa，反应时间约 20 s，产品冷却后送入下一步。

（2）氢氯化

反应器用流化床，使上述反应液从下部送入反应器，计量的 Si 从上部送入，可用 CuCl₂ 做催化剂。反应温度 300~400 ℃，表压 0.01~1.00 MPa。为控制反应温度，可用惰性气体做载气，产品经旋风分离器回收细颗粒 Si，再经过滤器进入下一步，HCl 转化率 100%。

（3）分离

使产品气冷凝，分离不凝性气体后，使液相送入精馏塔，从塔顶回收 $SiHCl_3$ 并循环，从塔底回收高纯 $SiCl_4$。

和传统的多晶硅副产法（需要在 1 100 ℃反应）相比，硅氢氯化可在相对低的温度（250~500 ℃）下进行反应，这样可降低能耗，减少设备腐蚀、原料自燃以及因生成聚合物导致的设备及管路堵塞等问题发生。

6.2.5 SiO₂ 氯化法

早期曾用碳化硅为原料生产 $SiCl_4$，但碳化硅成本高，且反应在大于1 100 ℃的高温下进行。为节能，现主要采用 SiO_2 与 C 的混合物在高温下氯化的方式来制备 $SiCl_4$ 的方法，反应方程式见式（6.2.1）。根据 SiO_2 的存在形式，又分为如下几种：

1. 以石英做原料

制造工艺与硅铁法类似，但为克服原料在反应中粉化的问题，可用水玻璃等做黏合剂，使石英砂及炭粉充分混合后均匀造粒后，再与 Cl_2 反应，这样可以提高反应效率，降低生产成本。

2. 以硅藻土做原料

采用硅石、石英砂为原料制取四氯化硅时，由于石英砂存在晶体结构，其结构是连续的、紧密的，其软化温度在 1 200 ℃以上，熔点为 1 734 ℃，反应在大于 1 000 ℃的温度下才能进行，工艺能耗大。而硅藻土的主要结构是无定形 SiO_2，分子间的桥氧键能低，分析数据显示，硅藻土的软化温度在 1 000 ℃以下，熔点一般不高于 1 250 ℃，且颗粒较细，比表面积大，因而可与 Cl_2 在较低温度下反应。此外，硅藻土的价格远低于硅铁，反应易于控制，还可减少副产物 $FeCl_3$ 的生成。中国硅藻土储量居世界前列，具有原料上的优势。

典型硅藻土的化学成分如表 6.2.2 所示。

表 6.2.2　典型硅藻土的化学成分

	SiO₂	Fe₂O₃	Al₂O₃	CaO	MgO	灼伤减量（950 ℃，2 小时）
%	86.6	0.77	4.02	1.61	0.9	4.82

硅藻土制造四氯化硅的总反应为：

$$SiO_2 + C + 2Cl_2 \longrightarrow SiCl_4 + CO_2$$

该反应是分以下两步进行的：

$$SiO_2 + C + 2Cl_2 \longrightarrow SiCl_4 + 2CO$$
$$SiO_2 + 2CO + 2Cl_2 \longrightarrow SiCl_4 + 2CO_2$$

制造工艺流程示意图如图 6.2.4 所示。先分别将硅藻土、炭粉和助剂等粉碎至约 75 μm，再充分混合均匀，用稀水玻璃溶液调拌成微球，其中粒径 1～3 mm 的颗粒占 60% 左右，以保持物料的透气性能。自然干燥后装入直管式电炉，在氯化反应前，先通干燥热空气预处理，使物料在 600 ℃下恒压通风 1 h，再将干燥液氯切换入反应系统。此时物料形成一多孔隙颗粒床层，由于氯化反应时氧的存在无益，所以要在 600 ℃下徐徐通氯置换，使物料在纯氯环境中饱和 1 h。为使氯化反应在 800 ℃左右发生，一般加入含氯的助熔剂，如用氯化钾、氯化钠或二价金属氯化物等。物料经饱和后，即可升高温度进行氯化，保持 840～860 ℃ 的温度，以保持反应顺利进行。

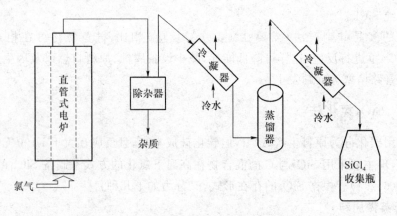

图 6.2.5　硅藻土制取四氯化硅工艺流程图

反应生成的产物在除杂器中除去 $AlCl_3$、$FeCl_3$ 等杂质后，经冷凝液化，在精馏塔中精馏，最后收集于收集瓶中。该法所得 $SiCl_4$ 纯度≥97.8%，可通过进一步精馏得到高纯品。

整个工艺原料消耗如表 6.2.3 所示。

表 6.2.3　原材料消耗表

	SiO₂	Cl₂	炭粉
纯度要求	>80%	>99%	灰分质量分数<10%
原料消耗	0.21 kg/kg	0.85 kg/kg	0.06 kg/kg

还可用煤炭矿藏中伴生的硅藻土、高硅煤矸石等富硅资源做原料，它们具有开采方便、成本低廉等优点，且它们中含有一定的碳量，可减少炭的用量及成本。初步经济评价表明，用它们做原料可大幅节省 $SiCl_4$ 生产成本。

3. 以稻壳灰做原料

稻壳灰分组成如表 6.2.4 所示，其主要成分是纤维素木质素和硅的水合物。目前对稻壳的利用从本质上可归纳为三个方面：一是其有机物燃烧热能的利用（燃烧值为 3 200～

3 700 kcal/kg）；二是作为天然有机无机复合材料的一些特性利用（如多孔性、绝热性耐磨性等）；三是稻壳中某些物质的提取和综合利用，其中目前研究较多的是稻壳中富含硅（约占稻壳的 18%～20%）的利用。

表 6.2.4　稻壳灰分组成

	SiO_2	MgO	Na_2O	SO_2	Fe_2O_3	CuO	K	P_2O_5	MnO_2	Cl
%	96.5	0.25	0.40	1.00	微量	0.25	1.00	0.30	微量	微量

稻壳在高温裂解后可得到较纯的 SiO_2/C 混合物，使该混合物氯化，可得到纯度较高的 $SiCl_4$，并可免除分离步骤。混合物氯化在 700～1 100 ℃ 下进行，添加钾化合物可促进反应进行，反应温度可降低至 600～1 000 ℃。通常认为这是由于 K^+ 在 SiO_2 晶格中扩散，导致晶格扭曲，使氯化中间体易于进入晶格。

稻壳经炭化过程，可获得硅碳复合多孔性粉料。用此原料置于改装管式炉中，炉口一端通入干燥氯气，另一端为冷凝接收装置，可制得四氯化硅。用这种方法制取四氯化硅，其收率和质量取决于原料稻壳灰硅碳比、炉温控制、氯气流速和压力、炉膛设计以及接收器冷凝方式和系统密封性能等因素。工艺简图如图 6.2.6 所示，本法特点是充分利用了稻壳的硅源以及灰体的多孔吸附性，与传统工艺相比能耗较低。

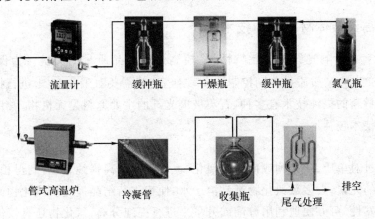

图 6.2.6　稻壳制取四氯化硅工艺流程图

4. 四氯化钛副产法

钢铁工业中冶炼钛铁矿时会产生高钛渣，目前这些富钛高钛渣通常被用来生产海绵钛。主要工艺是先将高钛渣氯化制备四氯化钛后，再经还原蒸馏制备海绵钛，但高钛渣在高温氯化生产 $TiCl_4$ 时，大约 50% 的杂质 SiO_2 也随之氯化成为 $SiCl_4$ 进入 $TiCl_4$ 粗馏分中。如果 $SiCl_4$ 直接排向大气层。由于空气潮湿，$SiCl_4$ 水解为硅酸和 HCl，最后分解转化为纳米级 SiO_2 气溶胶，这不仅浪费资源，还造成严重的生态环境恶化，对人畜、农作物及周边环境的危害十分严重。

因此对四氯化硅回收提纯不仅可以治理海绵钛生产中四氯化硅和四氯化钛的环境污染问题，而且还可以为四氯化硅的生产开创新途径和提高四氯化钛的回收率，具有重要环境、经济和社会效益。

图 6.2.7 是高钛渣是制取四氯化硅的工艺流程图。高钛渣氯化生成的四氯化钛与四氯

化硅一齐冷凝收集,再经蒸馏分离而得四氯化硅。

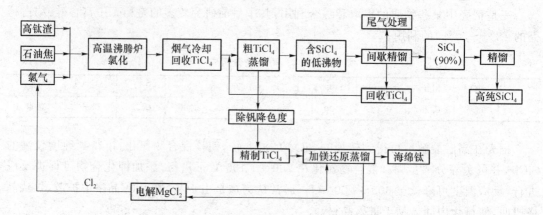

图 6.2.7　高钛渣制取四氯化硅工艺流程图

6.3　四氯化硅的提纯技术

6.3.1　高纯液体材料提纯技术简介

$SiCl_4$ 纯度直接影响光纤的损耗特性,是控制光纤产品质量的关键。为保证光纤损耗低,要求原料 $SiCl_4$ 中杂质质量分别控制在 10^{-9} 级,这就需要对工业 $SiCl_4$ 进行提纯。

制备高纯材料的提纯技术有多种,石英玻璃光纤的主要原料是无机物,常用高纯无机物的制备和提纯技术包括:

1. 氯化法

该法是通过对单质、化合物或矿石的氯化、氯化物的分离提纯、最后制得相应的化合物。氯是十分活泼的元素,大多数氯化物都易溶于水,便于进行结晶提纯。氯化物又有较低的沸点和较大的挥发性,可方便地利用分馏或升华来进行提纯分离;氯化物还有较低熔点或互相形成低熔共熔体的性质,适于进行热还原或熔盐电解,以制取纯的金属材料。因此,利用氯化法来进行化合物的提纯分离和矿物原料的氯化分解,是一种重要的方法。常用的氯化剂包括气态氯化剂(单质氯、氯化氢等)、液态氯化剂(四氯化碳等)和固态氯化剂(碱金属、碱土金属的氯化物及部分高价氯化物等)。

2. 还原法

用还原剂使金属化合物还原为金属的方法,在工艺上统称为还原法。依还原剂的不同可分碳还原法、金属还原法、氢还原法和电解还原法等。

3. 溶剂萃取法

溶剂萃取法是常用的分离、富集方法之一。该法既可用于大量元素的萃取分离,更适用于痕量元素的除去和富集,具有选择性好、平衡速度快、分离完全、操作简便等特点。它主要是通过在无机化合物的溶液中,加入与水不相互溶的有机溶剂,借助于加入的萃取剂对离子的结合作用,转入有机相中被有机溶剂萃取出来,以达到分离的目的。

4. 精馏提纯法

精馏法是利用物质沸点的不同,用分级馏出法,分离出高沸点和低沸点的杂质,获得所需的纯度产物。具体又分为蒸馏、分馏和精馏,分别用于单组分物料和多组分物料的分离提纯。

蒸馏是根据混合物中所含组分物质的沸点差异,加热被蒸馏混合物,蒸出低沸点物质(沸点低的易挥发),将蒸汽冷凝下来,使高、低沸点物质分离的过程。分馏则是多次蒸馏分别进行的过程,将第一次蒸出低沸点气相物质冷凝成液相,再加热蒸馏使之循环进行。精馏是在一个设备中,多次蒸馏物料连续进行气液交换平衡的过程,即同时进行多次部分蒸发和部分冷凝,以分离液体混合物。

精馏在精馏塔中进行。精馏塔有一定的塔板数(或填料),在精馏塔内每一塔板上建立气相或液相平衡,上升的蒸汽和下降的液体相遇,此时气相中高沸点物质将热量传递给液相中的低沸点物质,致使液相中低沸点物质蒸发至上一级塔板,而气相中高沸点物质冷凝回流到下一级塔板中。使从塔顶冷凝器凝缩而得的液体的一部分,回流入塔内,和以蒸馏釜连续上升的蒸汽密切接触,可以得到和重复简单蒸馏若干次(相当于塔板数目)的效果,从而提高组分分离的效率。

精馏一般在常压下进行,但是根据液态混合物和馏出液的性质,也可在加压或减压下进行。

精馏塔的结构类型很多,主要有填料塔、筛板塔、泡罩塔和乳化塔等,各有其特点,可根据其分离提纯效果和具体情况来选用、设计、制作和安装,并确定其操作技术。

精馏法的优点是提纯过程中不加入任何试剂,除了设备材料以外,不会引进任何其他的沾污。

用精馏法精馏金属卤化物,提纯效果显著,该法早已用于半导体工业的材料硅和锗的提纯,以及制备其他高纯金属。光纤材料的迅速发展正是借助了这一方法。但是,精馏设备在分离能力上的提高也是有一定限度的,它不能最大限度地除去某些强极性杂质和沸点相近的化合物。因此,为了克服精馏法在工艺上和设备上的限制,常常采用精馏法与其他提纯方法相结合的联合提纯法。

5. 固体吸附提纯法

固体吸附提纯法是基于利用各种固体吸附剂有效地、选择性地把某些杂质吸附除去,吸附剂一般具有较大的表面积。由于固体表面上的原子和内部的处境不同,原子在表面上的作用力是不饱和的,因之有剩余力场,气体或液体分子碰撞固体表面时,受到这个力的吸引而停留,就产生了吸附。

吸附可以分为两类:物理吸附和化学吸附。物理吸附是以分子间的力相互吸引,在一般情况下,吸附热比较小,吸附是无选择性的,被吸附的气体或液体较容易从固体表面脱出,并且不改变原来的性质、状态(如活性炭的吸附气体等)。化学吸附是以类似于化学键力的相互吸引,在一般情况下,吸附热比较大,被吸附的气体或液体往往需要在高温下才能从固体表面脱出,并且释出来往往已发生了化学变化,不再具有原来的性质状态(例如镍催化剂的吸附氢气)。在吸附作用发生时,常同时发生两种吸附。

吸附剂吸附能力的大小,一方面决定了吸附剂的表面性质(包括总的表面积、孔径大小、形状及分布)和化学结构,另一方面也决定于被吸附物质的物理化学性质以及吸附剂与吸附质之间、各吸附质之间的相互作用。

从化学结构来看,吸附剂可分为极性和非极性两类,分子筛、硅胶、活性氧化铝等是极性吸附剂,而活性炭为非极性吸附剂。一般,极性表面易于吸附极性较大的物质,而非极性吸附剂则易吸附极性较小的物质。

吸附提纯法的主要优点是工艺简单、设备费用低廉、操作易掌握等,在吸附提纯工艺中吸附条件的选择与控制很重要,如吸附剂的确定、吸附柱的结构、吸附过程的温度、压力和流速的控制等。另外,由于吸附剂是吸附效果的主要因素,所以必须严格控制吸附剂的制备、处理及活化条件。

6. 光化学提纯工艺

四氯化硅中主要含氢杂质三氯氢硅等,通过光化学提纯工艺去除是较有效的方法,主要原理如下。

$SiCl_4$ 和其溶液中在近紫外光照射下痕量氯被分解,因为 Cl_2 在 330 nm 处有吸收,可以使用单纯的"黑光"荧光,或甚至钨-卤素白炽灯做光源和派来克斯玻璃或较软玻璃容器。在连锁反应中受激的原子氯和化合物中不稳定的氯可以发生光化学氯化反应:

$$Cl_2 \xrightarrow{h\nu} 2Cl\cdot$$

$$SiHCl_3 + Cl_2 \xrightarrow{h\nu} SiCl_3^{\cdot} + HCl$$

$$SiCl_3^{\cdot} + Cl_2 \xrightarrow{h\nu} SiCl_4 + Cl_2^{\cdot}$$

$SiHCl_3$(或 C—H 键)转化成 $SiCl_4$(或 C—Cl)和 HCl,而后者的产物比 $SiCl_4$ 更易挥发,很简单的蒸馏或者向溶液通入干燥氮气,即可带走 HCl 和任何残余的 Cl_2。一般 $SiCl_4$ 液料经十分钟照射,就能充分的除去几千个 ppm 的 $SiHCl_3$。然而,必须注意到在有分解氧存在时,该反应明显减慢了,氧是众所周知的干扰连锁反应基团的物质,因此在通氯光照之前必须预先蒸馏和通入干燥氮气以去除氧。

由于—OH 键很强,用光化学氯化方法不能去除氢氧根杂质,然而如果在处理前先加进 PCl_3(0.1%wt)于 $SiCl_4$ 中使之氯化,它们可以变成 HCl,产生的反应为:

$$PCl_3 + Cl_2 \longrightarrow PCl_5$$

$$PCl_5 + Cl_2 Si—OH \longrightarrow SiCl_4 + POCl_3 + HCl$$

反应基本上是定量的,由于 $POCl_3$ 常用于光纤掺杂,少量剩余的 $POCl_3$ 可认为是不重要的。

光化学提纯工艺适用于 $SiCl_4$、$GeCl_4$ 和 $POCl_3$,效果如表 6.3.1 所示。

表 6.3.1　化学提纯效果对比(ppm)

名称	杂质	提纯前	提纯后
$SiCl_4$	$SiHCl_3$	200~900	<2
	—OH	1~100	<1
	≡CH	10~900	<2
	HCl	1~1 500	5
$GeCl_4$	—OH	16~400	<1
	—CH	>2 000	<2
	HCl	2~80	5
$POCl_3$	—OH	大量的	<1

7. 其他提纯方法

还有一些其他的提纯方法,如络合提纯法、电解法、水解法、高温热解除碳、重结晶法等。

诸种方法各有其优缺点,可以单独使用,但为取长补短,多采用若干种提纯方法的组合。一般来说,某种方法具有提纯特定杂质的作用,而对另些杂质则成效较差。不同方法对操作条件的要求也各不相同,条件控制得好,方法效果显著,反之,条件用得不严格,反而走向反面,即引进沾污。

6.3.2 四氯化硅的提纯方法

四氯化硅的提纯方法主要有精馏法、精馏-吸附法、部分水解法等。本节主要介绍精馏法。

1. 精馏提纯原理

精馏提纯是液体混合物常见的分离提纯方法,是化工生产中分离互溶液体混合物的典型单元操作,广泛用于石油、化工、轻工、食品、冶金等行业。其实质是利用四氯化硅与各种杂质氯化物相对挥发度的差异而进行分离,即在一定压力下,利用互溶液体混合物各组分的沸点或饱和蒸汽压不同,使轻组分(沸点较低或饱和蒸汽压较高的组分)汽化,经多次部分液相汽化和部分气相冷凝,使气相中的轻组分和液相中的重组分浓度逐渐升高,从而实现分离。

精馏的分类:根据操作方式,可分为连续精馏和间歇精馏;根据混合物的组分数,可分为二元精馏和多元精馏;根据是否在混合物中加入影响气液平衡的添加剂,可分为普通精馏和特殊精馏(包括萃取精馏、恒沸精馏和加盐精馏)。若精馏过程伴有化学反应,则称为反应精馏。

精馏法效果好,工艺简单、成本低、产量大,但对于完全去除 $AlCl_3$、BCl_3、$FeCl_3$、$CuCl_2$、PCl_3 等极性杂质存在较大的难度,尤其是彻底分离杂质硼、磷卤化物的难度更大。因此四氯化硅提纯一般需要综合利用多种方法提纯。

2. 四氯化硅提纯工艺

1) 精馏-吸附-精馏综合提纯法

制作光纤用的高纯 $SiCl_4$,是将各种工艺合成的 $SiCl_4$(称作 $SiCl_4$ 粗料),经过一定的提纯步骤精制出来的。

高纯 $SiCl_4$ 最早用作半导体材料,在半导体工业中也有成熟的提纯技术。但是光纤材料对有害杂质的要求与半导体材料有所不同,而且对杂质含量的要求在某种程度上比半导体更高。

一般合成的 $SiCl_4$ 粗料中可能存在的化合物有约七十余种,这些化合物主要以氯化物的形式存在,也有一些络合物等,可以把它们分为金属氯化物、非金属氯化物、含氢化合物合络合物四类。其中金属氯化物和一些非金属氯化物的沸点和 $SiCl_4$ 的沸点(57.6 ℃)相差很大,用精馏法可以除去,在精馏工艺中把它们分别作为高、低沸点组分弃去。

然而,精馏法对提纯 $SiCl_4$ 有一定的限度,对沸点与 $SiCl_4$ 相近的组分,和某些极性杂质不能最大限度地除去,精馏设备在分离能力的提高上也有一定的限度,因此靠单一的精馏法提纯是不够的。尤其对光纤危害最大的氢氧根,在 $SiCl_4$ 中可能主要来源于 $SiHCl_3$ 和其他含氢化合物(多位卤硅烷衍生物)。含氢化合物组分多达二十余种,其中 $SiHCl_3$ 含量大。由于这些化合物多数沸点与 $SiCl_4$ 非常相近,用精馏法把它们分离出来是非常困难的。而萃取法和络合法所用的萃取剂和络合剂多数是含氢物质,水解法又引入氢氧根和胶体物质,因之都不能采用,比较适合的是吸附法。因为造成氢氧根来源的那些含氢化合物,大都有极性,趋向于形成加成化学键,容易被吸附剂所吸附,而 $SiCl_4$ 是偶极矩为零的非极性分子,不易被吸附剂吸附。利用被提纯物质和杂质的化学键极性的不同,选择适当的吸附剂,能有效地、选择性地进行吸附分离,达到进一步提纯的目的。

通常选用活性氧化铝和活性硅胶为吸附剂,由于它们都具有大的表面和及表面活性,特别是都为极性吸附剂,所以能较好地除去杂质和光纤最禁忌的水分。但是由于吸附剂的纯度及其在 $SiCl_4$ 中扩散和胶溶作用,有可能混入一些固体颗粒和带入其他杂质离子(如锂、锡等金属),所以在吸附后,再进行精馏以保证更好的提纯效果。综上所述,作为光纤用高纯 $SiCl_4$ 的提纯,采取精馏-吸附-精馏的综合提纯方案是合理的,工艺流程如图 6.3.1 所示。

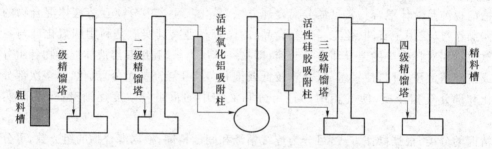

图 6.3.1　精馏-吸附-精馏的综合提纯方案图

图 6.3.1 中,首先是两级精馏提纯,然后经过两级吸附,而且前级选用活性氧化铝,末级选用活性硅胶吸附剂。其优点是前级带入的铝、锡等杂质由活性硅胶滞留,活性硅胶在末级即使混入液体中也是主体元素 SiO_2,不含影响光纤的基体纯度,最后再经过两级精馏提纯的连续密闭操作。

精馏-吸附-精馏的综合提纯法中,精馏操作的要点是:严格控制恒定的蒸汽压,控制精馏塔釜温度在 60 ℃,精馏塔顶温度 57 ℃,主要通过调节电压控制;全回流时间可稍短;回流比的控制,通常是后级比前级大,一般前级为 1∶15～1∶20,后级可以 1∶30 等,根据料源和具体情况而定;高、低沸料去除量,一般低沸料除 5% 以上(考虑低沸点组分多为含氢化合物);高沸点去除 10% 左右,如果精馏塔顶温很稳定,从产量考虑,可以在釜温高出 60 ℃ 再多出些精料,这要视料源(提纯前应检测杂质含量)和具体情况而定。

在吸附提纯操作中,主要是吸附剂的制备和工艺中吸附速度的控制。

活性氧化铝的制备是:取 1 kg 市售氧化铝,加入装有 500 mL 去离子水和 500 mL 优级盐酸混合液的容器中,充分搅拌后,浸泡 24 h,用热去离子水冲洗,然后连水倒入洗净的吸附柱中(下端放约 2 cm 厚的玻璃纤维),用水泵抽出水,最后放入活化炉内烘干、活化。在操作时,开始 80～250 ℃ 缓慢升温脱水活化约 12 h,再升温至 380 ℃ 抽真空活化 6 h。

活性硅胶的制备:取超纯 $SiCl_4$ 和超纯去离子水,以 1∶10 的体积比,在 0 ℃ 下慢慢混合,并充分搅拌,静置过夜后,用大量去离子水洗至中性,沉淀放入真空干燥器中,放置两天取出,置于烘箱中烘干、活化。操作时先升至 100 ℃ 烘 24 h,再逐渐升温至 270 ℃,烘 18 h,最后得到高纯、洁白的活性硅胶。

吸附的速度可以由二级精馏的蒸汽控制。一级吸附的滴速由二级精馏的蒸汽控制,将二级精馏出的精料直接滴入第一级吸附柱,经吸附柱后滴入蒸馏烧瓶。当液面为蒸馏烧瓶容积约 3/5 时开始加热蒸馏,蒸汽经冷却水冷凝成液体,直接滴入第二级吸附柱,用调节电压控制蒸馏瓶的加热温度来控制第二级吸附的滴速,一般滴速在 100～160 滴/分的范围。操作时应注意系统前后的压力相互平衡,避免产生气顶现象。经吸附滴出的精料滴入料槽,有一定数量后放入后级精馏塔釜。

经过二级吸附后的液料放入后级精馏塔釜后进行第三级精馏和其后的第四级精馏。回流时间可以比以前两级短些,回流比则比前两级大些,最后的产品收集在料槽中,待分装使用。

整个工艺流程是在密闭操作下进行的。要求从清洗器皿到各个步骤,每项操作都应该要求高纯,避免污染,严格净化环境,这对精制高纯原料极为重要。

用综合提纯法精制出的高纯 $SiCl_4$,经检测后结果如表 6.3.2 和表 6.3.3 所示。

表 6.3.2　有害金属杂质含量(无火焰原子吸收光谱法)

元素	Fe	Cu	Ni	Cr	Co	Mn
含量/ppb	1.4	<0.7	<0.7	0.8	<0.7	<0.7

表 6.3.3　三氯氢硅含量(气相色谱法)

样品	杂质名称	提纯前粗料	提纯后精料
含量/ppb	$SiHCl_3$	50	<0.2

综合提纯方法是可取的,对去除含氯化合物和其他杂质是有效的。但是工艺中尚存在一些问题,如吸附剂的处理繁杂,使用过程中吸附剂吸附杂质到一定程度要及时更换,否则提纯效果下降,还有该法工艺流程较长,操作技术和设备等方面的问题还可继续改进。

2)间歇精馏法

(1)间歇精馏法原理

精馏按操作方式不同,可分为间歇精馏和连续精馏。精馏塔是提供汽液两相接触传质的场合,是精馏装置的核心,塔底再沸器为提供塔底回流蒸汽所必需,而塔顶冷凝器则提供回流液和得到液体产品而设置。与连续精馏相比,采用间歇精馏,因为其操作机动灵活,利于改变操作条件进行最优选择,同时投资少,产品质量也便于控制。

间歇精馏设备多采用填料精馏塔,是一种应用广泛的气液传质设备,其结塔休为圆筒形,筒内充填一定高度的填料。液体自塔顶经分布器均匀喷洒于塔截面上,沿填料表面而下流,与自塔底上升的气流呈逆流连续接触,进行传热传质的作用。与板式塔相比,其结构简单,下限气速和液泛气速小,无静液层因而阻力小,同时填料应尽可能使用耐腐蚀材料制造,特别是对于处理量小或有腐蚀物料。填料塔在操作上与板式塔相比,其特点是气液接触是连续进行的,气液接触面积是由填料提供的,因而接触面积大。这些特点决定了填料塔所特有的及操作性能,因此,填料塔适用于处理相对挥发度小,单位时间内处理量较小的分离组分中。

根据其塔顶产品组成随操作方式的不同,有两种操作方式。一种方式是操作中保持回流比恒定,随着精馏的进行,釜液组成不断降低,使塔顶产品组成也随之不断降低;另一种是维持塔顶组成恒定或近于恒定,则操作中必须逐渐加大回流比,当回流比加到足够大时,这时的产量很少,在经济上很不合算。因此生产上常将两种操作方式结合起来进行,即在精馏初期采用逐渐加大回流比的操作,以维持产品组成近于恒定,至精馏后期保持恒定的回流比操作,将操作后期得到的不合要求的产品另行收集,并入下批料液中再行精馏。

(2)间歇精馏的影响因素

对于确定物系而言,影响精馏的因素可分为两个方面:一是操作方面的因素,如回流比、温度、操作压强等;二是装置方面的因素,如塔的持液量、过渡馏分量、填料特性和冷凝液的回流方式等,下面简单讨论几种典型的影响因素。

① 过渡馏分的影响

间歇精馏由于塔板或填料的滞流特性,过渡段及过渡馏分是必定存在的,过渡馏分的存在,使产品量减少,收率下降,对操作是不利的,这是间歇精馏难以克服的缺陷,过渡馏分的量直接影响操作周期的产品收率或返锅操作周期,而一般操作压强、操作气速、理论板数和持液量等对过渡馏分量都有不同程度的影响。足够的理论板数是保证间歇精馏操作弹性的必要条件,如果理论板数减少,在相同的操作条件下会使过渡馏分的量增加;当板数较低时,过渡馏分的量随板数的变化较快,而当板数增加到一定程度时,过渡馏分的量基本保持不变,此时理论板数对过渡馏分的量已基本无影响。严格地说,过渡馏分只能尽量减少,不可能完全消除。所以,过渡馏分量的降低,是探讨和开发新型间歇精馏方法的一个重要指标。当过渡馏分出现时,适当增大回流比,可以缩短过渡段,但要以延长操作周期和增加能耗为代价。另外,改善回流方式,尽可能地减少冷凝器和回流管的存料量,对缩短过渡段是十分有效的,应在装置设计及工业应用中引起足够重视。

② 回流比的影响

回流是精馏得以进行的必要条件,回流有两个作用。第一个作用,回流液是使蒸汽部分冷凝的冷却剂。由于全塔上升蒸汽中易挥发组分的量由下而上逐级增加,而这个逐级增加的易挥发组分的量从塔板上(或填料上)溶液部分汽化而来,如不加以补充,则塔板上液相组成和量就会减少,导致精馏操作无法进行,因此,回流的第二个作用就是补充塔板上易挥发组分,使塔板上液体组成保持稳定。回流比是精馏塔设计和操作过程中一个根本的操作参数。回流比对精馏操作影响很大,它有两种极限情况。一是全回流,此时传质推动力最大,为达到规定的分离要求所需的理论塔板数最小,但是得不到产品;二是在最小回流比下操作,此时操作线与平衡线相交,为达到规定的分离要求,所需的理论塔板数为无限多而无法实现。因此,实际操作所采用的回流比,必然介于上述两种极限情况之间。回流比的大小直接与设备费用和操作费用的高低有关,通常是在具体分离物系特性及分离要求前提下,以二者之和最小作为优化目标进行选择。一般来说,回流比增大,操作费用增加,设备费是先降后升,但是操作费用的升高速率要大于设备费升高的速率。实际设计及操作中很难选定适宜的回流比,而是取经验数据,没有一个固定的值可供选择。随着能源价格的上涨,操作费用相应增加,适宜的回流比的选择就更为重要,设备折旧费与操作费和能耗回流比选择是需要考虑的首要因素。在达到分离要求的条件下,应使回流比尽量小。总的说来,精馏过程中产品的质量、操作费用及设备费用与回流比有着密切的关系。

③ 温度的影响

在一定的操作压力下,气液平衡与温度有密切的关系,不同的温度都对应着不同的气液平衡组成。塔顶温度是塔顶产品组成下的露点温度,塔釜温度是塔釜物料组成下的泡点温度,不同的操作温度,对应着不同的产品组成,因此操作温度可以反映产品的质量,当操作压力恒定时,操作温度要保持相对稳定,若温度改变,则产品的质量和产量都相应地发生变化。塔顶温度过高时,塔顶产品中重组分含量增加,虽然塔顶产品产量可以增加,但质量却下降了,塔釜温度过高,同样会使塔顶产品中重组分含量增加,质量下降。在操作压力基本稳定的情况下,温度的变化常常由于蒸馏釜中加热蒸汽量、冷凝器中冷却剂量、回流量、釜液面高度、进料等条件的变化而造成,通过调节这些条件可以使温度趋于稳定。因此精馏过程的操作是一个多因素的"综合平衡"过程,而温度的调节在精馏操作中起着最终质量调节的作用。

④ 杂质的影响

对于精馏而言,粗四氯化硅中主要杂质的相对挥发度是一个非常重要的参数,相对挥发度是四氯化硅中主要杂质的相平衡常数相对于基准物四氯化硅相平衡常数之比,即 $a_{ij} = k_i/k_j$。粗四氯化硅中主要杂质相平衡常数如表 6.3.4 所示,由此计算出相对挥发度组分如表 6.3.5 所示。对于多组分精馏来说,相对易挥发的那一个称为轻关键组分,不易挥发的那一个为重关键组分。

表 6.3.4　粗四氯化硅中主要杂质的相平衡常数(压力 90 kPa)

温度 ℃	各组分 k 值								
	Cl_2	SCl_4	CS_2	$SiCl_4$	$C_2H_4Cl_2$	$VOCl_3$ ($\times 10^{-1}$)	$TiCl_4$ ($\times 10^{-1}$)	$AlCl_3$ ($\times 10^{-2}$)	$FeCl_3$ ($\times 10^{-3}$)
26	8.93	0.92	0.55	0.37	0.12	0.28	0.19	0.49	0.063
38	12.04	1.37	0.84	0.57	0.21	0.49	0.35	0.94	0.13
48	15.38	1.9	1.18	0.82	0.32	0.78	0.56	1.5	0.24
49	15.71	1.95	1.22	0.85	0.33	0.82	0.59	1.7	0.25
51	16.79	2.13	1.34	0.94	0.37	0.93	0.67	1.9	0.3
52	17.1	2.18	1.37	0.96	0.38	0.96	0.7	2	0.31
53	17.29	2.22	1.39	0.98	0.39	0.98	0.71	2.1	0.32
56	18.4	2.41	1.52	1.07	0.43	1.1	0.81	2.4	0.38
61	20.76	2.83	1.8	1.28	0.53	1.4	1	3.1	0.51

表 6.3.5　粗四氯化硅中各组分相对挥发度(压力 90 kPa)

温度 ℃	各组分相对挥发度 a_{ij}								
	Cl_2	SCl_4	CS_2	$SiCl_4$	$C_2H_4Cl_2$	$VOCl_3$ ($\times 10^{-1}$)	$TiCl_4$ ($\times 10^{-1}$)	$AlCl_3$ ($\times 10^{-2}$)	$FeCl_3$ ($\times 10^{-3}$)
26	24.14	2.49	1.49	1.00	0.32	0.76	0.51	1.32	0.17
38	21.12	2.40	1.47	1.00	0.37	0.86	0.61	1.65	0.23
48	18.76	2.32	1.44	1.00	0.39	0.95	0.68	1.83	0.29
49	18.48	2.29	1.44	1.00	0.39	0.96	0.69	2.00	0.29

温度 ℃	各组分相对挥发度 a_{ij}								
	Cl_2	SCl_4	CS_2	$SiCl_4$	$C_2H_4Cl_2$	$VOCl_3$ $(\times 10^{-1})$	$TiCl_4$ $(\times 10^{-1})$	$AlCl_3$ $(\times 10^{-2})$	$FeCl_3$ $(\times 10^{-3})$
51	17.86	2.27	1.43	1.00	0.39	0.99	0.71	2.02	0.32
52	17.81	2.27	1.43	1.00	0.40	1.00	0.73	2.08	0.32
53	17.64	2.27	1.42	1.00	0.40	1.00	0.72	2.14	0.33
56	17.20	2.25	1.42	1.00	0.40	1.03	0.76	2.24	0.36
61	16.22	2.21	1.41	1.00	0.41	1.09	0.78	2.42	0.40

一般来说,一个精馏塔的任务就是使轻关键组分尽量多地进入馏出液,重关键组分尽量多地进入釜液,但由于系统中除轻重关键组分外,尚有其他组分,通常难以得到纯组分的产品。一般,相对挥发度比轻关键组分大的组分(简称轻非关键组分或轻组分)将全部或接近全部进入馏出液,而相对挥发度比重关键组分小的组分(简称重非关键组分或重组分)将全部或接近全部进入釜液。只有当关键组分是溶液中最易挥发的两个组分时,馏出液才有可能是近于纯轻关键组分;反之,若关键组分是溶液中最难挥发的两个组分,釜液就可能是近于纯的重关键组分,但若轻、重关键组分的挥发度相差很小,则也较难得到近于纯的产品。

(3)间歇精馏工艺控制

了解了间歇精馏过程中主要的影响因素,对于指导间歇精馏的设计及操作有重要的意义,归纳一下,在研究和工业实践中间歇精馏的设计及操作应注意如下几点:

① 增大回流比可以提高产品的组成和收率,但要以降低生产能力和增加能耗为代价,所以,适宜的回流比取决于经济权衡。

② 过渡馏分收集后一般需要再处理,再处理的方式可以不同,一般不应将几种过渡馏分混合在一起再处理,因为馏分间的返混会增加分离难度。最主要一点还是应设计新型合理的精馏方式或回流方式使过渡馏分量趋于最小。

③ 在一定的操作压强下,应使塔顶冷凝温度不过低,塔釜汽化温度不过高,以维持冷凝器和再沸器具有较大的传热推动力,避免对冷源或热源的苛刻要求。当塔顶温度和塔釜温度协调困难时,一般应优先保证塔顶温度。

④ 间歇精馏中,塔内的气相负荷和液相负荷都会改变,要求填料具有一定的操作弹性。

为提高产品光纤用高纯 $SiCl_4$ 的质量,一般采用二次间歇精馏工艺。$SiCl_4$ 精馏系统的设备连接图如图 6.3.2 所示。

通过精馏塔釜上的物料进口将 $SiCl_4$ 压入到一次精馏塔的塔釜中,升温,控制精馏塔釜温度,使釜中的 $SiCl_4$ 处于微沸腾状态。同时向精馏塔釜内通入高纯惰性气体,以赶走溶解在 $SiCl_4$ 中的杂质气体。

赶气一段时间后,再次升温,控制精馏塔釜的温度和塔头的温度,使 $SiCl_4$ 在全塔内回流。当全回流一段时间后,以一定的回流比将 $SiCl_4$ 精馏前段产品取至低沸点容器中,对精馏产品进行在线检测。通过分析红外谱图,判断检测结果合格后,控制截取的高沸点量,以一定的回流比将 $SiCl_4$ 取入至二次精馏塔的塔釜中。

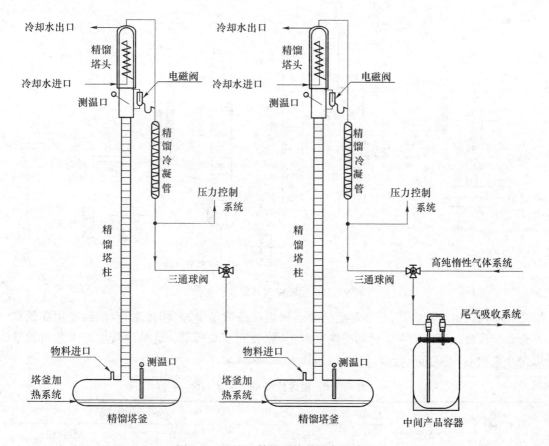

图 6.3.2 $SiCl_4$ 精馏系统的设备连接图

控制一次精馏塔截取的高沸点量,当二次精馏塔中接收的 $SiCl_4$ 达到规定体积后,停止加热一次精馏塔,并对一次精馏塔进行停炉补气。

对二次精馏塔进行升温,控制精馏塔釜温度,使釜中的 $SiCl_4$ 处于微沸腾状态。同时向精馏塔釜内通入高纯惰性气体,以赶走溶解在 $SiCl_4$ 中的杂质气体。

赶气一段时间后,再次对二次精馏塔进行升温,控制精馏塔釜的温度和塔头的温度,使 $SiCl_4$ 在二次精馏塔内回流。当全回流一段时间后,以一定的回流比将 $SiCl_4$ 精馏前段产品取至低沸点容器中。取低沸点一段时间后,对二次精馏产品进行在线检测。通过分析红外谱图,判断检测结果合格后,控制截取的高沸点量,以一定的回流比将 $SiCl_4$ 取入到产品容器中。

3) 四氯化硅连续提纯工艺

本工艺是一种自动化连续提纯系统,该装置的简图如图 6.3.3 所示,工艺包括粗料 $SiCl_4$ 的氯化处理,以使溶解的氯达到化学计量的数量。氯化过的 $SiCl_4$ 通过一系列过滤器进入混合槽光化学反应器,控制停留时间以完成紫外线照射,具有能完全除去副产品的流出工艺线穿过逆流塔,该塔使用干燥氮气作清除剂,这个工程可确保除去主要的副产品。然后将分离后的 $SiCl_4$ 引进一套二级蒸馏塔装置,在这个阶段,杂质可以大致分为比 $SiCl_4$ 轻的组分(如 HCl 和 Cl_2)和比 $SiCl_4$ 重的组分(如铁或其他金属氯化物及它们的络合物)。

第一级塔起分离塔的作用,可将低沸点杂质降到极低的含量。通过具有预定回流比的

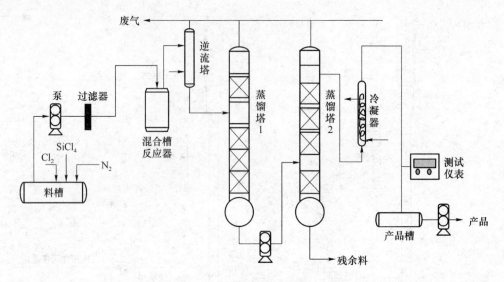

图 6.3.3　连续提纯系统流程简图

第二级塔,将 $SiCl_4$ 蒸馏完,全部重组分杂质聚集在蒸馏釜中,定期排除,产品纯度用在线红外光谱仪检测。操作中实际达到的纯度水平,如表 6.3.6 所示。这种连续生产工艺可批量生产含氢杂质<10 ppm,金属杂质<2 ppb 的高纯 $SiCl_4$。

表 6.3.6　提纯前后 $SiCl_4$ 中的杂质

杂质名称	外延级杂质量		光纤专用级杂质量	
	提纯前	提纯后	提纯前	提纯后
Fe	62 ppb	6 ppb	29 ppb	2 ppb
$SiHCl_3$	3 000 ppm	<10 ppm	38 000 ppm	10 ppm
HCl	50 ppm	<10 ppm	10 ppm	<10 ppm
OH^-	10~20 ppm	<1 ppm	<1 ppm	<1 ppm

4) 改良西门子法

1955 年,德国西门子开发出以氢气(H_2)还原高纯度三氯氢硅($SiHCl_3$),在加热到 1 100 ℃左右的硅芯(也称"硅棒")上沉积多晶硅的生产工艺,1957 年,这种多晶硅生产工艺开始应用于工业化生产,被外界称为"西门子法"。

由于西门子法生产多晶硅存在转化率低,副产品排放污染严重(例如四氯化硅 $SiCl_4$)的主要问题,升级版的改良西门子法被有针对性地推出。改良西门子法即在西门子法的基础上增加了尾气回收和四氯化硅氢化工艺,实现了生产过程的闭路循环,既可以避免剧毒副产品直接排放污染环境,又实现了原料的循环利用、大大降低了生产成本(针对单次转化率低)。因此,改良西门子法又被称为"闭环西门子法"。

对改良西门子法中生产的合成料经过粗馏一级塔分离后的四氯化硅粗料进行提纯,物料主要组分为:TCS($SiHCl_3$)、STC($SiCl_4$)、DCS(SiH_2Cl_2)、MDCS(CH_4SiCl_2)、MTCS(CH_3SiCl_3)、BCl_3、PCl_3,以及其他沸点较高的金属氯化物,如 Al、Ca、Cr、Ni、Cu、Zn、Pb、Mn等。其组分摩尔分数,如表 6.3.7 所示。

表 6.3.7   四氯化硅粗料的组成及摩尔百分含量

组分名称	TCS	STC	DCS	BCl₃	PCl₃	MDCS	MTCS
摩尔比	20.7%	79.3%	1.22×10^{-14}	1.20×10^{-14}	1.67×10^{-5}	2.53×10^{-6}	3.37×10^{-6}

沸点及分子极性比较，标准状态下的沸点及分子偶极矩比较如表 5.3.8 所示。

表 6.3.8   四氯化硅粗料主要组分的沸点、偶极矩及极性

物质名称	沸点/℃	偶极矩	极性强弱
DCS	8.3	3.90E-30	较弱
BCl₃	12.5	0.00E+00	非极性
TCS	31.85	2.87E-30	强
MDCS	41.55	6.30E-30	较强
STC	56.85	0	非极性
MTCS	66.4	6.37E-30	极强
PCl₃	76.1	2.60E-30	较强

在压力为 1 barg，0～100 ℃ 下四氯化硅粗料中各物质的饱和蒸汽压如图 6.3.8 所示。

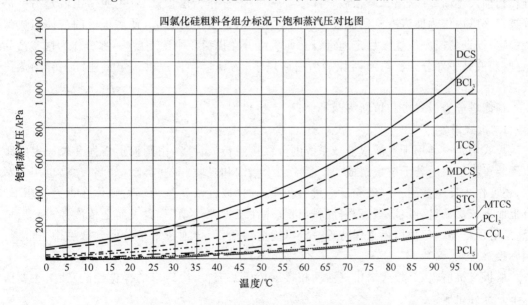

图 6.3.4   四氯化硅粗料中各物质的饱和蒸汽压

根据以上组成，采用双塔蒸馏作为四氯化硅粗料提纯的工艺。四氯化硅粗料经过输送泵 P011 首先进入 T001 塔（脱轻塔），三氯氢硅和二氯二氢硅等轻组分在塔顶馏出，除去四氯化硅中的 BCl₃ 等轻组分而塔釜产品则进入 T002 塔（脱重塔），以除去四氯化硅中的重组分 PCl₃ 以及沸点较高的金属氯化物，在 T002 塔的塔顶获得质量分数不低于 0.999 999(6N) 的四氯化硅产品，流程如图 6.3.5 所示。

经过上述提纯工艺，得到四氯化硅高纯料中组分含量如表 6.3.9 所示。

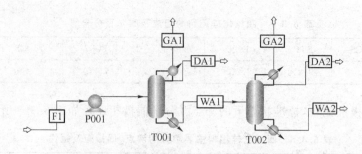

图 6.3.5　四氯化硅双塔蒸馏提纯工艺流程图

表 6.3.9　提纯后四氯化硅高纯料杂质含量

组分名称	$SiHCl_3$	$SiCl_4$	SiH_2Cl_2	BCl_3	PCl_3	CH_4SiCl_2	CH_3SiCl_3
摩尔百分含量	1.44×10^{-9}	1.000	1.22×10^{-19}	1.20×10^{-19}	9.22×10^{-14}	7.27×10^{-10}	5.18×10^{-10}

6.3.3　四氯化硅提纯设备

四氯化硅提纯过程所用的主要设备有:精馏塔、再沸器、冷凝器和输送设备等。精馏塔以进料板为界,上部为精馏段,下部为提留段。一定温度和压力的料液进入精馏塔后,轻组分在精馏段逐渐浓缩,离开塔顶后全部冷凝后,一部分作为塔顶产品(也叫馏出液),另一部分被送入塔内作为回流液。回流液的目的是补充塔板上的轻组分,使塔板上的液体组成保持稳定,保证精馏操作连续稳定地进行。而重组分在提留段中浓缩后,一部分作为塔釜产品(也叫残液),一部分则经再沸器加热后送回塔中,为精馏操作提供一定量连续上升的蒸汽气流。

精馏塔分为板式塔和填料塔两种。

1. 板式塔

板式塔是一类用于气液或液液系统的分级接触传质设备,由圆筒形塔体和按一定间距水平装置在塔内的若干塔板组成。广泛应用于精馏和吸收,有些类型(如筛板塔)也用于萃取,还可作为反应器用于气液相反应过程。操作时(以气液系统为例),液体在重力作用下,自上而下依次流过各层塔板,至塔底排出;气体在压力差推动下,自下而上依次穿过各层塔板,至塔顶排出。每块塔板上保持着一定深度的液层,气体通过塔板分散到液层中去,进行相际接触传质。

塔板又称塔盘,是板式塔中气液两相接触传质的部位,决定塔的操作性能,通常主要由以下三部分组成:

① 气体通道为保证气液两相充分接触,塔板上均匀地开有一定数量的通道供气体自下而上穿过板上的液层。气体通道的形式很多,它对塔板性能有决定性影响,也是区别塔板类型的主要标志。筛板塔塔板的气体通道最简单,只是在塔板上均匀地开设许多小孔(通称筛孔),气体穿过筛孔上升并分散到液层中。

泡罩塔塔板的气体通道最复杂,它是在塔板上开有若干较大的圆孔,孔上接有升气管,升气管上覆盖分散气体的泡罩。

浮阀塔塔板则直接在圆孔上盖以可浮动的阀片,根据气体的流量,阀片自行调节开度。

② 溢流堰为保证气液两相在塔板上形成足够的相际传质表面,塔板上须保持一定深度的液层,为此,在塔板的出口端设置溢流堰。塔板上液层高度在很大程度上由堰高决定。对于大型塔板,为保证液流均布,还在塔板的进口端设置进口堰。

③ 降液管液体自上层塔板流至下层塔板的通道,也是气(汽)体与液体分离的部位。为此,降液管中必须有足够的空间,让液体有所需的停留时间。此外,还有一类无溢流塔板,塔板上不设降液管,仅是块均匀开设筛孔或缝隙的圆形筛板。操作时,板上液体随机地经某些筛孔流下,而气体则穿过另一些筛孔上升。无溢流塔板虽然结构简单,造价低廉,板面利用率高,但操作弹性太小,板效率较低,故应用不广。

2. 填料塔

填料塔是塔设备的一种。塔内填充适当高度的填料,以增加两种流体间的接触表面。例如应用于气体吸收时,液体由塔的上部通过分布器进入,沿填料表面下降。气体则由塔的下部通过填料孔隙逆流而上,与液体密切接触而相互作用,结构较简单,检修较方便,广泛应用于气体吸收、蒸馏、萃取等操作。

(1) 填料塔的结构原理

填料塔是以塔内的填料作为气液两相间接触构件的传质设备。填料塔的塔身是一直立式圆筒,底部装有填料支承板,填料以乱堆或整砌的方式放置在支承板上。填料的上方安装填料压板,以防被上升气流吹动。液体从塔顶经液体分布器喷淋到填料上,并沿填料表面流下。气体从塔底送入,经气体分布装置(小直径塔一般不设气体分布装置)分布后,与液体呈逆流连续通过填料层的空隙,在填料表面上,气液两相密切接触进行传质。填料塔属于连续接触式气液传质设备,两相组成沿塔高连续变化,在正常操作状态下,气相为连续相,液相为分散相。

当液体沿填料层向下流动时,有逐渐向塔壁集中的趋势,使得塔壁附近的液流量逐渐增大,这种现象称为壁流。壁流效应造成气液两相在填料层中分布不均,从而使传质效率下降。因此,当填料层较高时,需要进行分段,中间设置再分布装置。液体再分布装置包括液体收集器和液体再分布器两部分,上层填料流下的液体经液体收集器收集后,送到液体再分布器,经重新分布后喷淋到下层填料上。

(2) 填料的种类

根据装填方式的不同,可分为散装填料和规整填料。

① 散装填料

散装填料是一个个具有一定几何形状和尺寸的颗粒体,一般以随机的方式堆积在塔内,又称为乱堆填料或颗粒填料。散装填料根据结构特点不同,又可分为环形填料、鞍形填料、环鞍形填料及球形填料等。几种较为典型的散装填料有拉西环、鲍尔环、阶梯环、弧鞍填料矩鞍填料金属环等。

② 规整填料

规整填料是按一定的几何构形排列,整齐堆砌的填料。规整填料种类很多,根据其几何结构可分为格栅填料、波纹填料、脉冲填料等。

波纹填料在工业上应用的规整填料绝大部分为波纹填料,它是由许多波纹薄板组成的圆盘状填料,波纹与塔轴的倾角有 30° 和 45° 两种,组装时相邻两波纹板反向靠叠。各盘填料垂直装于塔内,相邻的两盘填料间交错 90° 排列。

波纹填料按结构可分为网波纹填料和板波纹填料两大类。

金属丝网波纹填料是网波纹填料的主要形式,它是由金属丝网制成的。金属丝网波纹填料的压降低,分离效率很高,特别适用于精密精馏及真空精馏装置,为难分离物系、热敏性物系的精馏提供了有效的手段。尽管其造价高,但因其性能优良仍得到了广泛的应用。

金属板波纹填料是板波纹填料的一种主要形式,该填料的波纹板片上冲压有许多 $\Phi5$ mm 左右的小孔,可起到粗分配板片上的液体、加强横向混合的作用。波纹板片上轧成细小沟纹,可起到细分配板片上的液体、增强表面润湿性能的作用。金属孔板波纹填料强度高,耐腐蚀性强,特别适用于大直径塔及气液负荷较大的场合。

金属压延孔板波纹填料是另一种有代表性的板波纹填料。它与金属孔板波纹填料的主要区别在于板片表面不是冲压孔,而是刺孔,用辗轧方式在板片上辗出很密的孔径为 0.4~0.5 mm 小刺孔。其分离能力类似于网波纹填料,但抗堵能力比网波纹填料强,并且价格便宜,应用较为广泛。

波纹填料的优点是结构紧凑、阻力小、传质效率高、处理能力大、比表面积大(常用的有 125、150、250、350、500、700 等几种)。波纹填料的缺点是不适于处理黏度大、易聚合或有悬浮物的物料,且装卸、清理困难,造价高。

6.4 四氯化硅提纯后的包装与储存

6.4.1 高纯四氯化硅包装储存容器

光纤原材料 $SiCl_4$ 在常温、常压下为具有挥发性和较强腐蚀性的液体产品。由于其纯度要求极高,在生产、灌装和储存过程中应避免与空气发生接触,因此要求其包装存储容器具有良好的密封性。

目前世界上所使用的包装容器,从材质上分为主要玻璃和不锈钢两种。玻璃容器通常使用特制的四氟阀门,阀门以螺口的形式同玻璃瓶连接,由于氟塑料较软,长期使用容易变形,使阀门的密封性受到影响,导致产品质量受到二次污染。此外玻璃属于易碎材质,耐压能力差,在运输、储存和使用中都存在较大的局限性。因此,现今主流的光纤原材料包装容器一般采用超低碳合金钢材质,低碳合金钢材质因其对物料具有高度稳定性,可以避免在存储过程中导致光纤原材料产品受到污染。

超低碳合金钢包括 316L 钢、304 钢等,有研究测定了上述两种钢在 $SiCl_4$ 溶液中的腐性速率,并和 20 号碳钢进行对比。过程是将金属材料样品置于沸腾的 $SiCl_4$ 溶液中,经 120 h 的腐蚀试验后,采用失重法计算金属材料的年腐蚀深度,其评测结果如表 6.4.1 所示。

表 6.4.1　三种金属材料在 $SiCl_4$ 溶液中的年腐蚀深度

金属材料种类	316L 钢	304 钢	20 号碳钢
腐蚀深度/mm·a^{-1}	0.008 9	0.024 1	0.126 8

对比表 6.4.1 中的数据可知,在沸腾的 $SiCl_4$ 浸泡的环境下,316L 钢的耐腐蚀性能最佳,年平均腐蚀速率小于 $0.01\,mm \cdot a^{-1}$。因此一般优选 316L 钢作为高纯光纤材料的包装容器材质。

6.4.2　高纯四氯化硅充装

提纯后的 $SiCl_4$ 储罐通常由超低碳合金钢制成,使用前所有部位先经高纯酸、碱及无离子水反复清洗,再用高纯 N_2 干燥,最后还须用高纯 $SiCl_4$ 液体反复清洗后方可使用。灌装 $SiCl_4$ 后立即充入 $0.05\,MPa$ 高纯 N_2 进行保护,关闭阀门,用高纯 N_2 将管道中残留的 $SiCl_4$ 吹净。

由于用 N_2 作密封气体时,易生成氮化物,这种氮化物会溶解在 $SiCl_4$ 中。因此,也可以采用纯度≥99.9% 的 H_2 作密封气体,通过压力调节阀来控制储罐中的压力。

第7章
光纤预制棒制造用四氯化锗生产技术

7.1　四氯化锗特性

锗作为稀有元素，从发现到现在已有100多年的历史。1948年美国贝尔实验室发明了半导体锗晶体管，锗的应用才逐渐引起人们的重视，真正在工业上获得了应用。目前锗已被广泛应用于电子工业、红外光学器件、光导纤维、医学、冶金、能源、太阳能电池等方面。

以前锗的市场一直以红外光学用锗为主，四氯化锗（$GeCl_4$）只是作为生产高纯二氧化锗及高纯锗的中间产品。由于添加锗化合物的光导纤维具有传输容量大、高折射率、低色散度、低损耗、对核辐射和电磁辐射的抗干扰能力强以及具有全天候工作能力等优点，大大提高了光纤的性能和质量，使锗在光纤制造领域的消耗量迅速增加，目前光纤制造用含锗材料已占锗用量的20%。

在光纤预制棒制造中常用四氯化锗（$GeCl_4$）作为石英系光纤中的掺杂剂，其用途是提高光纤的折射指数，降低光损耗，进而提高光纤的传输距离，减少中继站的配置。由于$GeCl_4$作为掺杂剂而进入光纤纤芯中，因此光纤用四氯化锗的质量高低直接影响到光纤的性能指标。一般要求$GeCl_4$金属杂质含量应小于几个ppb，含氢化合物的含量应小于1 ppm。

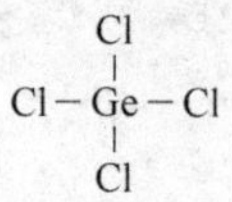

四氯化锗（Germanium tetrachloride），别称：氯化锗（Germanium chloride），分子式：$GeCl_4$，四氯化锗蒸汽以单分子形式存在，与四氯化硅类似，其分子呈四面体结构，如图7.1.1所示。

四氯化锗为无色透明易流动的液体，有刺激性气味，具有腐蚀性，在潮湿的空气中发烟，其物化性能如表7.1.1所示。

图7.1.1　四氯化锗
分子结构示意图

$$Cl-Ge-Cl$$

表7.1.1　$GeCl_4$物化性能表

名　称	数　值	名　称	数　值
分子量	214.45	沸点/℃	83.1
液态密度/($kg \cdot l^{-1}$)	1.874	饱和蒸汽压	10.13 kPa(20 ℃)
熔点/℃	−49.5		

$GeCl_4$不溶于浓盐酸,也不与浓硫酸发生反应,溶于稀盐酸、乙醇、乙醚、二硫化碳、氯仿和苯等。$GeCl_4$在空气中发烟,遇水分解为GeO_2,放出有毒的腐蚀性烟气。四氯化锗对热稳定,950 ℃仍不分解。

$GeCl_4$在空气中有害物质的最高容许浓度$1 \text{ mg/m}^3[Ge]$,对人上呼吸道有刺激作用,可引起支气管炎和肺炎,对皮肤也有刺激作用。必要时,生产操作中需要戴化学安全防护眼镜,穿工作服(防腐材料制作),戴橡皮手套。工作后,淋浴更衣,并单独存放被毒物污染的衣服,洗后再用。

7.2 四氯化锗的制造工艺和方法

锗在自然界分布很散很广,制备四氯化锗的方法就比较受局限,具体制造方法及工艺介绍如下。

7.2.1 单质锗的氯化法

将金属锗加入反应器中并通入干燥氯气于250~600 ℃进行氯化,由于氯化温度太低,反应时间会较长,氯化效率差,故一般采用500~600 ℃的温度进行氯化反应,以此增加锗的氯化效果。随后将生成的四氯化锗冷却至0 ℃,经精馏、冷凝,可制得精四氯化锗。其反应式如式(7.2.1):

$$Ge + 2Cl_2 \xrightarrow{\Delta} GeCl_4 \qquad (7.2.1)$$

用单质锗氯化生产的四氯化锗在反应容器密封良好、周围环境得到严格控制的情况下,产品较为纯净。用此方法制备的四氯化锗无其他杂质带入,但用单质锗氯化成本较高,需要先从锗矿及含锗原料中提取锗单晶,经济效益不高,一般用于实验室制备或四氯化锗用量不大的场所。

7.2.2 锗精矿或锗富集物的盐酸蒸馏法

目前,传统的四氯化锗制造方法是先将锗精矿或富集物焙烧使含锗物转化成二氧化锗,再将二氧化锗与37%的盐酸在恒温水浴条件下反应,采用螺形回流冷凝器冷凝生产出的四氯化锗,冷凝器中通入0 ℃氯化钙液作为冷凝液,反应完毕,蒸馏即可产出四氯化锗,主要化学方程式如式(7.2.2)。

$$GeO_2 + 4HCl \xrightarrow{\Delta} GeCl_4 + 2H_2O \qquad (7.2.2)$$

此方法生产的四氯化锗中会含有部分As、Cu、Mn、Cr、Fe等金属杂质,需要进行深度提纯,得到符合要求的四氯化锗。$GeCl_4$的制备多以锗精矿为原料,通过盐酸蒸馏、复蒸提纯、精馏提纯后得到高纯度的光纤级$GeCl_4$,其工艺流程如图7.2.1所示。

图 7.2.1 光纤级 $GeCl_4$ 生产流程

7.2.3　含锗碎屑氯化氢处理法

英国 Standard Telehones and Carles 有限公司发明了一种新型的四氯化锗制备方法，即用 HCl 气体处理含锗碎屑。该方法能有效地回收处理半导体制造时产生的锗碎屑，成本低、效果好、对锗的回收起到至关重要的作用。

当 HCl 气体经过预热至 $300\sim700$ ℃的锗碎屑时，能回收到不被其他杂质污染的四氯化锗。HCl 气体氯化时所用的流量为 $20\sim40$ mL/min，此时通入的 HCl 气体必须保持干燥，以防止生产出的四氯化锗水解。为保证过量的 HCl 气体参加反应并存在于反应生成物中，一般采用 HCl 气体的流量为 40 mL/min。

7.2.4　从含锗的硫化矿中制备四氯化锗

世界锗资源主要分布在各种矿物、岩石以及煤中，由于锗是亲硫的，它的性质与硫相似，经常出现在砷与锡的硫酸盐中，所以高品位的锗矿物往往发现于硫化矿中，表 7.2.1 列出了几种典型的硫代盐型含锗矿物组成。含锗高的纯锗矿物不多，在锌、铜、铅、铁的硫化物中，是以独立的包裹体形态或是在主体矿物中以类质同晶的杂质形态存在的，其锗的含量为十万分之一至一千分之几。

表 7.2.1　几种典型的含锗矿物

矿物名称	化学式	含量，%
硫银锗矿	$4Ag_2S \cdot GeS_2$	$6\sim7$
锗石	$3Cu_2S \cdot FeS \cdot 2GeS_2$	$8\sim9$
锗硫银锡矿	$4Ag_2S(Sn,Ge)S_2$	1.8
硫锗铁铜矿	$(Cu,Fe)_3(Fe,Ge,Zn,Sn)(S,As)_4$	7.8

含锗最高是闪锌矿，锗伴生在闪锌矿内，含锗 $0.01\%\sim0.1\%$，成为锗实际的主要来源。在硫化物的冶炼过程中，一般通过氯气与含锗矿物反应生成锗的氯化物，然后从锗的氯化物中回收锗或锗盐，主要化学反应方程式如式(7.2.3)和式(7.2.4)：

$$2ZnS+2Cl_2 \longrightarrow 2ZnCl_2+S_2 \qquad (7.2.3)$$

$$GeS_2+2Cl_2 \longrightarrow GeCl_4+S_2 \qquad (7.2.4)$$

在一定的温度范围内，硫为液态，氯化锌为固态，四氯化锗在其沸点 83.1 ℃下可挥发成气态，通过温度调节即可将四氯化锗从反应混合物中分离出来。

在反应过程中，为了使金属硫化物与氯化剂能更好地接触，通常使用能溶解氯化剂的液体作为载体，可选的有机溶剂有氯化烃、氟化烃等，可选用的无机溶剂有硫或硫的化合物等。

7.2.5　从煤中制备四氯化锗

我国的锗矿资源缺乏，但分散于煤中的锗储量很高。锗是微量元素，在煤中的存在形式多种多样，既存在于煤层结构中，也可呈吸附态或以单矿物出现。

鉴于锗在煤中赋存状态的特点，产生了锗的各种不同提取方法，煤中提取的锗再按前述制备方法制取四氯化锗。根据锗提取方法的特点可将其概括为水冶法和火冶法。

1. 水冶法

水冶法是把原煤破碎到一定的粒度,在盐酸浓度不小于 7 mol/L 的溶液中直接浸出蒸馏. 从原煤中直接提取锗产品,最后再选择合适的方式将锗产品转化为四氯化锗,其典型的工艺流程如图 7.2.2 所示。

该方法工艺流程简单,原煤中锗的回收率较高,一般可达 90% 以上,但此工艺盐酸用量太大,工业生产成本太高。要实现经济的工业应用,还需进一步的研究实验。

2. 火冶法

火冶法提取煤中锗,是指将煤燃烧后,从煤的燃烧产物中来提取锗。目前,我国主要以燃烧煤的副产物,如燃煤电厂的烟尘、煤灰、焦油及焦化厂的废氨水等为主要的锗生产原料,其方法主要有 4 种。

（1）合金法

合金法是利用锗的亲铜或亲铁性进行还原熔炼,使锗进入铜铁合金而达到富集,然后再从铜铁合金中回收锗,其典型的工艺流程如图 7.2.3(a)所示。

此法简单易行,对处理含灰分较多的煤尤为有利。以煤中锗含量计,锗的回收率约 50%,回收率较低。

（2）再挥发法

煤燃烧后,锗在煤尘或煤灰中约富集 10 倍,含锗量可达 0.1%~0.3%。但这种含锗原料不宜直接用来提锗,须经制团后放入鼓风炉或竖炉内进行再挥发,从所得的富含锗的二次烟尘中回收锗,故称这种方法为再挥发法,其典型的工艺流程如图 7.2.3(b)所示。

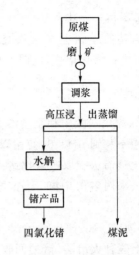

图 7.2.2 水冶法从煤中制备四氯化锗流程图分子结构示意图

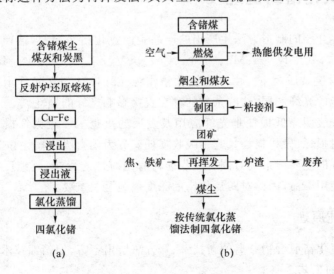

图 7.2.3 火冶法从煤中提取锗流程图

此法简易可行,富集比大,可快速获得锗精矿或锗。但本方法经两次火冶法挥发处理,锗的损失较多。总回收率不会高于 70%~80%,能耗也大,且易还原出铁,导致锗更分散。

（3）碱熔——中和法

富含锗的煤烟尘或煤灰宜采用碱熔——中和法处理。即配以 NaOH 或 Na_2CO_3，在 900 ℃下进行氧化熔炼，此时其中的锗便转变为锗酸盐：

$$Na_2CO_3 + GeO_2 = Na_2GeO_3 + CO_2$$

熔炼产物用热水浸出，其中的锗、Al_2O_3 和 SiO_2 便转入碱浸液。之后利用各物质水解的 pH 差异，先用盐酸中和至含 0.2 mol 残碱的情况下，使 SiO_2 与 Al_2O_3 沉淀而除去，然后进一步用盐酸中和到 pH=5，使锗以 $GeO_2 \cdot nH_2O$ 形态沉淀。此后可将此沉淀配以盐酸与硫酸进行氯化蒸馏法制取四氯化锗。

此法采用多次中和工艺，酸碱耗量大，液固分离操作较多，锗回收率约为煤中锗的 75%～83%。

（4）加氢氟酸浸出法

以上三种火冶法，锗的回收率均不高，这是因为煤的燃烧是一种高温氧化过程，此时除部分锗变为 GeO 挥发而进入烟尘外，大部分锗以锗酸盐和 GeO_2-SiO_2 的固溶体形态而转入煤灰。燃烧煤所得到的煤烟尘或煤灰直接进行传统的氯化蒸馏提锗时，其中的锗酸盐或 GeO_2-SiO_2 的固溶体难以被酸溶出。用 4～6 mol 的盐酸，只能溶解上述产物中 25%～60% 的锗，如用硫酸溶解，则溶解锗量更少，一般低于 25%～40%。

研究表明，在酸浸时加入氟化合物，能促使锗酸盐及 GeO_2-SiO_2 的固溶体分解，分解的锗转变为锗氟络合物，再进入酸浸液。根据这个原理可以采用加氢氟酸浸出法，这种方法能够强化浸出高温烧煤的煤灰中的锗及类似物料中的锗，浸出率极高且流程简短，但存在设备易被 HF 腐蚀，同时废液需经除氟后方可返回利用等问题。

7.3　四氯化锗的提纯技术

由 7.2 节内容介绍的制造方法生产出的产品是四氯化锗粗原料，这样的四氯化锗液体中会含有部分杂质，其中以 Cu、Mn、Cr、Fe、Co、Ni、V、Zn、Pb、As、Mg、In 等金属杂质及 OH、CH、HCl 等含氢杂质为主。由于四氯化锗作为光纤掺杂剂在光纤预制棒制造过程中直接沉积在传导光的光纤芯层，这些杂质的存在直接影响光纤的损耗。

光纤制造实践表明降低损耗是光纤应用及发展的重点。一般光纤损耗主要有三种因素：吸收损耗、散射损耗、微扰损耗。其中吸收损耗又分为固有吸收损耗和非固有吸收损耗，四氯化锗作为光纤的主要掺杂剂对固有吸收损耗有绝对性的影响，其纯度将直接影响到光纤质量好坏及其使用寿命，因此对四氯化锗的深度提纯至关重要。

7.3.1　提纯原理

目前液态四氯化锗混合物分离的新技术、新方法层出不穷，但精馏技术仍然是四氯化锗液-液分离最重要的工艺之一。

1. 精馏提纯原理

在四氯化锗精馏提纯过程中，塔内被汽化的液体所产生的四氯化锗蒸汽自下而上的流动，同时在塔顶的蒸汽被冷凝成液体自上而下的流动，在连续的气液两相的接触过程中产生了传热和传质的现象,来自下方的蒸汽冷却时放出的潜热上上方的液体部分被汽化,易挥发的组分从液相转入气相;同时,下方的蒸汽放出的潜热后部分冷凝为液体,使四氯化锗中难挥发的组分从气相进入液相。

这样在精馏塔内部随处进行着气液相的热量和质量的交换,当经过一段时间回流后,四氯化锗中易挥发的组分不断从液相向气相转移,从而使易挥发的组分不断在塔顶富集,即低沸点部分;同时,液相从塔顶到塔底易挥发的组分浓度不断降低,四氯化锗中难挥发的组分浓度不断上升,从而使难挥发组分在塔底富集,也就是高沸点部分。这时,整个精馏塔内部达到一个动态的平衡,不同的高度位置形成不同组分组成的组分层,从而达到四氯化锗分离提纯的目的。

按精馏的操作流程不同分为连续精馏和间歇精馏,由于光纤对四氯化锗原材料的纯度要求极高,因此适宜采用间歇式精馏。根据操作方式的不同,间歇精馏又可分为恒回流比间歇精馏和恒馏出液间歇精馏。

由于间歇精馏为非稳态过程,因此在精馏过程中,若要使馏出液的液相组成保持恒定不变,则需要在精馏过程中不断改变回流比,使操作难以准确控制。因此恒定回流比的间歇精馏操作更具备工程上的可实现性。

式(7.3.1)为精馏相平衡方程,式(7.3.2)为精馏操作线方程,将两方程联立可以对任意塔板上的汽液相组成进行计算。

$$Y_n = \frac{\alpha X_n}{1 + (\alpha - 1)X_n} \tag{7.3.1}$$

$$Y_{n+1} = \frac{R}{R+1}X_n + \frac{X_D}{R+1} \tag{7.3.2}$$

式中,R 为精馏回流比;α 为组分间的相对挥发度;X_D 为塔顶馏出液的液相组成;X_n 为第 n 块塔板上的液相组成;Y_n 为第 n 块塔板上的气相组成。

根据精馏操作线方程可知,当回流比保持恒定时,精馏操作线斜率不变,各瞬间操作线彼此平行,依次变化直至操作中止。恒回流比间歇精馏的操作线如图 7.3.1 所示。

通过精馏操作线图可以看出,在恒回流比间歇精馏操作过程中,精馏操作线始终随精馏过程的进行而平行下移,操作线的起点和截距均在发生变化,即馏出液的液相组成 x_D 与塔釜内物料的液相组成 x_w 均随精馏的过程而发生改变。因此恒定回流比的间歇精馏为非定态过程。

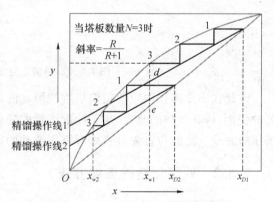

图 7.3.1　恒回流比间歇精馏的操作线图

2. 四氯化锗中精馏提纯过程中的重要参数控制

(1) 回流比

回流比是影响精馏提纯效果的重要因素,增大回流比,精馏操作线的截距减小,操作线离平衡线越远,每一梯级的垂直线段及水平线段都增长,说明每层板的分离程度加大。但是过度增大回流比又会导致精馏过程操作费用增加,因此在操作时,应根据工艺上的要求,又要考虑设备费用(塔板数量、工作压力等)和操作费用,来选择适宜回流比。

(2) 塔釜热负荷

增大塔釜热负荷,则增加釜内物料的蒸发速度,使上升的蒸汽量增大,有利于提高传质效率。但当塔内物料蒸出速度过快时,则塔柱内塔板上的持液量增大,当持液量增大到一定量时,塔板上沸腾的液体会与上层塔板接触,造成"液泛",从而使精馏塔失去提纯能力。此时应减少热量的输入从而降低塔的负荷,使操作恢复正常。

减小塔釜热负荷,则蒸出速度减慢,塔板上的持液量相应减少,使精馏塔内的传质效率降低,影响精馏提纯效果,同时也导致精馏生产时间的延长,增加设备运行费用和操作费用。

(3) 压力控制

塔的设计和操作都是基于一定的塔压下进行的,因此一般精馏塔在生产时要保持压力的恒定。塔压发生变化,将改变组分间的相对挥发度,并使每块塔板上气液平衡的组成发生改变,引起全塔的温度发生变化。图 7.3.2 是某精馏塔生产过程中的温度和压力变化的监测曲线,可以看出当精馏塔压力发生波动时,精馏塔头的温度随压力的变化而发生改变。

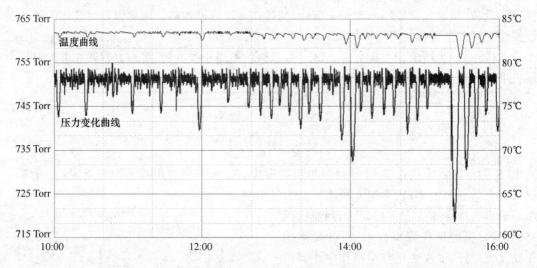

图 7.3.2　精馏塔温度和压力变化曲线

因此在正常操作中应使精馏塔维持恒定的压力,应该指出,在精馏操作过程中,原料组分的变化、塔釜加热的改变、塔头冷剂流量的变化以及尾气吸收系统的堵塞等,都可能引起塔压的波动。此时应首先分析引起塔压波动的原因,及时处理,使操作恢复正常。

7.3.2　四氯化锗的提纯方法

1. 物理精馏提纯法

常用的四氯化锗提纯方法为精馏提纯。四氯化锗的精馏主体设备为石英筛板塔,根据 $GeCl_4$ 与金属杂质氯化物的沸点不同,通过控制釜温、柱温和回流比、惰性气体的流量、系统的压力等,适量截取高、低沸点的 $GeCl_4$,以达到深度提纯的目的。

四氯化锗在塔釜中受热蒸发,蒸汽自下而上,当到达塔头时,冷凝变成液体,液体自上而下,上升的蒸汽和下降的液体经过充分的热交换和物质交换,达到物质平衡和能量平衡。低沸点的金属氯化物随着 $GeCl_4$ 先流出,高沸点的金属氯化物 $GeCl_4$ 保留在塔釜中,截取中间段的四氯化锗作为最终产品。

2. 强酸氧化 AsCl$_3$ 法

众所周知,四氯化锗中的气体杂质及部分金属杂质可通过复蒸的方法除去,而金属氯化物中最难分离的是与 GeCl$_4$ 沸点接近的 AsCl$_3$。As 的挥发性是以 AsCl$_3$ 存在的,如果将此易挥发的 3 价砷通过强酸转化成不挥发的 5 价 H$_3$AsO$_4$,则很容易实现四氯化锗与砷的分离,以此达到四氯化锗的深度净化。工业上通常采用通入 Cl$_2$ 的方法将 GeCl$_4$ 中 AsCl$_3$ 的氧化成 H$_3$AsO$_4$,主要方程式如下:

$$AsCl_3 + 4H_2O + Cl_2 \longrightarrow H_3AsO_4 + 5HCl \tag{7.3.3}$$

另外,除去四氯化锗中少量杂质砷还可用铜还原的方法。氯化砷为铜所还原,生成的砷化物 Cu$_3$As$_2$ 或砷单质均牢牢的附于铜的表面,再结合蒸馏的方法即可获得含砷较低的四氯化锗。

3. 盐酸萃取提纯法

由于 GeCl$_4$ 和 AsCl$_3$ 在浓盐酸中的溶解度不同,GeCl$_4$ 难溶于浓盐酸,而与盐酸溶液分层,AsCl$_3$ 易溶于浓盐酸而留在盐酸相中,从而达到 GeCl$_4$ 和 AsCl$_3$ 的分离。此法成本低、周期短、产量大,对砷的除去很有效,但提纯效率不如精馏法,仅适用于对四氯化锗纯度要求不高的领域。

4. 硫化锗沉淀提纯法

在盐酸浓度为 6 当量的条件下,向含有金属氯化物杂质的四氯化锗溶液中通入硫化氢,使金属氯化物转化成金属硫化物而沉淀,再将沉淀物溶于液碱,通入氯气进行氧化除去砷,再向溶液中加入盐酸进行氯化蒸馏,将产出的 GeCl$_4$ 溶于水,生成 GeO$_2$,再将 GeO$_2$ 溶于液碱,经过氯化蒸馏得到净化的 GeCl$_4$。用此方法生产的 GeCl$_4$ 较为纯净,但程序较精馏法复杂,工业上一般不采用此种提纯工艺。

7.3.3 四氯化锗提纯工艺

四氯化锗提纯工艺包括氯化蒸馏、复蒸提出和精馏提纯工艺三个生产过程。

1. 氯化蒸馏工艺

(1) 氯化蒸馏原理

氯化蒸馏工艺是生产 GeCl$_4$ 的重要工序之一。在锗精矿中,除含有锗之外,还伴随有大量的杂质元素(如 Pb、Zn、As、Fe、Al 等)。因此首先通过加入盐酸,使锗精矿中上述各组分发生氯化浸出反应是,生成相应的氯化物,反应方程式如式(7.3.4~7.3.10)所示

$$GeO_2 + 4HCl = GeCl_4 + 2H_2O \tag{7.3.4}$$

$$Al_2O_3 + 6HCl = 2AlCl_3 + 3H_2O \tag{7.3.5}$$

$$Fe_2O_3 + 6HCl = 2FeCl_3 + 3H_2O \tag{7.3.6}$$

$$PbO + 2HCl = PbCl_2 + H_2O \tag{7.3.7}$$

$$ZnO + 2HCl = ZnCl_2 + H_2O \tag{7.3.8}$$

$$As_2O_3 + 6HCl = 2AsCl_3 + 3H_2O \tag{7.3.9}$$

$$MnO_2 + 4HCl = MnCl_2 + Cl_2 + 2H_2O \tag{7.3.10}$$

表 7.3.1 列举了部分氯化物的沸点,可以看出由于 GeCl$_4$ 的沸点比杂质元素氯化物的沸点低许多,因此利用沸点的差异,通过蒸馏可实现 GeCl$_4$ 与大多数杂质分离的目的。

表 7.3.1　部分氯化物的沸点

氯化物	沸点/℃						熔点/℃
	压力/kPa						
	0.133	1.33	5.32	13.3	53.2	101.08	
GeCl$_4$	−45.0	−15.0	8.0	27.5	68.8	83.1	−49.5
FeCl$_3$	194.0	235.5	256.8	272.5	298.0	319.0	304
AlCl$_3$	100.0	123.8	139.9	152.0	171.6	180.2	192.4
PbCl$_2$	547	648	725	784	893	954	501
ZnCl$_2$	428	508	516	610	689	732	365
MnCl$_2$	8	778	879	960	1108	1190	650

值得注意的是,由于 AsCl$_3$ 在常压下的沸点为 130.2 ℃,与 GeCl$_4$ 的沸点较为接近,因此氯化浸出时需要加入氧化剂(MnO$_2$ 或氯气),将 AsCl$_3$ 氧化成高沸点的砷酸,从而在蒸馏过程中实现与 GeCl$_4$ 的分离。反应方程式如式(7.3.11)。

$$AsCl_3 + Cl_2 + 4H_2O = H_3AsO_4 + 5HCl \tag{7.3.11}$$

(2) 氯化蒸馏的工艺操作

氯化浸出蒸馏在安装有搅拌器的耐酸搪瓷釜中进行,耐酸搪瓷釜有夹套,可通过夹套内的导热油或蒸汽对搪瓷釜进行加热。在搪瓷釜的蒸汽出口处连接有冷凝器,用于冷凝气相中的 GeCl$_4$,冷凝器的出口与 GeCl$_4$ 接收瓶和尾气吸收系统连接。图 7.3.3 为氯化浸出蒸馏的设备连接示意图。

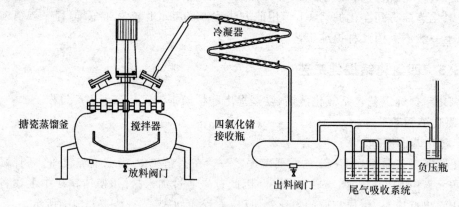

图 7.3.3　氯化蒸馏设备连接示意图

通过搪瓷蒸馏釜上的加料口加入含锗原料和部分辅材,通过蒸馏釜上的进酸口依次加入盐酸和浓硫酸,主辅料加入完毕后,封闭加料口和进酸口,接通冷却水,开启搅拌器对釜内物料进行搅拌。

搅拌一段时间后,通过夹套中的导热油或蒸汽对蒸馏釜进行加热。随着温度的升高,大量易挥发的 HCl 气体、氯气以及 GeCl$_4$ 被蒸馏出来,并通过冷凝器冷凝成液体收集在接收瓶中,少量未被冷凝的 GeCl$_4$ 气体随尾气中的 HCl 气体、氯气等被带走。在尾气吸收系统中使用 7 mol·L^{-1} 的盐酸作为吸收液,通过盐酸吸收尾气中的 GeCl$_4$。

表 7.3.2 为 GeCl$_4$ 在不同浓度盐酸中的溶解度数值,可以看出当盐酸浓度在 7～

$8 \ mol \cdot L^{-1}$ 之间时，$GeCl_4$ 在盐酸中的溶解度最高。之后随着盐酸浓度的增加，$GeCl_4$ 在盐酸中的溶解度逐渐下降。

表 7.3.2　$GeCl_4$ 在不同浓度盐酸中的溶解度

盐酸浓度/$(mol \cdot L^{-1})$	7	7.77	8.32	9.72	12.08
$GeCl_4$ 溶解度/$(g \cdot L^{-1})$	37	85.36	61.83	17.84	1.83

在氯化蒸馏的过程中，随着尾气吸收的进行，尾气中的大量 HCl 气体溶解在尾气吸收液中，尾气吸收液中盐酸的浓度逐渐增加，使其溶解 $GeCl_4$ 的能力不断降低，从而导致 $GeCl_4$ 饱和析出并与盐酸分层。由于 $GeCl_4$ 的密度比盐酸的密度大，因此 $GeCl_4$ 层位于尾气吸收液的底部。

氯化蒸馏完毕后，待蒸馏釜温度降至室温时，打开蒸馏釜下部的放料阀门，放掉釜内的残酸和残渣。同时收集接收瓶内和尾气吸收系统中的 $GeCl_4$，并将 $GeCl_4$ 打入储罐中，以备后续工序的使用。

2. 复蒸提纯工艺

（1）复蒸提纯原理

氯化蒸馏工序所生产的 $GeCl_4$ 中，往往含有较高 $AsCl_3$ 杂质。复蒸提纯工艺是利用 $GeCl_4$ 和 $AsCl_3$ 在浓盐酸中溶解度的差异，用浓盐酸萃取溶于 $GeCl_4$ 中的 $AsCl_3$ 杂质。同时在浓盐酸中加入氧化剂，将低价态、低沸点的 $AsCl_3$ 杂质氧化成高沸点的砷酸，之后通过蒸馏使 $GeCl_4$ 与溶解在盐酸中的砷分离，提高 $GeCl_4$ 的纯度。

$GeCl_4$ 难溶于浓盐酸，而 $AsCl_3$ 在浓盐酸中的溶解度较大。图 7.3.4 为 $GeCl_4$ 和 $AsCl_3$ 的溶解度随盐酸浓度变化的曲线。

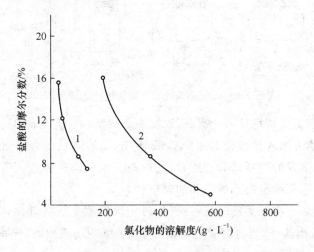

图 7.3.4　$GeCl_4$ 和 $AsCl_3$ 的溶解度随盐酸浓度变化的曲线
1—$GeCl_4$；2—$AsCl_3$

通过对比图 7.3.4 中的两条溶解度曲线可以看出，$GeCl_4$ 在浓盐酸中的溶解度极低，而 $AsCl_3$ 在浓盐酸中的溶解度较大，因此用浓盐酸萃取可以有效地分离 $AsCl_3$，并可避免因 $GeCl_4$ 溶于稀盐酸中而造成 $GeCl_4$ 的损失。

在向盐酸中加入 MnO_2 后，MnO_2 首先与盐酸反应生成氯气，氯气可使低沸点的 $AsCl_3$

杂质氧化成高沸点的砷酸。含有氯气的盐酸萃取 GeCl₄ 中的 AsCl₃ 时，发生如下反应：

$$AsCl_{3\ GeCl_4} \leftrightarrow AsCl_{3\ HCl} \tag{7.3.12}$$

当平衡时

$$\frac{C_A}{C_B} = K \tag{7.3.13}$$

式中，K 为分配系数；C_A、C_B 分别为 AsCl₃ 在盐酸和 GeCl₄ 中的浓度。

该反应物质平衡方程为：

$$C_A \cdot V_A + C_B \cdot V_B = V_B \cdot C_0 \tag{7.3.14}$$

式中，V_A、V_B 分别为盐酸和 GeCl₄ 中的体积；C_0 分别为 AsCl₃ 在 GeCl₄ 中的原始浓度。

研究发现，盐酸中 AsCl₃ 的分配系数与其在盐酸中的浓度呈反比关系。因此当盐酸中含有大量氯气时，由于氯气与 AsCl₃ 发生反应使 AsCl₃ 在盐酸中的浓度下降，从而提高了 AsCl₃ 的分配系数，因此减少了 AsCl₃ 在 GeCl₄ 中的浓度，提高了 AsCl₃ 的去除效果。

GeCl₄ 经盐酸萃取后，通过蒸馏使 GeCl₄ 与溶解在盐酸中的砷分离，提高 GeCl₄ 的纯度。

（2）复蒸提纯的工艺操作

复蒸提纯在耐酸搪瓷釜中进行，为确保 GeCl₄ 的提纯效果，复蒸提纯过程多采用两级蒸馏串联的方式进行。图 7.3.5 为复蒸提纯工艺的设备连接示意图。

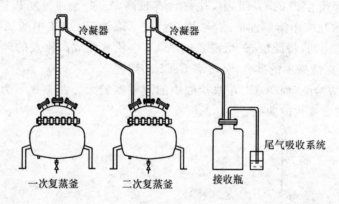

图 7.3.5　复蒸提纯工艺设备连接示意图

首先通过搪瓷釜上的加料口向一次、二次复蒸釜内加入一定量的 MnO₂，之后通过磁力泵向一次复蒸釜内依次加入盐酸和 GeCl₄，盐酸与 GeCl₄ 的体积比为 1～2：1。主辅料加入完毕后，封闭一次复蒸釜的加料口和进酸口，之后向二次复蒸釜内加入等量的浓盐酸，盐酸加入完毕后，封闭二次复蒸釜的进酸口和加料口。

接通冷却水，开启一次复蒸釜的过料阀门，对一次复蒸釜进行升温，GeCl₄ 开始流出时，注意控制 GeCl₄ 的流出速度，当过料管道中没有明显的 GeCl₄ 流出时，停止加热，关闭一次复蒸冷却水和过料阀门。

一次复蒸釜停止加热后，打开二次复蒸釜上的过料阀门，升温。二次复蒸的过料管出现 GeCl₄ 时，开启复蒸接收瓶的进料阀门。当过料管中无 GeCl₄ 时，关闭冷却水和过料阀门，停止加热。

复蒸完成之后，GeCl₄ 产品进入复蒸接收瓶静置，将静置后的 GeCl₄ 压入精馏工序的原料储罐中，以备精馏使用。

3. 精馏提纯工艺

（1）精馏提纯原理

在精馏提纯过程中,塔内被汽化的液体所产生的蒸汽自下而上地流动,同时在塔顶的蒸汽被冷凝成液体自上而下地流动,在连续的气液两相的接触过程中产生了传热和传质的现象,来自下方的蒸汽冷却时放出的潜热上方的液体部分被汽化,易挥发的组分从液相转入气相;同时,下方的蒸汽放出的潜热后部分冷凝为液体,使难挥发的组分从气相进入液相。

这样在精馏塔内部随处进行着气液相的热量和质量的交换,当经过一段时间回流后,易挥发的组分不断从液相向气相转移,从而使易挥发的组分不断在塔顶富集,即低沸点部分;同时,液相从塔顶到塔底易挥发的组分不浓度断降低,难挥发的组分浓度不断上升,从而使难挥发组分在塔底富集,也就是高沸点部分。这时,整个精馏塔内部达到一个动态的平衡,不同的高度位置形成不同组分组成的组分层,从而达到分离提纯的目的。

（2）精馏提纯的工艺操作

通过精馏塔釜上的物料进口将 $GeCl_4$ 压入到精馏塔釜中,升温,控制精馏塔釜温度,使釜中的 $GeCl_4$ 处于微沸腾状态;同时向精馏塔釜内通入高纯惰性气体,以赶走溶解在 $GeCl_4$ 中的杂质气体。

赶气一段时间后,再次升温,控制精馏塔釜的温度和塔头的温度,使 $GeCl_4$ 在全塔内回流。

当全回流一段时间后,以一定的回流比将 $GeCl_4$ 精馏前段产品取至低沸点容器中,对精馏产品进行在线检测,通过分析红外谱图,判断检测结果合格后,控制截取的高沸点量,以一定的回流比将 $GeCl_4$ 取入到产品容器中。

7.4 典型四氯化锗提纯设备

精馏提纯过程中所使用的设备为板式精馏塔,设备材质为纯度 99.999 99％ 以上高纯石英材质,精馏塔由塔釜、塔柱、塔头以及精馏冷凝管几部分组成。精馏塔釜上安装有液体物料入口以及加热系统,精馏塔柱内部采用多层筛板结构,在精馏塔头安装有冷凝器,冷凝器包括塔头内的盘管式结构和夹套结构,保证了塔头的冷凝效果。塔釜和塔头上均装有温度感应装置以实现对塔釜和塔头温度的测量,同时,塔头上装有电磁阀,可以控制系统在全回流和取产品两种状态之间进行转换,并可通过回流比控制取产品的速度,实现对产品质量的控制。电磁阀出口连接精馏冷凝管,对产品进行进一步冷却。冷凝管末端分别连接气体管路和液体管路,其中气体管路与压力控制系统连接,可实现对精馏系统压力的实时控制;液体管路末端与精馏系统出料口的三通球阀进行连接,三通阀门的一端连接有产品容器,另一端与高纯惰性气体(含水量 $<1~\mu g \cdot g^{-1}$)系统相连接。精馏系统的设备连接图如图 7.4.1 所示。

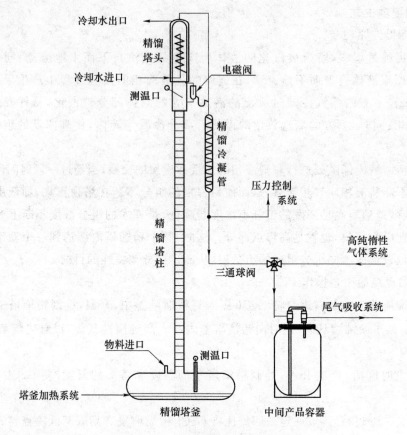

图 7.4.1　精馏系统的设备连接图

7.5　高纯四氯化锗提纯后的包装、储存与运输

光纤预制棒制造对原材料纯度要求极高,在生产、灌装、储存和运输过程中必须确保良好的密封性,避免直接暴露在外部环境中,否则会影响高纯材料的纯度。因此,在四氯化锗使用前的包装、储存和运输必须与四氯化锗生产和提纯过程一样,予以高度重视。

7.5.1　高纯四氯化锗的包装存储容器

由于四氯化锗($GeCl_4$)与空气发生接触,在常温、常压下为具有挥发性和较强腐蚀性的液体产品,在生产、灌装和储存过程中应避免与空气发生接触,因此要求其包装存储容器具有良好的密封性。目前世界上所使用的包装容器,从材质上分为玻璃和不锈钢两种。

玻璃容器主要有石英玻璃瓶和硼硅酸盐玻璃瓶,通常石英容器封装的包装规格为0.25 kg、0.5 kg,封装的包装规格为9 kg、18 kg 或50 kg。为保持密封性,通常使用特制的四氟阀门,阀门以螺口的形式同玻璃瓶连接。由于氟塑料与玻璃的膨胀系数有较大的差异,因此在使用过程中必须对四氟阀门进行特殊设计处理,防止长期使用中变形,使阀门的密封性受到影响,导致产品质量受到二次污染。此外玻璃属于易碎材质,耐压能力差,在运输、储存和使用中需装入木箱之中,不能直接搬运盛放四氯化锗的容器,搬运过程中严禁将装四氯化锗容器摇晃、碰撞、倒置,这也是玻璃容器使用的局限性。

不锈钢容器主要是指低碳合金钢材质,这类不锈钢对高纯四氯化锗物料具有高度稳定性。根据表 5.4.1 实验数据,和四氯化硅相同,高纯四氯化锗一般也选择 316L 钢材料作为包装容器材质。

高纯四氯化锗不锈钢容器封装的包装规格为 50 kg、100 kg、200 kg、400 kg 等。图 7.5.1 是一种专门用于光纤用高纯四氯化锗材料运输存储的钢制容器结构示意图。其容器罐体、上下法兰、阀门和管道均采用不锈钢材质,在罐体顶端直接焊有下法兰,气、液体进出口阀门及金属管道直接焊接在上法兰上,上下法兰采用内六角不锈钢螺栓进行连接,可以保证包装容器具有良好的密封性。容器设计有专用的阀门护罩以避免阀门系统遭到损坏。

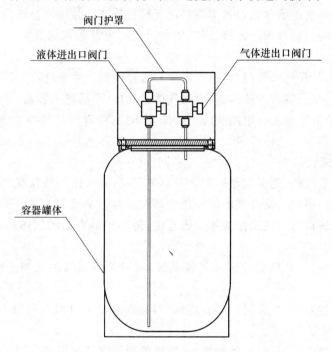

图 7.5.1　高纯四氯化锗包装容器结构示意图

7.5.2　高纯四氯化锗原材料灌装

1. 包装容器的清洗

光纤原材料由于纯度要求极高,因此灌装前需要对容器进行彻底清洗,以防止储罐内混入的杂质对光纤材料造成二次污染。

(1) 表观清洗

使用专用的清洁剂对容器罐体内外进行表观清洗,并检查容器内壁,确保容器内壁平整、光亮,不允许有机械划伤、坑、固体黏着物。

(2) 化学清洗

表观清洗完毕后,使用专用的化学清洗液对容器罐体内表面、法兰盘、阀门以及金属管道进行进一步清洗。

当容器化学清洗完毕后,用大量的去离子水冲洗罐体内外、法兰盘、阀门以及金属管道,冲洗完毕后进行脱水处理。

(3)容器组装

在清洗完毕的容器罐体上依次安装法兰盘、阀门和连通管。容器组装完毕后,使用惰性气体对容器内部进行吹洗。

(4)高纯四氯化锗原材料清洗

惰性气体吹洗完毕后,向容器内压入合格的光纤级 $GeCl_4$ 对容器进行清洗。测量清洗后的 $GeCl_4$ 的红外吸收透过率,直至检测合格后,此容器方可使用。

2. 高纯四氯化锗充装过程

(1)精馏中间产品接入过程

使用专用的聚四氟乙烯(PFA)管道将经过光纤材料清洗并检测合格后的容器的液体出口阀门与精馏系统的出料口阀门连接,同时使用管道将容器的气体进口阀门与尾气吸收系统连接。

关闭容器阀门,打开气体阀门,对连接管道和容器的阀门系统进行短路吹洗。

关闭气体阀门,打开容器的液体进出口、气体进出口,产品进入容器。

关闭容器阀门,对管道进行短路吹洗。吹洗完毕后,将容器从精馏系统上卸下,封闭容器进出口,称重,在容器上悬挂标识。

(2)最终产品充装过程

最终产品的包装规格、充装数量依据客户订单而定,通常在产品容器之间进行操作。

使用专用管道将中间产品容器的液体进出口与最终产品容器的液体进出口相连接,中间产品容器的气体进口与高纯惰性气体系统连接,最终产品容器的气体进口阀门与尾气吸收系统连接。

关闭所用容器阀门,开启高纯惰性气体系统,对容器的阀门系统和连接管道进行短路吹洗。

开启中间产品容器阀门、最终产品容器阀门,达到规定重量后关闭所有阀门,进行短路吹洗。

达到规定的短路吹洗时间后,拆卸管道,取样检测最终产品容器内的产品的红外吸收透过率,记录检测结果。

检测合格,拆卸所有管道,用洁净的无纺布清洁阀门接口,旋上接口堵头,并用专用工具紧固。

对最终产品容器进行称重,记录容器内的产品净重。罩上阀门护罩,并固定其位置。罩上外塑料袋,并将最终产品容器放置在指定区域。

7.5.3 高纯四氯化锗原材料的储存

为验证光纤材料在包装储存容器内经过长时间的储存后其产品质量是否会发生变化,对某批在容器中经过长时间存储的 $GeCl_4$ 进行复检,表 7.5.1 和表 7.5.2 分别是 $GeCl_4$ 存储前后的红外吸收透过率的变化情况和 $GeCl_4$ 存储前后金属元素杂质含量的变化情况。

表 7.5.1　GeCl₄存储前后的红外吸收透过率的变化情况

含氢化合物种类	红外吸收峰位置/cm⁻¹	储存前 红外透过率检测结果/%	储存一年后 红外透过率检测结果/%
$GeCl_3OH$	3 608	97.99	96.82
CH	2 970~2 925	99.59	99.68
HCl	2 860~2 830	99.50	99.10

表 7.5.2　GeCl₄存储前后的金属离子杂质含量的变化情况

金属元素杂质种类	储存前 金属离子杂质含量/ng·g⁻¹	储存一年后 金属离子杂质含量/ng·g⁻¹
Co	<0.3	<0.3
Cr	<0.3	<0.3
Cu	<0.03	<0.03
Fe	<0.3	<0.3
Mn	<0.03	<0.03
Ni	<0.3	<0.3
V	<0.3	<0.3
Al	<0.3	<0.3
Zn	<0.3	<0.3
Pb	<0.3	<0.3
金属元素杂质总量	<2.5	<2.5

对比存储前后的 $GeCl_4$ 的红外透过率可以看出,$GeCl_4$ 在容器中经长时间储存后,其红外透过率的变化的最大值为 1% 左右。证明 $GeCl_4$ 存储容器的密闭性良好,$GeCl_4$ 存储过程中未受到外界污染。

对比存储前后的 $GeCl_4$ 的金属元素杂质可以看出,$GeCl_4$ 在容器中经长时间储存后,其金属元素杂质的含量未发生变化。证明 $GeCl_4$ 存储容器所使用的材质耐腐蚀性能和稳定性能良好,在 $GeCl_4$ 长期存储过程中容器罐体所使用的材质不会对产品质量造成影响。

7.5.4　高纯四氯化锗原材料的运输

由于四氯化锗极易水解,且具有腐蚀性,属危险品。因此在运输、装卸过程中容易造成人身伤亡和财产损毁,需要特别防护。

在包装时,一般采用石英玻璃器皿、硼硅酸盐玻璃瓶或不锈钢瓶进行四氯化锗的密封储存,封装时需在法兰盘面加入干燥剂,保证四氯化锗容器的干燥整洁,存放于仓库时应与食品、碱类等物质隔离。在装运前应根据其性质、运送路程、沿途路况等采用安全的方式包装好。包装必须牢固、严密,在包装上做好清晰、规范、易识别的标志。

　　危险品装卸现场的道路、灯光、标志、消防设施等必须符合安全装卸的条件。装卸危险品时,汽车应在露天停放,装卸工人应注意自身防护,穿戴必需的防护用具。严格遵守操作规程,轻装、轻卸,严禁摔碰、撞击、滚翻、重压和倒置,怕潮湿的货物应用篷布遮盖,货物必须堆放整齐,捆扎牢固。装运危险品必须选用合适的车辆,必须使用符合安全要求的专门危化品运输车辆运输,严禁用全挂汽车列车、拖拉机、三轮机动车、摩托车、人力三轮车和自行车装运。装运危险品的车辆,应设置 GB 13392—92《道路运输危险货物车辆标志》规定的标志。汽车运行必须严格遵守交通、消防、治安等法规,应控制车速,保持与前车的距离,遇有情况提前减速,避免紧急刹车,严禁违章超车,确保行车安全。

　　运输过程中,一旦发生液体渗漏时,应及时将渗漏部位朝上,用黄砂、干土盖没后扫净并及时移至安全通风场所修补或更换包装,严禁用水冲洗。高纯四氯化锗包装一旦发生渗漏,即不可继续使用,必须回收进行再处理。

第8章
光纤预制棒用气体的制备技术

由光纤制造工艺可知,光纤制备过程中需要使用的气体包括氧气、氢气、氦气、氯气、氩气、氮气、气态氟化物等。每种气体在光纤制造过程中不同阶段使用,即使是同一气体在不同阶段所起的作用也不同,对气体的技术要求也存在明显差异。气体按用量的大小可分为两种,用量较大的称为大宗气体(Bulk gas),用量较小的称为特种气体(Specialty gas)。大宗气体有:氮气、氧气、氢气、氩气和氦气。依据气体在光纤制备中的不同作用,又分为工艺气体和普通气体。工艺气体直接参与光纤预制棒沉积中芯层和包层的沉积反应,如氧气、含氟气体等。普通气体主要作为工艺辅助气体材料,如氮气、氢气、氩气和氦气等。无论工艺气体还是辅助气体,都具有品种多、纯度要求高及用量不太大等特点,对光纤最终性能都有直接或间接影响。因此,气体的制备及提纯是光纤制造工艺不可忽视的重要工艺技术。

由于光纤制造过程中使用的气体种类众多,内容篇幅较大,为此将分两章介绍气体的制备技术。本章将重点介绍只在光纤预制棒制造过程中使用的工艺气体及辅助气体的制备技术,其他气体包括在光纤预制棒制造和光纤拉丝过程中都使用的气体将在下一章节中介绍。

8.1 氧气制造技术

氧气在光纤制造工艺中既是参加反应的气体,又可作其他反应气体的载气或加热用燃料,在光纤制造过程中用量较大。

8.1.1 氧气特性

氧在常温、常压下为无色、无味、无嗅的永久性气体,广泛存在于自然界中,为动物呼吸、燃料燃烧所必须;氧微溶于水,在磁场中表现为顺磁性,其容积磁化率在常见气体中为最大,该性质可用于气体中氧含量的检测;在静电放电条件下,氧可转变为臭氧(O_3,强氧化剂)。标态下氧气的基本理化性能如表 8.1.1 所示。

表 8.1.1　氧气基本理化性能

性能	值	性能	值
相对分子量	31.998	气体密度	1.325 kg/m³(21 ℃)
熔点	54.36 K	液体密度	876 kg/m³(−140 ℃)
沸点	90.17 K	摩尔体积	22.39 L/mol
临界温度	154.58 K	气体热传导系数,25 ℃	0.025 71 w/(m.k)

氧的化学性质很活泼,能与所有的金属(除金、铂等少数贵金属)和非金属(除氦、氖、氩等稀有气体)元素发生化学反应,生成氧化物,且大多数氧化物都很稳定;氧还可以与无机氧化物、有机氧化物等发生反应,使其进一步氧化成稳定的氧化物;氧与其他物质化合时为放热反应,且反应急剧;另外,氧参与生命过程中机体内氧化过程的生化反应,使机体内不断产生能源物质(糖、蛋白质和脂肪)。

氧本身不燃烧,但能助燃。在可燃物中,氧浓度增加时火焰的温度和火焰长度随之增加,使可燃物的着火温度下降;氧与氢的混合气具有爆炸性,液氧和有机物或其他易燃物共存时,在高压下也具有爆炸的危险性。

空气中氧的含量 20.95%(体积百分数),通常把氧含量高于 20.95%(体积百分数)的空气称为富氧空气,氧含量 99.5% 以上称为纯氧,氧的浓度达到 99.99% 以上称为高纯氧,99.999% 以上称为超纯氧。纯氧、高纯氧和超纯氧的技术要求如表 8.1.2 所示。

表 8.1.2　不同纯度氧的技术指标

纯氧、高纯氧、超纯氧(GB/T 14599—2008)

项目名称	指标		
	超纯氧	高纯氧	纯氧
氧气(O_2)的体积分数/10-2	99.999 9	99.999	99.995
氢气(H_2)的体积分数/10-6	≤0.1	≤0.5	≤1
氩(Ar)的体积分数/10-6	≤0.2	≤2	≤10
氮(N_2)的体积分数/10-6	≤0.1	≤5	≤20
总烃含量(以甲烷计)/10-6	≤0.1	≤0.5	≤2
二氧化碳含量/10-6	≤0.1	≤0.5	≤1
水分/10-6	≤0.5	≤2	≤3
颗粒(φ≥0.5 μm)/粒/L	≤1	≤2	≤5

氧的用途非常广泛,在生命科学、医疗保健、工业生产、航天航空等众多领域都有其应用,其中,依照氧纯度差别(富氧和纯氧)有不同应用领域。

富氧除具备空气的助燃、呼吸和工业氧化等重要作用外,还具有明显的节能、增效、环保、医疗保健等功能,其主要应用于燃煤燃油锅炉(助燃、降耗、环保等)、玻璃工业(节能、环保、品质等）、冶金工业（节能、降耗、环保、品质等）、石油化工（原料、增效等）和医疗保健（生命需要）。

而纯氧、高纯氧还具备空气和富氧空气所不能比拟的作用和功效，其主要体现在以下几个方面：

在冶金工业中，纯氧应用于钢铁冶炼中的转炉炼钢、电炉炼钢、富氧炼铁（需配置空气），有色冶炼中的干法冶炼和湿法冶炼（需配置空气）；在机械工业中用于切割、焊接等；在化学工业中，纯氧作为合成氨中原料氧化、硝酸生产中氧化氨、裂解原油或石油生产烯烃、煤吹氧高压气化制造煤气、燃料电池生产及纸浆漂白等。

在医疗及生命支持中，纯氧主要用于手术用氧、急救用氧、高压氧治疗及家庭氧疗等，航空航天和水下作业的生命支持用氧；在军事和宇航中，人员用氧以及用液氧制备液氧炸药、火箭和飞船的助燃剂等。

在电子工业中，硅片制备、扩散源的扩散、氧化铁板的制作、玻璃钝化膜的制备、石英玻璃的切割等中需要高纯氧气，高纯氧还用于光纤制备及电真空的研究。在光纤制造中，氧的主要作用燃烧（纯氧）和工艺气体（高纯氧），其纯度要求高；其中作为燃烧气体时，氧气纯度达到 99.5% 以上，而作为工艺气体用时需用高纯氧。

8.1.2 氧气制备方法

氧气的制备方法可分为化学法和物理法。化学法一般采用含氧化合物的化学反应或电化学反应，实验室制取氧气一般采用化学法；物理法是利用氧气的物理特性，采用深冷精馏、物理吸附和筛滤等方法从空气中提取。氧的工业生产方法分两大类：一是空气分离物理法，二是电解水的化学法。氧的工业生产方法可由图 8.1.1 总结。

1. 空分制氧法

空气是一种混合气体，干空气中氧组分占 20.95%（体积分数），空分制氧的工业方法主要包括低温精馏法、变压吸附法和膜分离法。

（1）低温精馏法

低温法首先将空气净化（除去水分、CO_2、乙炔等碳氢化合物、粉尘等），再将净化空气进行压缩、冷却液

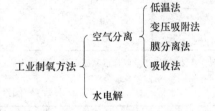

图 8.1.1 氧气的工业生产方法

化，再利用空气中氧组分、氩组分、氮组分的沸点不同（标准大气压下 O_2 沸点 90.17 K、Ar 沸点 87.29 K、N_2 沸点 77.35 K），在精馏塔中进行氧、氮和氩的分离。通过低温精馏可分别获得 99.5% 的氧、99.99% 以上的氮及 95% 以上的氩。

低温精馏法空气分离设备依照所采用的工业压力不同，可分为高压流程（20～22 MPa）、中压流程（1.5～5.0 MPa）和低压流程（0.5～0.6 MPa）三种基本工艺类型，利用深冷空分法的小型制氧机工艺流程图如图 8.1.2 所示。目前，国内低温精馏法空分制氧规模已经达到 100 000 m^3/h。

常规低温精馏法空分分离装置系列列于表 8.1.3，典型国产低温精馏法制氧机的技术指标列于表 8.1.4。

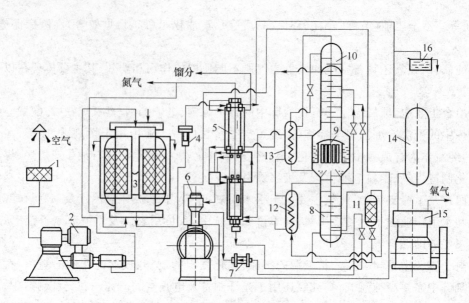

图 8.1.2　小型制氧机流程示意图

1,4—过滤器;2—空压机;3—纯化器;5—热交换器;6—膨胀机;7—空气过滤器;8—下塔;9—冷凝蒸发器;

10—上塔;11—乙炔吸附器;12—液空过冷器;13—液氮过冷器;14—贮气囊;15—氧压机;16—水封器

表 8.1.3　低温精馏法空气分离装置常规系列

氧气产量*/(m³·h⁻¹)	20	50	150	300	600	800	1 000	1 500	3 200	4 500	6 000	10 000	20 000	30 000
产品纯度(V/V)/%	氧气			>99.2						>99.5				
	氮气			>99.5						>99.9				
空气操作压力/MPa	15	中压 1.5～2.5						0.55～0.65						
		低压 0.65～0.70												

* 注:氧气产量以标准状态下每小时体积流量计。

表 8.1.4　国产典型低温精馏法制氧机的技术指标

型号	产量/(m³·h⁻¹)			纯度(体积分数)/%			压力/MPa	启动时间/h	电耗/(kW·h·m⁻³)
	O₂	N₂	Ar	O₂	N₂	Ar	工作		
KGON-15/20	15	20		99.7	99.999 7		9～12	22	2
KZON-50/100	50	100		99.5	99.99		2～3	9	1.25
KZON-150/600-3	150	600	3	99.5	99.95	99.99	2～2.5	8～10	1.2
KZON-3000/1100	300	1 100		99.5	99.9		1.17～1.47	24	1.23
KZON-1000/1100-3	1 000	1 100	10	99.6	99.99	99.99	0.588	48	0.638
KDON-1500/1500	1 500	1 500	30	99.6	99.99	99.99	0.51	40	～0.63
KDON-3200/3200-3	3 200	3 200	35	99.6	99.99	99.99	0.55	40	0.61
KDON-4500/2000	4 500	2 000		95	99		0.49	40	0.52
KDON-6000/6000	6 000	6 000	75	99.6	99.99	99.99	0.55	<48	0.54

型号	产量/$(m^3 \cdot h^{-1})$			纯度(体积分数)/%			压力/MPa	启动	电耗/
	O_2	N_2	Ar	O_2	N_2	Ar	工作	时间/h	$(kW \cdot h \cdot m^{-3})$
KDON-10000/10000	10 000	10 000	250	99.6	99.999	99.999	0.55	40	0.48
KDON-30000/40000	30 000	40 000	1 080	99.6	99.999	99.999	0.55	36	0.42

（2）变压吸附法

该法是利用空气中氧和氮在分子筛吸附剂中吸附性能不同，采用常温、低压或常压下进行氧、氮组分分离的方法，包括 PSA（Pressure Swing Adsorption）工艺和 VPSA（Vacuum Pressure Swing Adsorption）工艺。

变压吸附空分制氧装置主要设备包括鼓风机（或空压机-PSA 工艺）、真空泵、氧压机（氧气升压需要时）、吸附塔、贮罐、阀门、控制系统等，其工艺包括充压、吸附、均压降、抽真空（或冲洗）、均压升等步骤。其中主要吸附剂为合成的沸石类分子筛（如含锂分子筛、5A 或 13X 分子筛等）、活性氧化铝等，在分子筛吸附过程中主要是吸附空气中氮气（含水分、CO_2 等微量杂质），由于氧与氩在分子筛上吸附性能相近难以分离，所以通过变压吸附空分装置制备的氧气理论上 O_2 浓度最高不超过 95.6%（体积百分数），实际制氧装置生产的氧气浓度一般在 95% 以内的富氧气体，一般在 70%～94% 范围内。目前，国内单组系列变压吸附空分制氧规模可达到 15 000 Nm^3/h，市场制氧规模已达到 30 000 Nm^3/h（氧浓度 70%～90%）。

其中，国产变压吸附制氧（含 PSA-O_2 和 VPSA-O_2）的技术指标列于表 8.1.5，典型真空变压吸附空分制氧流程如图 8.1.3 所示。

表 8.1.5　变压吸附制氧设备的规格及性能

规格（产量）/$(m^3 \cdot h^{-1})$	氧纯度/%	产品氧压力/MPa	单位制氧电耗/$(kW \cdot h \cdot m^{-3})$	启动时间/min
5			≤1.5	
10			≤1.4	
25		≥0.2	≤1.2	
50			≤1.1	
100			≤1.0	
200				
300	≥90			50
500				
600				
800				
1 000		≥0.02	0.5～0.52	
1 200				
1 500				
3 000				

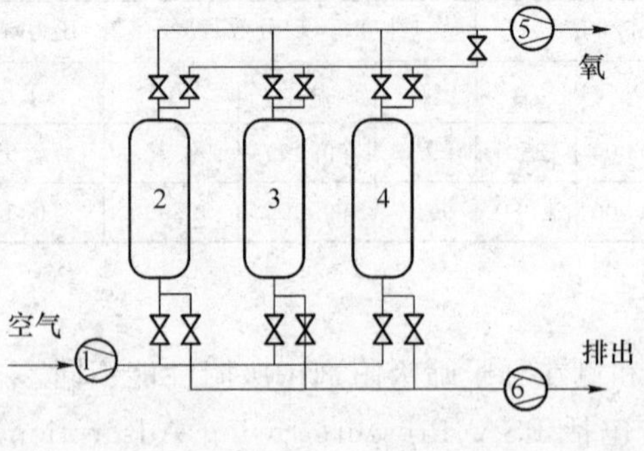

图 8.1.3　　典型真空变压吸附制氧流程示意图
1—鼓风机;2,3,4—吸附塔;5—产品氧压机;6—真空泵

（3）膜分离法

通过将空气加压（或负压）的方式,利用氧与氮在有机聚合薄膜上渗透选择性的差异,将空气中氧与氮等分离的方法。一般膜法制富氧中膜中的氧渗透系数比氮高,氧先通过膜,在膜后富集成富氧空气,一般单级膜分离制氧装置的氧浓度只能达到 30%～45%,且氧回收率也较低,要达到较高氧浓度需要多级循环提浓,如经过五级膜分离氧浓度才能达到 91%。目前市场上采用膜法空分的规模一般在 1 000 Nm^3/h 以内,氧浓度多在 30%～40%范围内。

2. 水电解法

在一定条件下,采用电极材料对碱性溶液（如 20%～30%的 KOH 溶液）进行电解,获得纯度 99.9%的 H$_2$ 和 99.3%～99.8%的 O$_2$,水电解装置结构形式有箱式、常压型过滤式和压力型过滤式,水电解产生 1 m^3 H$_2$ 和 0.5 m^3 O$_2$,其能耗高,若以氧为主产品时,制氧电耗 8.6～9.8(kWh/m^{3}O$_2$),其电解反应式如下:

阳极:　　　　　　　$2OH^- - 2e \longrightarrow 0.5O_2 \uparrow + H_2O$　　　　　　　　(8.1.1)

阴极:　　　　　　　$2H_2O + 2e \longrightarrow H_2 \uparrow + 2OH^-$　　　　　　　　(8.1.2)

总电极反应:　　　　$H_2O \longrightarrow H_2 \uparrow + 0.5O_2 \uparrow$　　　　　　　　(8.1.3)

其水电解装置工艺流程如图 8.1.4 所示。

8.1.3　氧气提纯技术

高纯氧的制取,目前常通过电解氧和空分氧两种方式中制取的工业氧,再进行后续除杂处理后获得。

1. 从电解氧制取

水电解氧的主要杂质是氢,电解氧需要通过脱氢器、冷却器、气水分离器、干燥器、过滤器等系列工艺设备进行纯化,可制取高纯氧的纯度可达 99.999%以上。电解水中氧制取,其工艺简单,生产的是气态氧,规模较小。

水电解装置出来的电解氧（氧气纯度约 99.8%）经管道输送并减压后进入氧气缓冲罐,由膜压机一段加压至 1.2 MPa,进入纯化器。纯化器主要由四个部分组成:脱水器的功能主要是消除氧气中的碱液成分;脱氢器中装有催化剂,当氧气通过脱氢器时电解氧中的主要杂质氢气在催化剂的作用下与氧发生反应生成水;干燥器的作用是进一步除去反应生成的水;

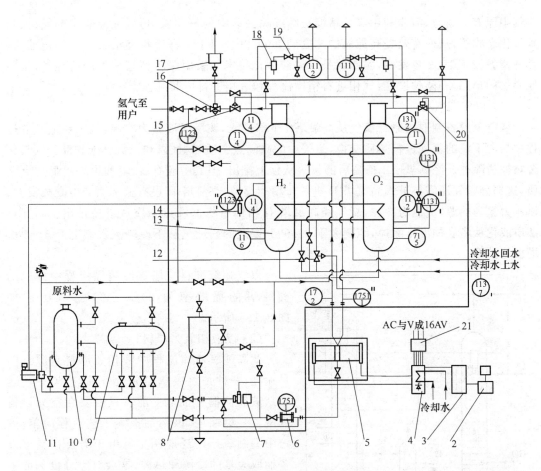

图 8.1.4 水电解装置工艺流程示意图

1—上位机；2—打印机；3—控制柜；4—整流柜；5—电解槽；6—流量开关；7—循环泵；8—碱液过滤器；9—碱箱；

10—水箱；11—加水泵材；12—冷却水薄膜调节阀；13—氢氧分离洗涤器；14—积水器；15—氢气薄膜调节阀；

16—二位切断阀；17—阻火器；18—气水分离器；19—减压阀；20—氧气薄膜调节阀；21—变压器

脱烃器里也装有催化剂，目的是脱除一氧化碳、甲烷等杂质。合格的高纯氧气从纯化器出来后，再经膜压机二段加压至 15 MPa，送至充气汇流排，各项技术指标经分析检测合格后，充入合格的充气瓶存储。具体提纯工艺如图 8.1.5 所示。

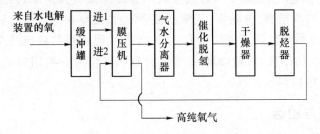

图 8.1.5 电解制氧提纯工艺示意图

2. 从空分制氧制取

从空分制取的氧气一般可同时得到纯度为 99.5% 的液氧和气态氧，其中的杂质主要是空气中原有的组分,需要利用深冷精馏法继续除去氧中的氩和氮,再脱除液氧中的氪、氙及碳氢化合物等,从而有效提高纯氧的纯度到≥99.99%以上。深冷精馏法又称低温精馏法,是林德教授于1902年发明,实质就是气体液体化技术。采用深冷精馏法生产高纯氧,按照原料氧的形态,有两种途径:气相进料精馏流程和液相进料精馏流程。

(1) 以气态氧为原料

从空分设备制取的原料氧气从高氧塔Ⅰ下部进入,该塔以液氮为冷源,氧气在上升的过程中与向下流的氮气进行热质交换,氧气中的高沸点杂质如氪、氙和二氧化碳和部分碳氢化合物被清除掉。经高氧塔Ⅰ精馏后的氧气从顶上排出,但其中还有氮、氩和甲烷等低沸点杂质,这部分氧气还需要进入高氧塔Ⅱ进一步精馏提纯,高氧塔Ⅱ设有上下两个冷凝蒸发器,以压力氮为热源,液氮为冷源,氧气经高氧塔Ⅱ精馏后将低沸点杂质从塔顶排出。高沸点杂质液化从塔底抽出排除掉,纯度大于99.99%以上的高纯氧从下冷凝蒸发器上方3~5块塔板处抽取。

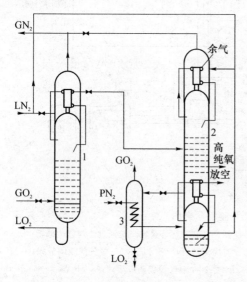

图 8.1.6　二塔深冷精馏工艺流程图

以气相氧进料二塔深冷精馏流程中提取的高纯氧的提取率为20%~25%,其工艺如图8.1.6所示。

(2) 以液相氧为原料

此高纯氧精馏流程中液相氧原料来源有两种途径,一种是直接从空分设备抽取,另一种途径从液氧储槽中抽取。前者只需要在空分设备内配置一精馏塔,该精馏提纯工艺流程简单,被大中型制氧厂广泛应用。但由于需要在空分设备抽取大量的冷源和热源,这会对空分设备的主塔产生影响,因此这种工艺的提取量以及纯度需要看空分设备的承受能力和抽取位置。

而后者是直接从外配的液氧储槽中抽取原料,不会对空分设备生产造成影响,同时还可以充分利用进料液氧的冷量,并简化热源外循环系统。但由于从储槽内抽取的原料氧含有一些高沸点杂质,需要采用二塔精馏工艺,如图8.1.7所示。即先利用精馏塔Ⅰ精馏去除大部分高沸点成分杂质,再从此塔中部抽取气体氧送入精馏塔Ⅱ继续精馏,去除高、低沸点成分杂质,最终获得纯度达到99.999%以上的高纯氧。该工艺的外循环的热源采用压力氮,在加热过程中经与液氧热交换转化成液氮可作为高纯氧精馏系统的冷源,从精馏塔Ⅱ排出的氧气可作为一般用途的工业氧,此精馏提纯工艺提取率大约为10%~15%。

8.1.4　包装与贮运

1. 包装

氧无腐蚀性,有水分时,氧对金属与腐蚀性,适合贮存氧的材料有不锈钢、镍、镍合金、玻璃等材料,要避免使用碳钢和低合金钢。对液氧可使用聚四氟乙烯、聚三氟氯乙烯聚合体和氟橡胶,避免使用聚乙烯、聚丙烯等可燃性材料。

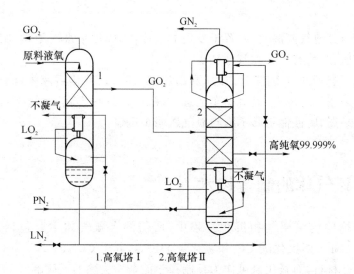

图 8.1.7　液相氧原料精馏提纯工艺

　　氧气瓶的瓶色和标记:气瓶淡酞蓝,字样"氧"、字样黑色,$p = 19.6$ MPa、白色环一道,$p = 29.4$ MPa、白色环二道。氧气使用完后必须留有 0.05 MPa 以上的剩余压力。

　　液态高纯氧常用杜瓦罐或贮罐或贮槽包装。图 8.1.8 为杜瓦罐的结构示意图。杜瓦瓶(罐)作为一种低温绝热压力容器,有立式[DPL,图 8.1.8(a)]与卧式[DPW,图 8.1.8(b)]之分,主要用于存储和运输液氮、液氧、液氩、液态二氧化碳或液化天然气,并能自动提供连续的气体。杜瓦瓶(罐)设计有双层(真空)结构,内胆用来储存低温液体,其外壁缠有多层绝热材料,具有超强的隔热性能,同时夹层(两层容器之间的空间)被抽成高真空,共同形成良好的绝热系统。

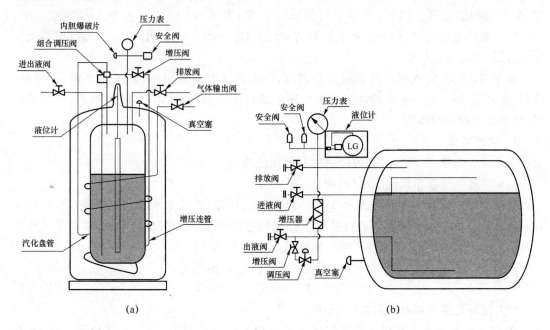

图 8.1.8　杜瓦瓶(罐)结构示意图

2. 贮运

氧气瓶不准与其他气瓶混放,放置于专用的仓库内,库内不准有地沟、暗道,应通风、干燥和避免阳光直射,严禁有明火和其他热源。

氧可以采用气态不同压力(低压、中压和高压)贮存以及液化后液体(液氧)贮存。氧的输送方式一般可采用管道输送、液氧槽车运送、气瓶运送三种方式;运输工具必须有明显的安全标志,易燃、易爆、腐蚀性物品不准与氧气瓶同车运输。

8.2 含氟气体的制造技术

在光纤预制棒的内包层气相沉积过程中,所需的含氟气体主要包括二氟二氯甲烷 CCl_2F_2、六氟化硫 SF_6、四氟化碳 CF_4 和氟化氢 HF 等,其中 CCl_2F_2、SF_6 和 CF_4 可作为预制棒低折射率的掺杂材料,而氟化氢可作为预制棒表面杂质去除的酸腐剂。

8.2.1 二氟二氯甲烷

1. 二氟二氯甲烷特性

二氟二氯甲烷(CCl_2F_2)又称氟利昂 12、R12 和 CFC-12,常态下是一种无色、无异臭、低毒、不可燃的气体,其微溶于水,可溶于烃类、卤代溶剂、醇、酮、脂及一些有机酸,但不溶于乙二醇、丙三醇等,熔点 115.15 K、沸点 243.35 K,气体密度 5.39 kg/m³(标态下),液体密度 1 307 kg/m³(25 ℃),相对分子量 120.91。

CCl_2F_2 在化学性质上比较稳定,但在紫外线或一定温度下,可分别与氧或 SO_3 发生氧化反应;有金属存在时,可与水缓慢发生水解反应;在催化剂的作用下,可与卤代烃发生调聚反应;在高温和催化剂作用下,会发生歧化反应生成 CF_4 和 CCl_4;在长波紫外线的作用下,CCl_2F_2 可发生光解反应,分解成相关的游离基($CF_2Cl \cdot$ 和 $Cl \cdot$)。另外,CCl_2F_2 可破坏大气中臭氧层,引起温室效应。

除了可作为光纤预制棒沉积用掺杂剂外,CCl_2F_2 还有其他用途,如工业空调机中的制冷剂、推进剂(同一氟三氯甲烷的混合物)、泡沫塑料的发泡剂、气体电介质、溶剂、渗漏指示剂、化学合成用中间体等。

2. 生产方法

工业上 CCl_2F_2 生产方法分为液相法和气相法两种。

(1) 四氟化碳液相氟化路线(液相法)

将一定物质量比的 CF_4 与无水 HF 送至液相反应器,采用五氯化锑为催化剂,在温度 60~160 ℃和 2.5 MPa 压力下进行反应。反应物进行冷凝、分离 HCl、水洗、碱洗及干燥等工艺,得到 CCl_2F_2 粗品,再通过压缩后精馏进行 CCl_2F_2 和 CCl_2F 分离,获得 CCl_2F_2 成品。

合成 CCl_2F_2 的主要原料有 CF_4、HF 和液碱,其反应原理为:

$$CCl_4 + 2HF \longrightarrow CCl_2F_2 + 2HCl \qquad (8.2.1)$$

(2) 四氟化碳气相氟化路线(气相法)

将 CCl_2F_2 与无水 HF 以及循环气体送入气相孵化反应器中,以三氟化铝做催化剂,在温度 450 ℃和 0.6~0.8 MPa 的压力条件下进行反应。反应合成气经冷却净化分离高沸氯化物(返回反应器循环利用)、精馏分离 HCl、水洗、碱洗、干燥等工艺,得到 CCl_2F_2 粗品,再通过压缩后精馏进行 CCl_2F_2 和 CCl_2F 分离,得到 CCl_2F_2 成品。

其合成的主要原料有 CF_4、HF、液碱和催化剂,其化学反应式与液相法相同。

3. 纯化方法

CCl_2F_2 的纯化主要是去除产品中残留 CCl_2F 等有机物和水分,其中 CCl_2F 等有机物通过 CCl_2F_2 粗品压缩后送入精馏塔,使 CCl_2F_2 与 CCl_2F 有效地分离,水分可通过吸附剂吸附脱除。

经过提纯后,用于光纤预制棒制造的二氟二氯甲烷(CCl_2F_2)产品应满足表 8.2.1 所示的技术指标要求。

表 8.2.1 二氟二氯甲烷产品技术指标

指标	指标	分析方法
纯度/%	≥99.8	气相色谱法,详见 GB 7375—87
水分/ppm	≤5.0	卡尔·费休库仑法,详见 GB 7376—87
酸度(以 HCl 计)/ppm	≤0.1	用蒸馏水将酸洗出,以溴甲酚绿为指示剂,用氢氧化钠滴定
蒸发残留物/%	≤0.01	蒸发称重法
外观	无色,不混浊	采用目测法
气味	无异臭	靠嗅觉

4. 包装与贮运

(1) 包装

可用碳钢气瓶包装,气瓶耐压 1.2 MPa,充装系数≤1.14 kg/L,外表涂成铝白色,黑色字体;规格有 22.5 kg、40 kg、80 kg、500 kg 和 1 000 kg。

包装容器应保持干燥、清洁,并保持正压,勿日晒雨淋。

(2) 贮运

CCl_2F_2 宜贮存在库房或敞棚内。勿直接液态产品,以免皮肤脱脂。

8.2.2 六氟化硫

1. 六氟化硫特性

六氟化硫(SF_6)常态下是一种无色、无味、无毒、不可燃也不助燃气体,微溶于水、乙醇、乙醚等,不溶于盐酸和氨,熔点 $-50.7\ ℃$、沸点 $-63.9\ ℃$,气体密度 6.52 kg/m^3(标态下),液体密度 1 880 kg/m^3($-50.8\ ℃$),相对分子量 146.05,在大气压下直接由固体升华为气体。

SF_6 化学上非常稳定,其惰性比氮气还强,与水、碱、氨或强酸等均不起化学反应,只有在通电、铂丝引爆的条件下才能与氧发生反应;它具有极好的热稳定性,纯态下即使在 500 ℃ 以上高温也不分解,在 800 ℃ 以下很稳定,热分解或电解可生产毒性物质,液体接触皮肤可造成冷烧伤。

SF_6 是重要的气态绝缘介质,具有卓越的电绝缘性和灭弧特性。常压下其绝缘能力为空气的 2.5 倍、氮气的 2.5 倍以上,而灭弧能力为空气的 100 倍,在电弧作用下,SF_6 的稳定性比 C_2F_4、CCl_2F_2 更高,但不如 CF_4、BCl_3 和 SiF_4。同时,SF_6 还具有很强的氧化剂和氟化剂,在干燥状态下高于 150 ℃时 SF_6 能与铜或钢开始缓慢作用,生成硫化物和氟化物,高于 200 ℃时可与铝或硅钢发生轻微反应。

高纯 SF_6 在光纤制备中用于生产掺氟玻璃的氟源,在制造低损耗优质单模光纤中用作隔离层的掺杂剂。同时,SF_6 可用作等离子蚀刻剂广泛应用于半导体加工工艺,也可作为气态绝缘介质应用于电气设备的变压器和断路器中。此外,SF_6 与锂钙合金反应,产生大量热量,可用于驱动水下发动机,作为潜艇的动力;SF_6 与锂反应放出的热能可用于鱼雷发动机,构成新型动力系统。SF_6 可作为大气污染研究的示踪剂,还可用于氮准分子激光器的渗加气体,在环境检测及其他部门用作标准气或配制标准混合气。在特定条件下可作为氟化剂,可与卤代烃混合作为制冷剂,还可应用于医疗行业等。

2. 制备方法

SF_6 一般是由电解槽中制备的氟气,在催化剂的作用下与硫黄进行反应得到粗 SF_6 后,经过碱液喷淋提纯再进入气体净化系统,吸附后冷凝精馏获得高纯度的 SF_6 产品。现在制造 SF_6 的主要方法有直接化合法和电解法两大类。

(1) 直接化合法

工业上直接化合法主要是指氟气与熔融状态(120~180 ℃)硫黄表面接触反应,该方法为国内外普遍采用的生产方法。此时,要求氟气稍微过量,以抑制低氟产物的生成。直接化合法对反应物的配比以及反应温度控制要求严格,同时还必须考虑安全问题。

(2) 电解合成法

电解合成法是指电解熔融的 KHF_2-HF-S 混合物产生的氟气与电解质中的硫反应而生成 SF_6,其中还生成少量的副产物,为了减少副产物杂质,需要采用纯的反应物并保持生成过程在无水、无氧环境在进行。电解得到的粗品 SF_6 直接化合法气体再通过碱水溶液,分解并吸收其中的杂质。

(3) 其他化学反应法

制备 SF_6 除了工业上常用的直接化合法和电解法外,也研究出其他直接或间接合成 SF_6 的方法,如氟化钴法(直接合成)、四氟化硫氧化法(间接合成)和一氯五氟化硫热分解法(间接合成)等,但这些方法还没有工业应用。

3. 纯化技术

工业生产的 SF_6 粗品中含难凝气体、水分、有毒物质和酸性杂质等杂质,需要进行纯化处理,其纯化方法需根据生产体系的不同,可选用不同的纯化方法,其主要包括以下步骤。

(1) 热解法

SF_6 粗品中有毒物质主要是 S_2F_{10} 和 $S_2F_{10}O$。在 SF_6 净化精制过程中均设有热解工序,一般热解温度在 350 ℃以上,其主要脱除 S_2F_{10} 和 $S_2F_{10}O$ 等有毒杂质,其中 S_2F_{10} 热分解生成 SF_6 和 SF_4,$S_2F_{10}O$ 在 350 ℃以上也可被分解,S_2F_{10} 热分解反应式如式(8.2.2)。

$$S_2F_{10} \xrightarrow{>350\ ℃} SF_6 + SF_4 \tag{8.2.2}$$

(2) 碱洗法

一些硫的低氟化物(如 SF_2、SF_4、S_2F_2 等)和氟氧化物(如 SOF_2、SO_2F_2、SOF_4 等)均能被

水解,其水解产生的酸性产物(如 H_2SO_3、H_2SO_4)均可用碱洗法去除;另外,其他酸性杂质 HF、F_2、CO_2、SO_2 等易与碱反应,皆可用碱液吸收去除。减液法中碱液可以是 NaOH、KOH、NaClO 或 $Ca(OH)_2$ 等的水溶液,其中 KOH 碱液最好。

一些硫的低氟化物和氟氧化物的水解反应如下:

$$2SF_2 + 3H_2O \longrightarrow S + H_2SO_3 + 4HF \qquad (8.2.3)$$

$$2S_2F_2 + 3H_2O \longrightarrow 3S + H_2SO_3 + 4HF \qquad (8.2.4)$$

$$SF_4 + 3H_2O \longrightarrow H_2SO_3 + 4HF \qquad (8.2.5)$$

$$SOF_2 + 2H_2O \longrightarrow H_2SO_3 + 2HF \qquad (8.2.6)$$

$$SO_2F_2 + 2H_2O \longrightarrow H_2SO_4 + 2HF \qquad (8.2.7)$$

$$SOF_4 + 3H_2O \longrightarrow H_2SO_4 + 4HF \qquad (8.2.8)$$

(3) 吸附法

在热解、水解和碱洗不能去除干净的杂质可以采用吸附法去除,其杂质包括水分、HF、CO_2、N_2O、CF_2、SOF_2、SO_2F_2、SOF_4、SF_4 及 C-F 化合物等可借助氧化铝、硅胶、分子筛、活性炭、合成沸石、碱石灰等吸附剂脱除。综合考虑干燥与吸附,比较合理的工艺流程是:硅胶吸附→活性氧化铝吸附→A 型分子筛吸附→X 型分子筛吸附。另外,利用吸附工艺还可以脱除有毒杂质 S_2F_{10}(分子筛吸附)和 $S_2F_{10}O$(氧化铝或 X 型分子筛吸附);同时,采用吸附法时,其优点就是吸附剂吸附饱和后可以进行再生,并重复使用。

(4) 精馏法

对于 SF_6 粗品中难凝气体 N_2、O_2、Ar、H_2、CO、CF_4、N_2O 等杂质的去除,一般采用比较可行和成熟的方法是精馏法。其具体的方法是利用 SF_6 沸点与难凝气体相差较大的特点,采取压缩冷冻法将 SF_6 液化后再固化,使 SF_6 的蒸汽分压降至很低,从而有效地与难凝气体分离,使 SF_6 得到纯化,又减少了 SF_6 的损失。

(5) 高纯 SF_6 的提纯工艺

获得高纯 SF_6 的提纯方法主要是精馏和吸附工艺相结合,也可单独采用精馏或吸附工艺获得,选用何种工艺,主要根据工业 SF_6 杂质情况而定,国内普遍采用的 SF_6 生产纯化工艺流程如图 8.2.1 所示。

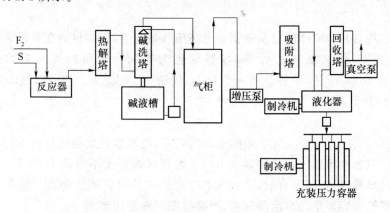

图 8.2.1 国内普遍采用的六氟化硫生产纯化工艺流程示意图

SF_6 中的杂质主要包括 O_2、N_2、CF_4、CO_2、CO、总碳氢化合物、水、酸性杂质(以 HF 计)、可水解氟化物总量和颗粒等,经过上述提纯工艺得到的高纯 SF_6(含电子级)纯度达到

99.99％以上,其中杂质总含量不超过 100 ppm。满足光纤预制棒沉积工艺用的 SF_6 具体技术要求详见表 8.2.2。

表 8.2.2 光纤预制棒沉积工艺用的 SF_6 具体技术要求

组 分		指标	分析方法
六氟化硫(SF_6)/％	≥	99.9	差减法(即由 100％减去各杂质的百分含量)
空气/ppm	≤	50.1	气相色谱法
氧＋氩(O_2＋Ar)/ppm	≤	1	气相色谱法
氮(N_2)/ppm	≤	1	气相色谱法
氧化亚氮(N_2O)/ppm	≤	2	气相色谱法
四氟化碳(CF_4)/ppm	≤	15.0	气相色谱法,热导检测器(TCD)
二氧化碳(CO_2)/ppm	≤	1.0	按 GB/T 8984.1 规定的方法进行
甲烷(CH_4)/ppm	≤	1.0	气相色谱法
水分(H_2O)/ppm	≤	8.0	电解法,按 GB/T 5832.1 规定的方法进行 露点法,按 GB/T 5832.2 规定的方法进行
酸度(以 HF 计)/ppm	≤	0.8	滴定法,按 GB/T 12022—1989 中的 4.4 项规定方法进行
可水解氟化物(以 HF 计)/ppm	≤	0.1	分光光度法,按 GB/T 12022—1989 中的 4.5 项规定方法进行
矿物油/ppm	≤	10	红外光谱法
其他杂质(C_2F_6、C_3F_8、SO_2F_2、S_2OF_2、S_2OF_{10})/ppm	≤	15.0	气相色谱法
杂质总和的含量/ppm	≤	100	

4. 包装与贮运

(1) 包装

SF_6 产品一般选用 30CrMo 材质或铝合金高压气瓶包装,密封材料在常温常压下可用氟橡胶、聚四氟乙烯、聚三氟氯乙烯等,容器颜色为银灰。气瓶的气装系数:公称压力 12.5 MPa、气瓶 1.33 kg/L,公称压力 8.0 MPa、气瓶 1.17 kg/L。SF_6 在《危险货物物品名表》(GB 12268)分类为第 2 类第 2 项有毒气体。

(2) 贮运

在通风良好、安全且不受天气影响的仓库内贮存,气瓶应直立摆放且应保持阀帽和输出阀的密封完好,应远离频繁出入处和紧急出口。贮存区域温度不可高于 50 ℃,不应有可燃物质,远离火种热源,防止阳光直射,区域内不应有盐或其他腐蚀性物质。保存完整的记录信息,平时注意检查容器是否有泄漏现象,严格按照气瓶使用要求。

液化的 SF_6 产品可用高压气瓶装运,大批量 SF_6 产品可用耐压槽罐车装运或管式运输车运输。

8.2.3 四氟甲烷

1. 四氟甲烷特性

四氟甲烷(CF_4)又称氟利昂 14,常态下是一种无色、无臭、有轻微醚味、惰性低毒气体,其微溶于水,在空气中不可燃,比较稳定;熔点 89.56 K,沸点 145.09 K,气体密度 3.946 kg/m^3(标态下),液体密度 1.302 kg/L(193.15 K),相对分子量 88.005。

CF_4 化学性质上非常稳定,属于完全不燃性气体,常温下不与酸、碱反应;通常条件下,各种氧化剂和还原剂对其均不产生作用;在 900 ℃以下,不与 Cu、Ni、W、Mo 等过渡金属反应,1 000 ℃以下不与 C、H_2 及 CH_4 反应。室温下可与液氨-金属钠试剂反应,高温下可与碱金属、碱土金属及 SiO_2 反应,生产相应的氟化物;在 800 ℃时 CF_4 开始分解,在电弧作用下可与 CO 和 CO_2 反应生成 COF_2。

CF_4 无腐蚀性,在高浓度下时为窒息剂;在高温下,与可燃气体一同燃烧时,分解出有毒的氟化物。

CF_4 常用于等离子蚀刻工艺的工作气体,为 SiO_2、SiC 等薄膜的等离子蚀刻剂;也可用于电子器件表面清洗、印刷电路中的去污剂、空调用制冷剂;在电力、太阳能、航天工业等领域均有应用。

2. 制备方法

目前已知的制备 CF_4 的方法很多,但适合工业化生产的方法有以下几种。

(1)氟氯甲烷氟化法

采用含 Cr 催化剂,用氟氯甲烷与氟化氢在加热的条件下进行气相反应制备 CF_4,该法工艺简单、操作安全、设备投资低等优点,但会受到原料(CFC 或 HCFC)禁用的限制,其反应原理为:

$$CF_3Cl + HF \longrightarrow CF_4 + HF \tag{8.2.9}$$

(2)烷烃直接氟化法

在催化剂合计加热的条件下,使 CH_4 与 Cl_2 和 HF 进行气态反应制备 CF_4。该法反应剧烈、不易控制、产物复杂、收率较低,需要采取特别的措施,但其工艺成熟,具有操作简单、原料易得等优点。其反应原理为:

$$CH_4 + 4Cl_2 + 4HF \longrightarrow CF_4 + 8HCl \tag{8.2.10}$$

(3)氟碳直接合成法

使用炭和纯 F_2 为原料,采用氟化卤素(如 BrF_3)作抑爆剂,在耐腐蚀的软钢反应器中,控制一定的反应温度下进行反应。该法具有原料易得、反应可控、产物 CF_4 纯度高等优点。

(4)氢氟甲烷氟化法

在惰性气体保护下,采用 F_2 直接氟化氢氟甲烷制备 CF_4。该法具有工艺简单、不需催化剂、CF_4 收率和纯度高等优点。其反应原理为:

$$CH_2F_2 + 2F_2 \longrightarrow CF_4 + 2HF \tag{8.2.11}$$

$$CHF_3 + F_2 \longrightarrow CF_4 + HF \tag{8.2.12}$$

3. 纯化技术

CF_4 产品中由于制备原料和工艺不同,产品中杂质含量也不同。一般可采用以下几种方法进行 CF_4 纯化。

（1）吸附法

该法可以是通过吸附剂（如沸石或含碳吸附剂等）有效吸附 CF_4 杂质气体（如水分、O_2、CO、CO_2 和 CHF_3 等）而纯化 CF_4，也可用专用吸附剂（如富硅中孔分子筛）直接 CF_4，然后通过解吸的方式提纯 CF_4。

（2）膜分离法

在特定条件下，采用特制的气体分离膜，分离去除其他杂质，含其他氟化物的 CF_4 再通过其他膜分离法、吸附法或低温精馏法使 CF_4 进一步纯化。

（3）低温精馏法

该法先用碱洗去除 F_2、HF 及 SiF_4 等酸性杂质，然后通过低温精馏分离，获得高纯的 CF_4，也有采用低温加压精馏工艺。

（4）吸附-低温精馏法

先用吸附法将产品 CF_4 中极性杂质脱除，在用低温法将空气组分去除。

（5）其他方法

对于中特别的杂质，如 NF_3，由于 NF_3 与 CF_4 沸点相差仅 1 ℃，且两者大小和极性相近，可采用烃类萃取剂的萃取精馏法和采用 HCl 为共沸剂的共沸精馏法分离出 NF_3。

无论采用何种提纯方法，纯化后的 CF_4 应满足表 8.2.3 中技术指标要求。

表 8.2.3 光纤预制棒制造用 CF_4 技术指标（V/V）

项 目		电子级	检测方法
CF_4	%	≥99.99	差减法
N_2	ppm	≤40	热导色谱法
O_2	ppm	≤20	热导色谱法
CO	ppm	≤10	甲烷转化火焰色谱法
CO_2	ppm	≤20	甲烷转化火焰色谱法
H_2O	ppm	≤10	电解湿度法
$CClF_3$	ppm	≤5	火焰离子化气相色谱法
CHF_3	ppm	≤5	火焰离子化气相色谱法
C_2F_6	ppm	≤5	火焰离子化气相色谱法
酸度	$mg \cdot g^{-1}$	≤0.1	中和法
总杂质	10^{-4}	≤100	

4. 包装与贮运

（1）包装

CF_4 可用钢瓶或铝合金容器包装和运输，常用气瓶的充瓶压力通常低于 12.5 MPa，气瓶检验按压缩气体进行处理，气瓶每 5 年检测 1 次。

（2）贮运

CF_4 要求贮存于阴凉、通风的库房，远离火种和热源，库温不超过 30 ℃，相对湿度不超过 80%，保持容积密闭，应与氧化剂、活性金属粉末、食用化学品分开存放，切忌混贮。

CF_4 的运输应符合《危险货物运输规则》，严禁与酸类、氧化剂、食品及食品添加剂混运，应配备泄漏应急处理设备,运输中的气瓶必须保护和密封,运输途中应防暴晒、雨淋和高温。

8.2.4　氟化氢

1. 氟化氢特性

氟化氢(HF)常态下是一种无色、有刺激性气味的有毒气体,易溶于水、与水无限互溶,形成氢氟酸,氟化氢有吸湿性,在空气中吸湿后"发烟";熔点 $-83.37\ ℃$、沸点 $19.51\ ℃$,气体密度 $0.922\ kg/m^3$(标态下),液体密度 $941\ kg/m^3$($25\ ℃$),相对分子量 20.008。

氟化氢由于分子间氢键而具有缔合性质,以缔合分子 $(HF)_n$ 形式存在,常温常压下,氟化氢分子为 $(HF)_2$ 和 $(HF)_3$ 的混合物,在 $82\ ℃$ 以上时,气态 HF 基本上成为单分子状态。由于分子间的缔合作用,氟化氢的沸点较其他卤化氢高得多,并表现出一些反常的性质。

氟化氢的化学反应性强,与许多化合物发生反应。其作为溶质(水溶液中)是弱酸,作为溶剂则是强酸,与无水硫酸相当,能与氧化物和氢氧化物反应生成水,与氯、溴、碘的金属化合物能发生取代反应。能与大多数金属反应,与有些金属(Fe、Al、Ni、Mg 等)反应会形成不溶于 HF 的氟化物保护膜;在有氧存在时,铜很快被 HF 腐蚀,但无氧化剂时,则不会反应;某些合金如蒙乃尔合金对 HF 有很好的抗腐蚀性,但不锈钢的抗腐蚀性很差,在温度不太高时,碳钢也具有足够的耐蚀能力。

氟化氢与水相似,介电常数大($0\ ℃$时 83.6),是一种较理想的溶剂,与溶质易发生溶剂分解反应。另外,无水氟化氢的质子给予能力强而具有很强的催化活性,在有机化学的烷基化、异构化、聚合反应中作活性催化剂。液态氟化氢具有很强的脱水能力,木材和纤维一旦与其接触立即碳化,而与醇、醛和酮等有机化合物接触脱水后会形成聚合物,其脱水能力较硫酸、磷酸弱。

氟化氢不可燃,但与一些物质(如钠、氧化钙、硝酸甲酯、氯酸钠等)混合接触时有危险性。

氟化氢是基础化工产品,无水氟化氢是电解制造元素氟的唯一原料;在化学工业中,广泛应用于氟置换卤代烃中氯制取氯氟烃,如二氟二氯甲烷(F12)和二氟一氯甲烷(F22)等;在石化工业中,作为芳烃、脂肪族化合物烷基化制高辛烷值汽油的液态催化剂。

在电子工业中,无水氟化氢用于电解合成三氟化氮的原料,半导体制造工艺中的刻蚀剂等。另外,氟化氢用于工业生产氢氟酸,生产无机氟化物、铀加工、金属加工以及玻璃工业中刻蚀剂等。

2. 制备方法

无水氟化氢的生产工艺主要有两种:硫酸法(萤石法)和回收法。目前几乎所有的工业化生产装置均用萤石法,而回收法一直处于开发起步阶段,有少数生产厂家已投入工业化装置。

1) 萤石-硫酸法

此法所需的主要原料为萤石和硫酸,两种原料在生产过程中均被消耗。生产工艺为:将干燥后的萤石粉和硫酸按配比 1:(1.2~1.3)混合,送入回转式反应炉内进行反应,炉内气相温度控制在 $280\pm10\ ℃$。反应后的气体进入粗馏塔,除去大部分硫酸、水分和萤石粉,塔釜温度控制在 $100\sim110\ ℃$,塔顶温度为 $35\sim40\ ℃$。由于萤石中含有 SiO_2、碳酸钙、氧化铝及铁矿石等杂质,还伴随有相应的副反应及其副产物,因此粗氟化氢气体需再经脱气塔冷凝为液态,塔釜温度控制在 $20\sim23$ ℃,塔顶温度为-8 ± 1 ℃,然后进入精馏塔精馏,塔釜温度控制在 $30\sim40$ ℃,塔顶温度为 19.6 ± 0.5 ℃。精馏后将杂质除去,得到高纯无水氟化氢。其主反应式如下:

$$CaF_2 + H_2SO_4 \xrightarrow{\Delta} 2HF + CaSO_4 \qquad (8.2.13)$$

无水氟化氢生产的主要设备包括混酸槽、回转炉、燃烧炉、脱气塔、粗馏塔、精馏塔、洗涤塔、吸收塔、成品槽、灌装设备、循环风机及其他非标设备等。

2) 回收法

回收法是指对磷化工业副产物氟化硅直接回收利用,其中包括氟硅酸铵法、石灰法、Buss 法、火焰水解法和碱金属盐转化回收法等。

(1) 氟硅酸铵法

先将四氟化硅气体与循环的氟化铵溶液反应,生成氟硅酸铵:

$$SiF_4 + 2NH_4F \longrightarrow (NH_4)_2SiF_6$$

再次用氨中和,生成二氧化硅沉淀和氟化铵:

$$(NH_4)_2SiF_6 + (n+2)H_2O + 4NH_3 \longrightarrow SiO_2 \cdot nH_2O\downarrow + 6NH_4F$$

过滤除去沉淀的二氧化硅,得到氟化铵溶液。除留足循环用量外,多余部分在 $140\sim150$ ℃浓缩,然后在 $170\sim180$ ℃用硫酸分解得无水氟化氢和硫酸氢铵。

(2) 石灰法

将磷酸副产的 20%氟硅酸溶液与氢氧化钙于 $70\sim75$ ℃进行中和反应,生成氟化钙:

$$3Ca(OH)_2 + H_2SiF_6 \longrightarrow 3CaF_2 + SiO_2 + H_2O$$

产物经过滤、造粒后送入转窑,通入蒸汽加热至 $1\,050$ ℃,发生下述反应生成氟化氢:

$$CaF_2 + H_2O + SiO_2 \longrightarrow CaSiO_3 + 2HF$$

氟化钙也可用碳酸钙悬浮物与氟硅酸直接反应生成。

(3) BUSS 法(布什法)

将磷肥厂洗涤废气得到的氟硅酸浓缩并气化为 $HF—SiF_4—H_2O$ 混合物,然后用多元醇有机溶剂选择吸收氟化氢,经真空蒸发从溶剂中解吸氟化氢后,液化、再经两级精馏提纯得无水氟化氢。

(4) 火焰水解法

四氟化硅用氢或烃火焰在 $1\,100$ ℃以上水解可得二氧化硅和氟化氢。气体中约有 $70\%\sim85\%$(以元素氟计)转化为氟化氢,用稀的氢氟酸吸收,经浓硫酸脱水可得无水氟化氢。

(5) 氟硅酸与硫酸反应的回收法

该回收法是在 BUSS 法基础上创新改进得到的新工艺技术,即利用磷矿石分解产生的磷酸副产氟硅酸为原料与浓硫酸反应制取无水氟化氢工艺技术。具体生产方法为:浓缩氟硅酸在硫酸中按式(8.2.14)进行分解反应。

$$H_2SiF_6 \cdot SiF_4 + H_2SO_4(浓) \longrightarrow SiF_4 + 2HF + H_2SO_4(稀) \qquad (8.2.14)$$

SiF_4 气体返回到接触器被氟硅酸吸收,反应按反应式(8.2.15)进行:

$$5SiF_4 + 2H_2O \longrightarrow 2H_2SiF_6 \cdot SiF_4 + SiO_2(水合物) \qquad (8.2.15)$$

氟硅酸吸收 SiF_4 后,经式(8.2.15)反应析出 SiO_2,浓度增大,与硫酸进行式(8.2.14)反应生成 HF。

上述生产方法工艺流程主要由浓缩、过滤、反应、蒸馏、预净化、精馏、汽提、吸收、尾气洗涤等单元组成。氟硅酸生产无水氟化氢工艺方块简图如图 8.2.2 所示。

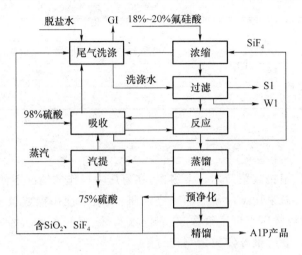

图 8.2.2　氟硅酸生产无水氟化氢工艺示意图

① 浓缩:稀氟硅酸在浓缩单元按式(8.2.15)生成浓氟硅酸和二氧化硅沉淀。

② 过滤:浓缩反应液经过滤分离得到浓氟硅酸,滤饼洗涤产生废水(W1)集中收集后部分作为洗涤水回用,部分送磷酸系统使用,不外排。二氧化硅渣(S1)集中收集后进一步综合利用。

③ 反应:过滤的浓缩氟硅酸进入反应单元,在浓硫酸的作用下,氟硅酸按式(8.2.14)分解成四氟化硅和氟化氢。

④ 蒸馏:来自反应的含有氟化氢的混酸反应液进蒸馏系统蒸馏得到粗 HF 气体。

⑤ 预净化和精馏:蒸馏的粗 HF 气体在预净化塔降温并除去大部分高沸点杂质,液体杂质返回蒸馏系统,粗 HF 经冷凝后泵送到加压精馏系统,轻组分杂质 SO_2、SiF_4 从塔顶脱除,并送到吸收系统;塔底出料为无水氟化氢产品。

⑥ 汽提:蒸馏硫酸含有少量 HF 通过汽提塔脱出;塔底得到 $70\% \sim 75\%$ 的稀硫酸全部返回到磷酸装置继续使用,汽提出来的气体进吸收系统。

⑦ 吸收和尾气洗涤:用浓硫酸吸收反应、汽提、精馏系统尾气中所含 HF 和水分,将分离出的四氟化硅送至浓缩系统进行反应;其余尾气送至串级洗涤系统洗涤,洗涤后的达标尾气(G1)高空排大气;洗涤废水再次用于二氧化硅滤饼洗涤。

3. 纯化技术

工业级的无水氟化氢气体一般以液化气形式销售,其中含有水、硅、砷及硫的化合物等杂质。工业上要制造高纯的无水氟化氢,可通过蒸馏、电解和生成配位化合物等方法进行提纯。

氟化氢与水结合很强,并能生成恒沸混合物,脱去其中的水分困难,工业上采用以下几种方法脱水:利用电解方法除去氟化氢粗品中大量水分和砷的化合物,再用有机溶剂(如烷基胺、丁烷、环己醇、异己酮和异戊酮等)萃取、蒸馏分离其中水分得到无水氟化氢纯品。

提纯后的氟化氢用于光纤预制棒制造,其技术指标必须满足表 8.2.4 中指标要求。

表 8.2.4　光纤预制棒用氟化氢技术指标

组　分		指标	检测方法
纯度	%	≥99.95	差减法
水分		≤300	电导法
氟硅酸	ppm	≤1 000	还原硅钼酸盐光度法
二氧化硫		≤70	碘量法
不挥发酸（以 H_2SO_4 计）		≤50	酸碱滴定法

4. 包装与贮运

（1）包装

常使用铜、铁、镍、银铂或蒙乃尔合金容器,在有压力操作的情况下使用内衬塑料或氟塑料的钢制压力容器;气瓶采用含硅量低的无缝钢瓶,高温下使用镍或镍基合金、蒙乃尔合金材料。密封材料在常温常压下可用氟橡胶、聚四氟乙烯、聚三氟氯乙烯等,在 250 ℃ 以内使用聚四氟乙烯,高于 250 ℃ 推荐使用紫铜密封垫。

氟化氢的充瓶压力位 2.0 MPa,充装系数为 0.83 kg/L。

（2）贮运

氟化氢钢瓶贮存于阴凉、通风、室内温度不超过 40 ℃ 的仓库内。严禁烟火,远离火种、热源,防止阳光直射和雨淋;气瓶应载有安全保护帽,直立存放并固定。仓库内设置泄漏检测报警装置,备有止漏及紧急处理装置(如自动喷淋装置等),定期检查,做好记录。

8.3　氢气制造技术

常规氢气在光纤预制棒制造中主要与氧气一起燃烧释放热能,产生 2 860 ℃ 左右高温,为原料化学反应提供热源。

8.3.1　氢气特性

氢常态下是一种无色、无味、无毒、易燃、易爆的气体,与氧、氟、氯、一氧化碳以及空气混合都有爆炸的危险,为非极性分子,导热系数大,微溶于水和一些有机溶剂,熔点 13.95 K、沸点 20.38 K,气体密度 0.089 88 kg/m³(标态下),液体密度 0.070 9 kg/L(21.15 K),相对分子量 2.016。公认的氢同位素有三种:氕(H,轻氢)、氘(D,重氢)和氚(T),其中轻氢是天然气的主要成分,约占 99.984%,重氢约为 0.015 6%,氚具有放射性。

重氢在常温常压下为无色无嗅无毒可燃性气体,是普通氢的一种稳定同位素,通常它在水中含量为 0.013 9%～0.015 7%。其化学性质与普通氢完全相同,但因质量大,反应速度小一些,主要用于特种灯泡、核研究、氘核加速器的轰击粒子、示踪剂等,目前已被应用在制造低水峰光纤制造中,有关重氢的性能及制造方法将下一章中详细介绍。

与其他气体相比,氢具有更大的扩散能力和渗透能力,能大量溶于 Ni、Pd、Pt 等金属中,利用这一性质,可以在高真空中加热溶有氢气的金属获得极纯的氢气;氢可以化学吸附于许多金属(如过渡金属)表面,可用金属催化剂进行许多加氢化学反应。

氢分子具有很高的稳定性,仅在高温下会分解成原子氢,原子氢是氢的一种最具反应活性的形式,具有极强的还原性。氢几乎可与所有的元素都能形成化合物,氢能与活泼金属(如钠、锂、钙、镁、钡等)反应生成金属氢化物,与非金属(如卤素、碳、氧、氮、硫等)生成工业所需的原料化合物;在加热和催化剂作用下,H_2 与 CO 发生合成气反应,合成甲醇、甲烷、直链烷烃和烯烃等化工原材料;氢可用于脱硫和脱除有害杂质,尤其是石油和煤中含硫有害物的脱除;在高温下可与许多金属氧化物发生还原反应生成金属单质。

氢气具有广泛的应用领域,其最大用量是作为一种重要的石油化工原料,应用于合成氨、甲醇生产、石油炼制过程的加氢(重整加氢、加氢裂化、选择性加氢、加氢精制等)、有机化合物的合成、有机物的加氢反应等。高纯氢在电子工业中主要是作为电子材料制备过程中的反应气、还原气和保护气,如在光纤预制棒制造过程中,需要采用氢氧焰加热,经数十次沉积而成,对氢气的纯度和清洁度的要求高。纯氢还可作为还原气,使金属氧化物还原成金属,也可作为保护气,保护金属不被氧化。在浮法玻璃生产中,由氢组成的氢氮混合气对锡槽进行保护;用氢在氧中燃烧的温度可达 3 100 ℃,氢通过电弧的火焰可分解成原子氢,可用于最难熔的金属、高碳钢、耐腐蚀材料、有色金属等的熔融和焊接;在食品加工中,可用食用油或非食用油加氢;氢可作为航空燃料,也可作为电动汽车和未来发电的燃料电池的燃料;在大型发电机组中氢可做冷却剂,在超低温研究中做制冷剂,在气象色谱分析中常用氢气做载气,氢还用于充填气球和气艇等。

8.3.2 氢气制备工艺

氢气因资源、用途、规模的不同有多种工业生产方法,其主要有:烃类蒸汽转化法、烃类部分氧化法、煤气化法、甲醇裂解和氨裂解法、水分解法以及含氢气体的提纯(或副产氢的回收提纯)等。主要工业生产方法如下:

1. 水电解制氢

该法是一种传统而又潜力巨大的氢气生产方法,其以直流电通过电解质溶液(碱性水溶液)在阴极上获得氢气、在阳极上获得氧气(副产)。目前其工艺有压力型和常压型两种,主要设备是水电解槽,可获得氢气纯度为 99%～99.9%,可进一步氢气提浓。

其电解反应为:

阴极 $\qquad\qquad 2H_2O + 2e^- \longrightarrow H_2\uparrow + OH$ $\qquad\qquad\qquad$ (8.3.1)

阳极 $\qquad\qquad 2OH^- \longrightarrow 0.5O_2\uparrow + H_2O + 2e^-$ $\qquad\qquad$ (8.3.2)

总反应 $\qquad\quad\; H_2O \longrightarrow H_2\uparrow + 0.5O_2\uparrow$ $\qquad\qquad\qquad\qquad$ (8.3.3)

其工艺流程如图 8.3.1 所示。

2. 天然气蒸汽转化制氢

该法以天然气为原料,在加热和催化剂的作用下,采用蒸汽转化法得到 H_2、CO、CO_2 等气体组分,再经 CO 水蒸气变换、采用化学吸收提纯、变压吸附方法提纯净化制取一定纯度的氢气。其主要设备包括转化炉、变换反应器、换热设备、变压吸附装置等,可获得浓度大于99.99%的氢气。其转化制氢反应为:

$$CH_4 + H_2O \longrightarrow CO + 3H_2 \qquad\qquad (8.3.4)$$

$$CO + 3H_2 \longrightarrow CH_4 + H_2O \qquad\qquad (8.3.5)$$

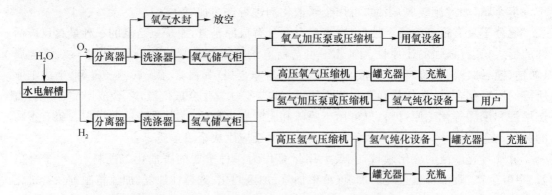

图 8.3.1　常压型水电解制氢生产工艺流程框图

$$CO + H_2O \longrightarrow CO_2 + H_2 \qquad (8.3.6)$$

3. 甲醇蒸汽转化制氢

该法是合成甲醇的逆过程,是强吸热反应,需外部供热,在一定温度和催化剂的作用下,甲醇通过加热分解、CO 变换反应等生成 H_2、CO、CO_2 等产物,同时还有甲醇脱氢、醇脱水、烷化等副反应产生,并通过化学吸收、甲醇化、甲烷化等方法去除 CO_2 等杂质,可获得 99.0%~99.95% 的氢气,也可采用变压吸附提纯,获得氢气纯度在 99.99% 以上。其转化制氢反应为:

$$CH_3OH \longrightarrow CO + 2H_2 - 90.7 \ kJ/mol \qquad (8.3.7)$$

$$CO + H_2O \longrightarrow CO_2 + H_2 + 41.2 \ kJ/mol \qquad (8.3.8)$$

$$CH_3OH + H_2O \longrightarrow CO_2 + 3H_2 - 49.5 \ kJ/mol \qquad (8.3.9)$$

4. 副产氢的回收

副产氢的来源主要有煤、天然气、重油为原料和水蒸气反应所产生的尾气、烃类转化或焦炉气制氢、合成氨弛放气、甲醇尾气、脱甲烷塔尾气以及各种裂解工艺的尾气中都含有一定量的氢气,对这些工业尾气进行分离提纯不仅可以获得工业生产所需的氢气,从而降低生产成本增加经济效益,还可以减轻尾气排放或尾气直接燃烧所引起的环境污染。常见的含氢气源及其中氢气的含量见表 8.3.1。

表 8.3.1　副产氢的来源

含氢气源	杂质种类	氢气含量
天然气或石脑油的水蒸气转化气	CO_2,CO,CH_4,N_2	75%~80%
高炉煤气	CH_4,CO,CO_2,N_2	60%
合成氨尾气	CH_4,NH_3,Ar,N_2	70%~78%
煤水蒸气转化气	CH_4,CO,CO_2,H_2S	<40%
炼油厂含氢尾气	C_{1-4}	65%~90%
天然气重整尾气	CO_2,CH_4,CO,N_2	75%

这些副产氢回收提氢的主要方法是应用变压吸附法和膜分离法,其中变压吸附法具有工艺简单、操作方便、技术先进、应用最广等优点,其工艺根据处理气量大小可采用多塔流程,氢气纯度可达到 99.0%~99.999%。

8.3.3　氢气提纯技术

目前制取的工业氢气大部分还需要通过纯化处理后才能满足光纤预制棒需要。对于含氢气体的分离提纯,工业上可以采用的分离提纯方法有吸附法、深冷分离法、膜分离法、催化反应法以及金属氢化物分离法、金属吸气剂法和水合物法等。

1. 吸附法

含氢气源中的杂质组分在很多常用的吸附剂上的吸附选择性远超过氢,因此可以利用吸附分离法对经其中的氢气进行分离提纯。和各种氢气分离提纯方法相比,吸附法具有以下优点:①产品气的纯度高,可以得到纯度为 99.999％的氢气;②工艺流程简单,操作方便,无须复杂的预处理,可以处理多种复杂的气源;③吸附剂的使用寿命长,对原料气的质量要求不高,当进料气体的组成和处理量波动时装置的适应性好。

吸附法包括化学吸附法和物理吸附法。化学吸附法是在一定温度、压力下采用一些化学品溶液去除相关的杂质,如采用乙醇胺溶液或热碳酸钾溶液吸收去除氢中 CO_2 等。物理吸附法包括吸附干燥法(去除水分杂质)、低温吸附法、变压吸附法和变温吸附法等。

吸附法中应用最广的是变压吸附法(PSA),其基本原理是利用吸附剂对吸附质在不同分压下有不同的吸附容量,并且在一定的吸附压力下,对被分离的气体混合物的各组分有选择吸附的特性来提纯氢气。杂质在高压下被吸剂吸附,使得吸附容量极小的氢得以提纯,然后杂质在低压下脱附,使吸附剂获得再生。

根据原料气中的杂质不同,采用两种或多种吸附剂组合使用,一次性吸附去除其中的杂质。吸附剂主要为分子筛、活性炭、硅胶、活性氧化铝,使用寿命一般为 6～10 年。其中分子筛对一般气体的吸附顺序:

$$H_2 < N_2 < CH_4 < CO < CO_2 < 烃类$$

活性炭对一般气体的吸附顺序:

$$H_2 < N_2 < CO < CH_4 < CO_2 < 烃类$$

采用分子筛可同时除去氢气中水及二氧化碳这两种物质,通常用的分子筛有 5A 型和 13X 型分子筛。5A 型分子筛是一种钙钾型的硅铝酸盐,晶体的孔径为 5Å(0.5 nm),能吸附临界直径不大于本身孔径的分子。其化学式为:

$$3/4CaO \cdot 1/4Na_2O \cdot Al_2O_3 \cdot 2SiO_2 \cdot 9/2H_2O$$

其吸附的分子为有效直径 < 5Å 的分子,排出的分子为有效直径 > 5A 的分子。

13X 型分子筛是一种钠型的硅铝酸盐,晶体的孔径为 10Å(1.0 nm),能吸附临界直径不大于本身孔径的分子。其化学式为: $Na_{86}[(AlO_2)_{86}(SiO_2)_{106}]XH_2O$。吸附的分子为:有效直径 < 10 A 的分子,排出的分子为:有效直径 > 10 A 的分子。

吸附去除水及二氧化碳的效率通常和原料气的质量、再生气的质量、再生气的温度、再生的方式等有着密切的联系,理想状况下,产品气的二氧化碳的含量可以达到 1 ppm,水的露点可以达到 −60 ℃。如果产品气中二氧化碳的含量想达到更高的去除率,也可以考虑采用冷箱,因为二氧化碳在 −78.5 ℃ 的时候会变为固态俗称干冰,控制好冷箱的温度,做好气体和固体的分离体系,就可以更彻底地去除二氧化碳。

变压吸附工艺为循环操作,工艺装置中通常采用 4～12 塔流程,每个吸附塔都要经过吸附、降压、脱附、升压、再吸附的工艺过程。变压吸附的最大优点是能够生产高纯度的氢气产品,其纯度一般为 99%~99.999%,且产品纯度对氢的收率影响不大。该法尤其适合于杂质含量较多的含氢气体,适用气源最广,处理规模最大。

2. 深冷分离法

早在 20 世纪 50 年代,人们就开发出了深冷分离工艺用于炼厂干气的回收。这是一种低温分离工艺,利用原料中各组分相对挥发度的差异,通过气体透平膨胀制冷,在低温下将干气中各组分按工艺要求冷凝下来,然后用精馏法将其中的各类烃依其沸点温度的不同逐一加以分离。由于氢气的挥发度比烃类和一般组分高,因此最简单和最常用的深冷工艺是采用分级部分冷凝法,根据冷凝液的特性可采用二级或三级部分冷凝。

深冷分离在热力学上比其他氢气提纯工艺效率高,95%以上氢气纯度的氢收率可达 92%~98%,而提高氢纯度,氢收率也不会降低。深冷分离工艺的最主要的优点是在获得所需要的氢气产品的同时,还可以获得富含 C_4^+ 和乙烷、丙烷等烃类副产品。因此,多用于要求在回收原料气中氢气的同时,能够获得 C_3~C_5 等副产品的场合(如催化裂化干气的氢提纯)。但该工艺投资较高,只有在装置规模较大时,才具有较佳的经济效益。

深冷分离工艺对原料气也有要求,其含量必须限制在冷冻过程中不结冻。如果原料气中含有一定量的 CO、CO_2、N_2 和 H_2S,则必须联合采用变压吸附工艺才能彻底去除这些杂质。

3. 膜分离法

膜分离工艺是近十几年来发展较快的一种较新的气体分离方法,它是利用混合气体通过高分子聚合物或金属膜时的选择性渗透原理分离氢气。适合氢气分离的膜必须满足:①足够的膜渗透通量;②良好的高温热和化学稳定性;③优良的机械性能;④良好的可成形性;⑤较低的材料成本;⑥较长的使用寿命。氢气分离膜按制备材料不同,可分为以下几类:①金属膜(纯金属或合金);②无机膜(包括陶瓷、玻璃、氧化物等);③多孔炭膜;④有机聚合物膜;⑤复合膜。致密金属膜(以下简称金属膜)因选择性高、有较高的渗透率、高的扩散系数、良好的高温热和化学稳定性以及机械性能,且相对便宜,是最合适的分离膜之一。

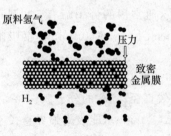

图 8.3.2 氢气通过金属膜
分离机理示意图

一般认为,金属膜分离氢气的机理属于溶解-扩散机理,如图 8.3.2 所示。氢分子首先在金属膜表面被解离吸附,然后被分解成氢原子在膜内沿梯度方向进行扩散。最后透过金属膜,在膜的另一侧(低氢分压侧),氢原子结合后作为氢分子被脱附。在这种分离体系下,膜的选择性非常高,因为致密的膜结构阻止大的原子与分子(如 CO、CO_2、O_2、N_2)透过膜。

分离膜的性能一般用渗透通量和选择性来描述。渗透通量可以被定义为单位时间单位膜面积通过物质的摩尔量或质量。氢气在金属膜中溶解扩散机理符合 Fick's 和 Sievens' 定律,可用式(8.3.10)方程来定量描述:

$$J_{H_2} = \frac{-\rho_{H_2}(P_{H_2,2}^{1/2} - P_{H_2,1}^{1/2})}{l} \tag{8.3.10}$$

其中,J_{H_2} 是氢气渗透通量,ρ_{H_2} 是渗透系数,$P_{H_2,1}$,$P_{H_2,2}$ 分别是氢气在进气侧和出气侧的分压,l 是膜的厚度。从式(8.3.10)可以看出,金属膜的渗透通量与膜的厚度成反比,与膜两侧的氢分压平方根的差成正比。因此减小膜的厚度或提高压差可以大大提高渗透通量,但若压力过大,可能导致膜体受损,影响金属膜的选择效果,所以应该合理选择压差值。

钯基膜是最早被用于氢气渗透和分离研究的金属膜,因为它能够对膜表面的气体分子解离/重组过程有很好的催化作用,同时具有高的透氢率。但由于钯是贵金属,从经济角度看,这一点限制了钯基膜在氢气分离提纯中的大规模应用,且钯基膜易受膜表面各种杂质(H_2S、CO等)的干扰,严重降低膜的性能。因此一些有较高渗透率、扩散系数和价格便宜的非钯金属膜,如有体心立方结构金属 V、Nb、Ta 和面心立方结构金属 Ni、Pd 等,这些金属普遍表现出对氢气非常高的渗透率,表 8.3.2 总结了纯金属作为氢气分离膜的基本特性。从表中可以看出,高的渗透率需要有高的溶解度和低的扩散激活能。金属与氢形成的氢化物热焓值越高,说明其越稳定。例如,Nb、Ta、V 比 Pd 对氢有更好的渗透性和更低的扩散激活能,但它们的氢化物的热焓是负值,说明它们比 Pd 与氢可能形成更稳定的氢化物。氢化物是一种脆性相,在外力作用下往往成为断裂源,从而有导致氢脆的危险。因此,Nb、Ta、V 在高的氢气分压下更容易形成氢化物而导致膜的机械性能下降。氢脆会导致金属膜分离出的氢气不纯,严重的会使整个膜碎化。氢脆的危害可以通过选择合适的膜工作环境来降低,但抗氢脆的金属膜的研发仍然面临巨大的挑战。

表 8.3.2　分离氢气用金属膜的基本特性

金属	氢气渗透率/ mol·(m·s·$Pa^{1/2}$)$^{-1}$,T=500 ℃	氢与金属形成氢化物的热焓/(kJ·mol^{-1})	H 在金属中溶解度(氢与金属原子比率,T=27 ℃)	H 扩散激活能/(kJ·mol^{-1})
Pd	1.9×10^{-8}	+20(Pd-H_2)	0.03	24.0
Pt	2.0×10^{-12}	+26(Pt-H)	$< 1.0 \times 10^{-5}$	24.7
Ni	7.8×10^{-11}	−6(Ni-$H_{0.5}$)	$< 7.6 \times 10^{-5}$	40.0
Cu	4.9×10^{-12}		$< 8.0 \times 10^{-7}$	38.9
Nb	1.6×10^{-6}	−60(Nb-H_2)	0.05	10.2
Ta	1.3×10^{-7}	−78(Ta-$H_{0.5}$)	0.2	14.5
V	1.9×10^{-7}	−54(V-H_2)	0.05	5.6
Fe	1.8×10^{-10}	+14(Fe-H)	3.0×10^{-8}	44.8(γ-Fe)

除了纯金属膜外,金属合金膜也已广泛应用。合金膜的目的是通过合金化来改进金属膜的性能,如强度、抗氢脆等,同时保持高的透氢率。合金膜包括晶态合金膜和非晶态合金膜。透氢晶态合金膜一般是在 V、Nb、Ta、Ni 等金属中加入 Ti、Co、Cr、Al 等形成二元或三元合金。一些特殊元素的添加可以抑制氢化物的形成,降低氢脆的危害。少量过渡金属如 Zr、Mo、Ru、Rh 等能改变氢化物的稳定性以抑制氢脆。相比于晶态合金膜,非晶合金膜的机械强度高,延展性好,且拥有更高的氢固溶度,对氢脆有一定的抑制作用。而且,有些非晶合金由于其独特的表面电子结构和高密度的活性中心,使其具有高的催化活性,但这种催化活性高度依赖合金的成分。目前非晶合金膜应用于氢气分离领域有个重要问题就是非晶合金膜的热稳定性,其影响膜的耐久性。非晶合金膜在高温条件下趋于晶化,甚至于在低于晶化温度下发生。晶化会导致膜的透氢率和机械强度降低,增加了氢脆的可能性。

此外,高分子聚合物膜和无机膜也在氢气提纯中得到应用。聚合物膜是利用气体通过膜的速率差异而进行分离的,优点是选择性较高,目前广泛用于氢分离的聚合物材料主要有聚酰亚胺和聚砜。无机膜主要优点是材料的化学和热稳定性较好,能够在高温强酸的环境下工作。无机膜包括陶瓷膜、微孔玻璃膜等,其中陶瓷膜可以耐有机溶剂且不被微生物降解、不老化寿命长,但质脆,高温密封困难,需要特殊的形状和支撑系统,而且制造成本也相对较高,大约是同面积高分子膜的 10 倍。目前陶瓷膜主要用于一些高分子膜无法应用的高温、高压、强腐蚀性环境中。

总之,膜分离技术由于其高效、节能、造价低、易于操作等特点,已经成为一种不可替代的高新分离技术与方法,是氢气提纯生产中不可缺少的重要工具和技术手段。在一定条件下,利用一定高分子膜或 Pd 合金扩散膜对氢气进行分离提纯可将氢气提纯至 99.999 9% 以上,露点达到 -80 ℃。

4. 催化反应法

氢中微量氧等杂质的去除主要是利用催化反应,其去除氧气的化学反应式为:

$$2H_2 + O_2 = 2H_2O$$

常用的催化剂有 Pd/Al_2O_3,它是一种以活性氧化铝为载体的薄壳型高效脱氧催化剂,这种催化剂在国内外都得到广泛的应用,具有催化活性高、操作简便、使用安全、无须再生、使用寿命长的特点,可将氢气中的氧含量在室温下从 4% 降至小于 0.5 ppm 的水平。

氢中微量的一氧化碳的去除一般也是采用催化剂,其去除一氧化碳的反应式为:

$$2CO + O_2 = 2CO_2$$

去除一氧化碳的催化剂为多元金属氧化物体系,该催化剂主要用于单组分和多组分混合气体(不含烯烃)催化转化脱除一氧化碳。可将氢气中 CO 含量从 5 000 ppm 降至 1 ppm 以下。

催化反应法提纯氢气流程图如图 8.3.3 所示,氢气从提纯前约 99.0% 的纯度,净化后的纯度 >99.999%,尘埃含量(0.5 μm 以上)3.5 个/L。

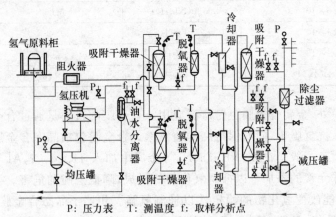

图 8.3.3　催化法提纯氢气流程示意图

5. 金属氢化物法

金属氢化物法(MHP 法)是利用储氢合金在低温下和一定的压力下对氢进行选择性化学吸收,生成金属氢化物,氢气中的其他杂质气体则分离于氢化物之外,随废氢排出。金属氢化物在稍高温度(约 100 ℃)或减压升温使氢化物解吸释放出氢,从而实现氢的分离。当氢化物解吸时,放出的氢气能将游离或吸附的气体不断带走,氢气纯度即不断得到提高直至达到超纯。

目前研究的储氢材料主要有镧镍合金、钸镍合金等稀土族、钛铁合金、钛锰合金、钛钴合金等钛族,以及锆、铍、镁、钙等族。如采用钛铬锰储氢合金制作的氢净化器可获得99.999％的超高纯氢,经过氟化处理的 $LaNi_{4.7}Al_{0.3}$ 具有优异的氢气纯化特性,并且可在复杂环境下有较好的稳定性。原料氢气经过该合金处理后纯度可达 99.999 9％。

但金属氢化物合金在氢的纯化过程中存在氢化物合金与各种非氢杂质不相容性的问题,因此,氢化物分离法对原料气的预处理要求较高、需要预先除去大部分 O_2、CO、H_2O、硫化物等杂质。如 CO 的存在会破坏氢化物合金的脱氢能力;O_2、H_2O 杂质的存在会因为氧逐渐与合金反应导致合金的失效,从而不能周期使用。

金属氢化物法分离氢要求原料气中氢含量低,50％～60％即可。纯化后氢气的纯度为99.99％～99.999 9％,回收率为 90％～95％。该法装置投资较少、能耗低、操作简单、安全可靠,适合于氢气小规模提纯生产。

6. 金属吸气剂纯化法

利用氢气中杂质能扩散渗入到合金粒子已活化的内部孔隙的活性表面,合金组分在高温下(如 400 ℃)与杂质组分反应,不可逆地生成金属氧化物、碳化物、氮化物等,从而使氢气得以高度纯化,使氢气中杂质由 ppb 降低至 ppt 级。此时,由于金属合金吸气剂纯化材料的不可再生性,要求被纯化的进料氢气中杂质含量均小于 ppm 级。该法常用与获得极纯氢(ppt 级杂质),是常规氢气纯化方法所不能比拟的。

7. 水合物法

水合物是小分子物质(N_2、CO_2、CH_4、C_2H_6、C_3H_8 等,称为客体分子)和水在一定温度和压力下生成的一种冰状晶体物质。如表 8.3.1 所示,含 H_2 的气体混合物中常含有 CH_4,C_2H_6、C_2H_4、CO_2 和 N_2 等组分,这些组分均能生成水合物。在适当的温度和压力条件下,气体混合物与水接触,H_2 以外的组分会和水发生水合反应生成固体水合物,然后将未生成水合物的气体(富氢气体)与固体水合物分离,从而达到提纯氢气的目的。由于水合物中氢气含量基本为零,理论上氢气的回收率为 100％,并且可采用目前较成熟设备,工艺流程也相对简单。

水合物分离提纯含氢气体中氢气的思路是近几年才提出的,目前,虽然还处于理论研究阶段,但对于低沸点气体混合物的分离,水合物法有其独特的优点。首先,水合物法可以在0 ℃以上的温度下进行,与深冷分离相比,可以节省大量制冷所需的能量;其次,水合物法分离得到的气体压强高,分离前后压差小,与变压吸附和膜分离相比,同样可以节省气体增压所需的能量;再次,水合物化解后的纯水(或加入促进剂的水)可循环利用,整个过程中,理论上没有原料损失。因此,采用水合物法分离提纯氢气能取得较好经济效益,是最具工业应用前景的一种技术。

氢气的纯化很难采用一种方法就可达到光纤制造要求,在选择氢的提纯方法时,需要考虑三个方面的因素,一是要考虑生产规模,二是要考虑原料气氢气浓度,三是要考虑原料气的非氢成分化学组成。实际纯化过程中,可选择性地采用不同的纯化方法或方法组合。

氢气提纯后其指标只有达到表 8.3.3 所列技术要求才能用于光纤预制棒的制造。

表 8.3.3　光纤预制棒的制造用氢气技术要求

组　分		指标	检测方法
氢纯度	％	≥99.999	差减法
氧		≤1.0	电化学法,GB/T 6285
氮＋氩		≤5.0	GB/T 3634
一氧化碳		≤0.5	GB/T 7445
二氧化碳	ppm	≤0.5	GB/T 7445
THC(总烃)		≤2.0	气相色谱分析法
水分		≤1.0	露点法,GB/T 5832.2
总杂质含量		≤10.0	

注:表中纯度和杂质含量均以体积分数表示。

8.3.4　包装与贮运

1. 包装

气态氢采用专用瓶阀和专用气瓶(8 L、40 L),液态氢采用专用液氢杜瓦瓶、专用贮槽(5 t、10 t、50 t 等),包装上要显著标明易燃标志,氢气的危险货号编号为 21028(压缩气态氢)和 21029(液态氢)。

2. 贮运

气态氢、液态氢均属于危险化学品,为 2 类。应贮存于阴凉、通风场所,温度不宜超过30 ℃;远离火种、热源,防止阳光直射;应与氧气、压缩空气、卤素、氧化剂等分开存放,切忌混装混运;场所需配置相应品种和数量的消防器材;搬运时轻装轻卸,防止气瓶及附件破损。

气态氢、液态氢的运输、远距离运输均应采用专用气瓶、长管拖车、槽车、槽罐运输,并遵守国家和地方的相关法规的规定。

8.4　氯气制备技术

在光纤预制棒制造中,氯几乎参与到沉积工艺的每一过程,在沉积和烧结过程中起脱水作用。

8.4.1　氯气特性

氯气,化学式为 Cl_2。常温常压下为黄绿色、有强烈刺激性气味的有毒气体,密度比空气大,可溶于水,易压缩,可液化为黄绿色的油状液氯,其物理性能见表 8.4.1。

氯属卤族元素化学性质非常活泼,除了对惰性气体、碳、氮等元素外,几乎可以与各种元素直接化合。氯也能和许多化合物起反应,能与有机物进行取代反应和加成反应生成多种氯化物。氯气中混合体积分数为 5％ 以上的氢气时遇强光可能会有爆炸的危险,所以在自然界中以游离状态存在的氯是极少的,大多呈无机化合物存在,食盐(NaCl)即为其代表性的化合物。

表 8.4.1 氯气物理性能

项目	物理性能	项目	物理性能
外观	气体为黄绿色,液体为黄色微橙透明液体	沸点	$-33.90\ ℃$(0.1 MPa 气压下)
分子量	70.906	嗅味	具有窒息性刺激臭味
密度	3.24 kg/m³(10 ℃,0.1 MPa 气压下)		

氯气的用途很广,是化学工业生产中很重要的化工原料。液氯、漂白粉、次氯酸钠等用于上下水,游泳池的消毒;次氯酸钠、液氯等用于纸浆及棉纤维、化学纤维的漂白,氯化纸浆的制造;还用于气体冶炼,将一些元素的矿物制得氯化物,然后还原成产品,制造无机及有机氯化物等。

8.4.2 氯气的制备方法

氯气的生产历史较为悠长,主要有四种制造工艺。

1. 舍勒法

此工艺最早于 1774 年由瑞典化学家舍勒发明,其反应用方程式为:

$$4HCl(浓)+MnO_2 \xrightarrow{加热} MnCl_2+2H_2O+Cl_2\uparrow \tag{8.4.1}$$

由于需要大量盐酸,故这种方法只限于实验室内制取氯气。1836 年古萨格发明了一种焦化塔,用来吸收生产纯碱(Na_2CO_3)的过程中排出的氯化氢气体得到盐酸,从此盐酸才成为一种比较便宜的酸,可以广为利用。舍勒发明的生产氯气的方法,经过改进,到此时才成为大规模生产氯气的方法。

2. 贝托雷法

贝托雷是法国化学家,通过把氯化钠、软锰矿和浓硫酸的混合物装入铅蒸馏器中,经过加热制得了氯气。

$$2NaCl+3H_2SO_4(浓)+MnO_2 \xrightarrow{加热} 2NaHSO_4+MnSO_4+2H_2O+Cl_2\uparrow \tag{8.4.2}$$

3. 狄肯法

1868 年狄肯和洪特发明了以氯化铜做催化剂,在加热时,用空气中的氧气来氧化氯化氢气体制取氯气的方法。

$$4HCl+O_2 \xrightarrow{催化剂(CuCl_2),加热} 2H_2O+2Cl_2\uparrow \tag{8.4.3}$$

4. 电解法

电解法的诞生要追溯到 1833 年,法拉第经过一系列的实验,发现当把电流作用在氯化钠的水溶液时,能够获得氯气。

$$2NaCl+2H_2O \xrightarrow{电解} 2NaOH+H_2\uparrow+Cl_2\uparrow \tag{8.4.4}$$

后来,英国科学家瓦特也发现了这种方法,并在 1851 年获得了一份关于生产氯气的英国专利。

式(8.4.4)是电解法的总的反应方程,具体原理是:

阳极反应: $\qquad 2Cl^- -2e^- =Cl_2\uparrow$(氧化反应) $\tag{8.4.5}$

由于 H^+ 比 Na^+ 容易得到电子,因而 H^+ 不断地从阴极获得电子被还原为氢原子,并结合成氢分子从阴极放出。

阴极反应： $\qquad 2H^+ + 2e^- = H_2\uparrow$（还原反应） $\qquad$ (8.4.6)

在上述反应中，H^+ 是由水的电离生成的，由于 H^+ 在阴极上不断得到电子而生成 H_2 放出，破坏了附近的水的电离平衡，水分子继续电离出 H^+ 和 OH^-，H^+ 又不断得到电子变成 H_2，结果在阴极区溶液里 OH^- 的浓度相对地增大，与 Na^+ 结合，形成 $NaOH$。因此，电解饱和食盐水的总反应如式(8.4.4)，工业上利用这一反应原理，在制取氯气的同时，可得到烧碱和氢气。

电解法是现代氯碱工业的基础，包括汞法制氯、隔膜法和离子膜法。

1) 汞法制氯

汞法制氯也称水银法（简称 M 法），电解槽由电解室和解汞室组成，特点是用水银把两种电解质隔开。阳极放置在饱和食盐水中，阴极放置在氢氧化钠溶液中。通电时，氯离子被阳极氧化发生式(8.4.4)反应，产生氯气。钠离子则在水银中被还原成金属钠。

$$Na^+ + e^- = Na$$

金属钠，立即与汞作用得到钠汞齐：

$$Na^+ + nHg + e^- \longrightarrow NaHg_n$$

钠汞齐从电解室排出后，在解汞室中与水作用生成氢氧化钠和氢气：

$$NaHg_n + H_2O \longrightarrow NaOH + 1/2H_2\uparrow + nHg$$

由于在电解室中产生氯气，在解汞室中产生氢氧化钠和氢气，因而解决了阳极产物和阴极产物分开的关键问题。

水银法的优点是电解槽流出的溶液产物中 NaOH 质量分数较高，可达 50%，不需蒸发增浓，产品质量好，含盐低，约 0.003%。汞法制氯在相当长的时间都是制取氯气的主流方法，但由于电解氯气所使用的电极为汞，致使电解得到的氯气、氢气中混有相当多的汞蒸汽，这种"汞法制氯"对环境危害很大，所以该法逐渐被更环保、更节能的隔膜电解法和离子膜法所取代。

2) 隔膜法

隔膜法（简称 D 法）电解是利用多孔渗透性的隔膜材料作为隔层，把阳极产生的氯与阴极产生的氢氧化钠和氢分开，以免它们混合后发生爆炸和生成氯酸钠。隔膜电解槽根据隔膜安装方式不同，可分为水平式和立式两种类型。水平式隔膜电解槽和某些立式纸隔膜电解槽都是型式较老的电解槽，因占地面积大、容量小、电流密度低、槽电压高、电解液含碱浓度低和热量损失大等缺点，逐渐被淘汰，为立式吸附隔膜电解槽所取代。

图 8.4.1 是典型立式隔膜电解槽结构和电解过程，电解槽的阳极用涂有 TiO_2-RuO_2 涂层的钛或石墨制成，阴极由铁丝网制成，网上附着一层石棉绒做隔膜，这层隔膜把电解槽分隔成阳极室和阴极室。由于过程产生的氯和烧碱是强腐蚀性物质，因此阳极材料和隔膜材料的选择是隔膜法工业生产的关键问题。

氯气是阳极反应的产物，用隔膜法电解槽制得氯气含有少量的 O_2、H_2、N_2（石墨阳极还有少量 CO_2）并为水蒸气所饱和，其主要组成为：Cl_2 96%～98%，H_2 0.1%～0.4%，O_2 1%～3%（均为体积分数）。

隔膜电解槽生成的氯气和氢气被隔膜分开，但若隔膜损坏，阴极网上沉积的石棉隔膜很不均匀，或是阳极液面降低到隔膜顶端以下等情况，都会使氯气与氢气混合。若是氯气进入

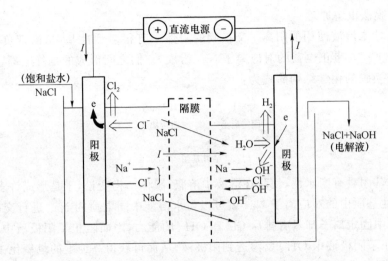

图 8.4.1 电解过程和电解槽结构示意图

阴极室会很快被碱液吸收,氢气中一般不含氯气,但若氢气进入阳极室与氯气混合,氯内含氢量超过 4%(质量分数),就有爆炸的危险。所以规定氯气总管内含氢不超过 0.4%~0.5%(质量分数),单槽不超过 1%(质量分数)。

氯气是有毒气体,除了保证电解槽,氯气管道连接处要密封之外,一般氯气总管应保持负压−50~−100 Pa,电解槽若为正压操作,也能便于查找氯气的泄漏,目前中国氯碱厂电解槽都采用负压操作。

隔膜电解槽生成的电解液较稀,含 NaOH 质量分数 10%~12% 左右,因此需要用蒸发装置来浓缩,消耗大量蒸汽。蒸发后可获得含 NaOH 质量分数 50% 的液碱,但仍含有质量分数 1% 未电解的 NaCl,需要经过分离、浓缩,才能得到固态 NaOH。

该法虽然可以阻止 H_2 跟 Cl_2 混合,避免了爆炸,但缺点是石棉隔膜为有害物质且寿命短,同时综合总能耗比较高,目前在工业化生产氯气所占比例不高。

以图 8.4.1 所示隔膜电解槽为例,其技术经济指标如表 8.4.2 所示。

表 8.4.2 隔膜电解槽技术经济指标

性能	指标	性能	指标
运行电流	6 000~34 000 A	每吨碱耗直流电	2 240~2 520 kW·h
电流效率	>96%	槽电压	3.2~3.6 V
阳极电流密度	750~1 200 A/m²		

3) 离子交换膜法

离子交换膜法(简称 IEM 法)是在应用了美国开发出的化学性能稳定的全氟磺酸阳离子交换膜之后,20 世纪 80 年代由日本首先开始工业化生产。该法用离子膜将电解槽的阳极室和阴极室隔开,在阳极上和阴极上发生的反应与一般隔膜法电解相同,但离子膜的性能好,不允许 Cl^- 透过。因此,阴极室得到的烧碱纯度高,其电能和蒸汽消耗与隔膜法和水银法比可节约 20%~25%,而且建设投资费、解决环境保护等方面均优于其他方法。因此,离子膜法是制氯工业的发展方向。

（1）离子膜法电解原理

在电解食盐水溶液使用的阳离子交换膜的膜体中有很多活性基因，由带负电荷的固定离子 SO_3^-、COO^- 与带正电荷的对应离子 Na^+ 组成，它们之间形成的是静电键，如常见的磺酸型阳离子交换膜的化学结构简式为：

$$R-SO_3^- \longrightarrow H^+ (Na^+)$$

固定离子　　　　　对应离子

活性基团

由于磺酸基团具有亲水性，使膜在溶液中溶胀，膜体结构变松，于是形成许多微细、弯曲的通道，而活性基团中的对应离子 Na^+ 就可以与水溶液中同电荷的 Na^+ 进行交换。此时膜中的活性基团中固定离子却具有排斥 Cl^- 和 OH^- 的能力，因而阻止了阳极液中 Cl^- 渗透到阴极室，也阻止了阴极液中 OH^- 反渗透到阳极液，从而可获得高纯度的氢氧化钠溶液。

离子交换膜法电解槽中的阳极室与阴极室之间用此种阳离子交换膜隔开，饱和精盐水加入阳极室，通电时 Cl^- 在阳极表面放电产生 Cl_2 逸出，Na^+ 通过阳离子交换膜迁移到阴极室，消耗掉的 $NaCl$ 导致盐水浓度降低，因此阳极室必须导出淡盐水而不断补充饱和精盐水；在阴极室，H_2O 在阴极上放电产生 H_2 逸出，而 OH^- 在溶液中与阳极迁移来的 Na^+ 形成 $NaOH$ 溶液，所以必须不断向阴极室补充去离子水（即纯水）。

虽然离子膜具有排斥 Cl^- 和 OH^- 的能力，但难免还有少数 Cl^- 扩散移动到阴极室，少量 OH^- 由于受阳极吸引而迁移到阳极室，其结果和隔膜电解的副反应一样，会消耗 $NaOH$，降低 Cl_2 浓度，并导致电流效率下降。

离子膜电解的电化学反应如下：

$$阳极室 \quad Cl^- \longrightarrow 1/2Cl_2 + e \quad （主反应）$$
$$OH^- \longrightarrow 1/2H_2O + 1/4O_2 + e$$
$$Cl_2 + 2OH^- \longrightarrow ClO^- + Cl^- + H_2O \quad （液相反应）$$
$$6ClO^- + 3H_2O \longrightarrow 2ClO^{-3} + 4Cl^- + 6H^+ + 3/2O_2 + 6e$$
$$阴极室 \quad H_2O + e \longrightarrow 1/2H_2 + OH^- \quad （主反应）$$
$$Na^+ + OH^- \longrightarrow NaOH \quad （主反应）$$

（2）离子膜法电解生产工艺流程

离子交换膜电解槽主要由阳极、阴极、离子交换膜、电解槽框和导电铜棒等组成，每台电解槽由若干个单元槽串联或并联组成。电解槽的阳极用金属钛网制成，为了延长电极使用寿命和提高电解效率，钛阳极网上涂有钛、钌等氧化物涂层；阴极由碳钢网制成，上面涂有镍涂层。阳离子交换膜把电解槽隔成阴极室和阳极室，阳离子交换膜有一种特殊的性质，即它只允许阳离子通过，而阻止阴离子和气体通过，也就是说只允许 Na^+ 通过，而 Cl^-、OH^- 和气体则不能通过。这样既能防止阴极产生的 H_2 和阳极产生的 Cl_2 相混合而引起爆炸，又能避免 Cl_2 和 $NaOH$ 溶液作用生成 $NaClO$ 而影响烧碱的质量。

离子膜法电解食盐水溶液制取氯气的生产工艺流程如图 8.4.2 所示。流程分为四个部分：一次盐水精制、二次盐水精制、电解槽、烧碱蒸发装置。

（3）离子交换膜

离子交换膜是离子膜法制碱技术的核心。在电解过程中，离子膜的一面是高温、高浓度

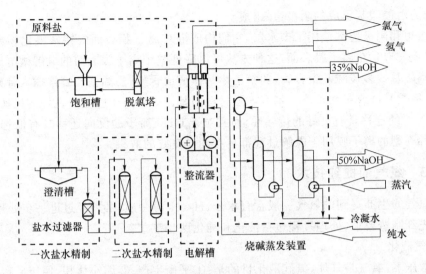

图 8.4.2　离子膜法电解生产工艺流程示意图

的酸性盐水和氯气,另一面又是高温、高浓度的碱液。离子膜除了要适应这些苛刻的条件之外,还必须具备优越的电化学性能,所以对离子膜的要求是:

① 有高度的物理、化学稳定性,薄而不易破损,有均一的强度和柔韧性;

② 电流效率高,OH⁻反迁移的数量少;

③ 离子交换容量高,膜电阻低;

④ 电解质扩散量低。

典型的离子交换膜是均匀的,还有耐腐蚀的材料增强其强度,化学组成是四氟乙烯与具有离子交换基团的全氟乙烯基醚单体的共聚物。用于氯气制造的阳离子交换膜的离子交换基团主要有:磺酸基团(-SO₃H)、羧酸基团(-COOH),目前已经工业化的离子膜有全氟磺酸膜、全氟羧酸膜、全氟磺酰胺膜和全氟羧酸/磺酸复合膜。

离子膜电解槽使用两种类型的离子交换膜剖面结构如图 8.4.3 所示。图(a)所示以羧酸基为基体的离子膜由三层(一个非常薄的由磺酸基组成的阳极层;一个厚的中部羧酸基体,其中嵌入加强筋;一个薄的由羧酸基组成的阴极层)组成。图(b)所示为以磺酸基为基体的离子膜由二层(一个厚的由磺酸盐基体组成的芯部,并有加强筋嵌入其中,它位于阳极

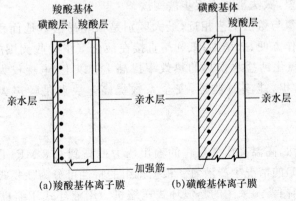

图 8.4.3　离子交换膜剖面结构

221

边;一个薄的由羧酸基组成的阴极边)组成。

在阳极边和阴极边都使用了亲水层,它们构成嵌在离子膜表面的特殊氟化物或碳化物微粒,以避免气泡黏在离子膜表面,这种方法可以降低整个离子膜表面的电解槽电压。膜层组成是多磺酸基或多羧酸基聚合物,四氟乙烯基体形成骨架,乙烯基乙醚群插入骨架中作为侧链,中止磺酸基群或羧酸基群。带有加强材料的基体层使离子膜具有良好的机械性能,同时不仅对 Na^+ 的迁移具有良好的传导性,而且对于 OH^- 离子的反向迁移具有低选择性,所以上述两种类型的离子膜用于电解过程都具有同样良好的效果。

8.4.3　氯气的提纯技术

工业氯气的生产得到的氯气一般含有水分、H_2、N_2 等杂质,必须经过进一步处理和提纯才能适合光纤制造要求,处理过程包括液化和纯化两步工艺。

1. 氯气液化

常温常压下,氯气是气体,氯气液化目的是:①平衡生产;②缩小体积,便于贮存和运输;③对氯气进行预纯化,提高氯气纯度,满足用户更高的要求。

氯气液化需要两个条件:降低温度和增大压力。增加压力缩小气体分子之间的距离,降低温度减小气体分子的动能。只要在气体的临界温度下或在临界压力上采取一定措施,就能达到气体液化的目的,工业化生产液氯就是利用这一原理。

目前常用的液氯生产工艺有氨法、氟利昂法和高温高压法,前两种基本属于低温低压法。

(1) 低温低压法

低温低压法是在氯气输出压力小于 0.4 MPa,液化温度小于 -20 ℃的条件下生产液氯的工艺。根据获取低温的方法不同,又有氨法和氟利昂法两种。

氨法工艺特点为:用氨-氯化钙盐水间接冷冻法生产液氯,采用螺杆压缩机,以氨(R717)作为制冷剂,用氯化钙盐水作载冷剂,$-35 \sim -30$ ℃的盐水通过盐水泵送进液化器,与经过压缩机的干燥氯气进行热交换,使氯气温度降至 -25 ℃左右,大部分氯气变成液氯进入贮槽。其缺点是采用氯化钙盐水作冷媒,经过二次传热,加上管路上的冷量损失和热量损失较大,装置结构庞大,设备多,占地面积大;盐水腐蚀性较大,液化器泄漏时会生成易爆炸的三氯化氮,影响安全生产;制冷周期长,一般需提前 8 h 降温;活塞式压缩机维修工作量大,易损件多,安全性差,氨法工艺将逐步被淘汰。

氟利昂法生产液氯与氨法工艺相近,最大区别是氟利昂法占地面积是氨法的 12.5%、流程短、工艺简单、操作方便、效率高;氟利昂直接在液化气中吸收周围的热量使氯气液化,是一次换热,比液氨-氯化钙盐水换热的热效率提高 1 倍以上;电耗仅为原来的 65%;采用PLC自动控制减轻负担,能实时监控,安全系数提高。缺点是噪声大,对原氯气纯度要求高。

(2) 高温高压法

相比于低温低压法,高温高压法是将的输出压力提高到 0.8 MPa 以上、液化温度为常温(通常用循环水冷却)的情况生产液氯。根据机组的特性可分为往复式压缩机和液环式压缩机压缩方法,目前国内普遍采用的是液环式压缩机。用液环式压缩机生产液氯的工艺又有单级压缩和双级压缩工艺。

① 单级压缩工艺

进入压缩机的氯气为干燥后氯气,进气压力 0.15 MPa(绝压)左右,出口压力 1.2 MPa(绝压)左右,液化温度低于 40 ℃,工艺流程如图 8.4.4 所示。

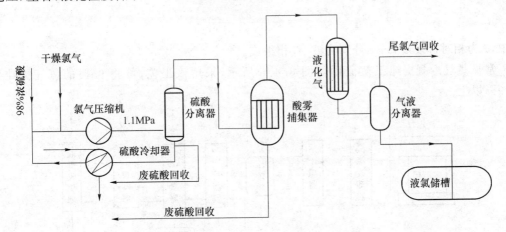

图 8.4.4　高温高压法氯气单级压缩流程简图

② 双级压缩工艺

该工艺是先通过低压氯气泵将干燥氯气压缩到 0.2 MPa(绝压)左右,通过单级压缩后的氯气再经一次干燥后,送入二级压缩系统。出二级压缩系统的氯气压力约为 1.0 MPa,液化温度低于 35 ℃,流程如图 8.4.5 所示。

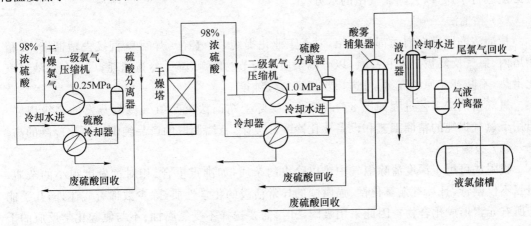

图 8.4.5　高温高压法氯气双级压缩流程简图

高温高压法液氯工艺将氯气输送和液化两个工序合二为一,省去了低温制冷装置,所用设备仅为低温低压法工艺的 30%,能耗仅为低温低压法工艺的 47%;大大缩短了氯气液化流程;工艺先进,运行可靠性高;投资少,运行费用低;将原有氯气液化工艺过程中氨及氟利昂对大气的污染降为 0;提高了液化的安全性。

2. 氯气纯化工艺

工业液氯中的杂质含量较多,要制得高纯氯必须把原料氯中的 H_2O、O_2、N_2、CO_2、CO、H_2、CH_2 等除去。

（1）冷凝法

冷凝法的原理是利用气体的沸点不同，在一定的低温和压力下进行气液分离。对双组分体系，根据气液平衡理论，有：

$$y = \frac{\alpha x}{1+(\alpha-1)x} \tag{8.4.7}$$

式中，α 为相对挥发度，x、y 分别为液、气相组成。

常见氯气冷凝提纯工艺流程如图 8.4.6 所示，采用该工艺，可将 95％ 的氯气提纯到 99.9％ 以上。

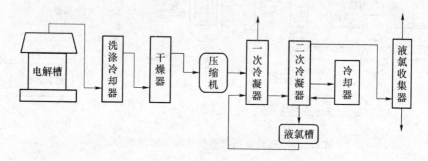

图 8.4.6　氯气冷凝提纯工艺示意图

冷凝法流程简单，能除去 H_2、N_2、O_2、CO、CO_2、THC 等低沸点杂质，对氯气中微量水却无能为力，且对原料氯中含水量要求很严，否则堵塞、腐蚀管道等。因此在进入冷凝器前，氯气必须进行干燥，以去除氯气中的水分。

（2）精馏法

精馏法的原理在前面都有介绍，对于工业化提纯，氯气经干燥后就直接去精馏塔，在精馏塔内，氯气反复被蒸发和冷凝，以分离杂质。为节约能源，降低冷量消耗，尽量利用液氯汽化潜热，不断补充原料液氯，可进一步提高氯气纯度。

氯气精馏法工艺过程如图 8.4.7 所示，实际上精馏法就是氯气冷凝蒸发的多级串联。但用于氯气提纯的精馏工艺和设备要比冷凝法复杂，精馏制取的产品纯度也要比冷凝的高。

（3）吸附法

吸附法可用于深度清除氯气中难以除去的杂质，如沸点重合、相对挥发度很小的杂质，但氯不仅剧毒，且具有强氧化性、强腐蚀的异常活泼的化学性质，除少数稀有气体外，几乎能与所有元素形成化合物。因此采用吸附法时，需要选择不受氯腐蚀、不与氯起化学反应的干燥剂、吸附剂，以及这些吸附剂的化学处理、再生等。目前只有经化学处理后耐酸性的沸石分子筛完全可以满足工业氯气提纯的要求。

氯气纯化所需分子筛的装填量及固定柱的尺寸可通过理论计算。由气体吸附平衡理论可知，氯气中的杂质在固定床中吸附，其在分子筛中移动速度可通过式(8.4.8)计算。

$$V_a = \frac{uC_0}{\varepsilon C_0 + \gamma q_0} \approx \frac{uC_0}{\gamma q_0} \tag{8.4.8}$$

式中，C_0 为入口气体浓度，q_0 是与 C_0 呈平衡的吸附量，u 空塔速度，ε 为分子筛的空隙率，V_a 为吸附传质区（分子筛）移动速度。

设 t_B 为开始通入气体到穿透吸附传质区所费时间，t_E 为附终止时间，则吸附传质区长度

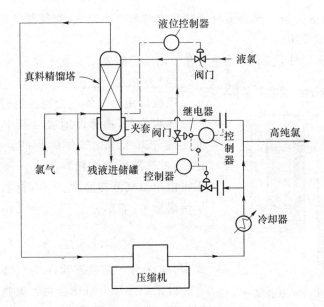

图 8.4.7　氯气精馏法提纯工艺

Z_a 可用下式求出：

$$Z_a = V_a(t_E - t_B) = \frac{u}{K}\int_{C_B}^{C_E}\frac{dC}{C - C_0} \tag{8.4.9}$$

式中，C_B 穿透点浓度，C_E 吸附终止浓度。所以用固定床内任意一点的吸附容量 q 与浓度 C 之间有下列关系：

$$\frac{q}{q_0} = \frac{C_B - C}{C_0} \tag{8.4.10}$$

根据式(8.4.9)和式(8.4.10)，就可确定纯化器分子筛装填量和基本尺寸。

吸附法提纯氯气工艺如图 8.4.8 所示，原料氯气要先用浓硫酸干燥除水后，再经硅油处理过的玻璃棉过滤清除氯中酸雾和 $FeCl_3$ 及其他金属氯化物，使所有这些杂质小于 0.001％，因为这些杂质能起催化作用，使氯与其他物质起聚合或别的化学反应。干燥后的氯气经过分子筛吸附柱，杂质被去除。分子筛吸附柱一般是一主一备，也可以由多组吸附柱

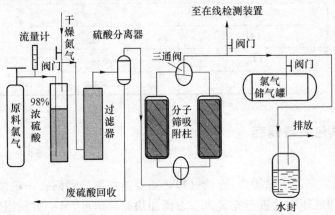

图 8.4.8　吸附法提纯氯气工艺示意图

组成,根据去除杂质的类型选择合适分子筛可得到高纯度氯气,提纯氯气经在线检测合格后进入氯气储藏罐储藏待用。

由于氯气有强腐蚀性,整个提纯系统在使用前后需要用高纯干燥氮气保护。

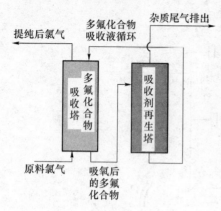

图 8.4.9　吸收法清除原料氯中
氧工艺流程图

（4）吸收法

吸收即用对气体混合物各组分具有不同溶解度的液体吸收剂,选择性地吸收其中一种或几种组分而实现分离和净化气体的目的。根据溶质渗透理论,通过气液接触的相界面进入液相的气液传质过程可由单位气液接触面、单位时阀、单位浓度下的物质传递量 K_L 表示:

$$K_L = 2\sqrt{\frac{D_L}{\pi \tau_e}} = 1.13\sqrt{\frac{D_L}{\tau_e}} \qquad (8.4.11)$$

式中,D_L 为分子扩散系数,τ_e 为气液相接触时间(h)。

以采用多氟有机化合物为吸收剂清除原料氯中氧为例,其工艺流程图如图 8.4.9 所示。该工艺中原料氯气经多氟有机化合物吸收后,可将 70% 以上的氧除掉。

氯气纯化实际生产过程中,需采用一种或几种提纯工艺组合才能得到光纤预制棒生产所需要的高纯氯气要求,表 8.4.3 列出高纯氯气的技术指标。

表 8.4.3　光纤预制棒生产用高纯氯气技术要求

分类	组分	纯度	备注
Cl_2 含量	Cl_2	≥99.996%	
杂质含量	H_2O	<2.0 ppm	烧结脱水用
	H_2	<1.0 ppm	
	O_2	<4.0 ppm	
	N_2	<10 ppm	
	CH_4	<1.0 ppm	
	CO	<0.5 ppm	
	CO_2	<8.0 ppm	
	THC	<1.0 ppm	

8.4.4　氯气包装与储存

1. 氯气包装

一般氯气提纯后充装于储罐内,充装过程必须要连接两根管路。一根液相充装管,一根气相排气管,即采用减压方式进行充装。一方面加快充装速度,另一方面当发生泄漏时可及时将氯气倒回贮罐内。如采用钢瓶包装,需要用氯气泵对管路里面的尾气进行抽吸。

由于氯气是危险化学品,充装管道中必须安装安全阀。安全阀用在受压设备、容器或管路上,作为超压保护装置。当设备压力升高超过允许值时即自动开启使流体外泄,以防止设备压力继续升高。当压力降低到规定值时,阀门及时关闭,保证设备或容器安全运行。一旦出现安全阀起跳事故,氯气也不可以向大气排放,一般情况下将安全阀排放管路连接到氯气废气系统,但对整体系统还是有很大影响。因此将安全阀排放管路连接到氯气泄漏紧急处理装置上,这样一方面可以防止因排放系统有压力增加安全阀背压,影响安全阀泄压速度,另一方面不与生产系统连接,避免安全阀排压时造成生产系统压力波动。

2. 运输

氯气必须先液化后再运输,液氯的输送方式采用专用槽车,并由取得《危险货物运输从业资格证》的人员驾驶。

液氯(氯气)已纳入剧毒物品管理的范畴,在《危险货物品名表》(GB 12268—2005)中,液氯的编号为 1017,属腐蚀性物质。在《常用危险化学品的分类及标志》GB 13690—2009中,氯气是 4.2.10 类,即吸入性有毒气体。

液氯运输的管理重点是加强对驾驶员、装卸管理人员、押运人员进行有关安全知识培训,确保相关人员掌握液氯的安全知识、掌握在紧急情况下应急处理措施等。

第9章
光纤制造用气体的制备技术

上章主要介绍了光纤预制棒制造工艺中所用的主要气体,光纤制造工艺使用的其他气体特别是光纤拉丝工艺中所需的气体将在本章详细介绍。

9.1　氦气制备技术

氦气在光纤制造工艺中被广泛应用:在预制棒沉积工艺中做载气;在预制棒脱水烧结工艺中用氦气清除残留杂质;在光纤拉丝工艺中作热转移气体等。

9.1.1　氦气特性

氦在常温、常压下为无色、无臭、无毒、无味的稀有气体,是唯一不能在标准大气压下固化的气体;天然氦是^{4}He 和 ^{3}He 两种稳定同位素的混合物(^{4}He 为主组分、^{3}He 为痕量组分 1.3×10^{-6}),氦难溶于水和有机溶剂,液氦 ^{4}He 需在加压 2.5 MPa 的条件下才能变为固态氦;^{4}He 的气体密度 0.178 50 kg/m³(标态下)、正常沸点时 16.891 kg/m³,其液体密度 124.96 kg/m³(正常沸点时);常压下,^{4}He 熔点 2.172 K(λ 点)和 1.763 K(λ' 点)、沸点 4.215 K,氦的相对原子量为 ^{4}He:4.002 60、^{3}He:3.016 03。

氦气属于惰性气体,既不燃烧也不助燃,空气中含氦高(≥33%)时,有窒息危险。在地球上,氦主要是由铀、钍等放射性同位素的 α 蜕变和氚的 β 脱变产生的。在干燥空气中,氦的体积含量约为 5.24×10^{-6},而天然气中含量较高,一般在 0.05%～2.0%,最高可达 7%,所以天然气中提取纯氦最经济。氦是单原子气体,化学性质不活泼。通常条件下不与其他元素和化合物反应,至今没有其化合物的报道。

氦资源全球分布严重不均,图 9.1.1 显示了全球氦气储量分布状况。美国是世界上氦资源最丰富的国家,美国的天然气氦含量比较高,平均约为 0.8%,个别地区高达 7.5%。而我国现有的天然气氦含量极低,属贫氦天然气(氦含量仅为 0.2%)。

根据预测,在未来 10 多年内全球对氦气的需求量将以每年 4%～6% 的速度增长,其需求总量可达到 2.25 亿～3 亿 m³。由此推算,到 2030 年全球的氦气需求将短缺 1.6 亿～1.7 亿 m³,其中亚太地区短缺约 600 万 m³。

氦资源的匮乏和生产成本高等因素,导致我国不得不依靠从美国、欧洲和中东大量进口所需的氦。同时随着我国国防工业技术的发展,氦气的需求量越来越大,一旦在非常时期氦气难以进口,必将在大范围内影响我国的国防安全和经济发展。

氦气为惰性气体,是工业、化工、军工、科研教学和高科技产业发展不可或缺的稀有战略性物资,广泛应用于国防军工、科研、航天航空、制冷、医疗、光纤、检漏、超导实验、金属制造、深海潜水、高精度焊接生产等领域。如在冶金、金属加工用作焊接保护气,

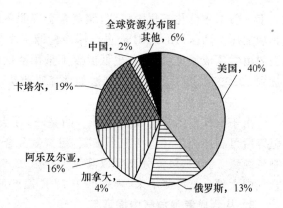

图 9.1.1　世界氦气储量分布示意图

在分析检测中做载气,在电子工业中做保护气和传热介质。氦与氢族气体的混合气可作为电光源的填充气体,氦气通常作为第二代反应堆的冷媒气体,也被用于封闭系统循环低温制冷剂的工作介质。

9.1.2　氦气生产方法

氦气是国防军工和高科技产业发展不可或缺的稀有战略性物资之一,我国氦气资源相当贫乏,含量很低,提取难度大,成本高,含氦天然气迄今仍是工业化生产氦气的唯一来源。因此,在研究开发先进的天然气提取氦气技术的同时,积极开发从其他气源中提取氦气的新技术,这对于保护有限氦气资源、提高氦气生产的经济性、保障国家用氦安全和促进我国氦气制造工业的发展具有重要意义。

氦气提取典型技术有低温深冷法、吸附法和膜分离法等。规模化工业应用制取氦气技术大多采用联产法、联合法等工艺。

1. 从天然气中提取氦

天然气是最重要的氦资源,工业生产的氦气基本上是从天然气中提取的。天然气组分复杂,其提氦技术一般需经过三个工艺步骤:天然气的预净化、粗氦的制取和氦的精制。

（1）含氦天然气预处理净化

氦提取工艺对天然气中 H_2S、CO_2 残留量要求是:$H_2S \leqslant 4$ ppm,$CO_2 \leqslant 100$ ppm,因此含氦天然气源中的 H_2S、CO_2、水分甚至汞等杂质在进入低温装置前须进行净化预处理,以免在低温下使管道、阀门和设备产生堵塞、腐蚀和恶化工艺条件。常用的酸气脱除方法有:醇胺法、热钾碱法、砜胺法。鉴于提氦效益考量,应优选有利于降低提氦成本的脱除方法。脱水工艺方法:从天然气提取氦一般选择分子筛来去除水,脱水深度要求小于 1 ppm,同时进一步吸附脱除残余酸性气体;采用 HgSIV 脱汞分子筛清除汞法,该工艺可以再生并循环使用,但设备和控制复杂;含硫杂质采用浸硫活性炭去除,该方法所用设备简单,操作方便,但活性炭不能循环使用,需定期更换。

（2）粗氦提取

天然气经二次冷凝后制得氦含量为 60%～70% 的粗氦,冷凝所需冷量由常压液甲烷、常压液氮或负压液甲烷供给。一次冷凝要求无乙烷以上的馏分,二次冷凝要求甲烷含量小于 1 ppm 。同时釜液液烃中的氦含量要小于 10 ppm,以提高氦气回收率。

（3）氦气精制

天然气中较难液化的氢随着氦气的提浓被浓缩在粗氦中,需要在精制前将其除去。工

业上一般采用催化氧化脱氢法,储氢合金等脱氢工艺也在发展中。小于 10 ppm 的残留氢在其后加压至高压(18.7 MPa)进行深冷精馏工序与氮、少量的甲烷等其他杂质同时除去。源一般由常压液氦提供,并在更低温度下采用活性炭吸附工艺去除所有非氦气体,可使氦浓度达到 99.997% 以上。其他精制法如洗涤吸收法,甲烷、丙烷等天然气组分均可作为吸收剂。

2. 空分装置生产副产氦

由于空气中约含有 5.24×10^{-6} 的氦气,在大型深冷空分装置中通过分离生产氧、氮或氩等后可副产纯氦。包括三个步骤:粗氖氦混合气的提取、纯氖氦混合气的制备和氖氦分离制备纯氦。其中,氖氦分离是以液氖为冷源、2.5 MPa 压力和接近氖沸点温度下,使氖氦混合气中大部分氖冷凝下来,再在低于 77 K 温度下,用活性炭去除残余的氖而获得纯氦。

3. 从合成氨弛放气中提取氦

以含氦的天然气为原料的合成氨装置中,合成循环气中逐步得到浓缩,在其弛放气中氦的含量是天然气中十倍左右,其提氦包括三个步骤:弛放气净化、粗氦的提取和粗氦的精制。其中弛放气净化主要是指脱除其所含的氨和水分;粗氦提取主要是用化学燃烧法、冻结法、甲烷洗涤吸收法和变压吸附法等脱除大部分所含的氢、氮、氩和甲烷等杂质,获得浓度 50% 以上的粗氦气体;而粗氦精制在工业上一般采用直接加氧燃烧法、纯氧稀释后加氧催化法除氢和低温吸附法除氢等方法获得 90% 以上氦气;再通过加压、冷却至 77 K 以下脱除其中大部分杂质气体,再在低温下用活性炭吸附脱除微量氖等杂质,获得 99.99% 以上的纯氦。

4. 从回收的氦气中提取氦

市场上使用的氦气纯度可分为三种:①粗氦。根据气体组分体积,粗氦含有氦气体积分数为 50%~95%,平均约含有 70% 的氦,余下 30% 为氮气,还有少量其他杂质;②A 级氦。纯度在 4N7(氦体积分数为 99.997%)以上的氦为 A 级氦。根据 2011 年的估算数据中,A级氦的价格比粗氦高出 1~2 倍;③电子氦。纯度在 5N(体积分数 99.999%)以上的氦气,一般直接供应终端客户。由于供应目标地点与需求纯度不一样,此种产品价格范围较大,可能为 A 级氦的 2~5 倍。

工业化应用的原料氦气纯度通常为 A 级氦(普氦),排放的废氦气品位及回收提纯方式各不相同。表 9.1.1 列出若干行业使用与排放的氦气及回收提纯的可能性。

表 9.1.1 可回收氦气的来源

主要领域	使用氦气纯度	回收氦气纯度	回收提取方法
球载浮空器(飞艇)	要求大于 98%	90%~95%	低温冷凝、膜分离、变压吸附均可
低温超导	通常使用液态氦(氦气再液化纯度要求 5 N)	90%~98%	低温冷凝吸附、低温精馏分离
半导体、光纤制造领域	99.9%~99.999%	50%~75%	低温冷凝、膜分离、变压吸附均可
制冷(家用电器)领域	85%~99%	70%~80%	低温冷凝、膜分离、变压吸附均可
化学化工	99%~99.999%	10%~60%	膜分离、低温冷凝吸附

目前最具回收价值的是工业气球(飞艇)载用气、光纤拉丝和空调器检漏用氦气。

(1) 从工业气球(飞艇)载用气中回收

工业气球载(飞艇)主要应用于庆典表演、广告宣传、航拍、空中监测、飞行试验以及工程施工等,图9.1.2是工业气球载(飞艇)回收装置流程示意图。气球体积由几百至上万立方米不等,氦气在空气中举力为 1.11 kg/m³,可依据气球(飞艇)的载荷量设计球体大小。所用原料氦气通常纯度在99%以上,使用一段时间后氦气纯度降至90%~95%需进行纯化。

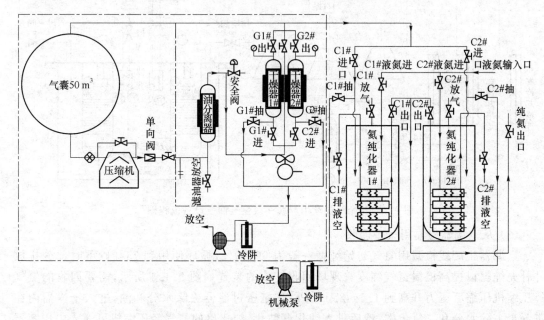

图 9.1.2　工业气球载(飞艇)氦气回收设备流程图

提纯氦气或其他稀有气体一般采用高压、低温冷凝吸附分离技术。来自气球内需要回收、纯化的气体经压缩机压缩后,压力升高至 10~20 MPa,在油水分离器内除去水和油分,进入干燥器内再进一步除去水分和二氧化碳。然后进入低温氦气纯化器,先在液态空气分离器中将其中的液态空气分离出来,再在低温吸附筒中,利用活性炭和分子筛在高压低温(液氮 77 K)下,对空气组分有很强的吸附特性,吸附剩余的空气杂质,纯度进一步提高后,充入钢瓶或集装格贮存备用。

该套流程可实现初始纯度低达70%的氦气提纯至99%,最高可提纯至99.999%,纯化速率依气球载气需要从 50~600 Nm³/h,纯氦气回收率达90%以上。

(2) 从光纤拉丝冷却用气中回收

经过对光纤行业制造商进行调研,光纤行业氦气回收再利用是可行的。由于氦气在光纤制造工艺中并不参与反应,氦气可回收、提纯后再利用,这可大大提高氦气利用率,降低光纤制造成本。图9.1.3光纤拉丝生产线在线氦气回收设备流程图。工作原理:通过真空泵将拉丝塔生产线排出的废氦压缩至 0.5 MPa,经冻干机除去水分和其他杂质后再经净化干燥器除油,进入低温分凝式氦气纯化器纯化,提纯后氦气经压缩后进入生产线流程。

目前光纤制造氦气回收、纯化设备已有商品出售(进口),其主要指标为:①氦气初始纯度:60%~75%;②纯化后氦气纯度:99%~99.999%;③处理量:3~12 Nm³/h;④在线全自动化运行,回收率达 95%以上。

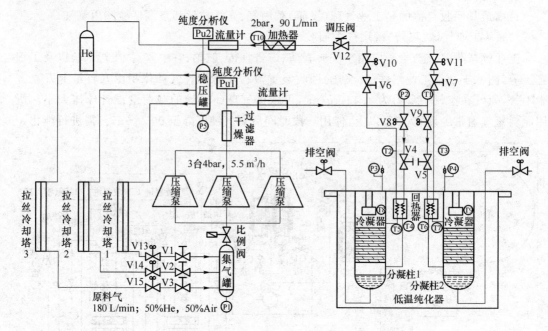

图 9.1.3　光纤拉丝生产线在线氦气回收设备流程图

（3）从空调器检漏用气中回收

空调器生产线检漏用氦气初始纯度一般为 99.99％，循环使用到 75％以下时部分排放并补充纯氦以提高检漏氦气纯度。现场回收排放的装置如图 9.1.4 所示，需要回收的氦气经压缩机压缩后压力升高到 1.5～2.0 MPa，在精密过滤器去除水分和油，进入干燥器内在进一步去除水分和二氧化碳，然后进入纯化器纯化，纯化后的氦气经压缩机可充入中压容器或钢瓶内备用。该装置可将纯度 75％可提高到 95％以上，氦气回收率在 90％以上。

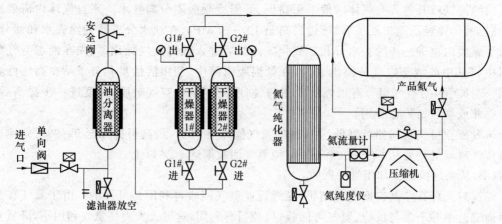

图 9.1.4　空调器生产线检漏用氦气回收方案示意图

9.1.3　氦气提纯技术

氦气提纯方法的选取可依据氦气初始和所需纯度的不同，同时结合工业化现场条件限制等诸多方面，选取单一方法或复合法进行提纯。另外工业化氦气提纯设备还要求满足工业化标准、可靠性高、能耗低、占地面积小、自动化程度高等苛刻要求。

1. 高压低温冷凝、吸附法

原理是粗氦经压缩机压缩后,压力升高至 $10\sim20$ MPa,在油水分离器内除去水和油分,进入干燥器内再进一步除去水分和二氧化碳。然后进入低温氦气纯化器,先在液态空气分离器中将其中的液态空气分离出来,再在低温吸附筒中,利用活性炭和分子筛在高压低温(液氮 77 K)下对空气组分有很强的吸附特性,吸附剩余的空气杂质,压入集装格贮存备用。

2. 膜分离法

膜分离法在前面几节中都有介绍,对氦气提纯时,选用中空纤维作为膜介质,利用中空纤维分离膜对气体分子的选择性渗透,不同粒径的气体分子混合物质在通过分离膜时,实现机械分离。中空纤维分离膜的特点是膜壁遍布微小孔洞,根据孔径的大小可分为微滤膜、超滤膜、纳滤膜、反渗透膜等。根据需要,将不同孔径的中空纤维分离膜组成膜组件,由膜组件对氦气中的氧、氮等杂质进行分离。其中的每根中空纤维膜和人的头发丝差不多粗细,这些纤维束通过对氦气和空气成分的不同渗透速率来分离氦气中的 N_2 和 O_2 等杂质。要纯化氦气中的氦气快速渗透过膜纤维,氮、氧和水蒸气等则被挡住而脱附,通过中空纤维孔的氦气得到集束,纯度提高,达到分离、净化氦气的目的。双级串联其氦气纯度可达 99%,整个分离过程没有任何运动部件,而依靠压缩机循环就可以完成以上过程。

3. 变压吸附法

氦气纯化可采用变压吸附气体分离技术(简称 PSA),即用交变的工作压力,在两个吸附筒之间,进行交替的加压吸附和常压(真空)解吸的过程,将氦气中的空气杂质除去。具体是在环境温度下,利用空气中氧气在碳分子筛(CMS)上吸附速率和吸附容量的差异,用碳分子筛吸附 O_2;以及利用空气中氮气在沸石分子筛(ZMS)上的吸附性能不同,用沸石分子筛吸附 N_2,使氦气得以纯化。PSA 技术它具有工艺流程简单、能耗低、稳定可靠、操作简单等优点。由全自动控制系统按特定可编程序施以加压吸附,常压解析的循环过程,完成氮、氧和水(H_2O)等杂质的分离放空,获得所需高纯度的氦气。

4. 化学吸收法

高纯氦气是指其组分含量大于 99.999%,即杂质含量小于 10^{-6}(体积分数)的气体,只有通过对工业纯氦进行提纯才能获得。工业纯氦杂质主要有氮、氧、氢、水分、CO、CO_2 和烃类等,纯化前先用干燥剂吸附氦气中的水分等杂质,再用触媒在高温下进行化学吸收,除去氧、氮等空气杂质,其主要杂质的脱除纯化方法如下。

(1)脱氮

主要采用金属吸气剂在一定条件下进行吸收氮气,常用金属吸气剂主要有钙、钛、铀和锆-铝 16 等,其中海绵状的金属钛或锆-铝 16 吸气剂可同时吸收氧、氮、氢、水蒸气、CO、CO_2 和烃类等杂质。

(2)脱氧

采用脱氧剂的化学法脱除氧气,常用的氧化剂有氧化锰或 Ag-X 分子筛等,其中脱氧剂使用后均可用氢气还原,重复使用。

(3)脱氢

采取氧化铜或 Pd-X 分子筛作用下脱除氢气,其中氧化铜吸收氢后可用 2%~5%氧的惰性气体进行再生,重新利用;用 Pd-X 分子筛做催化剂,加入适量 CO,并与氦气中微量氢反应脱除。

（4）碳化合物脱除

其主要指 CO、CO_2 和甲烷等烃类化合物，采用金属吸气剂（如锆-铝16）在脱除氮的同时一次性脱除 CO、CO_2 和烃类等杂质，其脱除纯度可达到 1.0×10^{-6}。

（5）低温冷冻吸附法

对于氦气中的杂质都可以采用低温吸附方法脱除，其吸附温度为负压液氮温度，吸附剂可选用细孔硅胶、氧化铝、活性炭或分子筛等，脱除纯度可达 1.0×10^{-6} 以上。

9.1.4 氦气纯化后的技术指标

经过纯化后的高纯氦如用于光纤制造，其指标必须满足表 9.1.2 中的技术要求。

表 9.1.2 光纤制造用氦气质量技术指标

项 目		Ⅰ级[①]	Ⅱ级[②]
纯度（体积分数）/%	≥	99.999	99.999 9
$CO + CO_2$（体积分数）/ppm	≤	1(CO) +1(CO_2)	0.05(CO) +0.1(CO_2)
氮含量（体积分数）/ppm	≤	3	0.4
氧含量（体积分数）/ppm	≤	2	0.05
总烃含量（体积分数）/ppm	≤	1(CH_4)	1(CH_4)
水含量（体积分数）/ppm	≤	3	0.2
颗粒（>0.1 μm）/（颗·ft^{-3}）[③]	<	10	10

注：①Ⅰ级为光纤拉丝冷却用；②Ⅱ级为光纤预制棒烧结用；③1 ft^3 = 0.028 316 8 m^3。

9.1.5 包装与贮运

1. 包装

氦无腐蚀性，常温下可使用任何通用材料贮存，低温下主要采用铜、铝和不锈钢材质。其中气体氦一般用高压钢瓶包装，钢瓶颜色为灰色，标绿色"氦"字，气态氦的充装应按照国标 GB 14194 进行；中国包装贮运危险性分类：第 2.2 类不燃气体，中国危险货物包装标志：5。

2. 贮运

氦可用气态和液态方式贮存，气瓶应贮存于阴凉、通风的仓库内，温度不宜超过 30 ℃，远离火种和热源，防止阳光直射，应与易燃易爆、可燃物分开存放。既可用管道输送也可用运输式罐装容器直接输送，其罐装容器为 1 L～30 m^3。

液氦在工业上使用液氦运输贮槽或固定贮罐来运输和长期贮存，其容积一般 100～500 L。

氦气应在通风良好、安全且不受天气影响的地方直立存储，存储温度不可高于 125 F（52 ℃）。存储区域内不应有可燃性材料并远离频繁出入处和紧急出口，没有盐或其他腐蚀性材料存在。对于还未使用的气瓶应保护好阀盖和输出阀的密封完好，将空瓶与满瓶分开存放。避免过量存储和存储时间过长，保持良好的存储记录。

氦气在使用过程中应采取先进先出原则，用合适的手推车来移动容器，不能拉、滚动或滑动钢瓶，不要试图抓住气瓶的盖子来拎起它；应保证气瓶在使用的全过程中为固定状态，用一个减压调节阀或独立的控制阀安全地从气瓶内释放气体,单向阀来防止倒流;不要加热气瓶以使压力和排出量加大,如果使用者在操作气瓶阀时有困难,需停止使用;应使用可调节的带扳手来打开过紧或生锈的阀盖,不可将工具(如扳手,螺丝刀,撬棍等)插入阀盖内,否则会损坏阀并引起泄漏;氮气与所有的普通材料都是相容的,管线和设备的设计要满足压力的需要。

9.2 氮气制备技术

氮气(N_2)在光纤制造过程中有多种用途,其一是用作洁净管道的吹扫气体;其二是作为载气,输送原料至反应区;其三是用作保护气体。氮虽然不直接参与光纤原材料的反应,但氮气在光纤预制棒制造和拉丝过程中都有使用,是光纤制造中不可或缺的气体之一。

9.2.1 氮气特性

氮在常温、常压下为无色、无嗅、无味的惰性气体,其不可燃、不助燃,广泛存在于自然界中。绝大部分以氮气分子的形式存在于大气中,还有以化合物的形式存在于矿物和生物体中。氮微溶于水,标态下氮的气体密度 $1.250\,53\,kg/m^3$,常压下液体密度 $808.607\,kg/m^3$(饱和态时),常压下,熔点 $63.15\,K$、沸点 $77.35\,K$,其相对分子量 28.013。

氮在常温、常压下很稳定,几乎不与任何物质直接发生反应(除锂等外),但在特定条件下能与许多物质发生反应。氮在高温等条件下,能与一些金属元素(如碱金属、碱土金属、过渡金属等)反应,生成金属氮化物;在一定条件下可与氢、氧、炭等非金属元素反应,分别生成 NH_3、氮氧化物、CN_2、HCN 等;氮还可以与化合物反应,如碳化钙反应生成氰氨化钙,与石墨和碳酸钠反应生成氰化钠;氮仅能与少数有机化合物反应,氮能与一些过渡金属形成分子氮的加成物。

氮气对人体无害,但氮气含量高时,会对人体产生窒息作用,这是由于氮气在血液中溶解度增加后,血液对氧的溶解能力会下降造成的,所以密闭空间中空气中氧气含量不能低于 18%。

氮是气体工业中最主要的产品之一,其主要用于化学品合成的原料气、化学反应中形成惰性介质保护气氛、电子工业吹扫气体和载气以及低温冷源等。

9.2.2 氮气制备方法

氮是空气中主要成分($78.48\%\,vol$),又以单质形式(N_2)存在,因此空气是制取氮气最方便、最廉价的原料,工业上氮气的制取方法主要是从空气中获得,其中包括深冷法、变压吸附法、膜分离法等。

1. 深冷精馏法

深冷精馏法制氮是基于液体空气中各组分的挥发性不同,通过精馏将氮与其他组分(氧、氩等)分离而获得。深冷空气分离制氮的工艺流程包括空气净化系统、压缩系统、制冷系统、精馏分离系统和产品充装系统组成,其基本工艺过程如图 9.2.1 所示。

深冷法的主要优点:生产量范围广(每小时几升至几十万方皆可以)、产品纯度高

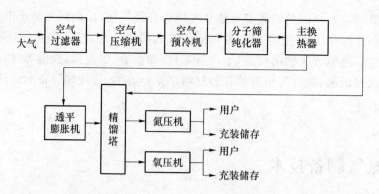

图 9.2.1　氮气生产原理工艺过程

（99.5%～99.999 7%）、综合效益高（可同时生产 O_2、N_2 和 Ar 等）、可同时生产液氮和液氧等；其缺点有设备组成复杂、操作困难、启动时间长（8 h 以上）及占地面积大等。

2. 变压吸附法

和氧气制造方法相类似，变压吸附基本原理是利用空气中氮、氧和氩在吸附剂（如碳分子筛）中吸附容量、吸附速率和吸附力等方面的差异及其性能随压力变化而具有不同吸附容量的选择吸附特性，实现氧氮（含氩）分离而获得。因为吸附与解吸过程是通过压力变化实现的，故该工艺称作变压吸附（Pressure Swing Adsoption，PSA）。变压吸附法空分制氮通常采用加压吸附、冲洗解吸工艺，一般采用两个吸附塔，循环交替的变换所组合的各吸附塔压力，就可以达到连续分离气体混合物的目的。其主要步骤包括充压、吸附、顺放、逆放、冲洗等，其工艺过程如图 9.2.2 所示。

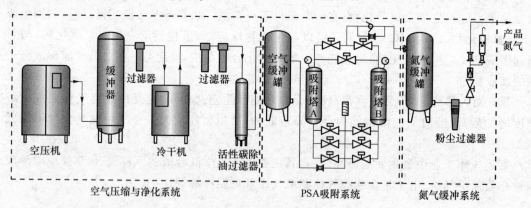

图 9.2.2　碳分子筛吸附剂的 PSA 制氮工艺流程示意图

变压吸附制氮流程包含：

（1）空气压缩

变压吸附只有在一定的压力下才能达到最佳的吸附效果，因此，环境空气必须经过压缩，通常采用的是螺杆压缩机和离心机进行压缩。螺杆压缩机分为两类，即有油润滑和无油润滑型，而考虑到无油螺杆机过高的价格，目前通常选用喷油螺杆机。由于分子筛为微孔状颗粒，压缩空气中携带的油过多，则会造成微孔堵塞，从而降低分子筛效率，影响设备的产量，而这种损害是不可恢复的，因此选择品质高，含油量小的空气压缩机，是保证系统正常运行的关键因素之一。

（2）空气净化

由于压缩空气中含有水、颗粒、油，这些杂质对分子筛有破坏作用，因此，必须用空气处理系统（过滤器及冷干机、吸干机等），通过降温除去油水，达到保护分子筛的目的。选用高品质的空气处理系统同样是保证制氮装置正常运行的关键因素之一。

（3）变压吸附制氮

变压吸附是整个过程的核心和技术关键点，即以处理过的空气为原料，用碳分子筛作吸附剂，利用碳分子筛对空气中的氧和氮选择吸附的特性，结合变压吸附原理（加压吸附，减压解吸并使分子筛再生）而在常温使氧和氮分离。PSA 所用碳分子筛一般用椰子壳、煤炭、树脂等原料制造，在 $600 \sim 1\,000\ ℃$ 温度下活化形成孔洞，并利用化学物质来调节孔的大小，使之满足要求。

变压吸附法是在常温下进行，具有流程简单、设备少且紧凑、占地面积小、安全可靠、自动化程度较高，操作方便、供气快、停车方便、可间断运行，产量（$\leqslant 10\,000\ \text{Nm}^3/\text{h}$）易于调整、适应能力强，产品纯度高（$98\% \sim 99.999\%$）。变压吸附空分制氮一般适合于中小规模工业氮气和纯氮气场合，其电耗一般在 $0.15 \sim 0.30\ \text{kW} \cdot \text{h}/\text{Nm}^3\ \text{N}_2$。

3. 膜分离法

膜分离空分制氮也是非低温制氮技术的新的分支，是 20 世纪 80 年代国外迅速发展起来的一种新的制氮方法，在国内推广应用还是近十年的事。膜分离制氮是以空气为原料，在一定的压力下，利用氧和氮在中空纤维膜中的不同渗透速率来使氧、氮分离制取氮气。它与上述两种制氮方法相比，具有设备结构更简单、体积更小、无切换阀门、操作维护也更为简便、产气更快（$3\ \text{min}$ 以内）、增容更方便等特点，但中空纤维膜对压缩空气清洁度要求更严，膜易老化而失效，难以修复，需要换新膜。

膜制氮流程如图 9.2.3 所示，主要工艺包含以下几项。

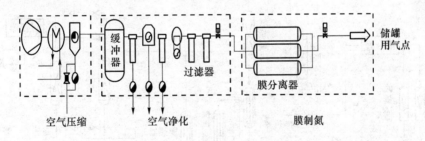

图 9.2.3　膜制氮工艺流程示意图

（1）空气压缩

膜制氮实际生产过程中，喷油螺杆压缩机产生的压缩空气，在排气温度和压力下为油、水的饱和气体，在其后的工艺过程中，温度降低，会析出液态的油和水，该液态的油和水会对膜性能造成伤害。因此，在通过分离膜前，必须对压缩的空气进行处理。

（2）空气处理

空压机提供的压缩空气进入空气缓冲罐，再进入多级过滤器，包含活性炭过滤器——除去空气中的颗粒、油、水，获得较为洁净的空气。一般地，进口的过滤器能将空气中的颗粒除到 $< 0.01\ \mu\text{m}$，油 $< 0.003\ \text{ppm}$，完全能满足膜对空气质量的要求。

（3）膜制氮

洁净的空气进入膜进行氧氮分离，合格气体进入下道工序，不合格气体自动排放。为保证膜在最佳的工作条件下工作，进入膜的空气需通过加热器和控制器控制其温度。

膜分离制氮比较适合氮气纯度要求在≤98％左右的中小型用户，此时具有最佳功能价格比；当要求氮气纯度高于98％时，它与同规格的变压吸附制氮装置相比，价格要高出30％左右，故由膜分离制氮和氮纯化装置相组合制取高纯氮时，普氮纯度一般为98％，因而会增加纯化装置的制作成本和运行成本。

9.2.3　氮气纯化技术

氮气的纯化主要是去除其中 O_2、CO、CO_2、H_2、THC、H_2O 杂质及颗粒等。通常高纯氮气（如 5N、6N 级）的制备可以通过一种方法或两种方法直接从空气中获取氮气，而超纯氮气（如 9N）的制备，首先要从工业化装置生产 6N 级高纯氮气，再通过终端纯化的工艺进一步纯化获得。

1. 变压吸附法＋加氢催化除氧法

此工艺是先通过变压吸附空分制氮装置制备氮浓度大于99.5％氮气，再通过加氢催化除去其中的微量氧气等杂质，即加入适量氢，在触媒（如铜系、银系、铂系、钯系催化剂）的作用下，微量氧与氢反应生成水而除去。

上述组合方法中核心的是加氢除氧制取高纯氮气工艺，其主要原理是先往普氮中加入适量的氢气，在加氢脱氧塔中，在催化剂作用下，氢气和氧气杂质发生化合反应生成水，脱除大部分氧杂质（或全部氧杂质），然后在脱氧（或脱氢）塔中，除去残余氧杂质（或除去过量的少量氢气），最后在干燥塔中脱除水和二氧化碳，并过滤获得高纯氮气，工艺流程如图 9.2.4 所示。

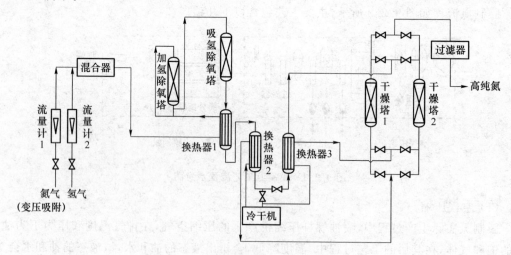

图 9.2.4　加氢除氧制取氮气工艺流程示意图

在脱氧（或脱氢）塔中，使用金属氧化物脱氧剂（或脱氢剂或吸氢材料），脱氧剂和脱氢剂的工作原理分别为：

$$低价金属氧化物（或金属）＋O_2 \longrightarrow 高价金属氧化物；$$
$$高价金属氧化物＋H_2 \longrightarrow 低价金属氧化物（或金属）＋H_2O。$$

为提高纯化效率,生产中一般采用两台脱氧塔,一台净化工作,另一台活化再生。脱氧塔的再生过程如下:首先将反应器中的氮气减压排放,用产品氮气(流量为 $300 \sim 500 \ \mathrm{Nm^3/h}$)吹扫再生床层,同时开启电加热器,使整个床层升温至额定温度(一般情况下为 $250 \sim 350 \ ℃$);再通入氢气,还原脱氧剂,在 $250 \ ℃$ 以上,氢气与失效脱氧剂反应,使其由高价金属氧化物还原为低价金属氧化物,从而恢复脱氧能力,同时在高温下,吸附在脱氧脱水剂中的水分,会蒸发解析出来,并由再生气流携带出反应器;之后降温冷却,在脱氧脱水剂完全恢复后,停止加氢并关闭电加热器,继续用产品氮气吹扫床层,直到床层温度降到常温;最后关闭再生出口阀门,继续用产品氮气升压,直到与产品气的压力相同为止,关闭再生氮气入口阀门,保压待用。

经过以上的再生过程,脱氧塔又具备了净化功能,可以进行下一周期的净化工作。

本组合工艺是最经济简单的氮气纯化方法,该法可制备 6N 级高纯氮气。

2. YBCO 纯化技术

利用高温超导材料 $YBa_2Cu_3O_{7-x}$(YBCO)的歧化反应特性,把它做成除氧剂(分子筛),用来除去 N_2 等许多气体中的氧、氢等杂质,这就是 YBCO 纯化技术,其化学反应方程式如下。

$$YBa_2Cu_3O_7 \xrightarrow[\text{高温向400 ℃降温过程}]{\geqslant 400 \ ℃ \text{的升温过程}} YBa_2Cu_3O_6 + \frac{1}{2}O_2$$

YBCO 纯化工艺如图 9.2.5 所示,由上游变压吸附或膜分离工艺制得的氮气首先进入到干燥器,进一步去除 H_2O 和 CO_2 使原料气中的露点达到 $-70 \ ℃$ 以下,干燥器一台使用,另一台再生。经进一步除水后的原料气经热交换器预热后被加热至 $400 \ ℃$,然后进入 YBCO 除氧器,在除氧器 O_2 被 YBCO 吸附从而得到高纯氮气。

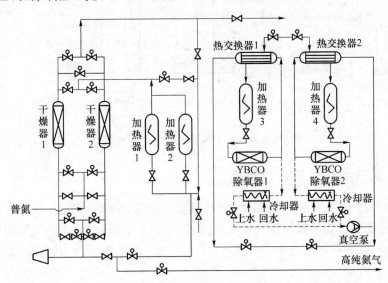

图 9.2.5 YBCO 氧化还原反应方程式示意图

YBCO 主要吸收 O_2,也吸收 H_2O 和 CO_2,即使原料气中有一点 H_2、CO 和 CH_4,也在 $400 \ ℃$ 或更高温度下发生反应变成 H_2O 和 CO_2 了。为了保护 YBCO 不被 H_2O 过多占据活性位,尽量把 H_2O 和 CO_2 净化设在原料气的前头。

采用 YBCO 纯化技术可以将普氮纯度从 98% 提高到 $99.999 \ 99\%$,它将以设备简单、投资少、占地小、纯度高等优势被普遍采用。

3. 变压吸附法＋金属脱氧法

利用变压吸附空分制氮获得较高纯度的氮气（≥99.9％），再利用过渡金属元素易变价和贵金属对氢氧反应有高催化活性的原理，先用氢气将脱氧剂（如 PU-5）还原为低价氧化物，再通入待净化的氮气，其中的微量氧和低价氧化物反应生成高价氧化物，从而使氧被脱除，其中脱氧剂吸氧后可用氢气还原再生，重复使用。

4. 膜分离法＋加氢催化除氧法

通过膜分离法直接获得一定纯度的氮气（如 99.9％），再通过催化加氢方法，去除其中微量氧等杂质，从而获得高纯度的氮气。

5. 催化法＋深冷精馏法

该法先将空气过滤、加压、加热至近 200 ℃后，进入催化反应炉中，将空气中 CO 氧化成 CO_2，从而 CO 含量降至 50×10^{-9} 以下，并除去空气中微量氢、微量有机物等气体；生成的反应产物 CO_2 和 H_2O 用分子筛纯化器中除去，经一定净化的气体再通过深冷精馏等工艺，从而制备出 9N 级超高纯氮。9N 级超高纯氮的制备工艺流程图如图 9.2.6 所示。

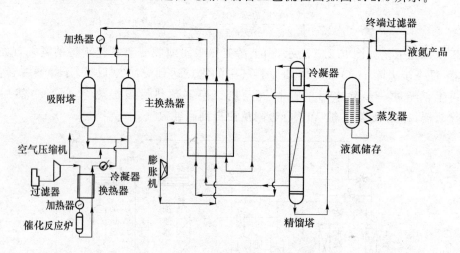

图 9.2.6　9N 级氮制备的工艺流程图

9.2.4　氮气纯化后的技术指标

光纤制造工艺中，气存在不同用途，因此对氮气的纯度要求不同。对于管道吹扫用氮气，一般需满足我国工业用气体氮气技术指标，如表 9.2.1 所示，对于高纯管道的保护气体的氮气需满足的技术指标如表 9.2.2 所示，而用于工艺载气的氮气，其纯度要求更高，具体指标如表 9.2.3 所示。

表 9.2.1　我国工业用气体氮技术指标

项　目	单　位	指　标	测试方法
氮含量	％（体积分数）	≥99.5	差减法
氧含量	％（体积分数）	≤0.5	采用比色法（GB 5831—86）或电化学法（GB 6285—2003）测定
水露点	℃	≤−43	采用露点法（GB 5832.2—86）测定

表9.2.2　纯氮气技术指标

项　目	单位	指　标	测试方法
氮气纯度	%(体积分数)	≥99.99	差减法
氧含量	ppm(体积分数)	≤50	采用比色法(GB 5831—86)或电化学法(GB 6285—2003)测定
氢含量	ppm(体积分数)	≤10	采用气相色谱法(GB 8981—88)
一氧化碳含量	ppm(体积分数)	≤5	采用气相色谱法(GB 8985)
二氧化碳含量	ppm(体积分数)	≤10	
甲烷含量	ppm(体积分数)	≤5	
水含量	ppm(体积分数)	≤5	

表9.2.3　高纯氮技术指标

项目	单位	指　标	测试方法
纯度	%(体积分数)	≥99.9996	差减法
氧含量	ppm(体积分数)	≤1.0	采用比色法(GB 5831—86)或电化学法(GB 6285—2003)测定
氢含量	ppm(体积分数)	≤0.5	采用气相色谱法(GB 8981—88)
CO,CO_2及CH_4总含量	ppm(体积分数)	≤1.0	采用气相色谱法(GB 8985)
水含量	ppm(体积分数)	≤1.0	采用电解法(GB 5832.1—2003)

9.2.5　包装与贮运

1. 包装

氮为惰性气体,一般采用高压气瓶充装,充装压力为14.7 MPa(150 kgf/cm²,温度15 ℃),气瓶容积通常为40～60 L,气瓶材料为锰钢(40 Mn2)或铬钼钢(Cr30Mo2)。在中国,氮气瓶为黑色、字体为黄色、字型为"氮气"。

2. 贮运

氮气与其他永久性气体一样,随产随用,不做大量贮存,少量贮存是为调峰或氮生产装置发生故障时使用。量少质高的氮气可用高压气瓶或管状高压容器贮存;采用管道输送的用户可用中压球罐贮存;对一些能生产液体氮的装置,可采用低压、低温液体贮存。

氮气的运输,一般用户可用高压钢瓶装氮,专用汽车运输;对用户较近、较集中的地区可用中压管道直接输送氮气;对距离较远,或使用低温的用户则采用低温液氮(N_2)输送,如采用低温液体槽车。

9.3　氩气的制备技术

氩气在光纤制造中可作为反应原材料的载气,也可作为重要元件的保护气体使用,或与氩气一道作为光纤拉丝中的冷却介质等。

9.3.1　氩气特性

氩在常温、常压下为无色、无臭、无味的惰性气体,微溶于水和有机溶剂,其气体密度1.783 8 kg/m³(标态下),液体密度1 393.9 kg/m³(正常沸点时),常压下,熔点83.8 K、沸点87.28 K,氩的相对原子量为39.944。

在化学性质上,氩表现为化学惰性,不与任何元素化合。氩可以包容在笼状分子(如水和有机分子)内形成包合物,其中,在低温高压下氩与水的包合物分子式为$46H_2O \cdot 8Ar$,在标准大气压下,其分解温度$-42.8\ ℃$,在0 ℃时分解压力为10.5 MPa;与氩形成包合物的有机物有丙酮、二氯甲烷、三氯甲烷、四氯甲烷、氢醌、苯酚及其衍生物等。

氩既不燃烧也不助燃,若遇高温,氩的包装容器内压力增大,有开裂和爆炸的危险;氩本身无毒,但在高浓度时有窒息的危险。

作为惰性气体,和氦气类似,氩气在冶金工业、金属焊接与切割和电子工业与光源等方面有广泛的应用。如做钢铁表面气封,防止其被氧化;在金属电弧焊中做保护气;在电光源中用于填充气,可以增加其亮度和延长寿命。

9.3.2　氩气制备方法

在干空气中氩的含量约为0.934%,合成氨尾气中含氩3%~8%,工业上一般从空气和合成氨尾气中提取氩。

1. 空气分离提取氩

深冷空分的主要产品为纯氧和纯氮,其副产品为生产氩气的主要来源。氩馏分(含8%~12%Ar)是由空分装置的蒸馏塔上提取,其中含有氧和氮等组分,制氩流程有常规制氩和全精馏制氩两种,而纯氩的制取主要是脱除氩馏分中的氧、氮和氢等杂质。

常规制氩法分为三个步骤:粗氩的生产、化学法脱氧和精氩的制取。其中,氩馏分进入粗氩塔进行精馏分离,达到含95%~98%Ar、含1%~3%O_2,其余为氮氢等的粗氩;对粗氩中氧杂质采用加氢催化法脱除,生成的水分经干燥器干燥获得露点$-60\ ℃$以下工艺氩(含1%~4%N_2和小于1%H_2);工艺氩再通过低温精馏法对其中的N_2和H_2进行分离脱除,从而制取纯氩产品,制氩工艺流程如图9.3.1所示。

全精馏制氩是目前较为主流的制氩方法,其是指在空分装置冷箱内设置粗氩塔和精馏塔,用全精馏的方式获得精氩。其主要优点体现为:流程简化(无化学法脱氧的加热设备)、减少投资(无净化车间、氢气站和加氢除氧炉等)、操作管理安全方便(与主塔一起操作、人员减少等)、氩提取率提高(70%~80%,而常规法提氩30%~50%)、制氩成本降低(年运转费为常规法的1/40)及操作弹性大等优点,全精馏提氩空分设备工艺流程示意图如图9.3.2所示。

2. 从合成氨尾气中提取氩

合成氨尾气由其弛放气和氨罐排放气组成,其组成为:60%~70%H_2、20%~25%N_2、3%~8%Ar、8%~12%CH_4及约3%NH_3。合成氨尾气提氩有低温精馏法和冷凝蒸发法,典型流程有三塔提氩流程和两塔提氩流程及带热泵循环提氩装置三种,其生产工艺包括原料气净化、脱氢、脱甲烷和脱氮四步工序。

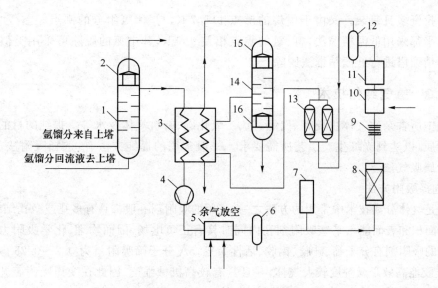

图 9.3.1　常规制氩流程图

1—粗氩塔；2—粗氩塔冷凝器；3—氩换热器；4—氩压缩机；5,10—水冷却器；6,12—水分离器；

7—氢发生器；8—除氧炉；9—空气冷却器；11—冷冻器；13—干燥器；

14—精氩塔；15—精氩塔冷凝器；16—精氩塔蒸发器

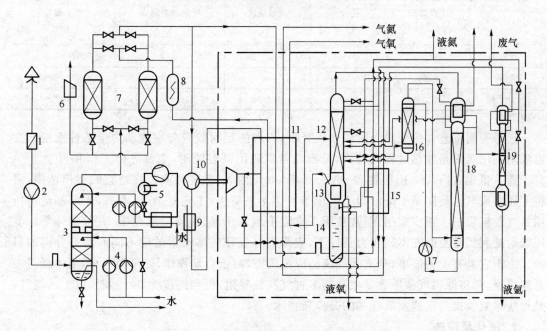

图 9.3.2　全精馏提氩空分设备工艺流程图

1—空气过滤器；2—透平压缩机；3—空冷塔；4—水泵；5—冷水机组；6—消声器；7—分子筛纯化系统；

8—电加热器；9—冷却器；10—增压透平膨胀机；11—主换热器；12—上塔；13—冷凝蒸发器；

14—下塔；15—过冷器；16—中间氩塔；17—泵；18—粗氩塔；19—精氩塔

其中，原料气的净化通常采用软水洗涤法或冷凝法脱除氨，再采用硅胶或分子筛脱除微量的氨和水分。在常压下氢的沸点 20.38 K，氩的沸点 87.29 K，氮的沸点 77.35 K，由于氢与其他组分的沸点相差大，可采用部分冷凝法脱除，也可采用精馏法脱除氢，其氩回收率高，但氩设备投资多且复杂。又由于甲烷的沸点 111.7 K,与氩、氢组分的沸点相差较大,甲烷的脱除几乎都采用低温精馏法,氩、氮的沸点相差 9.9 K,其中氮的脱除可采用类似于空分装置中的精馏塔进行低温精馏法脱除。

9.3.3　氩气纯化技术

氩气中所含杂质气体主要有氧、氮、氢、二氧化碳、有机气体及水等。提纯的目的就是去除这些杂质,以达到光纤生产工艺所需要求。一般常用的提纯方法有:选择吸附法、催化反应法和金属吸气法。

1. 选择吸附方法

该法是气体分离技术中常用的方法之一,采用的吸附剂一般都具有多孔或微孔结构,具有巨大的表面积和表面能。某些吸附剂孔内同时具有正负电场,因而物理、化学吸附力都很强烈。常用的吸附剂有分子筛、硅胶、铝胶、活性炭等,5Å 分子筛吸附量为 0.2～0.25 g/g,铝胶为 2%,硅胶能高效干燥湿度较大气体,并且具有较高机械强度,因此在变压吸附工艺中经常采用。活性炭色散力较大,常用于吸附有机气体。

表 9.3.1 是几种常用吸附剂的性能指标,其中氩气的提纯常选用分子筛。

表 9.3.1　硅胶、铝胶、5Å 分子筛技术性能指标

	比表面积 /(m²·g⁻¹)	孔径 /Å	机械强度 /%	吸附深度露点 /℃	再生温度 /℃
硅胶	≥500	80～100	≥95～98	−60	180～200
铝胶	≥300	10～1 000	≥95	−55～−65	450～500
5Å 分子筛	≥1000	5	80～90	−75	300

选择吸附工艺常用变温吸附和变压吸附,二者的吸附效应分别随动力学条件而变。变温吸附利用吸附是放热过程的特性,低温或常温吸附高温脱附,交替进行工作和再生。5Å 分子筛 S 低温 88～150 K 脱氮和 4Å 分子筛 90 K 脱氧,效能很高。在适宜的空速范围,可将上述杂质气含量降至 1 ppm 以下。由于冷源不易解决,工艺复杂,成本高,光纤制造中所用氩气脱氮脱氧上很少采用,但常被用于常温下脱水干燥、脱除二氧化碳、有机气体等。变压吸附是利用常温时在不同压力条件下,吸附剂对各种气体吸附效应不同而达到分离的目的。由于它具有设备简单,分离效能高适应范围宽,易于自动操作,能量消耗少,成本低等一系列优点,可将原料气杂质含量很高的多种气高效吸附,得到纯度为 99.999% 以上的氩气,是近些年氩气提纯迅速发展起来的分离新技术。

2. 催化反应法

氩气中主要杂质为氧气和氢气,去除这两种杂质采用不同的催化剂。

（1）杂质氧的去除

在氩气提纯中,为了保证氩气的纯度,一般不采用过量氢与氧生成水。可采用活泼金属与氧发生氧化反应直接脱氧,变为金属氧化物后用氢还原,脱氢则用金属氧化物与氢还原出金属而直接脱氢。常用的高效金属或金属氧化物催化剂有活性铜、201 型银分子筛、401 型活性氧化锰,主要性能如表 9.3.2 所示。

表9.3.2　金属氧化物催化剂的主要性能

		活性铜	201型银分子筛	401型活性氧化锰
	还原前	棕黑	黑	灰褐
	还原后	红	银灰	绿
空速/(L·h^{-1})		1 000	1 000~10 000	1 000
使用温度/℃		250~350	常温~105	常温~150
脱氧深度/ppm		<0.1	<0.1	<0.01
容量/(mL·g^{-1})		20	0.4~10	15
还原活化温度/℃		250	150~450	350~450

去除氩气中氧杂质通常采用401型活性氧化锰、201型银分子筛氧化锰等作为吸收剂，氧化锰吸收氧的总反应式为：

$$2MnO+O_2 \xrightarrow{150℃} 2MnO_2$$

401型活性氧化锰虽脱氧深度很高，但常温时与空气发生强烈反应，并放出大量热，遇可燃物质着火。因此活化后的401型活性氧化锰需注意周围环境，并且不能在空气中移入其他装置中。

目前氩气的脱氧常选用201型银分子筛，这不仅由于它便于贮存，而且由于其分子筛结构同时兼有优良的选择吸附性能。它的脱氧机理为：活泼金属银均匀分布于x型分子筛骨架中。活化前201筛呈稳定的含水氧化银分子筛状态。活化时加温脱水，然后通入氢气。此时，Ag_2O+H_2——$Ag+H_2O$，元素银析出、水则由分子筛本身吸附。当氩气中氧通过时银将发生氧化：$Ag+O_2$——Ag_2O，从而达到氢氧分离目的。201型银分子筛脱氧是在常温下进行，可使氩气中氧含量小于3 ppm，使用后可采用氢进行还原，再生后可重复使用。

脱氧催化剂用量、原料气含氧量、处理气量之间关系可用下式表达：

$$G=\frac{V\times[O_2]}{\alpha}\times A$$

式中，G为催化剂干基重量(kg)，V为处理气量(L)，$[O_2]$为原料气含氧量(ppm)，α为催化剂吸附容量(L/kg)，A为安全系数，一般为1.3~1.5。

(2) 杂质氢的去除

氩气中的氢通常采用氧化铜或Pd-X分子筛等吸收脱除，其中氧化铜脱除氢的反应式为：

$$CuO+H_2 \xrightarrow{350℃} Cu+H_2O$$

常温下，采用Pd-X分子筛可以将微量H_2和CO脱除至0.1 ppm，其中100 g Pd-X分子筛可以吸收94 mL的氢、62 mL的一氧化碳。

采用催化反应法提纯氩气，其中催化剂可连续再生使用，因此利用率很高且成本较低。但是当氩气中含氧量较多、流量较大时，再生周期频繁。催化剂频繁的再生活化，也将影响氩气提纯的连续化。为了保证连续化，可做成并联系统，但要注意安全防范。

3. 金属吸气法

金属吸气法的原理在前面已有介绍，国内外将该法用于惰性气体提纯，发展非常迅速，金属吸气剂种类也日渐增多。从经济等多方面因素考虑，目前报导和应用在惰性气体提纯技术中比较多的是锆铝合金和海绵钛，可将氩气中的杂质全部去掉。

（1）锆铝合金吸气法

锆铝合金中含 16％铝和 84％的锆，吸气机理十分复杂，至今还未完全搞清。系列实验表明，加热锆铝粒至 800 ℃保温活化 2.5 h 后再将温度降到工作温度 700 ℃，此时效率最佳，可达 98％以上。利用上述组成合金制成的 101/700 型净化器对氩气提纯，可使输出气杂质含量长时间保持小于 1.3 ppm。我国研究工作者研制的 A-2 型氩气提纯装置，采用锆铝合金的粒度为 8～20 目，经 800 ℃保温活化后，在压力为 15 kg/cm² 、流量 0～100 L/hr 和温度为 700 ℃的工艺条件下，对纯度为 99.99％氩气提纯后杂质含量为 N_2＜0.1 ppm，O_2＜0.12 ppm，CO_2＜0.2 ppm，CH_4＜0.06 ppm，露点＜－70 ℃，吸附容量 150 L/kg。

（2）海绵钛

海绵钛是金属钛的一种形态，因其外形多孔如海绵而得名，它具有巨大的表面积和表面能，因而吸气性能优良。钛是一种活泼金属，能与许多元素和化合物发生反应，生成稳定的钛化合物，利用此原理，可以达到净化氩气之目的。海绵钛与主要杂质气体的反应式如下：

$$2Ti+O_2 \longrightarrow 2TiO \qquad 550\sim1\,100\,℃$$
$$Ti+O_2 \longrightarrow TiO_2 \qquad 550\sim1\,100\,℃$$
$$Ti+H_2 \longrightarrow TiH_2 \qquad 300\sim1\,000\,℃$$
$$2Ti+N_2 \longrightarrow 2TiN \qquad 750\sim1\,100\,℃$$
$$Ti+2H_2O \longrightarrow TiO_2+2H_2 \qquad 700\sim1\,100\,℃$$
$$Ti+CO_2 \longrightarrow TiO_2+C \qquad 700\sim1\,100\,℃$$

海绵钛的吸气容量，可以通过上述反应方程式体积比算出，其中每克海绵钛可吸收氮 234 mL，氧、水、二氧化碳氢各 468 mL。海绵钛除具有以上优点外，反应后生成的钛化物除颜色在 700～900 ℃由银灰→兰紫→棕黄色变化外，外型仍为海绵钛多孔结构、不烧结、不粉化，且质地松脆。这种结构，有利于反应持续高速，更加完全，气体阻力小，可适应较大空速范围，便于装拆，后级粉尘净化负担小等。据报道，采用海绵钛纯化氩气，最高纯度可达 99.999 99％以上。

（3）金属钙吸气法

金属钙为屑状颗粒，其化学性质很活泼，可与许多元素发生化学反应。氩气通过金属钙时，可与氩气中的杂质发生如下吸收的化学反应式：

$$3Ga+N_2 \longrightarrow Ca_3N_2$$
$$2Ga+O_2 \longrightarrow CaO$$
$$Ca+2H_2O \longrightarrow Ca(OH)_2+H_2$$
$$Ca+H_2 \longrightarrow CaH_2$$

金属钙用于氩气提纯，最高纯度可达 99.999 9％以上。

9.3.4　氩气纯化后的技术指标

提纯后氩气可用作光纤制造中的工艺载气、保护用气和吹扫用气，不同用途的氩气技术指标要求如表 9.3.3 所示。

表 9.3.3　光纤用氩气产品技术指标(V/V)

规　格		工艺载气	保护用气体氩气	吹扫用氩气
氩纯度/%	≥	99.999 6	99.999 2	99.99
氮含量/ppm	≤	2	5	50
氧含量/ppm	≤	1	0.5	10
氢含量/ppm	≤	0.5	1	5
总碳含量(以甲烷计)/ppm	≤	0.5	0.5	10
水分含量/ppm	≤	1	4	15

9.3.5　高纯氩气的包装与贮运

1. 包装

氩无腐蚀性,常温下可使用碳钢、不锈钢、铜、铜合金、铝等通用金属及一般的塑料材料和弹性材料包装,在低温下主要采用铜、铝、不锈钢材料及其他奥氏体镍铬合金,常用聚四氟乙烯和聚三氟氯乙烯聚合体做垫圈和隔膜。

气体氩一般采用钢瓶充装,氩气瓶的瓶色为银灰色,字样为"氩",颜色深绿,色环 $p=19.6$ MPa 为白色环一遍,$p=29.4$ MPa 为白色环二道,颜色标记符合 GB 7144—86 的国家标准,氩气瓶阀应符合 GB 13438—92 的规定。

2. 贮运

液氩一般采用贮槽贮存,在正常沸点下液氩单位体积量是标态下气氩的 781 倍,贮存效率高,固定式低温液氩贮槽通常采用真空粉末绝热式。

氩气通常采用气瓶和管道运输(近距离用户),液氩常采用符合规范的槽车运输。

9.4　氘气制备技术

随着 100 G 等超高速宽带网络开始建设,对低损耗、超低损耗光纤需求增加。在追求不断降低光纤损耗的努力中,消除光纤在 1.383 μm 处的水吸收峰,是目前降低光纤损耗的有效方式之一。研究表明,采用氘气对光纤进行处理,可有效减少光纤对氢的敏感性,消除在 1.383 μm 氢致吸收峰,从而降低光纤损耗。

9.4.1　氘气特性

氘是氢的同位素,又称重氢(D_2),由一个质子、一个中子和一个电子组成,由 1931 年美国 H.C.尤里和 F.G.布里克维德在液氢中发现氘,其主要理化性能见表 9.4.1。常温下氘是一种无色、无味、无毒无害的可燃性气体,在地球上的丰度为 0.015%,它在普氢中的含量很少,且大多以重水 D_2O 即氧化氘形式存在于海水与普通水中。海水中氘的质量浓度大约为 30 mg/L。氘有两种同位素异构体:正氘和仲氘,在室温下,氘正—仲平衡约为 2,并随温度降低而增大,在 220 K 时,平衡正氘含量 66.66%,相对原子质量 2.014 10。

表 9.4.1　氘的主要理化性能

性能	单位	数值	性能	单位	数值
分子量		4.032	导热系数	w/(m·K)	0.128 9(气体 101.325 kPa,0 ℃)
密度	kg/m³	0.180(101.325 kPa,0 ℃)			1 264(液体,−252.8 ℃)
		169(平衡状态,− 252.8 ℃)	比容	m³/kg	5.987(101.325 kPa,21.2 ℃)
临界温度	℃	−234.8	熔点	K	18.73
临界压力	kPa	1 664.8	沸点	K	23.65

氘的化学性质与普通氢完全相同,并生成完全相应的化合物。氘的较高质量和较低零点能量(绝对零度时的能量)使其在相同反应里,具有十分不同的反应速度,反应平衡点位置也不同。一般说来,与普通氢相比,氘反应速度更慢,反应更不完全。

作为氢气的同位素,氘气在军事、核能和光纤制造上均有广泛的应用。

9.4.2　氘气制备方法

氘气的分离原理可分为两类:一种是直接利用质量同位素效应,不同质量的单个同位素分子、离子在重力场、电场中的运动差异;另一种是利用同位素的统计特性差异,氘的主要制备方法有液氢精馏法、电解重水法、钯/合金薄膜或金属氢化物法等。

1. 电解重水法

氘主要的化合物为重水(D_2O),气态氘可用钠或赤热的铁分解重水,或在碳酸钠存在时电解重水获得,重水电解是制取氘的主要方法。重水电解制氘原理与电解水制氢原理完全相同,在阴极上产生氘气,在阳极上产生氧气,但其使用固体电解质——磺酸基团结合在聚四氟乙烯上,导电介质是水合氘离子($D^+ \cdot D_2O$),而磺酸基是不移动的,氘的制备工艺流程框图如图 9.4.1 所示。

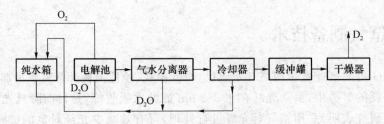

图 9.4.1　氘的制备工艺流程框图

采用普通电解水装置,以氘氧化物为电解质(如:KOD、NaOD),或者采用 SPE(Solid Polymer Elec-trolyte)膜电解槽电解重水,在阴极上可得到丰度为 99% 的氘气,再经过分离、净化可得到高纯氘产品。此法技术含量高,规模可大可小,易于控制,安全可靠。

2. 钯膜或金属氢化物法

由于氘化物的分解压高于氢化物的分解压,同一金属对氢、氘吸收平衡压与分解平衡压不同,利用这种压差特性以及它们的活化能差别就可以进行氢、氘的分离,其适合于对含氘气体进行分离净化使用及核电站托卡马克废气的回收利用。

3. 液氘精馏法

氘在天然氢中的含量为 $0.0139\%\sim0.0156\%$，D_2 的沸点为 $23.5\,K$，H_2 为 $20.38\,K$，HD（氘化氢）的沸点为 $22.13\,K$。由精馏液氢来制取氘气，理论上是完全可能的。在低温精馏时首先浓缩的是 HD，HD 必须经催化剂转化为 D_2，HD、H_2 的平衡混合后才能继续精馏浓缩。目前，低温精馏分离氢同位素的流程主要有 4 种，即四塔流程、三塔流程、二塔流程及带有侧线返回进料平衡装置的二塔流程。

9.4.3 氘气纯化技术

电解重水制备的氘气中主要杂质有 N_2、O_2、HD 和少量 H_2 等。

1. 杂质氮气的脱除

杂质氮气主要来源是空气在重水中有一定的溶解度以及系统的污染渗透，降低氮气含量需要做好系统的密封性，同时也可利用活性炭、硅胶或分子筛等吸附剂在低温情况下吸附使氮气降低。

2. 杂质氧气的脱除

杂质氧气主要来源于电解水分解的氧，同时也有管路系统的渗透而引入的氧，利用脱氧催化剂进行杂质氧的脱除。

3. 杂质 HD 的脱除

电解重水制取的氘气中含量最大的杂质是 HD，HD 的去除可采用热循环吸附工艺（TCAP），该方法使用的工作介质是 $Pd\text{-}Al_2O_3$，HD 含量也可利用活性氧化铝、分子筛等在催化剂作用下通过低温吸附分离来降低。

4. 杂质 H_2 的脱除

氘中杂质 H_2 的去除可采用钯膜或金属氢化物法，特别是对于重水电解所得氘气的净化非常合适。氢和氘在金属中都以原子状态存在，氢在金属中的吸附力大于氘，氢杂质优先牢固吸附在金属中形成氢化物，由此氘中氢就被除去，高纯氘流出。经过一定的时间再将氢化物进行加温、真空脱附等措施，从而获得高纯氘。

9.4.4 氘气纯化后的技术指标

用于处理光纤的氘气一般采用 $1\%\sim3\%\,D_2+N_2$ 混合气，混合气中氘气的技术指标要求见表 9.4.2。

表 9.4.2 光纤处理用氘气技术指标

分析项目	单位	指标	测试方法
氘气纯度	%V/V	≥99.999	差减法
Isotopic enrichment	%V/V	≥99.999	差减法
氘化氢含量（HD）	ppm	≤800	气相色谱法
氢含量（H_2）	ppm	≤1	气相色谱法
氧含量（O_2）	ppm	≤1	电化学法
氮含量（N_2）	ppm	≤1	GB/T 3634

分析项目	单位	指标	测试方法
一氧化碳（CO）	ppm	≤1	GB/T 7445
二氧化碳（CO_2）	ppm	≤1	GB/T 7445
总碳氢化合物（THC）	ppm	≤1	气相色谱分析法
水分含量（H_2O）	ppm	≤1	露点法

9.4.5　包装与储运

氘气属无毒、有窒息性和易燃易爆性气体，一般采用带有 CGA350 阀门的 40 L 专用钢瓶包装。包装的气瓶上均有使用的年限，凡到期的气瓶必须送往有部门进行安全检验，方能继续使用。氘气瓶装气体产品为高压充装气体，使用时应经减压降压后方可使用。每瓶气体在使用到尾气时，应保留瓶内余压在 0.5 MPa，最小不得低于 0.25 MPa 余压，并将瓶阀关闭，以保证气体质量和使用安全。

氘气瓶装气体产品在运输储存、使用时都应分类堆放，应贮存于阴凉、通风场所，温度不宜超过 30 ℃，场所需配置相应品种和数量的消防器材。严禁可燃气体与助燃气体堆放在一起，不准靠近明火和热源，应做到勿近火、勿沾油蜡、勿暴晒、勿重抛、勿撞击，严禁在气瓶身上进行引弧或电弧，严禁野蛮装卸。搬运时轻装轻卸，防止气瓶及附件破损。

第 10 章
光纤涂覆材料制备技术

光纤涂覆材料是光纤拉丝工艺所使用的重要高分子材料,它对光纤的性能如衰减、强度、可靠性和稳定性起着重要作用。

10.1 光纤涂覆材料特性

10.1.1 光纤涂覆材料的分类

在光纤涂覆材料(简称涂料)的发展过程中,人们研究过的高分子光纤涂料大致可以分成以下四大类。

1. 含有有机溶剂的高分子涂料

此类涂料制备容易,早期在光纤拉丝中有使用过,但其缺点是有机溶剂挥发速度太慢,而且有机溶剂对环境及安全均不利,目前很少采用。

2. 热塑性高分子材料

通过冷却将热熔的热塑性高分子材料固化在光纤的表面,其缺点是快速冷却设备制造困难,冷却速度缓慢,除特种光纤拉丝中使用外,工业化光纤生产未使用。

3. 热固性高分子材料

热固性硅橡胶在实际光纤生产中曾被采用过,但热固化高分子材料的固化速度一般很难达到现代工业化光纤生产的拉丝速度要求,因而没有得到广泛的采用。

4. 紫外光固化的高分子材料

此类材料属高分子交联体系,采用紫外光固化,固化程度好,不释放可挥发性化学物质。可根据需要调配出特定的性能,具有温度的平衡态性能。固化机理为自由基聚合反应,反应引发速度十分快,目前光纤高速拉丝中普遍采用这类材料。

常见的紫外光固化材料有三大类:(甲基)丙烯酸酯类、环氧树脂类和乙烯醚类。大规模工业生产中使用的光纤涂料是以丙烯酸酯类自由基聚合体系为主,包括聚氨酯丙烯酸酯、聚硅氧烷丙烯酸酯、改性环氧丙烯酸酯和聚酯丙烯酸酯等。这些涂料的特性见表10.1.1。

表 10.1.1　几种典型的光纤涂料性能对比

	名称	典型涂料分子式	主要特点
1	聚氨酯丙烯酸酯	$H_2C=CHCOOCH_2CH_2OOCHN$——环己基(H_3C CH_3 / CH_3)，H_3C NHCOO-ROOCHN——环己基——NHCOOCH$_2$CH$_2$OOCCH=CH$_2$（H_3C CH_3）	芳香族,固化膜弹性好、柔软,其芳环结构赋予固化膜适当的硬度和拉伸强度
2	聚硅氧烷丙烯酸酯	含 CH_3-Si-O-Si-O-Si-CH$_3$ 链 $[\ ]_n$ 的丙烯酸酯结构	聚硅氧烷丙烯酸酯具有优越的综合性能,在柔韧性、防潮、隔氧、抗侵蚀、耐老化等方面性能突出,但成本较高
3	改性环氧丙烯酸酯	$O-CH_2-\overset{O}{CH}-CH_2$……$OH$ $O-C-CH=CH_2$……$O-CH_2-CH-CH_2-O$……苯环-CH_2-苯环结构	有较好的附着力,在柔韧性方面得到改善,其母体聚合速率快,固化膜模量高,但其低温性能差
4	聚酯丙烯酸酯	$CH_2=CH-CO[O-(CH_2)_4-OOC-(CH_2)_4-COOH_2C-$ $C(CH_2OOC-CH=CH_2)_2-$ $CH_2OOC(CH_2)4CO-]_n-$ $(CH_2)_4-OOC-CH=CH_2$	固化速度快、低收缩,固化膜具有较好的柔韧性和拉伸强度

10.1.2　光纤涂覆材料对光纤性能的影响

光纤涂料对光纤的性能的影响主要包括以下几个方面。

1. 微弯损耗

微弯损耗是由于光纤受到不对称的外力作用所引起的信号损耗,造成微弯损耗的因素十分多,如涂料的不规则性、外力、热张力等。微弯损耗既可以通过光纤的设计来降低,也可以通过光纤涂料的设计来降低。一般而言,光纤涂料的玻璃化温度、模量、厚度、涂覆对称性等均对微弯损耗有影响。

2. 光纤强度

从理论上讲,完美无缺的玻璃光纤内在强度十分高,但实际光纤表面的非完美性大大降低了其机械强度。即使玻璃表面有很小的缺陷,其机械强度就会大大降低,光纤涂料对增强光纤的机械强度起着至关重要的作用。一般而言,光纤涂料中须确保没有颗粒(软的或硬的),光纤涂料传送管道没有污染,并且光纤涂料的涂覆必须均匀、对称,光纤涂料的固化必须完全。

3. 光纤老化性能

光纤涂料对光纤抗高温、高湿度性能十分重要。光纤涂料对玻璃的附着力、本身化学成分的抗高温、抗高湿、抗氧化的性能等均直接影响光纤对高温、高湿度环境的抵抗能力。另外,光纤涂料的 pH 值对其抗高温、高湿也有影响。

4．剥离力和拔出力

影响拔出力的因素包括内层光纤涂料对玻璃的黏结力、光纤涂料固化过程中的体积收缩、实验的湿度、拔出速度等；影响剥离力的主要因素是外层的机械性能、剥离温度及速度等。

10.1.3　光纤涂覆材料性能要求

通常光纤涂料包括两层：内涂层和外涂层。内涂层具有较高的折射率、适当的附着力、较低的模量和较宽的玻璃化温度（$-60\sim+80$ ℃）、良好的防水功能；外层涂层具有较高的模量和玻璃化温度、较好的耐老化性。此外，为了光纤连接与维护方便，也将外涂层制成 UV 有色涂层。内柔外硬的光纤双涂层保证了光信号的传输、足够的力学性能、良好的耐化学性及长久的使用寿命（25 年）。

实践中为保证光纤的使用寿命和使用性能，高速拉丝所需的光纤涂料必须满足下列要求：

（1）合适的黏度，以保证涂覆厚度均匀和适当的同心度；

（2）光交联灵敏性高，光固化速度应与光纤拉伸速度相匹配；

（3）较好的耐老化性，涂覆后光纤在各种环境下应无明显附加损耗；

（4）适合的玻璃化温度，以适应极端温度等恶劣环境；

（5）摩擦系数较小，以便于成缆；

（6）与石英玻璃有良好附着力和合适的剥离力，方便测试、施工接续和维护；

（7）具有优良的抗水渗透和抗水解性能，防止在长期使用中发生氢损；

（8）涂料应有较长的储存期，在储存和使用过程中不得有沉淀或固体颗粒，且不产生对人体有毒的物质。

10.2　光纤涂料组成

光纤涂料是由预聚体、活性单体、光引发剂和助剂等组成。

10.2.1　预聚体（prepolymer）

预聚体是一种分子量相对较低的感光性树脂，也叫低聚物（Oligomer），在 UV 固化涂料体系中是主体，其性能基本上决定了固化后材料的主要性能。

按照引发的机理不同，可以把预聚体分为自由基引发型预聚物与阳离子引发型预聚物。对于自由基型，常用的预聚物主要有环氧丙烯酸酯、聚氨酯丙烯酸酯、聚酯丙烯酸酯、聚醚丙烯酸酯、丙烯酸酯化的丙烯酸树脂和乙烯基树脂等；对于阳离子固化型，适合的预聚物主要包括各种环氧树脂、环氧官能化聚硅氧烷树脂、具有乙烯基醚官能基的树脂。

1．预聚物的分类

近年来除了以上应用较广的光固化树脂外，逐步开发了几种新颖的光固化树脂：有机硅预聚物、超支化预聚物、丙烯酸酯化氨基树脂、电荷转移复合树脂和有机磷预聚物。

（1）有机硅预聚物

有机硅预聚物又名聚硅氧烷，是以重复的 Si—O 键为主链结构的预聚物，并具有可进行聚合、交联的反应基团如丙烯酰氧基、乙烯基或环氧基。由于其主链是 Si—O 结构,这决定了它具有较高的柔性,无机性质的 Si—O 主链还导致聚硅氧烷有优秀的耐热稳定性及较低的表面能。光固化的聚硅氧烷与二氧化硅及其他硅酸盐材料有较好的相似亲核性,所以常用作保护涂料,此外它还具有良好的柔顺性、流平性,不易产生侧向应力收缩,较好的应力疏缓能力,同时产生耐磨的滑爽表面,这些性能特点特别符合光纤涂料的基本要求。因此,硅氧烷结构由于其本身的电绝缘性能优异,介电指标低,常用于集成电子线路板的涂装保护、电子晶片包封及电子晶片的光致抗蚀剂,包括最新的碱水显影型抗蚀剂等多种用途,随着研究的深入,其应用领域会越来越广。

(2)超支化预聚物

超支化预聚物是终端官能度很大的聚合物,端基的活性加之很大的官能度致使其反应活性极高,而且可以在端基引入亲水基团,制得水性体系,还可以引入较大的光引发活性基团成为大分子光引发剂。由于聚合物有球状外形,分子之间不易形成链段缠绕,所以其低黏度,溶解性能好,大量端基使得它与基材有较好的黏结性能。

由于其性能独特,国内外对超支化预聚物的研究较为迅速,如通过聚 e-季戊四醇接枝羟基官能团化的超支化聚酯,可得到半结晶形聚合物。为降低固化温度,可合成具有 32 个支化度星形超支化聚酯类聚合物,该聚合物有很好的低温性能,有助于涂料的低温固化,同时由于具有官能度高,球对称三维结构,分子内和分子间不发生缠结的特点。采用羟基为末端基的超枝化预聚物改性阳离子光固化体系也取得了很好的结果。

(3)丙烯酸酯化氨基树脂

这类树脂又叫氨基丙烯酸酯树脂,它是由氨基树脂包括(三聚氰胺树脂、聚酰胺树脂)经过丙烯酸酯化得到。这类树脂由于其优异的耐化学腐蚀能力和机械强度,常用作电器涂料和汽车涂料。同时由于大量烷氧基的存在,适合于双重固化,既可光固化又可热固化,这对完善固化性能有利。

(4)电荷转移复合树脂

电荷转移复合树脂体系的光聚合无须光引发剂,又称电荷转移光聚合,一般主要是一种富电子的双键单体和一种缺电子的双键单体混合,在常温、无光条件下就形成电荷转移复合物,这种复合物在高于原来单体的吸收波长处引发聚合。比较典型的电荷转移复合引发体系是马来酰亚胺-乙烯基醚组成的电荷转移复合体,该体系最重要的两个特征是无光引发剂和高抗氧聚合能力。这样就避免了含引发剂体系固化后涂层残余引发剂的迁移、毒性、泛黄及导致固化涂层老化的问题,在卫生用品、食品包装、印刷领域有巨大的应用潜力。

(5)有机磷预聚物

含磷光固化预聚物近年来发展较为迅速,其主要有两个功能,其一是增加固化涂层对金属表面的附着力;其二为形成无卤阻燃固化膜,用于防火目的。此树脂由于结构中含有磷酸基,可以对金属表面产生微腐蚀及螯合作用而提高其对金属的附着力,所以可以直接加入到光固化配方中作为附着力促进剂。

2. 预聚物性能

预聚物是光纤涂料中最重要的组分之一,整个材料的骨架,对固化后材料的机械性能、玻璃化转变温度、稳定性(化学稳定性、抗湿性、抗氧化性、抗水解性)等起着主要的影响。光纤涂覆工艺常用的丙烯酸酯类自由基聚合体系中的预聚物性能如表 10.2.1 所示。

表 10.2.1　预聚物性能

预聚物	固化速度	拉伸强度	柔顺性	硬度	耐化学药品性	耐黄变性
环氧丙烯酸酯	高	高	不好	高	极好	中
聚氨酯丙烯酸酯	可调	可调	好	可调	好	可调
聚酯丙烯酸酯	可调	中	可调	中	好	不好
聚醚丙烯酸酯	可调	低	好	低	不好	好
纯丙烯酸酯	慢	低	好	低	好	极好

10.2.2　活性单体

活性单体(monomer)是一种含有可聚合官能团的有机小分子,又称为活性稀释剂(reactive diluent)。它在 UV 固化组成中,活性单体起着调节体系的黏度、参与光固化过程等作用,能影响到固化膜的各种性能。

按反应性官能团的种类,活性单体可分为(甲基)丙烯酸酯类、乙烯基类、乙烯基醚类和环氧类等,其中以丙烯酸酯类光固化活性最大,甲基丙烯酸酯类次之。

按分子中反应性官能团的多少,单体可以分为单官能度单体、双官能度单体和三官能度单体甚至更高官能度单体。一般而言,随着官能度的增加,它们的固化速度增加,固化膜的力学强度增加,玻璃化温度增加,但柔顺性降低。另外,随着官能团的增加,分子量增大,因而其挥发性较小,气味较低。单官能团活性稀释剂主要有丙烯酸酯类和乙烯基类。丙烯酸酯类活性稀释剂有丙烯酸正丁酯(BA)、丙烯酸异辛酯(2-EHA)、丙烯酸异癸酯(IDA)、丙烯酸月桂酯(LA)、(甲基)丙烯酸羟乙酯、(甲基)丙烯酸羟丙酯以及一些带有环状结构的(甲基)丙烯酸酯,如乙烯类活性单体有苯乙烯(ST)、醋酸乙烯酯(VA)以及 N-乙烯基吡咯烷酮(NVP)等。单官能团活性稀释剂一般相对分子质量小,因而挥发性较大,相应的气味大、毒性大,其使用受到一定限制。双官能团活性稀释剂含有两个光活性的(甲基)丙烯酸酯官能团,其固化速度比单官能团的稀释剂快,成膜交联密度增加,同时仍保持良好的稀释性。双官能团(甲基)丙烯酸酯类单体广泛应用于光固化涂料的配制,双官能团活性单体主要有乙二醇类二丙烯酸酯、丙二醇类二丙烯酸酯和其他二醇类二丙烯酸酯。多官能团活性稀释剂含有 3 个或 3 个以上的可参与光固化反应的活性基团,光固化速度快、交联密度大、固化膜的硬度高、脆性大、耐抗性优异。由于相对分子质量大,黏度高,稀释效果相对较差,沸点高,挥发性低,收缩率大。因此多官能团活性单体通常主要不是用来降低体系黏度,而是用于针对使用要求调节某些性能,如加快固化速度,增加干膜的硬度,提高其耐刮性等。

按固化机理,活性稀释剂可分为自由基型和阳离子型两类。自由基型活性稀释剂主要为丙烯酸酯类单体,而阳离子型活性稀释剂为具有乙烯基醚或环氧基的单体。乙烯基醚类单体也可参与自由基光固化,因此可作为两种光固化体系的活性稀释剂。阳离子光固化体系常采用脂环族环氧树脂,其本身黏度较低,可以不另外加入活性稀释剂而直接使用。但当采用黏度较高的双酚 A 环氧树脂时,必须加入低相对分子质量的环氧化合物(如苯基缩水甘油醚)做活性稀释剂,另外乙烯基醚也可作为阳离子固化体系的活性稀释剂。

UV 固化中常用的单体有 NVP,1,6-己二醇双丙烯酸酯(HDDA)、二缩丙二醇双丙烯酸酯(DPGDA)、三缩丙二醇双丙烯酸酯(TPGDA)、三羟甲基丙烷三丙烯酸酯(TMPTA)、三羟甲基丙烷三甲基丙烯酸酯(TMPTMA)、新戊二醇二丙烯酸酯(NPGDA)、二丙二醇二丙烯酸酯(DPGDA)等。HDDA是光固化涂料中使用较广泛的单体,它是一种低黏度的双官能团活性稀释剂,具有强稀释能力和极好的附着力,溶解能力好,反应速度快,在涂料、油墨及胶黏剂中均可应用。DPGDA和TPGDA均是低黏度、高稀释性的活性稀释剂,广泛应用于涂料、油墨及胶黏剂中。TPGDA多一个丙氧基,具有较佳的柔韧性。DPGDA兼具HDDA的快速固化与TPGDA的柔韧性,其固化速度比HDDA还快,在很多场合可以代替HDDA。

10.2.3　光引发剂(Photo-initiator,PI)

光引发剂是光固化体系的关键组分,它关系到配方体系在光辐照时,低聚物及稀释剂能否迅速由液态转变为固态,即交联固化。一般把含有弱键的化合物在光或热的作用下共价键均裂而产生自由基的物质称为引发剂。其基本作用特点是引发剂分子在紫外光区(200~400 nm)或可见光区(400~800 nm)有一定吸光能力,在直接或间接吸收光能后,引发剂分子从基态跃迁至活泼的激发态,产生能够引发单体聚合的活性源,这些活性源可以是自由基、阳离子、阴离子或离子自由基。

1. 光引发剂的分类

光引发剂吸收紫外光后能产生自由基从而引发活性基团发生聚合反应,光引发剂种类繁多,按物理形态,可分为液态和固态;按活性源产生的机理不同,可分为单分子作用机理与双分子作用机理;按对光的吸收,可分为紫外光与可见光光引发剂,目前光固化技术主要为紫外光固化,可见光光引发剂因其对日光及通常照明光源的敏感性,使用时受到一定限制,且配方的反应稳定性也是一个尚待解决的问题;按光引发剂使用温度,可分为四类,如表10.2.2所示;按应用领域,可分为涂料和油墨等;按光解机理,可分为自由基型和阳离子型,如图10.2.1所示。

表 10.2.2　光引发剂使用温度

分类	使用温度/℃	分类	使用温度/℃
高温引发剂	高温>100	低温引发剂	−10~30
中温引发剂	30~100	极低温引发剂	<−10

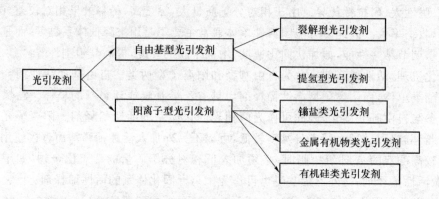

图 10.2.1　按光解机理分光引发剂的种类

在许多实际光固化体系中,一般是光引发剂与其他辅助组分的共同作用,促进活性源的产生,增强引发效率。根据这些辅助组分所起的具体作用,可以分为助引发剂(coinitiators)、增感剂(synergists)或光敏剂(sensitizers)。其中助引发剂是双分子光引发体系重要组分,如果所用的助引发剂在光引发过程中经化学反应途径消耗掉,且对光引发起促进效果,常被称为增感剂。光敏剂也可与光引发剂作用促进光聚合,但二者之间仅发生能量转移的物理作用,其作用原理是光敏剂分子在较大波长处吸收光能跃迁至激发态,通过分子间物理作用,能量从激发态光敏剂分子转移到引发剂分子上,这样,本来不能吸收长波光能的引发剂分子间接地由基态跃迁至激发态,产生具有引发聚合活性的自由基。该过程也叫光敏化,整个过程中,光敏剂没有被消耗掉,仅仅作为能量的载体在体系中反复运转。

2. 光引发剂作用原理

在 UV 光激发下,光引发剂被激活分解形成自由基,分解反应为一级反应:

$$PI \xrightarrow{h\nu, k_d} 2R \cdot \tag{10.2.1}$$

式中,PI 代表光引发剂分子;$R\cdot$ 代表初级自由基;k_d 代表光引发剂分解速率常数。根据式(10.2.1),光引发剂分解反应动力学方程为:

$$R_d = -\frac{dc(PI)}{dt} = k_d c(PI) \tag{10.2.2}$$

式中,R_d 为分解速率[mol/(L·s)],$c(PI)$ 为光引发剂在时间 t 时的浓度(mol/L),t 是时间(s)。对式(10.2.2)两边积分,得

$$\int_{c(PI)_0}^{c(PI)} \frac{dc(PI)}{c(PI)} = -k_d \int_0^t dt$$

$$\frac{c(PI)}{c(PI)_0} = e^{-k_d t} \tag{10.2.3}$$

式中,$c(PI)_0$ 和 $c(PI)$ 分别为 t_0 及 t 时引发剂的浓度,mol/L;$c(PI)/c(PI)_0$ 为光引发剂残留分率(%)。

式(10.2.3)表达了光引发剂浓度与在光照后时间 t 的定量关系,利用式(10.2.3)可以求得:

① 光引发剂分解速率常数 k_d

以 $\ln \dfrac{c(PI)}{c(PI)_0}$ 和 t 作图,得到直线的斜率即为 k_d。

② 光引发剂半衰期

光引发剂半衰期($t_{1/2}$,initiator half-life)是指引发剂分解至起始浓度的一半时所需的时间。根据式(10.2.3),可以求得:

$$t_{1/2} = \frac{\ln 2}{k_d} \tag{10.2.4}$$

③ 光引发剂理论投料量

在已知光引发剂理论耗量(N_t)的情况下,利用式(10.2.3)和式(10.2.4),可以求得消化分率为 $\dfrac{N_t}{N_0} = 1 - \dfrac{c(PI)}{c(PI)_0}$。

最后可以推导出理论投料量 $N_0 = \dfrac{N_t}{1 - 2^{-t/t_{1/2}}}$。

3. 光引发剂性能与特点

1) 自由基型光引发剂

此类光引发剂是应用最广泛的光引发剂,可分为裂解型(Norrish Ⅰ型)和夺氢型(Norrish Ⅱ型)两类。

(1) 裂解型光引发剂

所谓裂解型光引发剂是指引发剂分子吸收光能后跃迁至激发单线态,经系间窜质到激发三线态。在其激发单线态或三线态时分子结构呈不稳定状态,其中的弱键会发生均裂,产生初级活性自由基,从而对乙烯基类单体进行引发聚合。此类光引发剂的结构多以芳基烷基酮类化合物为主,除使用了光敏剂外,光化学过程大多为单分子机理。裂解型自由基光引发剂多以芳基烷基酮衍生物为主,比较有代表性的包括苯偶姻衍生物、苯偶酰缩酮衍生物、二烷氧基苯乙酮、α—羟烷基苯酮、α—胺烷基苯酮、酰基膦氢化物、酯化肟酮化合物、芳基过氧酯化合物、卤代甲基芳酮、有机含硫化合物、苯甲酰甲酸酯等,主要性能见表 10.2.3。

表 10.2.3　主要裂解型自由基光引发剂性能

名称	典型分子结构	特点	缺点	应用范围
苯偶姻及其衍生物	R:H、CH_3、C_2H_5、$CH(CH_3)_2$、$CH_3CH(CH_3)_2$、C_4H_9	在 300～400 nm 有较强吸收,光反应较快,合成容易,成本低廉。受配方中其他组分的影响小	存在热不稳定性及黄变性能问题	只在一些对黄变,储存稳定性要求较低的场合使用
苯乙酮衍生物	DRAP	浅黄色透明液体,在242 nm 和 325 nm 处有最大吸收峰,光引发活性高,不易黄变	热稳定性差,相对价格高	主要用于各类清漆,也可与其他光引发剂配合使用
酰基膦氧化物	TMPO(TPO)　TEPO　$BAPO_1$(819)　$BAPO_2$(819DW)	是一类活性较高、综合性能较好的光引发剂,具有较长的吸收波长(350～380 nm),激发三线态寿命普遍较短(1 纳秒至几十 ns),在固化涂层中黄变性能很小;热稳定优良,加热至 180 ℃无化学反应发生,储存稳定性高	这类光引发剂对日光或其他短波可见光敏感,调制配方或储运都应注意适当避光	广泛适用于丙烯酸树脂体系或不饱和聚酯/苯乙烯体系,用于颜料着色体系、层压复合、较厚涂层的固化(200 μm)等透光性较差的体系光固化

续表

名称	典型分子结构	特点	缺点	应用范围
含硫光化合物	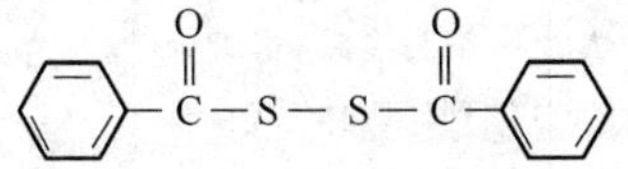 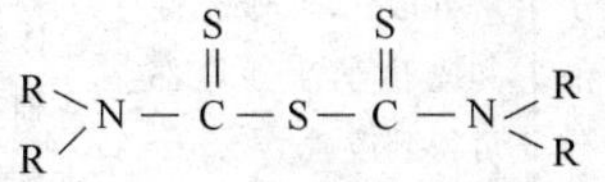 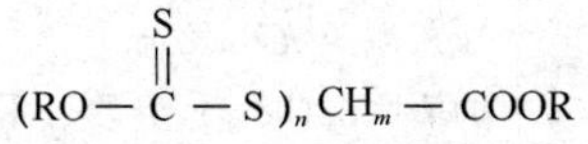	分光感度范围都在330 nm以下的短波近紫外与深紫外区，在于对长波紫外光有良好的敏感性，且黄度较低	分解前后有令人难受的臭味；须与其他引发剂配合使用	适合于某些着色体系固化，通常都与活性胺配合使用，增强光引发效率

(2) 夺氢型光引发剂

夺氢型光引发剂一般以芳香酮结构为主，还包括某些稠环芳烃，它们具有一定吸光性能，而与之匹配的助引发剂，即氢供体，本身在常用长波紫外光范围内无吸收。夺氢型光引发剂吸收光能，在激发态与助引发剂发生双分子作用，产生活性自由基。

具有代表性的夺氢型光引发剂包括二苯甲酮、硫杂蒽酮及其衍生物、蒽醌、活性胺等，这些夺氢型光引发剂主要特点见表10.2.4。

表10.2.4 夺氢型光引发剂主要特点

名称	典型的分子结构	特点	缺点	用途
二苯甲酮及其衍生物	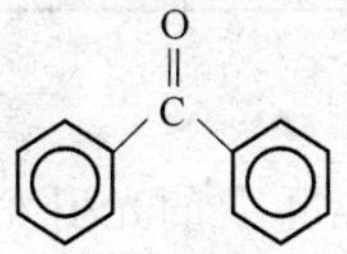 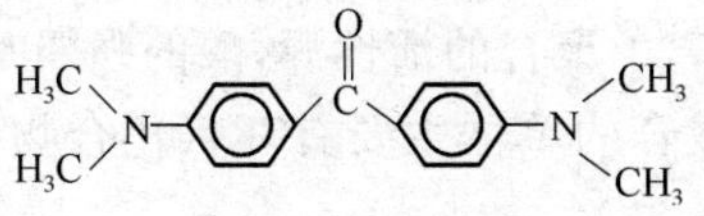 MK 四甲基米蚩酮 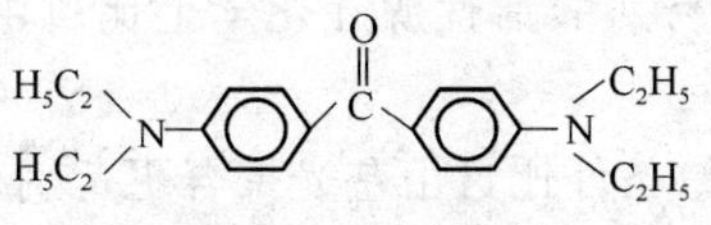 DEMK 四乙基米蚩酮 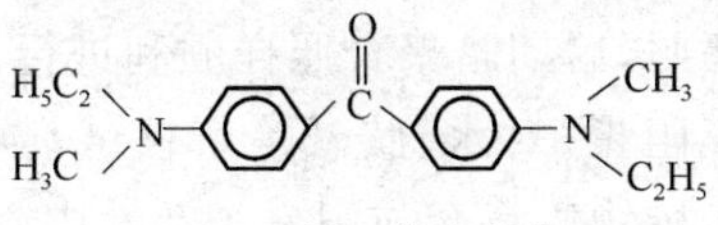 MEMK 甲乙基米蚩酮	一般为无色或微黄色结晶，溶解性比较好，最大吸收波长约为340 nm，与中压汞灯的发射波长匹配。合成简便，是一种成本较低的光引发剂	固化速率相对较慢，而且容易导致固化涂层泛黄，升温时易挥发	用于一些附加值较低，品质要求也不太高的配方中，不适合于含苯乙烯的配方

名称	典型的分子结构	特点	缺点	用途
硫杂蒽酮及其衍生物	(分子结构图)	最大吸收波长可达 380～420 nm,相应的消光系数也较高,约为 10^2 数量级,可充分利用光源 365 nm 和 405 nm 发射线	溶解度差,很难分散到树脂体系中,改性后的衍生物的溶解分散性能、吸光性和光化学活性等都可得到改善	硫杂蒽酮因为较高的吸光波长和较强的吸光性能,非常适合于有色体系的光固比,特别是钛白着色体系的光固化
蒽醌及其衍生物	(分子结构图)	在有氧环境下耐氧光引发聚合是这类光引发剂的最大特点	蒽醌类光引发剂的活性相对不高,溶解性很差,难以分散,需改性	用于印刷板的制作
叔胺供氢体	(分子结构图)	一种助引发剂,与芳酮配伍的活性胺既是产生活性自由基的必要助引发剂,也同时发挥抗氧阻聚功能	对氧有一定敏感	一般只与硫杂蒽酮光引发剂配伍,应用于一些附加值较高的光固化体系

2) 阳离子型光引发剂

阳离子光引发剂以阳离子引发聚合为基础,是另一类非常重要的光引发剂,它的基本作用特点是光活化使分子到激发态,分子发生系列分解反应,最终产生超强质子酸(也叫布朗斯特酸或路易斯酸)。质子酸和路易斯酸都是引发阳离子聚合的活性源,酸的强弱是阳离子聚合能否引发并进行下去的关键,适用于阳离子光聚合的单体主要有环氧化合物、乙烯基醚,其次还有内酯、缩醛、环醚等。

和自由基光聚合引发剂相比较,阳离子光聚合引发剂具有如下特点。

① 阳离子引发剂在光激活下产生的质子酸或路易斯酸活性源在化学上比自由基引发剂更稳定,保持活性时间更长。

② 阳离子聚合通常要求在低温、无水情况下进行,条件比自由基光聚合更苛刻。

③ 在光聚合源切断后,自由基引发剂光聚合速率迅速下降,光聚合几乎停止,而阳离子引发剂光聚合速率并没有迅速降低,而是继续以较快速率增长,通过后期暗反应最终也能达到较为完全的聚合转化,换句话说,只要初期接受光辐照,后期暗聚合照样顺利进行。

④ 自由基光聚合对分子氧特别敏感,容易发生氧阻聚,对水、胺碱等亲核试剂不敏感;阳离子光聚合则不存在氧阻聚问题,但水汽、胺碱等亲核物质将会与阳离子活性中心稳定结合,导致阻聚。

⑤ 阳离子光聚合完成后,涂层中仍可能残存有质子酸,这对涂料本身和底材都有长期

危害。

阳离子光引发剂具有引发效率高,不受氧气阻聚,固化反应不易终止,适于色漆和厚膜的固化等优点,但是价格较贵,所以目前阳离子光引发剂的市场份额较小,但仍是一类大有前途的光引发体系。

常用的阳离子光引发剂可分为锍盐类、金属有机物类、有机硅烷类等,其中以碘锍盐、硫锍盐和铁芳烃最具代表性。

(1)碘锍盐

碘锍盐热稳定性较好,光反应活性高,是一类比较重要的阳离子光引发剂,现已实现工业应用。

碘锍盐虽然光反应活性高,典型的二芳基碘锍盐在最大吸收波长处的消光系数可高达 10^4 数量级,但吸光波长一般比较短,绝大多数吸收波长在 300 nm 以下。解决碘锍盐吸光性能的实用方法是应用长波吸收的电子转移活化剂,间接将碘锍盐提升至激发态,再发生后续反应产生超强质子酸。对碘锍盐有效的电子转移活化剂包括稠环芳烃(蒽,芘,苝)、噻吩嗪类、芳酮、樟脑醌、草酸铁钾盐、双吡啶钌金属有机化合物等。

也可对碘锍盐进行改性,如将吸光性本身很强的芳酮基团连接到碘锍盐时,所得碘锍盐吸收波长可增至 300 nm 以上,如图 10.2.2 所示。

296 nm 与 366 nm 吸收峰　　　　　　　　335 nm 最大吸收峰

图 10.2.2　碘锍盐改性后的分子结构和最大吸收峰

制约碘锍盐作为阳离子光引发剂推广使用的另一重要因素是绝大多数芳基碘锍盐在常用单体中的溶解度较差,只有在高极性溶剂中溶解度尚可,例如甲醇、丙酮等。研究工作者开发了以十二烷基苯为原料的碘锍盐,如图 10.2.3 所示,溶解度极佳,甚至在非极性的烃类溶剂中都有很好的溶解性,而且原材料廉价易得,成本较低。其他溶解性较好的碘锍盐还有长链烷氧基非对称碘锍盐,其中的碳链长度至少要 8 个碳以上才能获得在弱极性溶剂中的良好溶解度,碳链为 $C_1 \sim C_6$ 短链的碘锍盐只能在强极性溶剂中溶解,不适合于大多数阳离子聚合体系。

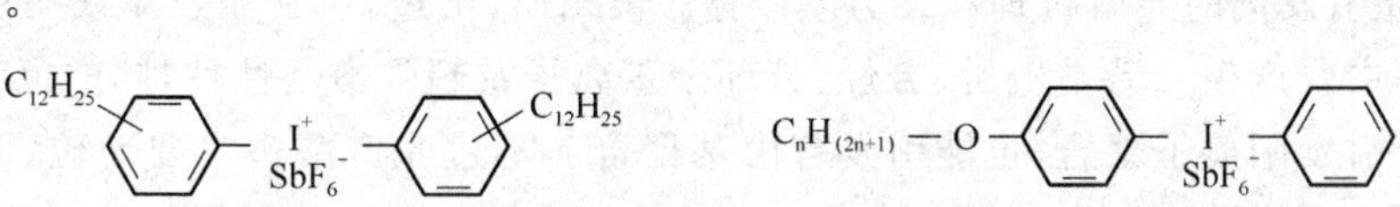

双十二烷基苯碘锍盐　　　　　　　　不对称长链烷氧基二苯基碘锍盐

图 10.2.3　针对碘锍盐溶解性改性后的分子结构

(2)硫锍盐

图 10.2.4(a)是典型三芳基硫锍盐分子结构,因为硫原子可与 3 个芳环部分共轭,正电荷得到分散,因此三芳基硫锍盐分子热稳定性较好,加热至 300 ℃光分解,与单体混合加热

也不会引发聚合。光激发后可发生裂解，产生聚合活性源。

三芳基硫鎓盐的合成经历三芳基硫鎓盐和氯化硫鎓盐等中间体，由这两种中间体可能衍生出若干种结构的硫鎓盐，因此三芳基硫鎓盐经常是以混合三芳基硫鎓盐的形式出现。三苯基硫鎓盐产品种伴随着的一个要的副产物是苯硫基苯基二苯基硫鎓盐［PTDPT］，如图 10.2.4(b)所示，它的最大吸收波长达 316 nm，而正产物三苯基硫鎓盐的最大吸收波长仅为230 nm。副产物具有更高的光引发活性，能更有效利用中压汞灯的光源。

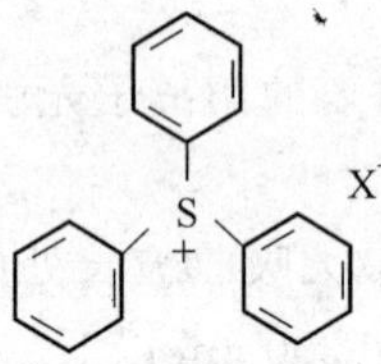

(a)三苯基硫鎓盐 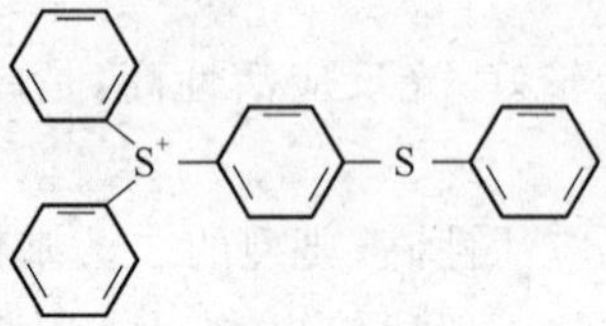　　　　　　(b)PTDPT

图 10.2.4　典型硫鎓盐衍生物分子结构

对三苯基硫鎓盐的苯环进行适当取代，可显著增加吸光波长，如引入烷基、烷氧基、苯氧基、苯硫基等推电子基团均对提高吸光波长有帮助。

对硫鎓盐苯基进行取代同时还能改善硫鎓盐的溶解性。未取代的三苯基硫鎓盐属典型离子型化合物，在强极性溶剂中溶解没问题，但大多数有机光固化树脂极性不高，三苯基硫鎓盐在其中的溶解分散性往往不佳，而引发剂溶解分散性的好坏对其光引发活性影响非常大。例如 $Ph_3S^+SbF_6^-$ 可均匀分散在极性稍强的聚甲基丙烯酸甲酯体系中，接受254 nm 光辐照，光产酸量子效率高达 0.8～1.0，而在极性较低的聚苯乙烯中分散性较差，光产酸量子效率只有 0.1～0.2。实际上，商品化的硫鎓盐光引发剂多为硫鎓盐混合物，且溶解在极性较好的碳酸丙二酯溶剂中，总浓度约 30%～50%，与光固化有机低聚物相容性很好，而且溶剂碳酸丙二酯也可参与阳离子聚合，根本不存在惰性溶剂问题。

三芳基硫鎓盐的配对阴离子种类对鎓盐的吸光性，甚至光解效率等几乎没有影响，但对引发聚合的活性有显著影响，其中 SbF_6^- 离子亲核性相对最弱，对阳离子聚合阻聚作用最小，BF_4^- 离子亲核性相对较强，容易对质子酸产生较强束缚，或者和碳正离子中心结合，阻碍阳离子聚合。按照对阳离子光聚合有利的顺序，几种常用阴离子的活性大小为 $BF_4^- < PF_6^- < AsF_6^- < SbF_6^-$。

硫鎓盐光引发剂的光解机理和二芳基碘鎓盐很相似，不过，它在激发单线态就可发生裂解反应，光解主要产生二芳基硫醚、芳烃、芳环碳正离子及超强酸活性种，同样也有活性自由基产生，既可引发阳离子聚合，也能引发自由基聚合。不过光产酸占主要地位，因为产物主要成分之一为二芳基硫醚，产生微弱臭味。硫鎓盐的光解过程不受分子氧的干扰，在空气中光解的产酸效率比在氮气气氛下的还高。

（3）铁芳烃

铁芳烃引发剂在紫外光区有较强的吸光性能，消光系数可达 10^3 数量级以上，而且在短波可见光区也有弱吸收，消光系数大约为 10^2 数量级。η^6-异丙苯茂铁是铁芳烃系列中最具代表性的光引发剂，商品名 lrgacure 261，浅黄色粉末，光反应活性很高，可以作为阳离子光引发剂，且热稳定性良好，单独加热到 300 ℃以上而不会分解，即使与环氧单体混合，也可以加热到 210 ℃ 而不发生固化。如以萘、芘等多核芳烃代替异丙苯,可以合成其他吸光波长更长的铁芳烃光引发剂,如图 10.2.5 所示。

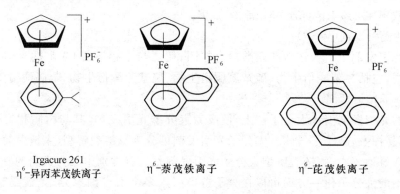

Irgacure 261
η^6-异丙苯茂铁离子

η^6-萘茂铁离子

η^6-芘茂铁离子

图 10.2.5　几种芳茂铁盐引发剂

η^6-异丙苯茂铁仅仅苯环作为配体,可见光区的吸光效果差,将异丙苯配体换成芘环配体后,最大吸收波长可达 440 nm,且相应消光系数也高达 1 000 左右。因此,可以通过换芳环配体调节铁芳烃的吸光性能。

聚合温度对可铁芳烃引发氧化环己烯的光聚合速率产生影响,具体聚合速率随聚合温度提高而增加,在 45 ℃ 左右达到最大值,此后随聚合温度增加反而下降,即存在一最佳聚合温度,而此温度与所用单体有关。

铁芳烃对环氧等单体的聚合引发活性低于三芳基硫鎓盐,实际上,铁芳烃/环氧配方在光辐照以后,阳离子聚合往往还不能开始,这时只是形成了固化潜像,光照到的区域发生了铁芳烃配体置换,单体作为配体与单茂铁路易斯酸结合,新络合体还不能有效打开环氧结构引发聚合,一般在光照结束后,对涂层适当加热,完成固化交联。根据单体的反应活性不同,后加热的温度和时间可能不同。后加热是将光反应产物单体-单茂铁络合物的环氧结构打开,使聚合发生,这种后加热工艺看似光固化技术的一种缺陷,但也可以找到适合它的应用场所。例如胶接不透明材料时,可将以铁芳烃为引发剂的环氧配方涂覆于黏接面,光照,形成潜酸,使其没有立即固化,然后将被黏接材料胶层对胶层贴合,适当加热数分钟,即成品质优良的胶接层。这种配方不含挥发性组分,特别适合非通透性材料的黏接。

4. 光引发剂的发展方向

光引发剂的发展方向的重点是混杂型、可见光型、水基型、大分子型等,以及采用双重固化方式,将收到锦上添花效果。

(1) 自由基-阳离子混杂光引发剂

自由基研发体系固化速度快,但收缩较大,而阳离子光固化时体积收缩小、黏接力强,固化过程不被氧气阻聚,反应不易终止,“后固化”能力强,适于厚膜的光固化,但固化速度慢。综合二者的优点,将自由基与阳离子光引发剂配成混杂体系,使自由基聚合游客发生阳离子聚合,可以扬长避短,具有协同效应。两种以上的光引发剂配伍使用,更能获得令人满意的效果。

(2) 可见光引发剂

氟化二苯基钛茂(Irgacure 784)和双(五氟苯基)钛茂具有突出的光引发活性、储存稳定性和低毒性,其吸收波长已延伸至 500 nm,在可见光区有较大的吸收作用,对于丙烯酸酯的可见光引发聚合固化特别有效。又因钛茂光照下的光漂白效应,胶膜变黄指数小,且深度固化好,利于厚膜的彻底固化。氟化二苯基钛茂光引发剂活性高,在丙烯酸酯体系中,0.2%用量的光引发效率比 2% Irgacure 651 高 2～6 倍。

(3) 水性光引发剂(WSP)

在普通光引发剂中引入铵盐或磺酸盐官能团,使之与水相溶,制成水性光引发剂,主要类型为芳酮类,包括二苯酮衍生物、硫杂蒽酮衍生物、烷基芳酮衍生物、苯偶酰衍生物等。

(4) 大分子光引发剂

将普通的光引发剂引入大分子链上,便成为大分子光引发剂,其与树脂相容性好,固化后不迁移、不易挥发,减小了气味。大分子光引发剂可分为侧链裂解型、主链裂解型、侧链夺氢型和主链夺氢型 4 类,侧链裂解型大分子光引发剂是已有类别中较为成功的一类。

光引发剂的大分子化一方面可以在分子链上引入多个引发剂单元,光辐照射时在一个大分子内有多个自由基,可以提高局部自由基浓度,有效抑制氧阻聚,有利于加速聚合。此外,它可以克服由于低分子引发剂不能完全消耗而产生的涂层老化、发黄等现象,但同时存在大分子内活性自由基相互耦合终止的概率也会增加的缺陷,其作用机理与小分子母体没有本质区别。另一方面也可以在常规小分子光引发剂上引入可聚合基团,即得可聚合光引发剂 III,使其在光固化中使引发剂大分子化,但是这类光引发剂在光学性能方面与母体化合物差别不大,且合成成本较高,一般只在一些特殊场合使用,例如合成特定结构的官能化共聚物等。

(5) 双重固化

双重固化即是光固化与其他固化方式的结合,相得益彰,优势凸显,具有低温快速固化性、出色的稳定性,可避免分离未固化,得到力学性能优良和尺寸稳定的固化物。发展光固化与其他固化方式共用的双重固化体系,对于克服光固化胶黏剂的弱点卓有成效,扩大了应用范围,提高了竞争能力,其他固化方式有热固化、湿气固化、氧化固化、厌氧固化等。

10.2.4 其他添加剂(additive)

光固化体系往往还需要加入各种助剂,来满足其他的使用要求。助剂可以改善涂料与涂膜性能,增加紫外光敏感性,降低涂覆难度,是涂料中不可缺少的组成部分。

常用的助剂主要有以下几种。

1. 光敏助剂

光敏助剂本身无光引发作用,既不吸收辐射能,不会在紫外光激发下生成自由基,也不引发聚合,但具有抗氧干扰、增加敏感度和提高光引发剂活化速度的作用,所以亦称为光活化剂,包括二甲基乙醇胺、三乙醇胺和 N、N.二甲基苄胺等。某些染料,如碱性亚甲蓝、曙红、玫瑰红和荧光黄等都具有增感作用,效果显著。

2. 黏结力促进剂

黏结力促进剂主要作用是改善涂料固化后与石英光纤的附着力,主要包括:硅烷偶联剂、钛酸酯偶联剂氯化聚烯烃、氯化聚酯丙烯酸酯、磷酸酯化的丙烯酸酯单体或树脂、酰胺等。

3. 阻聚剂

一般在使用自由基型光引发剂时,由于空气中氧的阻聚作用影响涂料的聚合反应和储存的稳定性,因此需添加阻聚剂,常用的有对苯二酚和对甲氧基苯酚等。

4. 流平剂

流平剂是一种常用的涂料助剂,它通过降低涂膜表面张力改善流动方式,促使涂料在干燥成膜过程中形成一个平整、光滑、均匀的涂膜,最终获得良好的涂膜外观。作为流平剂,一般需要满足以下两点:①与体系具有一定的相溶性;②表面张力需低于体系。主要品种有有机硅系流平剂、丙烯酸酯流平剂、氟改性流平剂等,最常见的流平剂是有机硅类流平剂如聚醚改性硅油等,其结构式可用下式表示:—$(SiO(CH_3)_2)_m$—$(SiOCH_3(CH_2CH_2O)_x$ $(CH_2CHCH_3O)_y)_nR$。其中 m 链段表示硅油的未改性部分,属于相容性受到限制的链段;n 链段是改性部分,属于相容链段;x 为聚醚改性链段中的聚环氧乙烷部分;y 为聚醚基团中的聚环氧丙烷部分,UV 固化涂料用典型商品流平剂有 BD-2100 等。

5. 消泡剂

UV 光固化涂料在制造和施工时所产生的大量稳定的气泡不利于涂料生产的顺利进行和涂料涂装时的涂膜效果和性能,这时就需要加入涂料消泡剂来消泡。消泡剂主要有两个作用:①抑制气泡的产生;②加速已产生的气泡的破灭。这样就可以达到消泡的作用。

消泡剂要达到最佳消效果,需要满足以下几点条件:①表面张力低于泡沫介质的表面张力;②不溶解于泡沫介质之中或溶解度极小,但又具有能与泡沫表面接触的亲和力;③易于在泡沫体系中扩散,并能够进入泡沫和取代泡沫膜壁;④具有一定的化学稳定性,保证其相容性和产品稳定性;⑤具有在泡沫介质中分散的适宜颗粒度作为消泡核心。常用的消泡剂有有机硅消泡剂、非硅系消泡剂、氟改性消泡剂三大类。

6. 其他

对于 UV 固化涂料来说,相对比较重要的助剂还有热稳定剂(延长光敏涂料的有效期)、抗氧化剂(用于改善涂膜稳定性能)等,在有色体系(着色涂料、油墨等)中,需要加入颜料和染料(pigment)、填料(fitter)、防沉剂(增加涂料中固型颗粒物的稳定时间)、润湿分散剂(减少成品涂料颗粒物的后凝聚作用和缩短研磨时间)、紫外线吸收剂(吸收透过包装设备的少量紫外线,延长涂料使用有效期)等。

在使用助剂时,应尽量选用能参加光固化反应的活性组分,普通助剂因不参与光固化反应而留在固化膜中将带来针孔、反黏等涂膜缺陷。

10.3 紫外固化光纤涂料制备工艺

紫外固化光纤涂料是一种较为特殊的涂料,其最常采用丙烯酸酯类自由基聚合体系。制备光纤涂料的基本流程有配方设计、预聚体的制备、配料、涂料制备和灌注包装等。

10.3.1 涂料配方设计

光纤用紫外固化涂料的设计必须考虑以下因素:

1. 固化光源

在设计配方前,必须明确光源的波长、光强度及固化环境等因素。波长决定了固化光源的种类,每一种光源都有其对应光谱,如常用的中压汞灯,其光谱如图 10.3.1 所示。光源发射的主要谱区在 300～700 nm，其中最强的谱线为：300 nm，303 nm，313 nm，334 nm，366 nm，405 nm，436 nm，546 nm 及 578 nm。

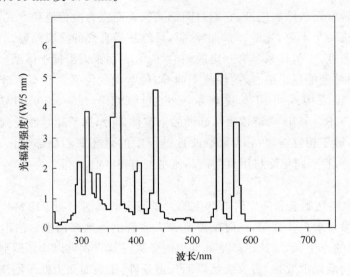

图 10.3.1　中压汞灯发射光谱

2. 涂料的组分与组成

（1）光引发剂

光源确定后，需要选择合适的与光源相匹配的光引发剂。光引发剂是产生自由基聚合反应活性中心的物质，引发剂的选择及其浓度不仅直接影响光纤涂料的固化速度，而且是影响聚合物相对分子质量的重要因素。

对光引发剂的选择原则主要包括以下几条。

① 吸收光谱与光源的发射谱带相匹配且具有较高的吸光效率。光引发剂发挥效用的前提条件是它首先要能够吸收光能，而紫外灯的发射光谱为非连续的线状或带状光谱，换言之，光引发剂的吸收光谱须与辐照光源的发射谱带相匹配。中压汞灯的发射谱线中比较有用的为 366 nm、313 nm、303 nm 谱线，许多光引发剂在这些波长处有吸收。较高波长的发射谱线，大多数引发剂不能吸收，如果使用可见光引发剂，可以改用更廉价、安全的卤钨灯等可见光源与之匹配，没有必要使用汞灯发射的可见光。较短波长的谱线在空气中传播时衰减迅速，且易被光固化配方中的树脂或其他添加成分吸收，造成短波长吸收屏蔽。因此需要光引发剂在吸收波长处有较高的吸光效率。

② 与预聚物和活性单体相溶性良好。需根据聚合实施方法选择引发剂种类，一般聚合方式有本体聚合、悬浮聚合、溶液聚合、乳液聚合和水溶液聚合，前三种聚合方式可选择油溶性引发剂；后两种聚合发生则选择水溶性引发剂，但前提是引发剂必须与体系内其他组分相溶。

③ 具有较高的活性体（自由基或阳离子）量子产率和较高的引发效率。

④ 稳定性好，能长时间的贮存，不发生黄变。

⑤ 光固化以后不能由于引发剂的原因而产生颜色变化（主要是不变黄），也不能在老化时引起聚合物降解。

⑥ 光引发剂及其光裂解产物应无毒无味，不易挥发和迁移。

⑦ 原料易得,合成简单环保,成本低廉。在许多实际光固化体系中,除了主引发剂外,还需要其他辅助组分的化学作用,以促进活性源的产生,增强引发效率。根据这些辅助组分所起的具体作用,可以称为助引发剂、增感剂或光敏剂。因此选择好主引发剂后,其他辅助组分必须与其配套,才能发挥最大的光效率。在光纤涂料的配方组成中,光引发剂只占1%～5%。

(2) 预聚体

预聚体是涂料的成膜物质,决定了涂料固化后涂覆层的性能。选择预聚体需要考虑的因素包括聚合物的反应活性、成膜后涂层的亮度、对石英光纤的附着力、抗化学物能力、抗划伤能力、耐磨性和耐黄变性,还要考虑与其他组分的相溶性。由于预聚体是涂料的主要成分,也决定了涂料的成本,因此需要综合考虑。

常用的光纤涂料用预聚体有:①环氧丙烯酸酯;②聚氨酯丙烯酸酯;③ 聚酯丙烯酸酯;④聚醚丙烯酸酯;⑤氨改性丙烯酸酯;⑥丙烯酸酯树脂;⑦其他丙烯酸酯,各聚合物性能对比如表10.3.1所示。

表 10.3.1　各种预聚物性能对比

聚合速度	聚合物硬度	聚合物光泽	价格	应用量
①>②>③>④	①>③>②>④	①>②>③>④	①<③<④<②	①>②>③>④

在配方设计中预聚体的结构和使用比例是最重要的参数。一般采用上述聚合物中的一种或者几种,甚至对它们的结构进行改性,以满足个性化的需求。

在涂料生产中预聚体总用量大致控制在30%～50%范围内。

(3) 活性单体

活性单体在涂料中的作用主要有降低涂料力度,调节涂覆层厚度和涂料性能,降低成本并提供涂料的可施工性。在光固化涂料体系中选择活性单体时,主要考虑如下因素。

① 稀释性。稀释性是单体选择中首先要考虑的因素,好的稀释性意味着在配方中使用较少的单体就能有效降低体系黏度。通常单官能度单体黏度较低,稀释性较强,而多官能度单体黏度较高,稀释性较差。

② 反应活性。单体的加入在降低体系黏度的同时还会显著增加固化速率,通常认为单体分子中的双键密度较大时,单体的反应活性会较高。研究发现单体分子中如有羟基等易形成氢键的基团,则聚合反应活性增加。单体分子的平均偶极距越大,则光聚合反应活性越高。

③ 收缩性。自由基光固化体系在固化时都伴随着体积收缩,这是由于固化过程中双键和范德华力转化为单键,导致总体上原子间的距离缩短。多数情况下,收缩是个不利因素。如果涂层收缩较大,会影响涂层的附着力。对于丙烯酸酯类单体,官能度越高,参与固化反应的双键就越多,收缩性就越大。

活性单体的官能度、分子量和化学结构直接影响涂覆层的成膜质量。典型的多官能团包括基脂肪族丙烯酸酯(双官能团)、芳香族丙烯酸酯(三官能团)、烷氧化丙烯酸酯(四官能团)和其他丙烯酸酯(多官能团)。不同官能团在紫外光辐射后,在最初的反应速度和转化率不同,如图10.3.2所示。

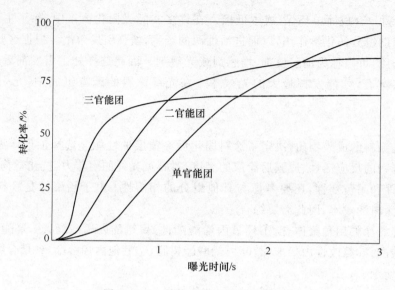

图 10.3.2 单体官能度对聚合的影响

从图 10.3.2 中可以看出,官能度高,聚合反应速率快。研究也表明高官能度意味着高反应活性,低官能度则意味着涂料黏度低,收缩率小,且附着力高;配方中加入低分子量单体,生产的涂料黏度低,但反应活性高,成膜后玻璃化温度高。

光纤涂料制造中采用的单体有碳氢化学结构、聚醚化学结构和其他化学结构,每种结构赋予涂料的性能见表 10.3.2。

表 10.3.2 活性单体的化学结构对涂料性能的影响

	碳氢化学结构	聚醚化学结构	烷氧化稀释剂
涂料性能特点	低表面张力,高柔性,低黄变,高耐候性高耐水性	高稀释性,高活性,耐黄变差,耐候性差	附着力好

一般在涂料配方中可采用两种以上复合活性单体体系,其总比例为 40%~60%。为防止涂覆层固化后对对光纤的不均衡应力,使光纤传输质量下降,常规光纤涂料中选择体积收缩小的活性单体。

(4) 助剂

涂料中使用的助剂品种多,助光敏剂、附着力促进剂、流平剂、消泡剂、防水剂、防黏剂等,这些助剂都有专业公司提供。但助剂的使用量较少,一般只为 0.2%~1%。

3. 应用环境要求

涂覆层的作用是保护光纤能在不同应用环境中使用,涂料设计就必须考虑光纤的拉丝速度和使用环境涂层,涂料的固化环境(温度与气氛)和环保性能等。

前面介绍过,光纤 UV 涂料通常采用的预聚物有聚氨酯丙烯酸酯、聚硅氧烷丙烯酸酯、改性环氧丙烯酸酯和聚酯丙烯酸酯。随着拉丝速度从 1 500 m/s 提高到近 3 000 m/s,预聚物必须选择聚合速率快的一类,如改性环氧丙烯酸酯,采用大分子光引发剂等,确保涂层在极短时间内固化成膜。

如果光纤应用在温度较高的环境,则可选择改性的耐温型聚丙烯酸预聚物体系(150 ℃)、聚酰亚胺耐温型预聚物体系(200 ℃),更高温度则需选择碳涂覆材料(300 ℃)和金属涂覆材料(600 ℃)。

常规光纤涂覆层一般分内涂层和外涂层,内外涂层的涂料组分是不相同的。内涂层要求涂料良好柔韧性、较高的附着力、较低的模量和较宽的玻璃化温度(−60～+80 ℃)和良好的防水功能;而外层涂层涂料要求有较高的模量和玻璃化温度和较好的耐老化性等,因此在配方设计时需要选择不同的组分及配方体系。

在配方设计中,还应考虑涂料对环境的影响。一是要求涂料本身是对环境友好的,二是在存储、固化过程中不产生有毒有害物质,三是成膜后涂覆层材料要满足相关标准和准则要求,如 ROHS 指令要求。

10.3.2 预聚物的合成

光纤涂料中常用的预聚物主要有环氧丙烯酸酯、聚氨酯丙烯酸酯、聚酯丙烯酸酯、聚醚丙烯酸酯、丙烯酸酯化的丙烯酸树脂和乙烯基树脂等,本节将主要介绍前三种预聚物的合成方法和原理。

1. 预聚物合成方法

丙烯酸树脂类的合成方法主要有本体法、溶液法、悬浮法和乳液法。

(1)本体法

本体法仅由单体和少量引发剂组成,因此产物较纯,后处理工艺也简单。本体法存在的主要问题是反应时体系黏度较大,反应热不易控制,转化率低,而且容易产生 C—C 聚合的副反应。

(2)溶液法

溶液聚合是在溶剂存在条件下进行聚合反应。由于溶剂的存在,物料的黏度不会太高,有利于物料的流动和传热,同时可以利用溶剂的汽化将反应热带出反应釜,并经冷凝后回流进反应釜,解决了反应釜容积放大后带来的反应器单位体积换热面积减小后产生的传热率小的矛盾,但产品的平均分子量较低。

(3)悬浮法

悬浮聚合是单体珠滴分散在水中的本体聚合,每个珠滴均可认为是一个反应系统。由于珠滴很小,因此反应热只要通过 0.2～0.4 mm 的距离就可传递给周围的水中,再通过水的对流将反应热传到冷却壁面上。由于水的黏度较小,反应器内的搅拌效果较好,较容易解决传热问题,使反应温度控制较本体聚合容易得多,反应平稳不易发生暴聚;缺点是生产难以连续化,另外为了使液滴的大小适宜,需加入分散剂等助剂,必须增加去杂、分离、干燥等后处理工序。

(4)乳液法

乳液聚合,反应物流动和传热类似悬浮聚合,由于需要在反应体系中加入乳化剂等多种助剂,在后处理中又很难除净,产品杂质多,传统上只适合对产品纯度要求不太高的场合。但这种技术还在不断发展中,国外已开发出采用无表面活性剂的自乳化技术,通过特定的聚合技术使多种不同单体组成的聚合物呈层状结构存在于同一胶粒(珠滴)中,采取定向聚合、辐射聚合、互穿网络聚合等技术制得聚合物乳液来改进涂料的性能和增加使用功能。

表 10.3.3 对预聚物合成方法做了对比总结。

表 10.3.3　预聚物合成方法对比

聚合方法	本体法	溶液法	悬浮法	乳液法
引发剂种类	油溶性	油溶性	油溶性	水溶性
温度调节	难	容易,溶液为载热体	容易,水为载热体	容易,水为载热体
分子量调节	难,分布宽,分子量大	容易,分布窄,分子量小	难,分布宽,分子量大	容易,分布宽,分子量很大
反应速度	快,初期需低温,使反应徐徐进行	慢,因有溶剂	快,靠水温和搅拌调节	很快,选用乳化剂使速度加快
反应装置	温度高,要强搅	要有溶剂回收、造粒和干燥设备	需干燥设备	要有水洗、过滤设备
聚合物性能	高纯度,可直接成型,混有单体,可塑性大	要精制,溶剂连在聚合物端部,有色,聚合度低	需除乳化剂,分离反应单体易,热电稳定度差	高纯度,易于成型,直接得粒状物,水洗干燥易

2. 预聚物合成原理

（1）环氧丙烯酸酯合成原理

环氧树脂是分子中含有两个以上环氧基,并在适当化学药剂存在下能形成交联固化物的化合物总称,它是应用最广的树脂。在催化剂的作用下,环氧基与丙烯酸反应,可生产环氧丙烯酸酯类,反应式如图 10.3.3 所示。

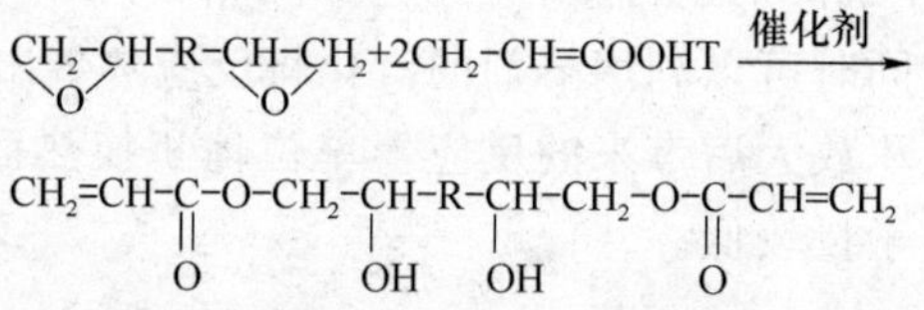

$$CH_2-CH-R-CH-CH_2 + 2CH_2-CH=COOHT \xrightarrow{\text{催化剂}}$$

$$CH_2=CH-C-O-CH_2-CH-R-CH-CH_2-O-C-CH=CH_2$$

其中

$$R=-CH_2-O-\cdots-O-CH_2-CH-CH_2-O-\cdots\Big]_n-CH_2-O-$$

$$(n=0\sim4)$$

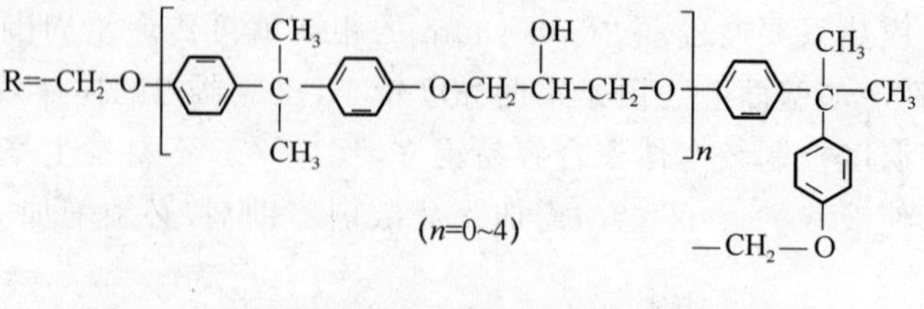

图 10.3.3　环氧树脂类丙烯酸酯类预聚物的合成

然而,由于环氧丙烯酸酯胶固化物刚性大,容易脆断,耐黄变性差,需要进行改性来满足光纤使用的要求。如通过聚丙二醇和顺丁烯二酸酐反应生成端基为羧基的长链大分子,然后同环氧树脂的环氧基进行开环反应,生成以环氧基封端的半加成预聚物,最后再利用封端的环氧基与丙烯酸反应,可制得柔性的环氧丙烯酸酯,其力学性能得到较大改善。这种低成本、性能优的树脂体系无疑具有非常重要的意义。

（2）聚氨酯丙烯酸酯合成原理

制备聚氨酯丙烯酸酯涂料的主要原料为异氰酸酯、多元醇、活性稀释剂及其他助剂。由于多异氰酸酯与羟基的反应是一个强放热反应，可使用溶液法来达到控制反应热的目的，常用的溶剂有苯、甲苯、（甲基）丙烯酸酯、丁二辛酯等。溶液法的特点是反应过程容易控制，体系黏度低，转化率高，但溶剂的除去比较困难。此外，有机溶剂的加入给预聚物的颜色带来不利影响，易返黄，不易制得浅色预聚物，也不符合环保的要求，所以目前大都采用本体法。

由于多元醇和丙烯酸羟烷酯含有的羟基，都能与二异氰酸酯发生缩聚加成反应，因此本体法制备聚氨酯丙烯酸酯（PUA）有 2 种路线。

第一条路线为将过量的二异氰酸酯（以异佛尔酮二异氰酸酯为例，即 IPDI）先和多元醇（HO—R—OH）反应进行扩链，得到分子量较大的分子，然后加入丙烯酸羟烷酯进行反应，得到双键封端的 PUA 齐聚物。这是大部分专利和文献都采用的合成路线，反应化学方程如图 10.3.4 所示。

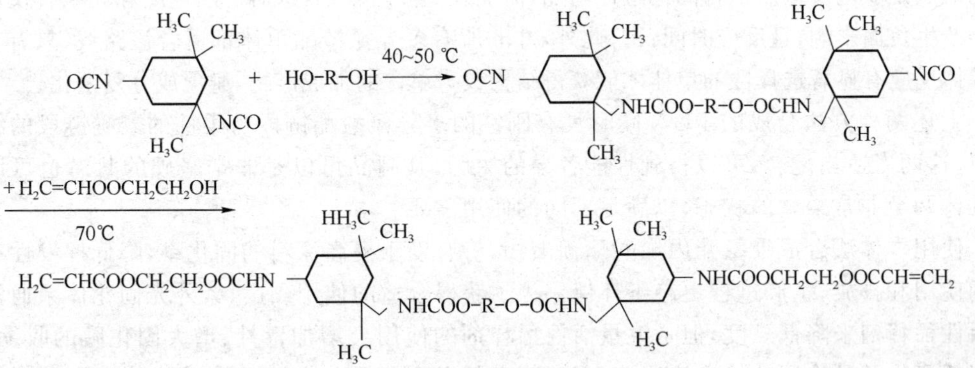

图 10.3.4　聚氨酯丙烯酸酯类预聚物合成方法之一

这条合成路线的优点是：①双键损失少。由于丙烯酸酯在反应釜内停留时间较短，使双键减少了在热环境中的暴露，当加入丙烯酸羟基酯时，整个反应一半的反应热已经释放，因而减少了自由基聚合的可能性；②反应时间较短。原因可能是 IPDI 邻位 NCO 与丙烯酸羟基酯的反应比与多元醇的反应容易，进而缩短了整个反应时间；③玻璃化转变温度低。这是由产物的结构决定的，产物中聚醚软段能够较为自由地旋转，在空间所受阻碍较小，可以充分地发挥软段柔韧性；④产物的颜色比较淡。但采用这种方法操作过程不易控制，因为醇与异氰酸酯反应为放热过程，尤其是芳香族异氰酸酯，反应活性高，放热更为剧烈，合成时不能将异氰酸酯与醇大量混合，否则温度失控发生凝胶化。另外，丙烯酸酯封端反应可能进行得不彻底，致使产物中存在少量游离的 NCO，给预聚物的稳定性带来不利影响。

路线二是先将丙烯酸羟基酯与过量二异氰酸酯发生单分子加成反应，生成半加成物，待羟基转化完全后，最后加入多元醇来进行扩链，得到 PUA 预聚物，反应化学方程如图 10.3.5 所示。

这条合成路线的优点是：①黏度低。有报道称这种加料顺序有利于得到较低黏度的预聚物，其原因除与预聚物及其副产物的结构与性质有关外，还和产物的相对分子质量分布有关；②分子质量分布均匀。当加入多元醇时，体系中基本上只有单异氰酸酯官能基的分子与其反

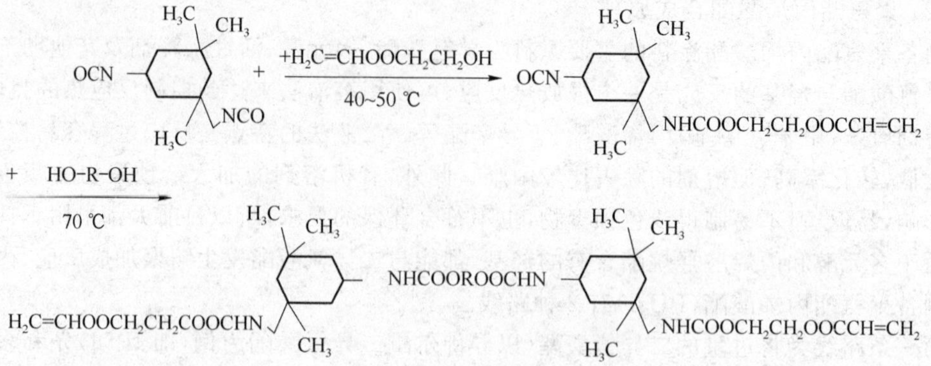

图 10.3.5　聚氨酯丙烯酸酯类预聚物合成方法之二

应,有利于得到分子量分布窄的 PUA 使分子结构按设计进行排布;③操作过程易控。这种方法的缺点是双键发生热聚合的危险性增加,需加入更多阻聚剂,这对产品色度和光聚合反应活性会产生负面影响,且反应时间长。此外,并非所有多异氰酸酯单体都适合该路线,只有对羟基单体反应有显著选择性的单体才能获得结构较为单一的加成产物,避免成分复杂化。

上述两种方法合成的 PUA 同时具有刚性的多异氰酸酯链段与柔性的聚醚链段的结构特点,这两者适当配合,可以得到性能各异的树脂,其制品可以是非常坚硬的状态也可以是弹性体乃至非常柔软的状态,以满足不同的使用需要。

使用本体法合成聚氨酯丙烯酸酯预聚物,将有助于提高涂料的固化率,降低挥发性有机物的使用和排放,生产过程更趋于环保。为了获得合适的使用黏度,紫外光固化体系通常加入活性稀释剂来降低黏度,但是大量活性稀释剂的使用会增加毒性、增大固化膜的收缩率,削弱低聚物赋予涂层的优良性能等,因此开发低黏度低聚物尤为重要。国外已有专利报道不需使用溶剂合成用于光纤的低黏度 UV 固化涂料的配方,国内也有报道以 TDI(甲基二异氰酸酯)、HPA(丙烯酸－2－羟基丙酯)和自制的低黏度聚酯为原料,用本体法合成了 UV固化低黏度 PUA 预聚物。

在实际应用中,要根据预聚物的具体用途和其加工性能来选择较为理想的合成路线。

(3)聚酯丙烯酸酯的合成原理

光固化树脂向低黏度的方向发展,可以减少活性稀释剂的用量,从而提高涂料的性能。聚酯丙烯酸 UV 树脂就是低黏度树脂的代表,它具有低黏度,良好的柔韧性等优点,被广泛用作 UV 固化涂料的基础树脂和其他 UV 涂料的增韧剂。

聚酯丙烯酸 UV 树脂虽然原材料成本较低,但合成工艺比较复杂。实践中常采用两步法,第一步选择对甲苯磺酸作为主催化剂〔加入量 2%(总量)〕,将己二酸、季戊四醇、1,4-丁二醇反应生成多羟基聚酯。在这一步中必须注意两个问题:一是聚酯分子结构两端必须是羟基;二是合成出的聚酯中尽量少含溶剂二甲苯。第二步用合成多羟基聚酯和丙烯酸进行酯化封端改性,得到聚酯丙烯酸酯预聚物。

聚酯丙烯酸酯合成的化学反应式如图 10.3.6 所示。

由于聚酯丙烯酸酯的分子结构中具有大量的活性端基和多官能团,这一特殊结构使得聚酯丙烯酸酯聚合物可以容易地被接枝和超支化改性,得到许多优异性能的涂料预聚物。

HOOC-(CH₂)₄-COOH+HOH₂C-C(CH₂OH)₂-CH₂OH+HO(CH₂)₄OH   催化剂：对甲苯磺酸
————————————————
120 ℃

H-[-O-(CH₂)₄-OOC-(CH₂)₄-COOH₂C-C(CH₂OH)₂-CH₂OOC(CH₂)₄CO-]ₙ-O-(CH₂)₄-OH

+H₂C=CH-COOH
————————————→
140 ℃

CH₂=CH-CO-[-O-(CH₂)₄-OOC-(CH₂)₄-COOH₂C-C(CH₂OOC-CH=CH₂)₂-CH₂OOC(CH₂)₄CO-]ₙ-(CH₂)₄-OOC-CH=CH₂

图 10.3.6　聚酯丙烯酸酯类预聚物合成方法

10.3.3　光纤涂料的制备工艺

光纤涂料制备的工艺流程一般包括配料—混合—过滤—包装四道工序,具体制备工艺流程示意图如图 10.3.7 所示。

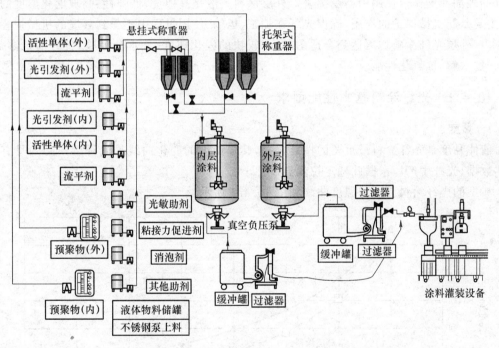

图 10.3.7　光纤涂料制备工艺流程示意图

配料就是配方根据一定的比例把各类原材料称量好,通过管道系统输送到混合罐中。

混合是将混合罐中的物料在一定的温度和合适的压力下进行强力搅拌,经过一定时间后使其均匀,进入到下一步工序。

光纤涂料中是不允许有任何形式的固态物或颗粒,在进行包装前必须进行过滤。涂料过滤装置一般是一种压力式过滤器,液体由过滤机外壳旁侧入口管流入滤袋,滤袋本身是装置在加强网内,液体渗透过所需要细度等级的滤袋即能获得合格的滤液,杂质颗粒被滤袋捕捉。通过改变壳体高度和圆柱直径的尺寸,调整有效过滤面积,适应涂层钢板生产的需要。

在质量检测合格后,涂料即可进行灌装。目前包装容器大多采用高密度聚乙烯塑料罐或桶,每一包装为 10 kg 或 110 kg。包装容器必须保证在存储、运输过程中不得暴露在 UV

光下。

　　从生产场地工艺设计来看,分立体和平面布置两种。采用立体生产工艺布置可以减轻劳动强度,便于工序管理、质量管理和环境污染治理。

　　目前国内外涂料生产企业的制备产工艺流程也都大同小异,生产控制基本上实现了电脑控制现代化,液体输送实现了管道化,固体物料已采用气动和机械输送及计量自动控制,涂料的部分性能已开始采用在线监测仪表进行检测,确保涂料的质量。

10.4　光纤紫外光固化涂料的技术要求

　　现代大规模光纤生产中使用的涂料分为内、外两层涂料。内层光纤涂料一般是低模量、高弹性、低玻璃化温度的材料,同时应具备适当的玻璃黏结力。内层涂料的主要作用是保护光纤的表面在操作及使用中不受损害。外层涂料一般是高模量、低弹性、高玻璃化温度的材料,主要是起机械保护的作用,确保光纤在加工、运输、使用过程中不受到环境的机械损害。

　　内、外层光纤涂料均需达到合适的黏度,较快的固化速度,低水分吸收,良好的抗溶剂,抗油,抗水解,抗氧化性能。

10.4.1　光纤涂料基本性能要求

1. 黏度

　　液体黏度是光纤涂料最重要的性能之一,其随温度的变化曲线是光纤生产必须具有的基本数据,光纤生产厂家据此选定拉丝温度。

　　典型的光纤涂料黏度与温度曲线如图 10.4.1 所示。

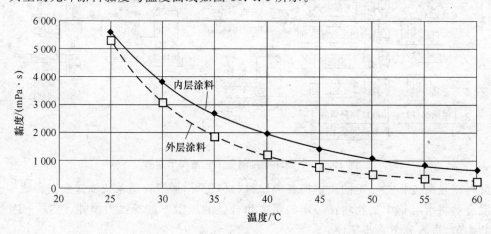

图 10.4.1 光纤涂料黏度与温度典型曲线

　　高分子材料的黏度与液体流动阻力的大小有关,阻力越大则黏度越高。在不考虑温度、切应力、切变速率和液压等外在因素的影响下,液体流动阻力主要与分子结构如相对分子质量、支化程度及支链长度等有关。

　　目前一般用黏度仪、配合温度控制设备及小量样品适配器来测试特定温度下的涂料黏度。

2．机械性能

光纤涂料成膜后力学强度取决于主链化学键力和分子链间的作用力,当作用力较强时力学强度较高,一般增加材料的极性或形成氢键可提高力学强度。

内层涂料因其玻璃化温度低,在室温下处于橡胶态,其模量很低,伸长率很高,断裂强度比较低。外层涂料因其玻璃化温度较高,在室温下处于玻璃态,其模量高,伸长率较低,断裂强度比较大。光纤的机械性能同时取决于内、外层光纤涂料的性能,因此内、外层光纤涂料必须互相配合才能达到最佳的光纤机械性能。

实际测量中,一般是把液态的光纤涂料固化成一定厚度的薄膜,然后测量其弹性模量、断裂伸长率以及断裂强度。一般的通用机械性能测量仪均可以用来测量这些性能。

3．固化度和固化速度

光纤涂料的固化度是影响涂料成膜后的物理和化学性能的重要因素,在很大程度上决定了涂层的性能,如模量、附着力和剥离力等,从而影响光纤的机械性能和长期可靠性能。而成膜过程中的固化速度则对拉丝速度起着至为重要的作用,拉丝速度越快,就需要涂料的固化速度越快,以便在极短时间内就能到达高度固化状态。

测试涂料固化度及固化速度的方法很多,包括:红外光谱法、力学性能发、有机萃取法、红外-DSC 法等。目前常用的是红外光谱法,除了评价涂料本身的固化度及固化速度,还能测试拉丝后光纤上涂层的固化度。

4．折射率

光纤涂料液体及固化后的光折射率是经常测试的参数。因光纤涂料不参与光的传送,对其折射率并无严格的要求,但是内层涂料的折射率必须大于光纤玻璃包层的折射率,以免外界光线进入光纤内芯,干扰光纤传输的光信号。

10.4.2 光纤紫外光固化涂料技术要求

目前,常用的内外层光纤涂料的性能指标见表 10.4.1。

表 10.4.1 常用内外层涂料技术参数

技术指标	内层涂料	外层涂料
固化前		
黏度(25 ℃下测量),Pa·s	3.5～10.5	4.0～7.0
折射率(23 ℃下测量)	1.45～1.53	1.48～1.55
密度(23 ℃下测量),g/cm³	1.00～1.12	1.05～1.15
固化后		
玻璃化温度,℃	<−25	40～100
特定模量(2.5%弹变时,23 ℃下测量),MPa	0.8～4.0	700～1 200
伸长率(23 ℃下测量),%	100～250	≥8
抗张强度(23 ℃下测量),MPa	0.5～2.5	20～50
固化速度(达到最大模量95%时的辐射剂量),J/cm²	≤0.2	≤0.2
固化收缩率,%	≤3	≤10
析氢(100 ℃,24 小时),μl/g	≤0.2	≤0.2

10.4.3 光纤涂料的发展趋势

紫外光固化光纤涂料是 20 世纪 70 年代以后欧美国家为提高光纤拉制速度而研制并发展起来的。紫外光固化技术具有成膜速度快、涂膜质量高、适应热敏基材的特点,是一种高效、快速、无污染的绿色环保技术。随着光纤通信的应用范围的不断扩大,光纤光缆行业亦寻求提升产能和技术突破,新的光纤技术不断涌现,如 200 μm 光纤、G.657 弯曲不敏感光纤、G.655 光纤以及光子晶体光纤等,这些新型光纤对微弯更为敏感。

光纤涂料技术对实现新的光纤设计也至关重要,优良的光纤涂料能够带来高品质的光纤,对光纤网络的高质量、可靠性尤其重要。光纤涂料有助于确保光信号在光纤中的高速传输,减少信号的衰减或失真,能保证光纤在长距离和特殊环境要求下的稳定性,并满足带宽需求不断增长的情况下,保持长期、可靠的信号传输。

未来光纤技术的发展趋势是更低衰减、更高带宽、更大有效面积和更低损耗。为了实现更高带宽、更长距离的信号传输以及更经济、方便地接入部署,光纤需要更优异的微弯性能以实现低衰减以及长期的稳定质量。这就要求光纤涂料在日益严苛的网络部署条件下,提供更卓越的抗微弯保护,抵抗由微弯、外力及恶劣环境等引起的信号衰减,并提供在极端温度等恶劣环境下的更稳定现场质量,优质的光纤涂料才能保证光纤网络长期有良好的运行。

实现低成本、绿色环保生产是光纤制造追求的目标。光纤生产中紫外 LED 替代传统辐射固化光源成为未来趋势,随着紫外 LED 封装技术的成熟,适用紫外 LED 光源将成为新型光纤涂料的一种发展趋势。UV-LED 固化涂料具有常温固化、无挥发性、低噪音、增大拉丝工艺适应性的特点,可以节省 70% 以上的能耗,实现节能减排的目的,同时又具有无汞、无臭氧排放、绿色环保等优点,从成本来看,这种涂料使用寿命长、维护成本低,有助于大大降低光纤生产的成本。

光纤拉丝将向更高拉丝速度发展,这就需要未来光纤涂料有更快的固化速度和更高的固化效率,进一步满足光纤生产的整体要求,包括拉纤速度,同时又不会降低光纤质量,确保光纤的使用寿命。

第 11 章
塑料光纤及其材料制造技术

11.1 塑料光纤概述

塑料光纤(Plastic Optical Fiber,POF)有别于普通石英玻璃光纤,是一类以聚合物为芯材及包层的光纤,由高透明聚合物如聚苯乙烯(PS)、聚甲基丙烯酸甲酯(PMMA)、聚碳酸酯(PC)作为芯层材料,PMMA、氟塑料等作为皮层材料的光纤,也称有机光纤或聚合物光纤(Polymer Optical Fiber)。

11.1.1 塑料光纤发展历程

塑料光纤的研究始于 20 世纪 60 年代。1968 年美国杜邦公司用聚甲基丙烯酸甲酯为芯材制备出塑料光纤,但光损耗较大。1974 年日本三菱人造丝公司以 PMMA 和聚苯乙烯为芯材、以低折射率的氟塑料为包层开发出塑料光纤,其光损耗为 3 500 dB/km,难以用于通信。

80 年代日本的一些大企业和大学对低损耗塑料光纤的制备进行了大量的研究。1980年三菱公司以高纯 MMA 单体聚合 PMMA,使塑料光纤损耗下降到 $100\sim200$ dB/km。1983 年 NTT 公司开始用氘取代 PMMA 中的 H 原子,使最低光损耗可达到 20 dB/km,并可传输近红外到可见光的光波。

近几年来,欧日等国的公司对塑料光纤的研制取得了重要的进展。它们开发的塑料光纤,光损耗率已降到 $25\sim29$ dB/km。其工作波长已扩展到 870 nm(近红外光),接近石英玻璃光纤的实用窗口。此外,美国麻省波士顿光纤公司研制的 Opti-Giga 塑料光纤更是引人注目,它不仅比玻璃轻、柔性更好、成本更低,而且可在 100 米内以 3 Mbit/s 的速度传输数据。这种光纤还可以利用光的折射或光在纤维内的跳跃方式来达到较高的传输速度。表 11.1.1 列出了国外不同生产厂家和研究者在不同时期开发的塑料光纤数据,这基本反映了全球塑料光纤发展历程。

表 11.1.1　国外塑料光纤研究进展

时间/年份	生产单位/研究者	波长/nm	衰减系数/(dB·km⁻¹)	带宽/(MHz·km)	传输速率/(Gbit·s⁻¹)	传输距离/m
1977	杜邦	790	180			
1982	NTT	680	20			
1994	NTT	650	2.5		2.5	100
1995	应庆大学	1 300	50			
1999	Eindhoven 大学	840			2.5	550
2001	Eindhoven 大学	840			1.25	990
2002	Nexans Lyon	850			10	100
2003	硝子公司	1 300	15	509		
		1 070	8			
2004	应庆大学	650	80	360		
2007	Chromis	800~1 300	40	800		
2007	Simens	1 300			10	220
2007	Georgia 技术研究所	1 550			40	30
2009	Lopez				0.275	100
2010	YANG				10.1	15
2011	Zeolla				1	50
2012	Karabetsos				1	100
2013	Kruglov	635			3.4	100
2014	Joncic	450			14.77	50

　　国内有许多研究单位一直在致力于塑料光纤的相关研发工作,如中科院西安光机所、南京玻纤研究所、中国科学院理化技术研究所和许多专业厂家等,主要研究集中在降低 POF 的传输损耗、提高耐热性及 GI-POF 上,并积极探讨其应用领域。1986 年中科院西安光机所采用丙烯酸高聚物芯的塑料光纤在 632.8 nm 处损耗为 200 dB/km,POF 抗拉强度 $\geqslant$500 kg/cm^2,弯曲半径$\leqslant$10 mm。1988 年中科院上海有机化学所报道了 PS 芯 POF 在 632 nm 波长上的损耗为 300 dB/km,St-MMA 共聚物芯塑料光纤在 632 nm 波长上的损耗为 600 dB/km。20 世纪 90 年代,南京玻璃纤维研究院开发了多种 PS 芯塑料光纤的生产工艺,用于工艺品制作和装饰照明。1997 年上海交大采用紫外光固化工艺制备的 PS 芯 PMMA 皮塑料光纤在 632 nm 处损耗为 182 dB/km。

　　目前国内已有多家企业能连续规模化生产光衰减在 170~200 dB/km 的 PMMA 光纤,到 2014 年利用塑料光纤已可实现千兆网速传输。

　　从国内外塑料光纤发展历程看,塑料光纤的研究集中在材料开发和应用技术研究这两个方向,其中材料研究重点主要有以下 3 个方面:①降低光损耗;②提高带宽;③提高耐热性。而塑料光纤应用技术研究则聚焦在与 POF 配套的光器件及系统设备开发和 POF 通信工程系统应用上。目前塑料光纤衰减最低达 2.5 dB/km,已经接近于石英光纤水平;带宽也实现近千 MHz·km,能满足家居和工业的要求;共聚物可使耐热性提高到 125～150 ℃;各种 POF 配套的光器件已开发出并组网运行;传输速率最高达 40 Gbit/s,能快速稳定地传输信息;传输距离近千米,这些进展将进一步拓宽塑料光纤的应用范围。

表 11.1.2 列出了国内外现有商用塑料光纤的主要特性。

表 11.1.2　PMMA 芯塑料光纤的特性

供应商	三菱丽阳			杜邦	RPC（俄罗斯）		江西大圣
纤芯材料	PMMA						
包层材料	含氟聚合物						
光损耗/(dB·km^{-1})	＜500	＜400	＜200	＜600	＜300	＜200	160～200
波长/nm	650	650	650	650	650	650	650
数值孔径	0.5	0.5	0.47	0.53	0.47	0.56	0.5
可接受角度	60	60	56	64	56	65	60
工作范围/℃	−40～+70		−40～+85	−40～+70	−40～+80		−50～+75
用途	通信、传感器、照明			通信、传感器、照明			通信、传感器、照明、装饰、信号指示等

11.1.2　塑料光纤的特点

POF 与现有通信介质(如石英光纤和铜缆相比),优点主要体现在成本低和便于使用方面,在桌面连接等短距离传输应用领域,塑料光纤与铜线和玻璃光纤相比更有优势,对比如表 11.1.3 所示。塑料光纤的成本低主要体现在施工、安装和维护成本低,光收发器、接插件和配套设备便宜,原材料和生产成本低等方面,便于使用主要体现在光纤柔韧性好、连接轻松、使用安全等方面。

表 11.1.3　塑料光纤与不同通信介质的对比

	石英光纤	铜缆	塑料光纤
组件成本	制造成本高	制造成本低	制造成本低
衰减	低(长距离)	高衰减	中等衰减
连接情况	施工人员需要特殊培训和使用特殊工具	施工人员需要特殊培训和使用特殊工具	连接简单,不需要特殊培训和使用特殊工具
可操作性	需要培训,小心操作	敷设简单	敷设简单
波长范围	红外波段	无	可见光
带宽	大 100 Gbit/s 以上	限于 100 米内 100 Mbit/s	中等 11 Gbit/s,100 M
检测仪表	较贵	高	低成本
系统成本	较高	中等	整体较低

1. POF 的优点

(1) 施工、安装和维护成本低

塑料光纤直径大(0.3～1.0 mm)、受光角大(可达 60°)、采用可见光(650 nm 红光)传输,可采用普通刀片切割,不需抛光,易于加工,安装连接时易对准,可通过目视排查故障点,无需对施工人员进行专门培训,工作效率高,人员成本低。

(2) 光收发器、接插件和配套设备便宜

塑料光纤应用的配套组件都趋向于低成本,这其中包括发射机/接收器(收发器)和接插件等。由于塑料光纤直径大(0.5～3.0 mm),折射率变化范围宽(1.32～1.60),数值孔径 NA 可达 0.5,受光角大,可达 60°(石英光纤则只有 16°),对精度要求低,校准问题少,与光源和接收器件耦合效率高,可采用便宜的 LED 和简单的 POF 连接器,成本低。

(3) 原材料和生产成本低

塑料光纤采用高纯度的 PMMA 作为原材料,光纤外皮的厚度约为纤芯直径的 10%。理论上讲,塑料光纤的制造成本要远低于玻璃光纤。但目前塑料光纤的低成本优势尚未被全面认识。

(4) 挠曲性好,易于加工和使用

如可用简单的熔融纺丝技术生产芯/皮层结构的 POF。以聚甲基丙烯酸甲酯(PMMA)为芯的 POF 可承受 13% 的可恢复应变,即便是比较脆的聚苯乙烯(PS)芯 POF 也可以承受 6% 的可恢复形变,并且经过取向后可以抑制裂纹、增加弹性,故其在成缆、敷设过程中可以承受较恶劣的机械环境。

(5) 便于使用,安全性好

塑料光纤的挠曲性好,打结后仍可传光。所用的专业工具大大少于玻璃光纤,安装使用和桌面连接时,可由非专业人员自行实施,而玻璃光纤由于径小脆弱,存在易受损和需要防止小裂片进入眼睛等风险。另外,由于塑料光纤光源在可视范围内,可用肉眼检查光是否已传输,且光源较散,不存在玻璃光纤的激光放射危险性。

(6) 重量轻

密度一般为 0.38～1.50 g/cm³,为石英密度的 1/3～1/2,这在导弹、人造卫星、宇宙飞行中有着重要的应用。

2. POF 的缺陷与潜在优势

不可否认,作为通信用传输介质,由于材料本身性能及制造工艺的限制,POF 还存在一些缺陷:如损耗较大,耐温、耐湿性能较差等。尽管如此,由于 POF 具有前述的一些特点,尤其是其具有较大的 NA,与光源和接收器件耦合效率高,使得 POF 在短距离通信上具备取代五类线或者 Wi-fi 的能力,也有助于打造一个端到端的全光网络,成为实现光纤到桌面(FTTD)、局域网传输和设备内部通信中的首选介质。

11.1.3 塑料光纤的应用

随着塑料光纤及其配套的器件逐步成熟,POF 在通信与制造工业中正在得到广泛的应用。作为短距离通信网络的理想传输介质,POF 在未来家庭智能化、办公自动化、工控网络化、车载机载通信网、军事通信网以及多媒体设备中的数据传输中具有重要的地位。

通过塑料光纤,可实现智能家电(家用 PC、HDTV、电话、数字成像设备、家庭安全设备、空调、冰箱、音响系统、厨用电器等)的联网,达到家庭自动化和远程控制管理,提高生活质量;通过塑料光纤,可实现办公设备的联网,如计算机联网可以实现计算机并行处理,办公设备间数据的高速传输可大大提高工作效率,实现远程办公等。

而用量最大、最有发展前途、对 POF 发展意义最重大、最能体现 POF 优势的应用领域非局域网莫属,这方面是将来 POF 应用的重点。在低速局域网的数据速率小于 100 Mbit/s 时,100 m 范围内的传输用 SI 型塑料光纤即可实现;150 Mbit/s 50 m 范围内的传输可用小数值孔径 POF 实现。

通过转换器,POF 可以与 RS232、RS422、100 Mbit/s 以太网、令牌网等标准协议接口相连,从而在恶劣的工业制造环境中提供稳定、可靠的通信线路。能够高速地传输工业控制信号和指令,避免因使用金属电缆线路而受电磁干扰导致通信传输中断的危险。

由于塑料光纤独特的应用特点,世界各国政府均把 POF 的应用作为一个产业加以扶持,这进一步促进了塑料光纤的发展。如美欧日已把塑料光纤用于短途传输,如汽车、医疗器械、复印机等。欧洲推动了塑料光纤新应用领域的开发并建立了 POF 光纤检验标准,建立了欧洲塑料光纤检验和测量的新发展方针。世界上第一个专用塑料光纤应用中心(POFAC)在德国 Nuremberg 落成,德国采用塑料光纤已经研制成功了多媒体总线系统 MOST (24 Mbit/s),并且有几家轿车制造商已把该系统引入到自己的产品上。德国宝马公司(BMW)在其新的 7 个系列产品中开创了使用 100 m 塑料光纤的记录。德国汽车工业不仅推动了塑料光纤的应用,而且也推动了塑料光纤检验和测量标准的建立。日本对塑料光纤的应用十分重视,早在几年前,NEC、富士通、住友电器工业公司等 45 家光通信、多媒体产品的生产厂家就联合宣布,将共同实现已在日本开发成功的塑料光纤的实用化。

国际电工委员会发布了 IEC 9060793—2—40(2004)标准,如表 11.2.1 所示,将 POF 按折射率分布的不同分为两个大类 8 个品种,即 A4a、A4b、A4c、A4d 和 A4e、h4f、A49、4h。其中 A4a 类的 POF 主要应用汽车、自动化控制和家庭网络,占塑料光纤应用比例超过 90%。A4d 类的 POF 推荐用于 50~100 m 光局域网的链路。

目前,我国已经在进行"最后一百米"入户改造试验,根据塑料光纤在短距离高速通信网传输数据中的优越性能,设计了以塑料光纤为传输介质的全光纤网络传输系统,并已在井冈山实验学校、党政办公大楼、河北曹妃甸、安徽"幸福家园"小区等多地实现了塑料光纤配合石英光纤入户的设想。该系统解决了通信系统全光纤网络中"最后一千米"的瓶颈,使光信息流在网络传输和交换时始终以光子的形式存在,为光纤到桌面、到用户、到终端提供了一种比较理想的技术支撑。此外,在解决接口标准化和抗高温后,POF 也在配电智能化、计算机局域网络得到实际应用。

11.2　塑料光纤制造技术

塑料光纤的制造的工艺一般分为一步法和两步法。一步法,也称连续挤出,一般用于生产 SI-POF。两步法即先制预制棒、后拉丝,一般用于生产 GI-POF。考虑到塑料光纤的功能与制造成本,需采用不同的工艺来满足相应的需求。

11.2.1 塑料光纤的设计

1. 塑料光纤结构

和石英光纤相似,塑料光纤传光的原理也是利用光的全反射;按石英光纤类似方法将 POF 可分为单模和多模光纤,也可根据折射率分布特点分为阶跃型(Stepped Index,SI)和渐变型(Graded Index,GI)两大类,分别如图 11.2.1(a)和(b)所示。GI-POF 可以克服 SI-POF 模式色散大的问题,具有更大的带宽,理论上 GI-POF 具有比 SI-POF 高几十甚至上百倍的传输带宽。纤芯的直径一般为 $200\sim1\,000\,\mu m$,皮层的厚度为纤芯的 6% 左右。纤芯材料的折射率 n_1 比皮层的折射率 n_2 大 0.1 左右,这样入射纤芯的光线就会在芯皮形成的界面上反复地发生全反射而被传输。

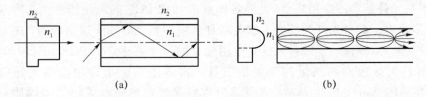

图 11.2.1　塑料光纤的典型折射率分布

通信用塑料光纤按 IEC 60793—2—40:2002 和 GB/T 15972.1.1998 分类为 A4 多模光纤,按芯材、数字孔径、折射率分布又分为两个大类 8 个品种,即 A4a、A4b、A4c、A4d 和 A4e、h4f、A4g、4h,具体结构与技术要求如表 11.2.1 所示。

表 11.2.1　通信用塑料光纤结构与技术要求

项　目	A4a	A4b	A4c	A4d	A4e	A4f	A4g	A4h
包层直径/μm	1 000	750	500	1 000	750	490		245
芯直径/μm	比包层直径小 15 到 35				≥500	200	120	62.5
数字孔径	0.50			0.30	0.25	0.190		
折射率分布	阶跃型				渐变或多阶型	渐变型		
工作波长/nm	650					650/850/1 300		650/1 300
稳态衰减,(100 m 以上)/dB	≤30			≤20	≤18	≤10/≤4	≤10/≤3.3	≤3.3
带宽(100 m 以上)/MHz	≥10			≥100	≥200	≥800/≥1 500~4 000	≥800/≥1 880~5 000	5

2. 塑料光纤材料选择

(1) 材料的基本要求

塑料光纤材料选择时,基本原则是:①须是非晶态的高透明的高分子材料,透光性好,光学均匀。②折射率调整便利。折射率与塑料的化学组成有关,一般来讲组成中具的官能团越多,折射率就越大。当在基体中引入原子量大的原子或极性大的官能团,折射率就会增加,反之折射率就会越小。对大多数塑料来说,折射率均在 1.4~1.6。③以单体存在时通过减压蒸馏方法就可以提纯。④加工和成型容易。⑤稳定性好及价格便宜等。

被选择做芯材的常用聚合物有聚甲基丙烯酸甲酯、聚苯乙烯、氘化聚甲基丙烯酸甲酯和全氟树脂等,以这几种芯材制造的塑料光纤工作波长及损耗如表 11.2.2 所示;选作塑料光纤包层有聚甲基丙烯酸甲酯、氟塑料、硅树脂等。根据芯材和包层材料(皮材)折射率的不同,可以不同的材料组合制造塑料光纤,如表 11.2.3 所示。

表 11.2.2　塑料光纤工作波长及最低损耗

	PMMA	PMMA-d8	PS
工作波长/nm	568	680	672
损耗/(dB·km^{-1})	34.9	9.1	69

表 11.2.3　塑料光纤的不同的材料组合

组合	芯材		皮料	
	名称	折射率 n_1	名称	折射率 n_2
1	聚苯乙烯(PS)	1.59	聚甲基丙烯酸甲酯(PMMA)	1.492
2	聚甲基丙烯酸甲酯(PMMA)	1.492	四氟乙烯和偏氟乙烯共聚物(F24)	1.40
3	氘化聚甲基丙烯酸甲酯(PMMA-d8)	1.48	全氟烷基侧链甲基丙烯酸甲酯(FPMMA)	1.39

目前商用 SI POF 被用作芯材的高分子材料只有聚甲基丙烯酸甲酯(PMMA)、聚苯乙烯(PS)、氘化聚甲基丙烯酸甲酯(PMMA-d8),三种芯材的分子式如图 11.2.2 所示。

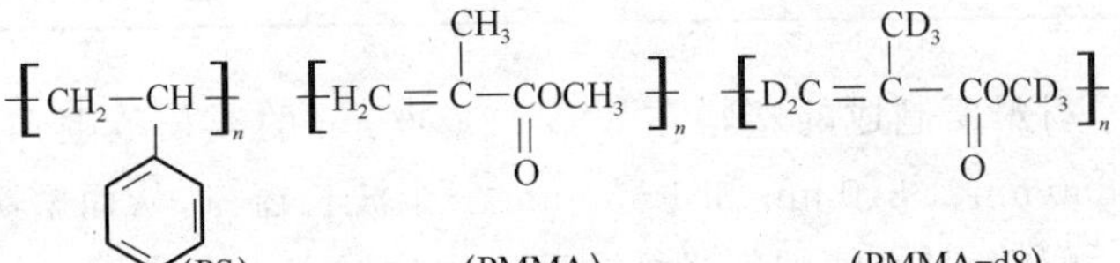

图 11.2.2　三种主要芯材分子结构

(2) 塑料光纤芯层材料损耗特性

塑料光纤制造重点要解决的问题之一是降低芯材衰减,图 11.2.3 是三种主要芯材的吸收光谱。其中 PMMA 芯 POF 在 650 nm 波长的理论损耗极限是 100 dB/km 左右,但实际做成的光纤传输损耗在 120～300 dB/km(650 nm 波长)。导致塑料光纤高的吸收损耗的最主要的原因是 C—H 键的振动吸收,其吸收谱带从 447 nm 一直延伸到 3 390 nm 左右。PMMA 的低损耗传输窗口除 650 nm 附近外,还有 580 nm 和 520 nm 附近 2 个窗口,随着这 2 个窗口光源研究的进展,也可加以利用。

降低 PMMA 芯光纤损耗的有途径之一是用氘替代 C—H 键中的 H 做成全氘化 PMMA(即 PMMA-d8)。氘代原子取代氢原子后,振动吸收的基频与谐频都将红移,从而使塑料光纤的透光窗口红移,同时在长波区,由瑞利散射导致的损耗也较低,其损耗在 650～

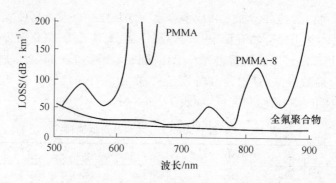

图 11.2.3　三种主要芯材的吸收光谱

680 nm 波段可降至 20 dB/km，如图 11.2.3 中的 PMMA-d8 损耗谱。

降低 POF 损耗的另一种有效途径是采用全氟化（PF）聚合物。图 11.2.3 光谱显示，全氟聚合物损耗在较宽广的范围内损耗都小于 30 dB/km。这是因为和 C—H 键相比，C—F键的振动吸收基频在远红外区，如表 11.2.4 所示，在从可见光区到近红外区的范围内 C—F键的振动吸收很小，使吸收损耗降低。其次，由于透光窗口的红移，同样使瑞利散射导致的损耗降低。此外，含氟高分子材料的表面能很小，可以降低水蒸气在其表面的吸附，防止水蒸气在材料中渗透，这也起到了降低损耗的作用。由于在 400～2 500 nm 的波长范围之内C—F 键几乎没有明显的吸收，因此可以预见，利用含氟高分子材料所制成的光纤其损耗性能将大大优于传统的塑料光纤。

表 11.2.4　C—H 与 C—F 振动吸收频率对比

振动能级	υ_1	υ_2	υ_3	υ_4	υ_5	υ_6	υ_7	υ_8	υ_9	υ_{10}
C—H 键	3 390	1 729	1 179	901	736	627	549	492	447	—
C—F 键	8 000	4 016	2 688	2 024	1 626	1 361	1 171	1 029	919	830

由于含氟高分子材料所制成的塑料在 800～2 000 nm 的波长范围几乎完全透明，覆盖了石英光纤工作的 850 nm、1 310 nm 和 1 550 nm 三个波长窗口，从而解决了塑料光纤与石英光纤工作波长相匹配的问题，使塑料光纤朝着实用化的方向迈进了一大步。

（3）基于氟化物的塑料光纤基材特性

① 全氟聚合物

全氟聚合物是一种非晶态高分子材料，从可见光区到近红外区有着优异的透明性和很低的光损耗，几种主要全氟单体的分子结构如图 11.2.4（a）、（b）、（c）和（d）所示。比较典型的全氟聚合物有美国杜邦公司开发的新型全氟树脂 Teflon AF 和日本旭硝子公司推出的非晶态全氟树脂 CYTOP，前者在从紫外到近红外区的范围内透光率达到 95％ 以上，如图 11.2.5 所示，利用后者制成的塑料光纤在 1 300 nm 处的损耗为 40 dB/km，在 1 550 nm处的损耗为 130 dB/km，并且能在 850 nm 的条件下长时间工作，这样的损耗足以使光信号在光纤中传输 100 m 以上，已经相当接近实用要求。

② 含氟丙烯酸酯类聚合物

与丙烯酸酯一样，氟代丙烯酸酯酯类也是人们研究含氟塑料光纤的首选材料。由于全氟的丙烯酸酯类很难得到，并且有很大的聚合难度。因此研究比较深入的主要是酯基上的

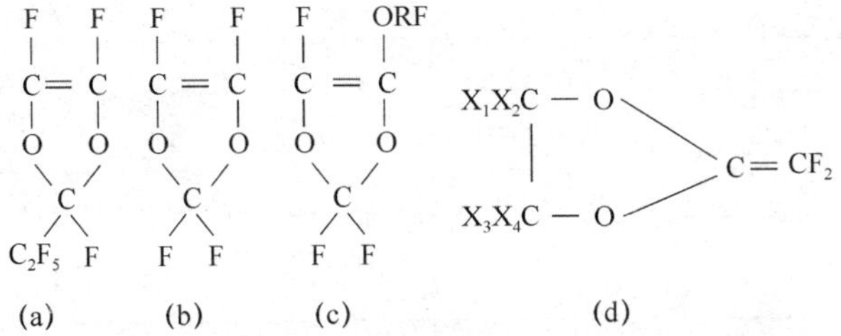

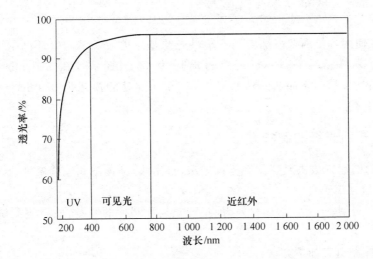

图 11.2.4　全氟单体的分子结构

图 11.2.5　全氟树脂 Teflon AF 透光光谱

氟代以及丙烯酸部分的二位氟代。另外,酯基为长链的丙烯酸酯,玻璃化温度通常较低。所以应该选用酯基为短链或脂环链的丙烯酸酯来制备塑料光纤,表 11.2.5 总结了几种氟代丙烯酸酯的分子式和玻璃化温度。

表 11.2.5　几种氟代丙烯酸酯的分子式和玻璃化温度

聚合物	玻璃化温度 /(Tg℃)	聚合物	玻璃化温度 /(Tg℃)
$\left(-CH_2-CCL-\right)_n$ 　　　 $CO_2C_6F_5$	120	$\left(-CH_2-CF-\right)_n$ 　　　 $CO_2CH_2CF_3$	123
$\left(-CH_2-CF-\right)_n$ 　　　 $CO_2C_6F_5$	160	$\left(-CH_2-CF-\right)_n$ 　　　 $CO_2CH_2CF_2CF_2H$	95
$\left(-CH_2-CCl-\right)_n$ 　　　 $CO_2CH_2CCl_3$	140	$\left(-CH_2-C(CH_3)-\right)_n$ 　　　 $CO_2CH_2CCl_3$	134
$\left(-CH_2-CF-\right)_n$ 　　　 $CO_2CCH_2CCl_3$	124	$\left(-CH_2-C(CH_3)-\right)_n$ 　　　 $CO_2CH_2CCl_3$	180

聚合物	玻璃化温度 /(Tg℃)	聚合物	玻璃化温度 /(Tg℃)
$-CH_2-C(CH_3)-$ $\quad\quad CO_2C_6F_5$	125	$-CH_2-CF-$ $\quad\quad CO_2CH_3$	140
$-CH_2-C(CH_3)-$ $\quad\quad CO_2CHClCCl_3$	165	$-CH_2-C(CH_3)-$ $\quad\quad CO_2CH_3$	105

3M 公司在使用含氟丙烯酸酯类制备塑料光纤基丙烯酸二氢全氟环己基甲酯与 MMA 共聚后制成的塑料光纤在 765 nm 处的损耗为 265 dB/km,在 830 nm 处的损耗为 825 dB/km。由均聚物制备而成的塑料光纤在 765 nm 处的损耗为 229 dB/km,在 830 nm 处的损耗为 504 dB/km。

11.2.2　塑料光纤的制备方法

塑料光纤的制造方法主要有预制棒拉丝法、挤出法、涂覆法和连续聚合拉丝法。

1. 预制棒拉丝工艺

预制棒拉纤法制备 POF 的过程分为两步:先是预制棒的制备,然后将测试合格的预制棒拉制成纤。

POF 预制棒制造有如下方法:

(1) 套管法

先分别将芯材先制成棒,把包层材料制成管。在设计好尺寸和折射率匹配情况下,将芯棒放入管子,在加热和抽真空情况下,将两者紧紧复合在一起成棒,然后将棒拉制成纤维。

(2) 共聚合法

共聚法是制造光学塑料的方法,它包括扩散共聚法、光共聚法、界面凝胶法等。这些方法大多是基于聚合体系中不同的单体具有不同的竞聚率,通过共聚反应,造成共聚物从轴心到边缘的浓度按渐变型分布,又因各单体形成的均聚物折射率不同,从而形成一定的折射率分布。

① 扩散共聚法

早在 20 世纪 70 年代,Ohtsuka 就利用间苯二甲酸丙酯(DAIP)或双烯丙基碳酸乙二醇酯(DGBA)做单体 M_1,MMA 或 MA 做单体 M_2,进行两步共聚的方法制备出折射率分布近似于抛物线的塑料预制棒。

塑料预制棒的制造步骤是:先制备间苯二甲酸二烯丙酯(折射率 $n=1.570$)的预聚物棒,控制反应转化率,使其含量>60 wt%的未反应的间苯二甲酸二烯丙酯单体呈溶胀的凝胶状。然后将该棒浸浴在含有 2.91 wt% BPO 引发剂的 MMA($n=1.490$)单体溶液中 5 min,于 80 ℃聚合 2 h 使其完全聚合。在第二步共聚合中,MMA 单体通过扩散作用从外向内形成浓度按渐变型分布,同时 MMA 单体同 DAIP 单体发生共聚,所得光纤棒中 MMA 组分浓度由外向内逐渐减小。从而使预制棒的折射率由轴心向外降低,形成近似于抛物线的分布。

② 光共聚法

在早期的文献中有利用紫外光辐照,使引发剂产生自由基,进行聚合以制备 GI POF 预制棒的报道,装置如图 9.2.6 所示。在图 9.2.6 的玻璃管中装有按一定比例混合的单体 M_1 和 M_2 以及引发剂。玻璃管内直径为 3～4 mm,长 240 mm,管壁厚 0.3 mm。在室温下,紫外光通过光通道照射在装有单体的玻璃管内,通过引发剂分解而引发聚合反应。由于光源上下往复运动,因此,聚合的结果是先在玻璃管内生成均匀的高分子层。随着反应的继续进行,聚合反应逐渐由管壁向中心进行,最后全部固化,生成高分子棒。这个聚合过程和生产玻璃光纤预制棒的化学气相沉积法类似。

参加反应的两种单体 M_1 和 M_2 的竞聚率 $r_1 > r_2$(一般还满足 $r_1 > 1$,$r_2 < 1$),又因为聚合反应是从玻璃管的边缘向中心进行的,所以生成的预制棒其边缘部分含的 M_1 组分必定较多,而在中心部分 M_2 组分含量较多。同时,单体的折射率满足 $n_1 > n_2$,则生成的预制棒的折射率分布必然是从中心到边缘的渐变分布。

光共聚法只是生产 GI POF 预制棒早期的一种探索。由于其设备比较复杂,操作困难,早已被其他方法所取代,因此光共聚法并未成为一种普遍使用的方法。

③ 界面凝胶法

这也是一种化学方法,是日本庆应大学(Keio University)的 Koike 等人在光聚合的基础上,利用高分子反应中的凝胶化效应,于 20 世纪 80 年代末发明的,现已广泛应用于 POF 预制棒的制备。

界面凝胶法的工艺步骤大致如下:首先将高折射率掺杂剂置于芯单体中制成芯混合溶液,其次把控制聚合速度、聚合物分子量大小的引发剂和链转移剂放入芯混合溶液,再将该溶液投入一根选做包层材料聚甲基丙烯甲酯(PMMA)的空心管内,最后将装有芯混合溶液PMMA 管子放入一烘箱内,在一定的温度和条件下聚合。在聚合过程中,PMMA 管内逐渐被混合溶液溶胀,从而在 PMMA 管内壁形成凝胶相。由于凝胶效应,在凝胶层内的单体聚合反应速率比凝胶层外液态单体的聚合速率快得多,共聚物相从"试管"内壁的凝胶层向轴心逐渐形成,聚合物的厚度逐渐增厚,聚合终止于PMMA 管子中心,从而获得一根折射率沿径向呈梯度分布的光纤预制棒,最后再将塑料光纤预制棒送入加热炉内加温拉制成塑料光纤。

界面凝胶法是目前研究最多且用途最为广泛地用于制备渐变型塑料光纤(GI POF)预制棒的方法,它的发明基本上解决了困扰渐变型塑料光纤制备的工艺问题,极大地推动了塑料光纤的发展。

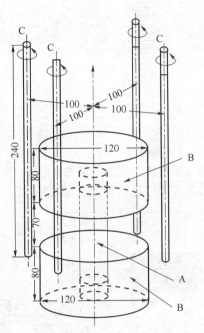

图 11.2.6 光共聚法的装置
A—紫外灯;B—环状遮光板;
C—装有单体的玻璃管

2. 挤出法

挤出法主要用于制造阶跃折射率分布塑料光纤。该工艺步骤大致如下:首先将作为纤芯的聚甲基丙烯甲酯的单体甲基丙烯甲酯通过减压蒸馏提纯后,连同聚合引发剂和链转移剂一并送入聚合容器中,进行混合,加热反应一定时间后,使单体完全聚合,然后将完全聚合的聚甲基丙烯甲酯用干燥的氮气从反应容器挤压出来,造粒待用。皮料也可采取同样的流程制作,将一成粒的芯料加入到的挤出机,经牵引拉制成一定直径的纤芯,同时使挤出的纤芯外再包裹一层低折射率的聚合物,就制成了阶跃型塑料光纤。控制挤出机的喂料量、温度、挤出速度和牵引速度等参数,可有效控制拉制 POF 的直径、芯包比。

挤出法一般使用两台挤出机:一台挤出芯料、另一台挤出皮料,两台挤出机通过同芯模头熔融挤出成型,再经牵引收卷即拉制成 POF,整个工艺流程图如图 11.2.7 所示。

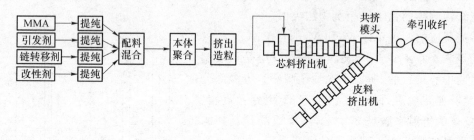

图 11.2.7　POF 挤出法工艺流程示意图

3. 涂覆法

涂覆法工艺流程如图 11.2.8 所示。具体过程是芯材经过挤出机从芯材流道挤出,皮层溶液从流道进入溶液区,挤出的纤芯通过溶液,将溶剂去除后,皮层包裹于芯层而成光纤。

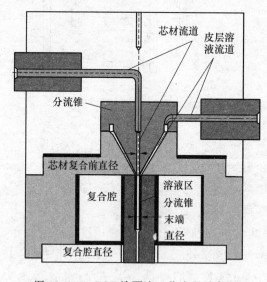

图 11.2.8　POF 涂覆法工艺流程示意图

4. 连续聚合拉丝法

连续聚合拉丝法也称连续生产法,它是从芯料聚合到拉丝生产是一连续工艺,其基本原理是:原料组分分别经过减压蒸馏、精滤后,计量配料送入混合罐,混合一定时间后再送入聚合塔中,预聚到足够的转化率时,连续送入到具有脱气功能的螺杆式挤出机中,通过微调聚合温度、引发剂的供给量、进料量来保证聚合过程的稳定运行。皮料选择具有低折射率的氟树脂,也通过与芯料同样的方法经另一挤出机挤出,在共挤模具中形成具有包层和芯层同心圆截面的塑料光纤。整个过程从单体聚合到拉丝成型全部在密封系统内进行,减少了外界环境污染,从而极大地改善了光纤的透光率。

POF 连续生产的工艺流程如图 11.2.9 所示,整个工艺由原料的精馏过程、聚合过程和拉丝过程三部分组成,系统处在一个密闭的环境中防止杂质和污染。利用上述方法工业化生产以 PMMA 为芯材的 POF 光损耗已基本可达到低于 200 dB/km,使用范围可以达到 50～100 m。

POF 连续生产的工艺具体控制技术有:

(1) 原料的精馏技术

作为共聚原料的单体 MMA(甲基丙烯酸甲酯)和 EA(丙烯酸乙酯)必须经过精馏提纯

后才能使用，精馏的目的是去除单体的低沸点有机物和高沸点的有机物杂质以及水分，同时单体的过渡金属离子、不溶性的固体杂质也一并被去除。同样分子量调节剂和引发剂也要经过精馏提纯，以去除过渡金属离子和不溶性的固体杂质。

（2）聚合反应过程控制技术

① 引发剂的选取

本体聚合时存在自动加速作用问题，当单体的转化率达到 20％～30％时，由于体系黏度逐渐增加，单体可以自由扩散与长链游离基进行链增长反应。但长链游离基活动受阻，链终止反应，速率下降，结果引起聚合速率的突升。由于聚合反应进行剧烈，放出大量的热量，体系温度剧烈升高，又会引起引发剂分解速率的增加，产生更

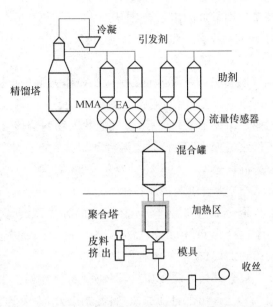

图 11.2.9　POF 连续聚合拉丝法工艺流程示意图

多的游离基，进一步加剧了聚合反应的激烈程度，体系黏度会变得更大，产生的热量更多。如果此时不能及时转移热量，会引起爆聚。解决的方法之一就是选取高温引发剂，使引发剂的明显分解发生在高温状态下，高温下体系有较小的黏度，这样有利于热量的转移，可以降低自动加速作用的负效应，从而避免爆聚反应的发生。

在 MMA（甲基丙烯酸甲酯）和 EA（丙烯酸乙酯）共聚工艺中，一般选取过氧化二特丁基为引发剂。该试剂在常压下为无色液体，沸点 109 ℃，分子式 $C_8H_{18}O_2$，相对分子量 146.23，使用温度为 130～150 ℃，对应的半衰期为 6.6～0.84 h，浓度范围 $1×10^3$～$2×10^3$ mol/L。使用前需在绝对压力 26.3 kPa，70 ℃下对过氧化二特丁基进行精馏提纯。

② 分子量调节

为了克服芯料在成丝过程中光纤截面的不圆和表面光洁度不好而带来的光散射损耗，就必须使光纤芯料具有适当的黏流温度（高分子长链开始移动时的温度）和较低的熔融黏度（高分子长链在流动的表观黏度）。按照高分子链的两种运动单元的概念，玻璃化温度（T_g）是链段开始运动的温度，T_g 与分子结构有关，而且与分子量有很大关系。分子链越长，分子链间的力越大，内摩擦力就越大，像 PMMA 这种带有极性侧基的塑料来说，尤为明显。作为 POF 芯料的 PMMA 其数均分子量应在 50 000～150 000，分子量小于 50 000，则拉出的光纤机械强度很差；分子量大于 150 000，则加工成型困难。

在连续共聚拉丝工艺中，选用正丁硫醇为 PMMA 分子量调节剂。该试剂为无色透明液体，分子式为 $C_4H_{10}S(CH_3CH_2CH_2CH_2SH)$，相对分子量 90.19。在 MMA 的聚合时，数均聚合度与正丁硫醇的初始浓度的关系为

$$\overline{p_n} = \frac{[M]}{[S]} \cdot \frac{x}{1-(1-x)^{C_S}}$$

式中，C_S 为链转移常数，在 MMA 的聚合时，长链游离基向正丁硫醇的链转移常数为 0.67；[M]为 MMA 单体的初始浓度（mol/L）；[S]为分子量调节剂正丁硫醇初始浓度（mol/L），

分子量调节剂的用量范围为 $1\times10^2\sim2\times10^2$ mol/L；x 为单体的总转化率，数均分子量 $\overline{M_n}=$ MMA 分子量 $\times\overline{p_n}=100.11\times\overline{p_n}$。

（3）共聚改技术

连续法选用丙烯酸乙酯（EA）作为第二单体与 PMMA 共聚，EA 的 α 碳原子上的取代基为单取代基，因此生成的均聚物的高分子链的内旋转移空间阻碍小，$T_g=24\ ℃$。MMA 与第二单体 EA 共聚后，生成的共聚物的链段变小，T_g 下降，拉成的光纤韧性变大。同时由于链段的变小，也使黏流温度和熔融黏度变小。EA 的用量为单体总量的 $5\%\sim15\%$，T_g 由原来的均聚时的 $105\ ℃$ 变为 $99\sim86\ ℃$。

（4）聚合工艺控制技术

聚合工艺采用间歇本体聚合的方法，聚合反应釜由不锈钢材料制成，内部抛光，聚合反应釜内径为 $\varnothing150$ mm，筒体高为 600 mm，底部锥体为 60°。聚合反应釜上部有加料口、排气口和加气口，釜外部有加热套。

聚合开始时缓慢加热，促使引发剂分解。当聚合时间到 24 h 后，料的中心温度可升到 $90\ ℃$ 以上，出现自动加速，料温剧上升，上升速率约为 $0.8\ ℃/min$，一般温度可升到 $120\sim150\ ℃$。自动加速阶段应停止加温，可关闭电源。自动加速阶段过后，单体转化率达到 90% 以上，该阶段叫作后期聚合反应阶段。后期聚合反应阶段结束后，应慢慢升温，使料温达到 $210\ ℃$ 左右，该阶段叫作均质阶段，均质阶段分为升温段和恒温段。当料温达到 $200\ ℃$ 时，这时应在负压下每隔 4 h 放气一次，脱除物料中因局部聚合剧热产生的气泡和未反应的单体，并通过物料的热运动达到密度一致性。聚合反应过程结束后，料温不应降到常温，而应降到拉丝温度（$188\sim198\ ℃$）就可直接拉丝。

（5）拉丝技术

POF 的皮料采用含氟树脂，该树脂与 PMMA 的结合性很好。POF 在拉丝模具中复合而成，芯料用氮气从聚合塔直接通过拉丝模具压出，皮料由挤出机挤入模具口模。芯料温度 $188\sim198\ ℃$，拉丝口模温度 $190\ ℃$，挤出机机头温度 $215\ ℃$，拉丝速度为 $5\sim20$ m/min。采用上述工艺控制成的 POF 性能指标如下：光损耗小于 200 dB/km（632.8 nm），数值孔径 0.5，使用温度 $85\ ℃$，光纤直径 0.25～3.0 mm。

连续聚合拉丝法是目前最先进的光纤拉丝工艺，其先进性在于从单体聚合到拉丝成型全部在密封系统内进行，大大减少了杂质污染源带入，从而使光纤的损耗得以大幅提高。

11.3　塑料光纤芯材制备技术

PMMA 作为 POF 芯材是在 20 世纪 60 年代由美国 DuPont 首次向市场推出的，80 年代中期日本实现规模化生产的低损耗 POF 也是采用 PMMA 芯材。目前用于通信用塑料光纤纤芯材料的主要有聚甲基丙烯酸甲酯（PMMA）、聚苯乙烯（PS）和 P（MMA-D8）。三种芯料的光损耗特点列于表 11.3.1。由于塑料光纤主流的芯材仍选用 PMMA，因此，本节将以 PMMA 为例介绍 POF 芯材的性能和制备技术。

表 11.3.1　塑料光纤所使用的基本芯材

纤芯材料	波长/nm	红外吸收 /(dB·km⁻¹)	瑞利散射 /(dB·km⁻¹)	紫外吸收 /(dB·km⁻¹)	总损耗 /(dB·km⁻¹)
PS	580	4	78	11	93
	624	22	58	4	84
	672	24	43	2	69
PMMA	516	11.3	26	—	37.3
	568	17.2	17.7	—	34.9
	650	95.9	10.3	—	106.2
P(MMA-D8)	568	0.2	15.5	—	15.7
	650	0.6	9.0	—	9.6
	680	1.6	7.5	—	9.1

11.3.1　PMMA 概述

PMMA(Polymethyl Methacrylate),俗称有机玻璃、亚克力,化学名称为聚甲基丙烯酸甲酯。聚甲基丙烯酸甲酯是由甲基丙烯酸甲酯单体聚合而成,平均分子量 50 万～100 万。根据聚合机理的不同,PMMA 有四种不同的构型:无规立构、全同立构、间同立构、立构规整,性能也有所不同。PMMA 是一种开发较早的最早实现规模化生产的高透光热塑性聚合物之一,1930 年由 R. Hill 最先制备成功,1933 年德国的 Rohm&hass 公司将其实现工业化生产,其结构式为

$$\left[CH_2 - \underset{\underset{COOCH_3}{|}}{\overset{\overset{CH_3}{|}}{C}} \right]_n \qquad (11.3.1)$$

从分子结构看,由于 PMMA 分子不对称碳原子上连接的两个取代基(—CH₃ 和—COOCH₃)体积相差很大,α-碳原子的甲基和甲酯基破坏了分子链的空间规整性,大分子链呈无规立构,是一种典型的无定形聚合物,并且各向同性,不含有发色基团,具有均一的折射率。同时,取代基也妨碍了大分子的内旋转,使大分子链有一定刚性,致使其 T_g 比 PE 高得多。较高的 T_g 和无形结构使 PMMA 在室温条件下是一种质硬而透明的材料。

当某种因素使得 PMMA 中极小范围内产生结晶区时,这种结晶区和无定形区有相近的折射率和密度,从而使微小的结晶区不致成为光散射源,致使这种材料保持其高度的透明性。对于 PMMA,结晶区的密度 $\rho_c = 1.28 \text{ g/cm}^3$,非晶区的密度 $\rho_a = 1.17 \text{ g/cm}^3$,$\rho_c/\rho_a = 1.05$;而对于聚碳酸酯 PC 这一比值为 1.09;聚苯乙烯 PS 这一比值为 1.08。所以 PMMA 的透明性比 PC、PS 都好。表 11.3.2 列出了几种常用透明塑料的光学性能。可以看出,PMMA 的综合光学性能最优。

此外 PMMA 还具有较好的机械性能,光学稳定性和耐紫外辐射性都高于聚苯乙烯等其他材料,在热带气候下曝晒多年,其透明度和色泽变化很小。

表 11.3.2　几种常用透明塑料的光学性能参数

塑料种类	PMMA	PS	PC	SB*
折射率	1.490	1.591	1.586	—
1 mm 样透光率/%	93	90	89	91
UV 照射 2 000 h 后的透光率/%	91～92	60～70	70～80	—
浊度/%	0.2	1.2	1	1.2
Abb 数	57.2	30.8	34.7	—

* SB 为苯乙烯-丁二烯的共聚物,常称 K 树脂。

11.3.2　PMMA 的制备技术

PMMA 是由单体甲基丙烯酸甲酯(MMA)与其他试剂在催化剂作用下共聚产生的,制造 PMMA 必须先合成单体 MMA。

1. 甲基丙烯酸甲酯(MMA)单体合成原理

目前世界已工业化的 MMA 生产技术包括丙酮氰醇法(ACH 法)、异丁烯氧化法(i-C4 法)、乙烯法(BASF 法)等,其中丙酮氰醇法和异丁烯氧化法是目前世界最主要的 MMA 生产工艺。

(1) 丙酮氰醇法

丙酮氰醇法是最早工业化生产 MMA 的方法,该法反应原理见式(11.3.2)。

$$\begin{array}{c} H_3C-C=O \\ | \\ CH_3 \end{array} \xrightarrow{+HCN} \begin{array}{c} OH \\ | \\ H_3C-C-CN \\ | \\ CH_3 \end{array} \xrightarrow{+H_2SO_4} \begin{array}{c} O \\ \| \\ H_2C=C-C-CH_2 \cdot H_2SO_4 \\ | \\ CH_3 \end{array}$$

$$\xrightarrow{+CH_3OH} \begin{array}{c} H_2C=C-COOCH_3 \\ | \\ CH_3 \end{array} +NH_3SO_4 \qquad (11.3.2)$$

该工艺以丙酮和氢氰酸(或购买 ACH)为原料开始,然后进行脱水、水解和酯化得到物质 MMA,称为 ACH 制程。制程过程中必须使用大量的剧毒物质 HCN,且每生产 1 吨的 MMA,就会产生 1.2 吨的硫酸铵副产品,造成处理上的困难。

为解决该工艺固有的问题,由日本三菱瓦斯化学对原工艺进行了改进,原料仍是丙酮氰醇,第一步(与传统 ACH 法一样)是丙酮与氢氰酸反应生成 ACH;第二步将 ACH 进行水合反应生成 α-羟基异丁酰胺,再与甲酸甲酯反应生成 α-羟基异丁酸甲酯和甲酰胺,然后 α-羟基异丁酸甲酯脱水生成 MMA,而甲酰胺则分解成水和氢氰酸,并将大部分氢氰酸进行循环,以保证原料供应。改进之处是在生产过程中不使用硫酸,从而省掉了价格昂贵的酸性残液回收硫铵装置;同时采用氢氰酸再循环使用技术,减少了氢氰酸的需用量。改进工艺相对来说工艺路线比较复杂,对设备的要求也比较高,但采用循环技术,使传统 ACH 工艺开始向清洁化工艺发展。

(2) 异丁烯法

异丁烯法是日本三菱人造丝公司首先实现工业化生产,该工艺技术先进,成熟可靠,原料异丁烯易得,生产过程较简单,成本低,具有一定的竞争力,在日本、韩国、台湾和东南亚地区应用比较广泛。

该工艺称为 i-C4 路线,包括两步气相氧化异丁烯(或叔丁醇)生成甲基丙烯酸,然后再酯化生成 MMA,反应式见式(11.3.3)。

$$H_3C=C-CH_2 \ \underset{CH_3}{|} +N_2O_4 \xrightarrow{H_2NO_3} H_3C-\underset{CH_3}{\overset{CH_3}{|}}-COOH \xrightarrow{H_2O}$$

$$\tag{11.3.3}$$

$$H_3C-\underset{OH}{\overset{CH_3}{\underset{|}{|}}}-COOH_2+CH_3OH \xrightarrow{H_2NO_3} H_2C=\underset{CH_3}{\overset{|}{C}}-COOCH_3 +H_2O$$

该工艺采用的特点是异丁烯来源于石油尾气,价廉易得,不使用剧毒的氰化氢,生产成本比丙酮氰醇法低,且工艺简单,操作方便。

(3) 乙烯法

乙烯羰基化工艺是由德国巴斯夫(BASF)公司开发并投入工业生产的,因此又叫巴斯夫工艺。该法采用乙烯与合成气为原料,在催化剂作用下反应生产丙醛,丙醛和甲醛再缩合生产甲基丙烯酸,甲基丙烯酸再与甲醇发生酯化反应生产 MMA,反应式见式(11.3.4)。

$$H_2C=CH_2+H_2+CO \longrightarrow H_3C-CH_2CHO \xrightarrow{+H_2CO} H_2C=\underset{CH_3}{\overset{|}{C}}-COOH$$

$$\xrightarrow{+CH_3OH} H_2C=\underset{CH_3}{\overset{|}{C}}-COOCH_3 \tag{11.3.4}$$

该工艺的优点是原料利用率较高(达到 64%),工艺较简单,原料易得,具有一定的竞争力,特别是与大型石化乙烯装置联合一体化生产更具优势。这一路线的欠缺之处是需在高温高压下进行,新建一套装置投资费用过高。为解决上述问题,英国 Lucite 公司对基于BASF 乙烯的生产工艺进行了改进,改进的流程分两步:第一步乙烯与甲醇、CO 反应生成丙酸甲酯;第二步丙酸甲酯与甲醛反应生成 MMA 和水。然后采用分馏法将 MMA 从反应产物中分离出来,反应式见式(11.3.5)。

$$H_2C=CH_2+CH_3OH+CO \xrightarrow{\text{钯基催化剂}} H_3C-CH_2-COOCH_3$$

$$\xrightarrow[\text{多相催化剂}]{+H_2CO} H_2C=\underset{CH_3}{\overset{|}{C}}-COOCH_3 \tag{11.3.5}$$

该工艺称为 α-MMA 工艺,其特点是原料收率极高(第一步达到 99.9%,第二步为 93%～95%),反应条件温和,装置腐蚀性较小,从而减少了基础建设的投入。

2. 聚甲基丙烯酸甲酯(PMMA)生产工艺

PMMA 塑料生产多是以 MMA 单体为主体和少量的丙烯酸酯类单体共聚而成的共聚物,根据聚合方式的不同,PMMA 生产工艺可分为悬浮聚合、溶液聚合和本体聚合 3 种工艺。小规模间歇生产以悬浮聚合工艺为主,大规模连续生产均采用溶液聚合和本体聚合工艺。

1) 悬浮聚合工艺

悬浮聚合法是 MMA 单体、引发剂、水、溶剂四个基本组分在搅拌剪切作用下先形成悬浮液,再经油溶性引发剂引发而进行的聚合反应。工艺流程图如图 11.3.1 所示。

悬浮聚合主要设备是悬浮聚合釜,一般为带有夹套的搪瓷釜或不锈钢釜,间歇操作。大型釜除依靠夹套传热外,还配有内冷管或(和)釜顶冷凝器,并设法提高传热系数。悬浮聚合体系黏度不高,搅拌一般采用小尺寸、高转数的透平式、桨式、三叶后掠式搅拌桨。反应过程

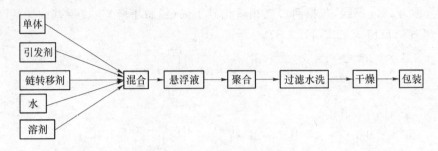

图 11.3.1　悬浮聚合工艺流程图

中,由于聚合体系黏度低,传质、传热易于控制,反应结束后聚合物溶液只需经过简单的分离、洗涤、干燥等后处理过程,即得到树脂产品,可直接用于成型加工。

悬浮聚合工艺控制较容易,聚合物的相对分子质量较低,具有适当的黏度温度和熔体黏度,可进行注塑、挤出等成型加工。但聚合过程中加入的分散剂等易残留于产品中,因而其纯度不如本体法树脂,耐热性和力学性能稍差。

2) 溶液聚合工艺

如第 10 章所述,溶液聚合是 MMA 单体溶于适当溶剂中进行的聚合反应,其工艺过程如图 11.3.2 所示。

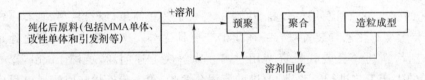

图 11.3.2　溶液聚合工艺示意图

(1) 预聚工艺

将提纯后的 MMA 单体、改性单体 BA、EA 和正丁硫醇(n-BM)按一定比例加入到不锈钢夹套反应釜里,向反应釜通氮气以排除内部的空气,反应中加入甲苯作为溶剂。启动搅拌桨,控制搅拌轴的转数对物料进行搅拌。启动真空泵,使反应釜内物料在减压条件下反应。通电对反应釜进行电加热,物料在一定的温度下开始反应,单体开始聚合。聚合反应过程中会产生大量热量,通过甲苯溶剂蒸发及冷凝液回流的方式带出。控制系统压力,反应一定时间后通过向反应釜夹套通循环水和停止加热来降低反应温度,继续保温一段时间。在预聚过程中注意严格控制反应温度、真空度和抽真空时间,并及时将抽出的单体通过冷凝系统冷却,循环利用抽走的 MMA 单体。

(2) 聚合成型工艺

当黏度增大到一定程度时,将物料送入挤出机里面,密封、通氮气,反复抽真空。在一定的真空度下,使聚合物中的单体进一步聚合,同时在高纯氮气下,通过控制系统来控制芯料挤出速度和切料机速度,以均匀切出 PMMA 颗粒料。挤出机双螺杆机,并配备专门的切料装置。物料在挤出机里面进一步聚合,可以使 MMA 的转化率达到 95% 以上。最后挤出PMMA 时,控制切粒机切料速度,使其均匀地切出颗粒料产品。

由于溶液聚合大量溶剂的存在,体系黏度适中,使得传质、传热相对容易控制,因此溶液聚合大都采用釜式反应器进行大规模连续化生产,即在 2 个内装三层桨式搅拌器的串联搅拌反应釜中进行聚合,两聚合釜底部均采用齿轮泵输送熔融物料。反应过程中每一工序都要注意脱挥,防止发生闪爆。

相对于悬浮法其工艺有如下特点:①生产工艺安全稳定。溶液聚合法反应速率较容易控制,相对悬浮聚合法来说不易产生"凝胶效应",聚合物没有结壁和堵塞管路问题。若发生突然停电等意外事故,聚合体系中因有大量溶剂存在对生产影响不大,比较安全可靠。而悬浮聚合法生产一旦停电,珠状粒料就会产生聚集,形成一个大的料块,不易清理,并造成了物料的浪费。②可实现连续聚合生产。③产品分子量分布均匀。④产品质量优异。溶液聚合法生产工艺中不使用悬浮剂、乳化剂等添加剂,产品杂质较少、雾度较低、透光率高、热稳定性好,诸多物理性能均优于悬浮聚合产品。⑤原料及能量消耗低。生产过程中,经过脱挥处理的熔融聚合物可直接进行造粒或生产挤出其他产品,从而消耗的能量较少。相比悬浮聚合法吨产品少消耗单体 65 kg,加工费节省约 65%。⑥溶液聚合工艺中不使用水,不存在污水和废气的处理。

3) 本体聚合法

本体聚合是 MMA 单体(或原料低分子物)在不加溶剂以及其他分散剂的条件下,由引发剂或光、热、辐射作用下其自身进行聚合引发的聚合反应,典型工艺如图 11.3.3 所示。

具体过程为:MMA、引发剂和链转移剂等按一定的配比加入反应器中,在一定的聚合条件下,单体开始预聚合。当黏度增大到一定程度,聚合物送入双螺杆式反应式挤出机,物料在挤出机筒内进一步聚合反应,使

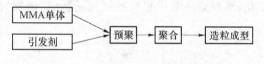

图 11.3.3　本体聚合工艺示意图

MMA 的转化率达到 95% 以上。在挤出机的后段实现产品的连续脱挥及挤出成型,通过切料机得到均匀的 PMMA 颗粒产品,在连续拉丝法工艺中可直接挤出 POF 的芯层,再在外部复合一层低折射率的树脂即成塑料光纤。

在 PMMA 本体聚合工艺中,需注意两点:①"凝胶效应"。MMA 在聚合过程中,当单体转化率达到约 20% 时,聚合速率显著提高,黏度上升很快,以致发生局部过热,甚至产生爆聚,这种现象称为"凝胶效应"。"凝胶效应"在很多单体聚合过程中都有发生,但在 MMA 的本体聚合中"凝胶效应"甚为明显。其产生的原因是随转化率的增加,反应体系的黏度增大,链增长活动受到限制,而单体的扩散速率却影响不大,因此链增长速率正常进行,而链终止速率却减慢,所以聚合物的分子量明显增大,聚合反应速率明显增加,出现了自动加速效应。这一特点会导致有机玻璃的分子量变宽,分子量甚至超过 100 万。在聚合过程中必须严格控制升温速度,掌握自动加速效应发生的规律。②爆聚。在聚合过程中,当反应体系渐渐增稠而变成胶质状态后,热的对流作用受到限制,使反应体系积蓄大量的热,局部温度上升,导致聚合加快,以致产生大量的聚合放热,这种恶性循环的结果先从局部开始,然后扩大至全部达到沸腾状态,这就是所谓的"爆聚"。"爆聚"形成的聚合体系夹带有大量的气泡,分子量低,分子量分布极不均匀,使产品的力学性能下降。若爆聚发生在密闭容器中,即能产生很大的压力,可使容器炸裂,引起事故。

为解决本体聚合过程中"爆聚"问题,可采用相变式传热方法解决高黏流体的传热问题,采用螺带式搅拌解决高黏流体的传质问题,采用双螺杆挤出机脱挥解决高黏流体的低温脱挥问题。经过对反应设备有针对性的优化设计、优化聚合配方和优化工艺条件,可生产出综

合性能良好的 PMMA 树脂。

本体聚合 PMMA 的相对分子质量高，大分子呈无规缠结状态，同时，由于极性甲酯基的存在，使分子间的作用力比 PS 大，熔体黏度较高，常常难以进行一般的注塑和挤出成型。本体聚合法的优点是生产的 PMMA 纯度高、分子量均一、挥发分低、透明度高、耐热性能好等，同时生产工艺合理、流程简单，设备紧凑、可连续化生产，效率高、无三废排放，因而在制备通信用 POF 的 PMMA 时，均采用本体聚合方法。

3. PMMA 的新型聚合方法

作为制备 POF 最常用的材料，PMMA 具有较好的综合性能，但常规本体聚合方式得到的 PMMA 制备的 POF 损耗仍然较大。这当中除了 PMMA 材料本身的性能特点外，聚合方式对材料分子产生的损伤也有一定影响。因此，针对 POF 的特殊要求，人们开发了一些不同于传统聚合的新型聚合方法。

（1）快速本体聚合

本体聚合过程中会产生热量，如果这些热量不能及时释放就会导致物料体系温度升高，反过来加快聚合速率，并在单位时间内释放更多的热量，两者互相促进，最终反应达到不可控制的程度，形成所谓的"爆聚"。图 11.3.4 是常规本体聚合不同形状聚合产物内部温度的变化，清晰地表明了热量的积聚是造成"爆聚"的主要工艺原因。

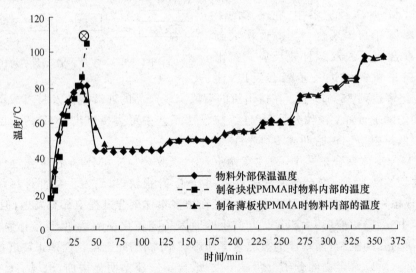

图 11.3.4　制备块状、片状 PMMA 时物料本身温度与内部温度随时间的变化图
（采用水浴加热，分段升温，所得 PMMA 薄片厚度为 1.5 mm，引发剂选用过氧化二苯甲酰 BPO，用量为单体质量分数的 0.5%，⊗为"爆聚"点）

① 快速聚合原理

根据 Clapeyron 方程，对于一个气液平衡体系，如果体系压力降低，则将有部分液体转化为气体，同时吸收大量的热。于是对于 MMA 的本体聚合过程，如果在适当的时机对物料体系进行减压处理，则一部分液态的单体将快速发生气化成为气体，同时从物料体系中均匀、快速地吸收大量的热能。这种方法与传统的散热方式相比突出的优点就是热量不但通过容器壁散发，而且通过容器壁和反应物料本体同时释放，从而在较大程度上使得整个反应物料体系温度均匀、一致。

② 聚合工艺

大致工艺为:将一定量工业 MMA 单体进行蒸馏提纯,然后按比例加入一定量的引发剂、链转移剂;水浴加热,在一定温度下反应一段时间,每 10 min 测一次体系反应转化率,同时注意观察物料内部温度开始上升时停止加热;用真空系统对反应容器减压,蒸发掉一部分 MMA,之后降低水浴温度,继续保温反应一定时间,当物料基本固化时(转化率在 80% 左右)升高温度到 120 ℃,保温反应一定时间,降温即得到快速本体聚合产物,整个本体聚合过程可在十几到数十分钟内完成,较常规聚合方式提高了一到两个数量级。

③ 产物性能

快速聚合所得 PMMA 比常规聚合方式所得产物分子量分布明显规整(由产物 GPC 分析谱图可得),玻璃化转变温度(由产物 DSC、DMA 分析可得)也有所升高。

(2) 超声波辐照聚合

众所周知,损耗是 POF 最重要的参数之一,降低损耗一直是 POF 研究者努力的方向之一。长期以来,MMA 单体聚合制备 PMMA 所用的方法都是依靠引发剂(主要包括 BPO 和 AIBN 等)热分解产生自由基进而引发聚合反应。这种引发方式操作方便,控制容易,问世之初就引起了人们的关注并获得了广泛应用。然而引发剂的使用毕竟在聚合物本体材料中引入了杂质,因为引发剂的使用,在 PMMA 中引入了碳杂键(主要是 C—N 键、C—O 键),而这些键的本征损耗比 PMMA 中 C—C 键的本征损耗大,所以因为引发剂的使用而在 POF 中引入了较大的额外损耗。如能不使用引发剂就制得 PMMA 材料(比如以某种物理方式引发),那么材料中完全是纯粹的 C—C 键,制成 POF 后,将具有较小的本征损耗。

① 自由基的产生原理

超声波是频率高于 2 kHz 的声波(属于机械波)。当这种高频机械波辐照作用于物料体系时,容易导致大分子断链产生碎片,进而产生自由基。对于 MMA 反应体系,超声波使之产生自由基的机理主要有两种:其一为超声空化效应,主要发生于超声波声功率密度较大的情况下;另外一种机理是摩擦力,主要发生于被辐照的体系中含有大分子溶质的情况下。

② 聚合工艺

将商品 MMA 单体提纯,然后溶入一定质量比(单体质量的 5%～15%)的 PMMA 得到反应物料。将该反应物料置于超声场中在低温下(5 ℃以下)辐照一定时间(视超声波的功率密度大小,该时间可为数分钟到数十分钟)。将反应物料停止超声辐照,置于高温环境中(视超声波辐照功率的不同而有所不同)保温反应一定时间,即得到聚合物 PMMA。其中不含引发剂残基(最初超声波聚合是所用 PMMA 可为引发剂引发制备,后面的 PMMA 可用前一次超声聚合所得产物,这样持续数次后体系中的引发剂残基可以忽略)。

③ 超声聚合产物性能表征

与国产 PMMA 粒料、进口 PMMA 粒料相比,超声辐照引发聚合制备的 PMMA 材料具有更窄的分子量分布和更高的玻璃化转变温度。

11.3.3 PMMA 材料的改性技术

由于材料性能的限制,作为 POF 芯材的 PMMA 工作温度在 −40～70 ℃ 范围内。高于 80 ℃后,PMMA 会变软收缩,劣化乃至丧失使用性能。然而在某些特殊领域的应用条件下,例如汽车的引擎室内及其附近,则需要 POF 可以在高温条件下保持稳定性能。这就需要对 POF 所用材料特别是 PMMA 进行改性，以提高耐热性、机械强度、柔韧性等性能。

1. 改变 PMMA 聚合物的分子链结构

PMMA 分子链结构的改变一般都是通过共聚反应来实现的。反应后，或是引入新基团取代侧基成侧链或是形成交联，或是生成多元共聚物。

（1）改变侧链结构

① 引入新酯基

酯基碳原子的数目和它们的结构对聚合物有较大的影响，延长酯基碳链，能生成柔软、耐寒的聚合物。碳链的增长，使得分子链间的距离扩大，作用力减小，从而使聚合物的冲击强度、伸长率等有所提高，同时碳链异构或引入环状酯基、芳香性酯基能提高 PMMA 聚合物的强度和耐热性。例如，引入对氯苯酯得到的聚甲基丙烯酸对氯苯酯，其热分解温度提高到 296 ℃，软化点（116 ℃）比 PMMA 的软化点（105 ℃）高出 10 ℃之多。当甲基丙烯酸对氯苯酯 92 份与甲基丙烯酸甲酯 8 份（以过氧化月桂酰作引发剂）共聚时，其软化点可高达 130 ℃。另外诸如甲基丙烯酸环己酯、甲基丙烯酸多环降冰片酯（NMA）、甲基丙烯酸苯酯、甲基丙烯酸金刚烷酯（AdMA）、甲基丙烯酸异冰片酯（IBMA）等单体都可提高 PMMA 的强度和热性。

② 改变 α 位取代基

α 位的甲基可以用氟、氯、硝基、氰基取代。例如 α-氟代丙烯酸甲酯聚合后，其聚合物具有良好的热稳定性，随着氟代单体含量的增高，聚合物的抗拉强度、冲击强度及布氏硬度都有所改善，软化温度有较大的提高。当 α-氟代丙烯酸甲酯含量为 20％时，其软化点达到 138 ℃，布氏硬度达到 24.51 kg/mm。

（2）改变主链结构

在 PMMA 主链上引入环状结构，能使主链变得僵硬，刚性增大。与在侧链上引入庞大侧基相比，主链中的环状结构既能显著提高有机玻璃的耐热性，又不会明显降低其力学性能。MMA 与马来酸酐（MAn）、N-取代马来酰亚胺等环状结构的化合物共聚，在主链上引入了五元环。MMA 与马来酸酐的共聚物耐热性明显提高，力学性能基本不变，只是聚合物吸水率较大。N-取代马来酰亚胺与 MMA 共聚则不存在上述问题，但为了不使 PMMA 的冲击强度下降，一般 N-取代马来酰亚胺的用量控制在 5％～30％范围内。此用量的共聚物不仅耐热性提高，其他性能也较好。MMA-MAA 共聚物、MMA-AA 共聚物、MMA-MAA-t-BnMA 共聚物以及 MMA-t-BnMA 共聚物等经真空处理后，可在聚合物主链上生成六元环酸酐结构。由于主链含有六元环结构，故聚合物耐热性优良，其耐热性随酰亚胺化程度、酰亚胺化反应剂的种类不同而变化。另外，在主链上引入极性基团、引入苯环，可增加 PMMA 的表面硬度，改善其自身的耐磨性。

（3）形成交联

交联有主价交联和副价交联。加入主价交联剂后分子链间直接成链，使 PMMA 由线型结构变为体型结构。通过这种分子链成键的方法，可以提高 PMMA 的耐热性、机械度及表面耐磨性。主价交联剂一般是一些多官能团单体和有机金属盐，如烯丙脂类、二乙烯基类、环氧类以及以甲基丙烯酸封端的聚酯、聚醚、聚氨基甲酸酯的预聚物都可作为交联剂与 MMA 共聚，但加入量不宜太多。由于分子链之间形成低度交联，增加了链间的作用力及分子链的刚性，从而一定程度上提高了共聚物的耐热性及硬度。而有机金属盐与 MMA 交联共聚反应,可得甲基丙烯酸金属盐,之后再与 MMA 共聚就可在高分子链中引入金属元素。聚合物分子链中金属元素的引入,使分子链间形成二维甚至三维交联,从而提高材料的玻璃化转变温度、表面硬度、机械强度及折光指数。

形成副价交联就是引入一些基团使分子间的作用力增大,也可达到提高聚合物的热稳定性和某些强度的目的。副价交联保持了聚合物的线形结构,对其成型加工性能影响较小,所以这方面的研究比较活跃。副价交联的形成可通过与含有羧基、酰胺基的单体或其他极性单体共聚来实现。含有羧基、酰胺基等的单体与 MMA 共聚,能使共聚物分子链间形成相当数量的氢键,增强了分子链间的作用力,聚合物的热稳定性和表面硬度等性能得以提高。一般形成的氢键数量越多,分子间的作用力越大,热稳定性和某些力学性能也相应有所增加。共聚后能形成氢键的单体主要有丙烯酸(AA)、甲基丙烯酸(MAA)、丙烯酰胺(AM)甲基丙烯酰胺(MAM)等。AA、MAA、AM、MAM 与 MMA 的共聚物,虽然都能在一定程度上改善 PMMA 的某些性能,但由于分子链中亲水基的引入,致使共聚物吸湿性增大。因此人们设想在酰胺氮原子上引入芳基以增进耐水性。目前采用的芳基取代 MAM 主要有 N-苯基甲基丙烯酰胺(N-hMA)、N-对甲苯基甲基丙烯酰胺(N-p-TMA)、N-对氯苯基甲基丙烯酰胺(N-p-ClPhMA)、N-对溴苯基甲基丙烯酰胺(N-p-ArPhMA)、N-对硝基甲基丙烯酰胺(N-p-NPhMA)等。

(4) 多元共聚

为了得到综合性能较好的 PMMA 材料,单靠二元共聚难以达到目的,因此往往需选择多元共聚。如选用芳族乙烯基化合物、甲基丙烯酸芳基酯、甲基丙烯酸降冰片烯酯等降低材料吸水性,改进热稳定性,同时选用马来酸酐、马来酰亚胺、甲基丙烯酸、甲基丙烯酸叔丁酯等作为第三单体以提高软化温度。通过多元共聚,还可在保持提高材料某些性能的同时降低材料的成本。如在合成 PMMA 中引入 St(苯乙烯)和 Man(顺丁烯二酸酐)可形成具有更高耐热性的 MMA-Man-St 三元共聚物 PMMA。

2. 改变 PMMA 的聚集态结构

方法有与橡胶或弹性体共混、添加改性助剂、定向拉伸等。

(1) 共混

PMMA 是一种脆性较大的材料,通过与 MBS、ABS、CPE 等橡胶或弹性体共混,往往能比较显著地提高冲击强度、拉伸强度。共混物中宏观相呈均相,而微观分离,但界面黏接作用较好。橡胶粒或弹性体作为不连续相分散在 PMMA 中。通过共混,能成倍地提高 PMMA 的冲击韧性。

(2) 添加助剂

在聚合物中加入少量的助剂,能使聚合物的某种性质得到很大改善。如在 PMMA 中加入增塑剂增加其塑性,改善加工性,赋予制品较好的柔韧性。这是因为增塑剂是与聚合物相容性较好的小分子,它的加入削弱了聚合物分子间的作用力,从而降低软化温度、熔融温度和玻璃化温度,而聚合物的柔软性、冲击强度、断裂伸长率有所提高。

(3) 定向拉伸

普通 PMMA 是无定型的,耐冲击性和抗银纹性差,经过定向拉伸后由于分子链的取向,抗冲击性能大幅度提高。定向拉伸有机玻璃的性能与拉伸度有密切关系。拉伸度增加,冲击强度及表面抗裂性提高,抗拉强度、弹性模数、静弯强度亦有所提高。对一系列指标的分析表明:拉伸度为 50%～70% 的定向拉伸 PMMA 具有良好的综合性能。

3. PMMA 表面改性

对 PMMA 进行表面涂层可提高 PMMA 的表面硬度、耐磨性、耐候性、抗静电等。提高表面硬度和耐磨性的涂层材料,日本多采用多官能团丙烯酸系单体的聚合物,而欧美则多采用含硅的聚合物。另外,还可对 PMMA 的表面进行金属化处理,以提高其美观性和功能性。

11.4 PMMA 的纯化技术

POF 在制造过程中会吸收一些杂质,这些杂质的存在是不可避免的,所以它们一直是光吸收的原因。当 POF 芯皮材中存在水、重金属和有机杂质时,则会产生非固有吸收损耗,故为了降低这些杂质在芯皮材中的含量,获得较纯的聚合物,通常要采用多种提纯方法,即在合成聚合物前对反应单体及其他反应物进行提纯,并且尽量选用形成纯净聚合物的聚合方法,即多采用连续本体聚合方法,而少用或不用乳液聚合物和悬浮聚合物,以避免因聚合而带来杂质。

以连续本体聚合方法生产 POF 为例,反应原料包括 MMA 单体、引发剂等,在制造 POF 之前必须对原料进行提纯,以消除阻聚剂产生的紫外吸收、降低反应物中空气的含量、重金属的含量、大直径杂质粒子的个数、水分子的含量及有机杂质的含量等,降低 POF 非固有散射损。

11.4.1 甲基丙烯酸甲酯(MMA)的纯化

MMA 单体纯化的目的是去除单体中的低沸点有机物、高沸点有机物杂质、水分、单体中的过渡金属离子、残留的阻聚剂对苯二酚和不溶性的固体杂质。MMA 的提纯采用减压蒸馏法,图 11.4.1 是间歇式 MMA 提纯流程示意图。为了提高原料的纯度,采用一次精馏和二次精馏,主要是通过去除小分子物质和大分子物质而保留大部分中间产品来提纯 MMA。MMA 以一定的给料速度通过进料口加入蒸发罐,在蒸汽加热下,大部分原料汽化,进入精馏塔,塔顶馏出物通过冷凝器后进入一个产品罐储存,然后再由泵送入蒸发器再蒸发,第二次进入精馏装置再次精馏,塔顶第二次精馏馏出物通过冷凝器后再把产品存放在另一产品罐,检测合格后出厂。调节蒸发罐和精馏塔的温度,分别去除沸点不同的杂质,抽真空,将整个系统压力降至 20～30 mmHg,在低温下收集二次精馏后稳定冷凝出的馏分。提纯后的 MMA 放在冰箱里贮存,防止聚合。

11.4.2 MMA 聚合反应引发剂的提纯

MMA 聚合反应的引发剂常采用偶氮二异丁腈(AIBN),它是一种白色结晶或结晶性粉末,不溶于水,溶于乙醚、甲醇、乙醇、丙醇氯仿、二氯乙烷、乙酸乙酯、苯等,遇热分解,熔点 100～104 ℃,对这类化合物的提纯一般采用重结晶法(recrystallization process)。重结晶是将晶体溶于溶剂或熔融以后,又重新从溶液或熔体中结晶的过程。重结晶可以使不纯净的物质获得纯化,或使混合在一起的盐类彼此分离。

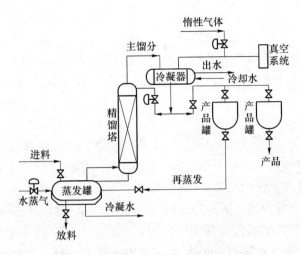

图 11.4.1 间歇式 MMA 提纯流程示意图

引发剂 AIBN 重结晶步骤为：在乙醇溶剂中加入一定量的 AIBN，加热至 50 ℃，搅拌使其溶解，立即进行热过滤，除去不溶物。滤液置于冰箱深度冷藏，AIBN 即析出。用布什漏斗过滤，晶体置于真空容器中，于室温减压除去溶剂，精制好的引发剂放置在冰箱中密闭保存。

11.4.3　PMMA 的提纯

采用乳液聚合物和悬浮聚合物反应制造的 PMMA，由于反应中有较多溶剂、水以及多种助剂，聚合结束后在反应过程中加入的分散剂等易残留于 PMMA 产品中，因而其纯度不如本体法树脂，必须进行必要的提纯才能用于 POF 的制造。

PMMA 粗制品后处理过程如图 11.4.2 所示，一般经过简单的分离、洗涤、干燥等，即得到树脂产品，可直接用于成型加工。

图 11.4.2　PMMA 聚合物提纯过程

11.5　塑料光纤皮层材料制备技术

由于空气的折射率比 PMMA 的折射率低得多，理论上讲，即便不使用皮层材料，仅靠PMMA 纤的单层结构，光线也可以在 PMMA 与空气的界面处发生全反射，实现光纤中光的传输。然而，由于使用环境的复杂性，单层的 PMMA 纤很容易受到摩擦、刮、蹭等机械损伤，所以需要在 PMMA 纤芯外面紧密包覆一层低折射率的皮层材料，起到保护作用，皮材的厚度一般为纤芯直径的 10% 左右。

选择塑料光纤皮层材料，首先必须满足其在折射率方面的要求，即低于 PMMA 的折射率。其次要跟芯材易于复合，具有较好的耐高、低温性能，较好的机械性能。在这些前提下，含氟树脂成为首选。

11.5.1　氟树脂

氟树脂是分子结构中含有氟原子的一类热塑性树脂,往往是一般非含氟高分子材料中的一部分氢原子被氟原子取代后的产物,具有优异的耐高低温性能、介电性能、化学稳定性、耐候性、不燃性、不黏性和低的摩擦系数等特性,是国民经济各部门,特别是尖端科学技术和国防工业不可缺少的重要材料。

氟树脂的开发始于20世纪30年代。1934年,德国的F.施洛费尔和O.舍雷尔研究成功的聚三氟氯乙烯,是氟树脂的第一个品种。1938年,美国杜邦公司的R.J.普伦基特发现并于1945年工业化生产了聚四氟乙烯,这是最早工业化的氟树脂产品,以后不断开发出新品种。其中较重要的如聚四氟乙烯,其消费量已远超过全部氟树脂用量的一半。

但常规氟树脂因具有结晶性而透明性不佳,且加工温度高,故不能用于POF的皮材。而POF通常要求皮层具有优异的透明性,最好具有无定形非结晶高透明特征,并且具有同POF芯材加工有相近的匹配性,同时要考虑成本、机械性能等综合因素。可用于聚甲基丙烯酸甲酯PMMA芯POF的透明氟树脂皮材包括共聚物全聚氟乙丙烯(F46,FEP)(其单体为四氟乙烯和全氟丙烯)和全氟烷氧基树脂(PFA)、甲基丙烯酸氟化酯类均聚物〔其单体可为甲基丙烯酸-2,2,2-三氟乙酯(3FEM)〕等,这些均为透明氟树脂,可用作PMMA芯层POF皮层。本书将以甲基丙烯酸氟化酯类均聚物为例,探讨皮料的生产工艺和技术。

甲基丙烯酸氟化酯类均聚物单体为3FEM,其外观为无色透明液体,熔点小于−50℃,3FEM同MMA及其均聚物的性能比较见表11.5.1。

表 11.5.1　甲基丙烯酸氟化酯类均聚物单体与 MMA 及其均聚物性能对比

项目		单位	3FEM	MMA
分子量			168.12	100.12
沸点		℃	107	101
折射率		n_D^{20}	1.359	1.412
密度		g/cm³(20 ℃)	1.181	0.94
黏度		mPa·s(20 ℃)	0.65	0.58
溶解度	%(20 ℃)	水在单体中	0.18	1.0
		单体在水中	0.04	1.7
均聚物		玻璃化温度　℃	77.5	105
		折射率　n_D^{25}	1.415	1.490
		密度　g/cm³(20 ℃)	1.43	1.15~1.19
		维卡软化点　℃	171	177
		透光率　%(400~800 nm)	91.1	92

11.5.2　甲基丙烯酸氟化酯类均聚物制备方法

一般选用3FEM单体通过聚合反应合成出用作PMMA芯POF皮层的透明甲基丙烯

酸氟化酯类均聚物氟树脂[P(3FEM)]，聚合工艺介绍如下。

1. 本体聚合

（1）预聚工艺

由于 P(3FEM)聚合为自由基聚合，故其引发剂选择多为偶氮类和过氧化物，如偶氮二异丁腈（AIBN）、偶氮二异庚腈（AVBN）、过氧化二苯甲酰（BPO）、过氧化羟基异丙苯和氧化氧特丁基等。由于 AIBN 和过氧化氢特丁基在 3FEM 单体中的溶解性不佳，为保证聚合的稳定和均匀性，故舍弃这两种引发剂，而选取过氧化羟基异丙苯（CH）和 BPO 作引发剂。在进行预聚之前，3FEM 单体应选用合适的精馏提纯工艺，消除 3FEM 中阻聚剂。预聚合是本体聚合过程的一个阶段，使单体反应混合物聚合至一定的黏度，反应聚合过程更加平稳。在预聚过程中若发现气泡不再上升，应立即停止预聚，否则在后面的加压反应中气泡难以消除，在预聚合前宜对 3FEM 反应液进行抽真空排气，这是由于反应液中溶解有空气，以及在搅拌、配料中向液体中引入更多的空气，但当预聚至一定黏度后，不宜再抽真空，若抽真空排气，其缺点是会抽除一定的反应物。

在采用自由基聚合过程中，用的引发剂不同，若达到相同的预聚黏度，则其预聚温度和时间多不相同。经过多次实验表明，为保证下一步 P(3FEM)的聚合获得高透聚合物并缩短聚合时间，预聚时多要求单体转化率在 10% 以上，所测预聚液的黏度大于 100 mPa·s 为佳，所获得的预聚产物黏度可通过旋转式黏度计测量。

（2）聚合工艺

P(3FEM)的聚合是在压力釜中进行的，通过一系列的压力、温度和配方试验，可在试管中合成出透明性好的 P(3FEM)，然后做放犬试验。在反应之前，可先用 N_2 置换压力釜中的空气，以降低反应釜中 O_2 浓度，降低 O_2 对 P(3FEM)聚合反应的影响。由于聚合物的合成过程是体积收缩过程，因而 P(3FEM)合成时极易产生气泡收缩痕，故而为保证聚合过程的平稳聚合，需选择合适的引发剂，调节反应混合物的配比及选择合适的压力及聚合温度。可选用常压或加压下在某一温度进行预聚，通常这一温度高于聚合时的温度，预聚至合适的黏度时，然后采用加压聚合。

温度是控制反应速度的主要因素，如果在常压下聚合并选择预聚温度，必然导致聚合过程中出现爆聚现象：反应容器中聚合物发白，不透明，有很多气泡。通常要出现爆聚现象时，反应温度先逐渐升高，再突然升高，这多是由于聚合反应是放热反应，可采用及时降低控制温度，通入冷却水进行强制冷却，移走反应热的方式，消除因放热加速聚合反应出现的爆聚现象，使聚合反应平稳进行。

P(3FEM)聚合反应式如下：

$$H_2C=CH-\underset{CH_3}{\overset{O}{C}}-OCH_2CF_3 \xrightarrow{\ +引发剂\ } {\left[\!\!\left[H_2C-\underset{\overset{|}{C=O}}{\overset{CH_3}{\underset{|}{C}}} \right]\!\!\right]}_n$$
$$\overset{|}{CH_2CF_3}$$

2. 超临界聚合

所谓超临界是指流体的温度压力超过流体的临界值时，它就处于临界状态。在这一状态下，继续加压，仅会导致流体密度增加，不会出现相转变。

（1）氟化物单体超临界聚合原理

作为超流体介质，CO_2一方面通过改变氟化物单体链引发、增长、终止和转移的速率常数，从而改变聚合反应平衡常数。另一方面，在超临界状态下，二氧化碳既具有气体性能同时有液体性能，能够溶解低分子量的挥发性化合物。但与一般液体不同，由于二氧化碳分子无极性，类似碳氢溶剂，许多单体包括含氟单体在二氧化碳中表现出非常好的溶解性。因此这有利于发生均相聚合，并可通过增加氟化物单体浓度提高反应速率和提高产物分子量，并可让自由基偶合终止占主导地位，避免无定形氟聚合物在高转化率时的自动加速现象。

CO_2作为超临界流体已广泛应用于其他工艺，当氟化物单体在CO_2液态介质超临界条件下发生聚合反应时，可得到末端基为全氟氧基的聚合物，而不再是羧酸端基，这有利于末端发生β断裂乙烯酯的聚集以及高分子量聚合物的制备。研究表明，这种工艺获得的聚合物的不稳定端基个数要比传统的非水溶剂制备的聚合物的小几个数量级。

采用CO_2作为超流体介质具有如下优势：

① CO_2的临界温度T_c和压力P_c较低，分别为31.8 ℃，临界压力为7.38 MPa。

② 二氧化碳替代传统非水溶液聚合介质（如氯氟碳溶剂），不仅环境友好，且便宜、不燃、无毒。

③ 使用水溶液为介质的聚合工艺中，产生的废水含有许多全氟辛酸铵。全氟辛酸铵不易生物降解，容易破坏环境和影响人类健康，而使用二氧化碳，可大大减少废水的产生。

④ 二氧化碳常压下是气体，很容易与生成的聚合物分离，工艺简单，且能耗低。二氧化碳可循环使用，因而不造成温室效应。

⑤ 通过这种工艺制备的聚合物有更少的不稳定端基，在聚合过程中，不会出现向二氧化碳发生链转移，所以对自由基聚合来说它是理想的介质。

⑥ 此聚合工艺与传统工艺相比可连续操作。二氧化碳、引发剂、含氟单体可连续进料。聚合介质和氟聚合物，未反应的单体可连续从反应器中取出。二氧化碳的迅速排出，还可以快速冷却，以终止反应。

（2）聚合工艺

将含氟单体、二氧化碳和二氧化碳中可溶的有机引发剂，连续加入搅拌的反应器中。聚合的反应器在临界或超临界状态下运行，不需加入分散剂或表面活性剂。反应混合物最初处于同一相中，当不断长大的低聚物达到临界分子量时，它们就会变得不溶。这些不溶的聚合物链聚集沉积形成分离的聚合物相。此工艺获得的含氟聚合物颗粒形态与常规方法获得类似。通常的聚合条件为：压力10～15 MPa，温度30～40 ℃，二氧化碳中固相含量为15%～40%。

超临界聚合工艺应为最先进的工艺，可生产高纯的含氟聚合物，而且环境友好。它的工艺简单，只是压力较高。

第 12 章
光纤材料检测技术

12.1 概　　述

　　光纤生产过程中在不同工艺阶段采用不同的原材料,对这些材料的性能特别是杂质含量要求也不同,原料的纯度对最终光纤产品的质量以及生产成本控制至关重要。目前,规模生产光纤的企业控制光纤原材料质量均采取进厂前的检测、进入工艺设备前的检测和工艺过程中的在线监测,检测过程几乎覆盖了光纤输出的全过程,这足见原材料质量检测对光纤制造的重要性。

　　为保证光纤材料的质量,必须选择合适的检测手段和分析方法,这也是现在光纤制造中的难点。根据材料和检测项目的不同,目前光纤材料的检测常采用多种微量(痕量)杂质的分析方法,如气相色谱、红外光谱等,表 12.1.1 列出了典型的材料杂质分析方法以及它们的应用范围和检测限度。

表 12.1.1　常用分析仪器的检测极限

分析方法	用途	最小可探测/g
1. 气体色谱法		
A 导热法	各种有机物、挥发性无机物、气体	10^{-7}
B 火焰电离	可燃性有机物	10^{-12}
C 电子俘获	亲电子有机物	10^{-13}
D 氦电离	各种挥发性化合物	10^{-13}
2. 质谱法		
A 火花源	各种元素、多数化合物	10^{-13}
B 电子探针	各种元素、多数化合物	10^{-12}
C 化学电离	有机物	10^{-10}
D 气体色谱/质谱/计算机	有机物	10^{-11}
E 离子探针	各种元素、某些无机和有机物	10^{-15}

分析方法	用途	最小可探测/g
3. 高性能液体色谱法		
A 折射率	各种化合物	10^{-6}
B 紫外/可见光	各种能吸收紫外/可见光的化合物	10^{-9}
4. 中子活化分析	各种元素	10^{-12}
5. 原子吸收光谱		
A 火焰	金属元素	10^{-9}
B 无火焰	金属元素	10^{-12}
6. 红外光谱	各种能吸收红外光的物质	10^{-6}
7. 电子光谱	多种元素、某些化合物	10^{-7}
8. X 射线光谱	原子序数大于 12 的元素	10^{-17}
9. 离子散射光谱沉促法	各种元素、某些无机和有机物	10^{-15}
10. 等离子体色谱	有机物、某些亲电子的无机物	10^{-12}
11. 极谱	多数金属元素和化合物、某些无机物	10^{-16}

由于光纤生产中采用的原材料既有固态材料，又有液态材料，还有气体材料，对每类材料检测方法不尽相同，本文将对光纤制造工艺使用的主要材料的分析方法进行介绍。

12.2 光纤材料主要检测技术

12.2.1 色谱分析技术

1. 测试原理

色谱（chromatography）是 1903 年俄国植物学家茨维特（M. S. Tswett）在研究植物色素分离技术时首次提出的，其方法是在一玻璃管中放入碳酸钙，将含有植物色素（植物叶的提取液）的石油醚倒入管中。此时，玻璃管的上端立即出现几种颜色的混合谱带。然后用纯石油醚冲洗，随着石油醚的加入，谱带不断地向下移动，并逐渐分开成几个不同颜色的谱带，继续冲洗就可分别得到各种颜色的色素，并可分别进行鉴定，色谱法也由此而得名。

色谱分析是指一种多组分混合物的分离、分析技术，实际工作中要分析的样品往往是复杂基体中的多组分混合物，对含有未知组分的样品，首先必须将其分离，然后才能对有关组分进行进一步的分析。色谱分析主要利用被测样品的物理性质如沸点、极性及吸附性质的差异对混合物进行分离，测定混合物的各组分，并对混合物中的各组分进行定量、定性分析。

按流动相可分为气相色谱（GC）和液相色谱（LC）。GC 是以惰性气体作为流动相、固体物质例如活性炭、硅胶等作固定相的色谱分离方法。液相色谱是指流动相是液体的色谱分离方法。由于样品在气相中传递速度快，样品组分在流动相和固定相之间可以瞬间地达到平衡，同时由于毛细管柱技术快速广泛的应用、高灵敏选择性检测器的投入使用，加上可选作固定相的物质很多,因此气相色谱法是一个分析速度快和分离效率高的分离分析方法,被广泛地应用。

GC分析技术是基于GC分离技术的检测工具,其原理是当被测物在汽化室汽化后被载气带入色谱柱时,柱内含有液体或固体固定相,被测物的分子会受到柱壁或柱中填料的吸附,使通过柱的速度降低。被测物分子通过色谱柱的速率取决于吸附的强度,它由被测物分子的种类与固定相的类型决定。由于每一种类型的分子都有自己的通过速率,被测物中的各种不同组分就会在不同的时间(保留时间)到达柱的末端,从而得到分离。由于被测物样品中各组分的沸点、极性或吸附性能不同,每种组分都倾向于在流动相和固定相之间形成分配或吸附平衡。但由于载气是流动的,这种平衡实际上很难建立起来,也正是由于载气的流动,使样品组分在运动中进行反复多次的分配或吸附/解附,结果在载气中分配浓度大的组分先流出色谱柱,而在固定相中分配浓度大的组分后流出。当组分流出色谱柱后,立即进入检测器,检测器能够将样品组分的存在与否转变为电信号,而电信号的大小与被测组分的量或浓度成比例,当将这些信号放大并记录下来时,得到色谱峰曲线就是色谱图,它包含了色谱的全部原始信息。在没有组分流出时,色谱图的记录是检测器的本底信号,即色谱图的基线。将得到的色谱图与标准谱图进行对比,根据各组分的保留时间确定被测试样中出现的组分数目、组分名称和组分量。

图12.2.1是GC分析技术的原理图。

气相色谱分析的主要特点:

① 高分离效能。一般色谱柱都有几千块理论板,毛细管柱可达 $10^5 \sim 10^6$ 块理论板,因而可以分析沸点十分相近的组分和极为复杂的多组分混合物。

② 高选择性。通过选用高选择性的固定相,对性质极为相似的组分,如同位素、烃类的异构体等有较强的分离能力。

③ 高灵敏度。用高灵敏度的检测器可检测出 $10^{-11} \sim 10^{-13}$ g 的物质,因此可用于痕量分析。

④ 分析速度快。一般分析一次用几分钟到十几分钟,某些快速分析中,一秒钟可以分析若干份,且色谱法的操作与处理都自动化,速度很快。

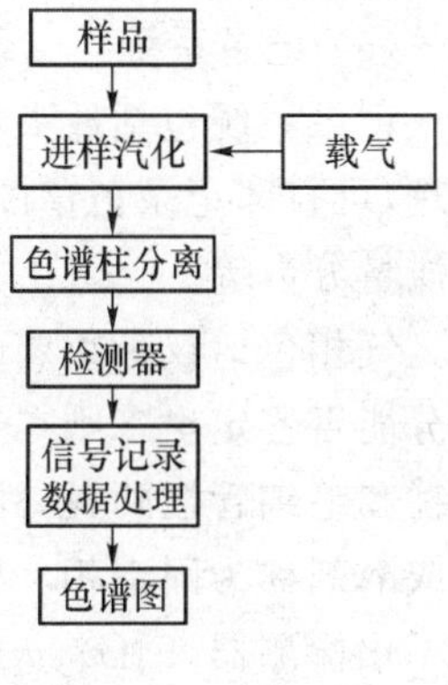

⑤ 应用范围广。气相色谱法可以分析气体、易挥发的液体和固体样品,也可以分析无机物、高分子和生物大分子,而且应用范围正在日益扩大。

图12.2.1 GC分析技术
的原理示意图

2. 测试设备及系统

常用的气相色谱仪测试系统结构如图12.2.2所示,通常由5部分组成。

(1)载气系统

气相色谱仪中的气路是一个载气连续运行的密闭管路系统。整个载气系统要求载气纯净、密闭性好、流速稳定及流速测量准确,包括气源、气体净化器、供气控制阀门和仪表等。

(2)进样系统

进样就是把气体或液体样品迅速而定量地加到色谱柱上端,包括进样器、汽化室等。

(3)分离系统

分离系统包括色谱柱、色谱炉等,其核心是色谱柱,它的作用是将多组分样品分离为单

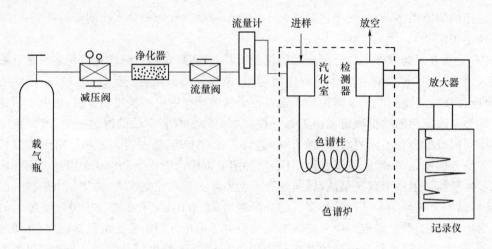

图 12.2.2　气相色谱仪测试系统结构

个组分。色谱炉包括加热、温度控制系统,用于控制和测量色谱柱、检测器、汽化室温度,是气相色谱仪的重要组成部分。

（4）检测系统

检测系统包括检测器、检测室等。检测器的作用是把被色谱柱分离的样品组分根据其特性和含量转化成电信号,经放大后,由记录仪记录成色谱图。

（5）记录系统

记录系统包括放大器、记录仪、色谱工作站。色谱工作站对记录仪色谱曲线或数据进行处理,可打印记录色谱图,并能在同一张记录纸上打印出处理后的结果,如保留时间、被测组分质量分数等。

气相色谱仪最重要的单元为色谱柱和检测器,组分能否分开,关键在于色谱柱,分离后组分能否鉴定出来则在于检测器,所以分离系统和检测系统是仪器的核心。色谱柱分为填充柱和毛细管柱两类,其直径为数毫米,其中填充有固体吸附剂或液体溶剂,所填充的吸附剂或溶剂称为固定相。检测器有很多种,其中常用的检测器是:热导检测器（TCD）、氢火焰离子化检测器（FID）、火焰光度检测器（FPD）、氮磷检测器（NPD）和电子捕获检测器（ECD）等类型,每种检测器的原理和特点见表 12.2.1。

表 12.2.1　常用检测器的原理和特点

	原　　理	特　　点
TCD	气流中样品浓度发生变化,则从热敏元件上所带走的热量也就不同,从而改变热敏元件的电阻值,由于热敏元件为组成惠斯顿电桥之臂,只要桥路中任何一臂电阻发生变化,则整个线路就立即有信号输出	此检测器几乎对所有可挥发的有机和无机物质均能响应。但灵敏度较低,被测样品的浓度不得低于万分之一。属非破坏性检测器
FID	在氢氧焰的高温作用下,许多分子均将分裂为碎片,并有自由基和激态分子产生,从而在氢焰中形成这些高能粒子所组成的高能区,当有机分子进入此高能区时,就会被电离,从而在外电路中输出离子电流信号	体积小,灵敏度高,死体积小,应答时间快,但对部分物质如 H_2、O_2、N_2、CO、CO_2、NO、NO_2、CS_2、H_2O 等无响应。属破坏性检测器

	原　理	特　点
FPD	燃烧着的氢焰中,当有样品进入时,则氢焰的谱线和发光强度均发生变化,然后由光电倍增管将光度变化转变为电信号	对磷、硫化合物有很高的选择性,适当选择光电倍增管前的滤光片将有助于提高选择性,排除干扰
NPD	在 FID 中加入一个用碱金属盐制成的玻璃珠当样品分子含有在燃烧时能与碱盐起反应的元素时,则将使碱盐的挥发度增大,这些碱盐蒸汽在火焰中将被激发电离,而产生新的离子流,从而输出信号	这是一种有选择性的检测器,对含有能增加碱盐挥发性的化合物特别敏感。对含氮、磷有机物有很高的灵敏度。属破坏性检测器
ECD	载气分子在 63Ni 辐射源中所产生的 β 粒子的作用下离子化,在电场中形成稳定的基流,当含电负性基团的组分通过时,俘获电子使基流减小而产生电信号	对电负性物质(例如:卤化物,有机汞,有机氯及过氧化物,金属有机物,硝基、甾类化合物等)有很高的灵敏度。属非破坏性检测器

在实际测试过程中,每种检测器对接入的高纯气体是有特殊要求的,否则会造成检测器的损伤、信噪比下降致无法使用。表 12.2.2 给出了气相色谱仪用于常规测试分析时所推荐的气体纯度。

表 12.2.2　气相色谱仪对气体纯度要求

检测器	载气种类	纯度要求	杂质含量
TCD	He	99.995%	Ne<10 ppm,N$_2$<10 ppm,O$_2$<2.5 ppm,Ar<0.1 ppm,CO$_2$<0.25 ppm
	H$_2$	99.995%	N$_2$<10 ppm,O$_2$<2.5 ppm,CO$_2$<0.25 ppm,H$_2$O<5 ppm,总烃<1 ppm
FID	N$_2$	99.998%	H$_2$<1 ppm,O$_2$<1 ppm,Ar<10 ppm,CO$_2$<1 ppm,H$_2$O<5 ppm,CH$_4$<1 ppm
	H$_2$	99.995%	N$_2$<10 ppm,O$_2$<2.5 ppm,CO$_2$<0.25 ppm,H$_2$O<5 ppm,总烃<1 ppm
	空气	呼吸级	Ar,Kr,H$_2$O,He 均小于 1%,CO$_2$<500 ppm,CO<10 ppm,总烃<0.02 ppm,CH$_4$<20 ppm
ECD	N$_2$	99.998%	H$_2$<1 ppm,O$_2$<1 ppm,Ar<10 ppm,CO$_2$<1 ppm,H$_2$O<5 ppm,CH$_4$<1 ppm

气相色谱仪可以与其他分析技术结合,提高检测效率和结果的可靠性等。如与质谱仪相连接而以质谱仪作为它的检测器,这种组合的仪器称为气相色谱-质谱联用(GC-MS,简称气质联用);与核磁共振波谱仪相连接,后者作为辅助的检测器,这种仪器称为气相色谱-质谱-核磁共振联用(GC-MS-NMR);与红外光谱仪相连接,后者作为辅助的检测器,这种组合叫作气相色谱-质谱-核磁共振-红外联用(GC-MS-NMR-IR),但是大部分的分析物用单纯的气质联用仪就可以解决问题了。

3. 测试流程

开始测试时一般先加热,使汽化室和检测器稳定在设定的温度。载气由高压钢瓶中流出,经减压阀降压到所需压力后,通过净化干燥管使载气净化,再经稳压阀和转子流量计,以稳定的压力、恒定的速度流经汽化室与汽化的样品混合,将样品气体带入色谱柱中进行分离。分离后的各组分随着载气先后流入检测器,然后载气放空。检测器将物质的浓度或质量的变化转变为一定的电信号,经放大后在记录仪上记录下来,就得到色谱流出曲线。

根据色谱流出曲线上得到的每个峰的保留时间,可以进行定性分析,根据峰面积或峰高的大小,可以进行定量分析,基本过程为:

(1) 色谱峰的测量

以峰的起点和终点的连线作为峰底。从峰高极大值对时间轴作垂线,对应的时间即为保留时间。从峰顶至峰底间的线段即为峰高。

(2) 计算

由色谱峰量出各组分的峰高,然后在各自的校准曲线上查出相应的待测物浓度。

3. 应用范围

随着计算机技术的发展和各种检测技术的应用,GC 已从实验室的研究技术变成了常规分析手段,在各行各业均得到广泛应用。

在光纤制造中,气相色谱分析技术用于检测各种高纯气体的杂质含量;在石油化学工业中大部分的原料和产品都可采用气相色谱法来分析;在电力部门中可用来检查变压器的潜伏性故障;在环境保护工作中可用来监测城市大气和水的质量;在农业上可用来监测农作物中残留的农药;在商业部门可用来检验及鉴定食品质量的好坏;在医学上可用来研究人体新陈代谢、生理机能;在临床上用于鉴别药物中毒或疾病类型;在宇宙舱中可用来自动监测飞船密封仓内的气体;到地质勘探中可寻找油气田等。

12.2.2 质谱技术

1. 基本原理

在电磁场作用下,化合物分子会吸收能量,变成带正离子的自由基,持续电离会裂解生成各种离子,包括带电荷的原子、分子或分子碎片、分子离子、同位素离子、碎片离子、重排离子、多电荷离子、亚稳离子、负离子和离子-分子相互作用产生的离子等,如图 12.1.3 所示。这些离子有不同荷质比,经加速电场的作用,形成离子束,进入质量分析器,利用电场和磁场使具有同一质荷比而速度不同的离子聚焦在同一点上,不同质荷比的离子聚焦在不同的点上,经计算机处理,将离子按其质量大小排列而成质谱图。

质谱方法最早于 1913 年由 J.J.汤姆孙确定,以后经 F.W.阿斯顿等人改进完善。现代质谱仪经过不断改进,仍然利用电磁学原理,使离子束按荷质比分离。

质谱分析法主要是通过对样品离子质荷比的分析而实现对样品进行定性和定量的一种方法。电离装置把样品电离为离子,质量分析装置把不同质荷比的离子分开经检测器检测之后可以得到样品的质谱图。分析质谱图,可获得化合物的分子量、化学结构、裂解规律和由单分子分解形成的某些离子间存在的某种相互关系等信息。质谱分析法的分类如图 12.2.4 所示,最基本的包括同位素质谱、无机质谱、有机质谱和生物质谱。

图 12.2.3 离子产生流程示意图   图 12.2.4 质谱分析法的分类

同位素质谱分析法包括同位素稀释质谱分析和同位素示踪分析,其特点是测试速度快,样品用量少(微克量级),结果精确。

无机质谱仪主要用于无机元素微量分析和同位素分析等方面,分为火花源质谱仪、离子探针质谱仪、激光探针质谱仪、辉光放电质谱仪、电感耦合等离子体质谱仪。火花源质谱仪不仅可以进行固体样品的整体分析,而且可以进行表面和逐层分析甚至液体分析;离子探针是用聚焦的一次离子束作为微探针轰击样品表面,测射出原子及分子的二次离子,在磁场中按质荷比(m/e)分开,可获得材料微区质谱图谱及离子图像,再通过分析计算求得元素的定性和定量信息。测试前对不同种类的样品须做不同制备,离子探针兼有电子探针、火花型质谱仪的特点,可以探测电子探针显微分析方法检测极限以下的微量元素,研究其局部分布和偏析;可以作为同位素分析,分析极薄表面层和表面吸附物,表面分析时可以进行纵向的浓度分析。成像离子探针适用于许多不同类型的样品分析,包括金属样品、半导体器件、非导体样品,如高聚物和玻璃产品等,广泛应用于金属、半导体、催化剂、表面、薄膜等领域中以及环保科学、空间科学和生物化学等研究部门。激光探针质谱仪可进行表面和纵深分析。辉光放电质谱仪分辨率高,可进行高灵敏度,高精度分析,适用范围包括元素周期表中绝大多数元素,分析速度快,便于进行固体分析。电感耦合等离子体质谱,谱线简单易认,灵敏度与测量精度很高。

与无机质谱仪不同,有机质谱仪是以电子轰击或其他的方式使被测物质离子化,形成各种质荷比(m/e)的离子,然后利用电磁学原理使离子按不同的质荷比分离并测量各种离子的强度,从而确定被测物质的分子量和结构。有机质谱仪主要用于有机化合物的结构鉴定,它能提供化合物的分子量、元素组成以及官能团等结构信息。

有机质谱仪的发展很重要的方面是与各种联用仪(气相色谱、液相色谱、热分析等)的使用。它的基本工作原理是:利用一种具有分离技术的仪器,作为质谱仪的"进样器",将有机混合物分离成纯组分进入质谱仪,充分发挥质谱仪的分析特长,为每个组分提供分子量和分子结构信息。

生物质谱仪可提供快速、易解的多组分的分析方法,具有灵敏度高、选择性强、准确度好等特点,主要用于生物大分子的结构测试、生物体内组分序列分析、微生物鉴定、分子量和各组分测定等。

2. 质谱仪设备

1) 质谱仪结构

质谱仪结构示意图如图 12.2.5(a)所示,完整的质谱仪包括进样系统、离子源、质量分析器、检测器和计算机处理系统,其系统框图如 12.2.5(b)所示。

(1) 进样系统

可分直接注入、气相色谱、液相色谱、气体扩散四种方法。固体样品通过直接进样杆将样品注入,加热使固体样品转为气体分子。对不纯的样品可经气相或液相色谱预先分离后,通过接口引入。液相色谱-质谱接口有传动带接口、直接液体接口和热喷雾接口。热喷雾接口是最新提出的一种软电离方法,能适用于高极性反相溶剂和低挥发性的样品。样品由极性缓冲溶液以 $1\sim2$ mL/min 的流速通过一毛细管。控制毛细管温度,使溶液接近出口处时,蒸发成细小的喷射流喷出。微小液滴还保留有残余的正负电荷,并与待测物形成带有电解质或溶剂特征的加合离子而进入质谱仪。

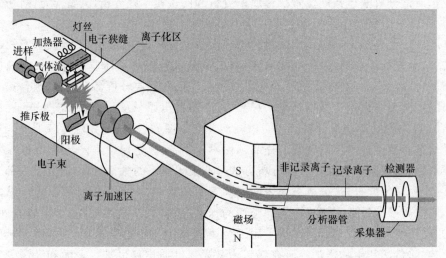

(a)质谱仪结构示意图

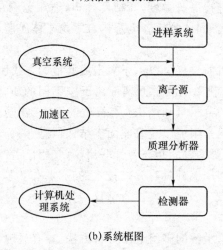

(b)系统框图

图 12.2.5　质谱仪结构示意图及其系统框图

（2）真空系统

质谱仪必须在高真空下才能工作。离子源和质量分析器的真空度需保持在 $10^{-5} \sim 10^{-4}$ Pa 和 $10^{-6} \sim 10^{-5}$ Pa。用以取得所需真空度的阀泵系统,一般由前级泵(常用机械泵)和油扩散泵或分子涡轮泵等组成。扩散泵能使离子源保持在 $10^{-8} \sim 10^{-7}$ mmHg 的真空度。有时在分析器中还有一只扩散泵,能维持 $10^{-9} \sim 10^{-8}$ mmHg 的真空度。

（3）离子源

离子源是使试样分子在高真空条件下离子化的装置,如图 12.2.6 所示。电离后的分子因接受了过多的能量会进一步碎裂成较小质量的多种碎片离子和中性粒子,它们在加速电场作用下获取具有相同能量的平均动能而形成离子束。

产生离子的主要方法有电子轰击（Electron Ionization EI）、化学电离（Chemical Ionization,CI）、快原子轰击（Fast Atom Bombardment,FAB）、电喷雾电离（Electron spray Ionization,ESI）等。

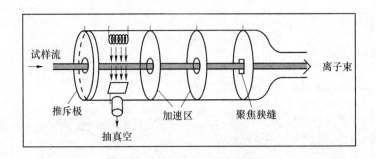

图 12.2.6　离子源装置示意图

① 电子轰击离子化法

电子轰击离子化法原理图如图 12.2.7 所示,被测样品汽化后进入电离室,在电压 50～70 eV 的电子束轰击下,使样品分子失去电子变为带正电荷的分子离子和碎片离子。这些不同离子具有不同的质量,质量不同的离子在磁场的作用下到达检测器的时间不同,得到如图 12.2.8 所示的质谱图。

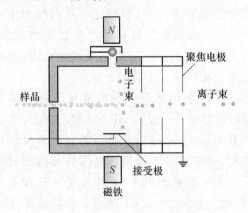

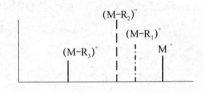

图 12.2.7　电子轰击离子化法原理图　　　　图 12.2.8　质谱图

② 化学电离法

利用高能电子束(100～240 eV)轰击离子室(压力 10～100 Pa)内的反应气(浓度为样品的 10^3～10^5 倍),先产生初级离子,初级离子再与试样分子碰撞,产生丰度较高的准分子离子,检测不同质量的准分子离子,即得到含有样品信息的质谱图。以反应气甲烷为例,化学电离法的原理流程如图 12.2.9 所示。该法谱图简单,但不适用难挥发试样。

③ 快原子轰击法(FAB)

与化学电离法不同,首先被电离并被加速的是惰性气体 Ar 或 Xe 的原子,使之具有高的动能,在原子枪(atom gun)内进行电荷交换反应:

$$Ar^+(高动能) + Ar(热运动) \longrightarrow Ar(高动能) + Ar^+(热运动)$$

得到高动能的 Ar 或 Xe 原子束再轰击样品分子使其离子化,如图 12.2.10 所示,经过分析其即成质谱图。

FAB 是目前广泛使用的软电离技术,适用于难汽化、极性强的大分子。样品用基质调节后黏附在靶物上。常用的基质有甘油、硫代甘油、3-硝基苄醇、三乙醇胺等。

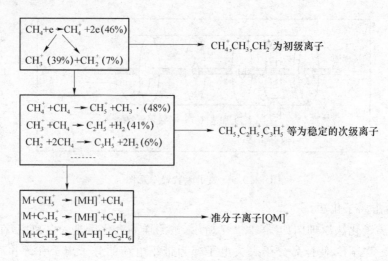

图 12.2.9　化学电离法原理示意图

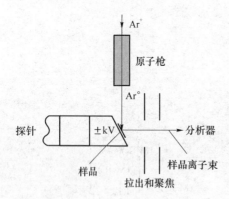

图 12.2.10　快原子轰击法示意图

④ 电喷雾电离（ESI）

电喷雾离子源（ESI）原理是利用电场产生带电液滴，经过去溶剂化过程最终产生被测物离子，进入质谱分析。此过程包括带电液滴的形成、液滴收缩及产生气相离子 3 个阶段。

具体过程是样品溶液在高电场下形成带电溶液，以低流速（$0.1\sim10$ L/min）通过毛细管，毛细管上通入高电压（$2\sim5$ k），该电压的正负取决于待测物的性质，电压提供液体表面电荷分离所需要的电场梯度。在电场的作用下，液体从毛细管在尖端形成"泰勒锥"，如图 12.2.11 所示。泰勒锥形成的机理目前尚未明确，但已经证明，在一定的条件下锥体的形态取决于毛细管电压，并且与毛细管内流体的脉动有关。当泰勒锥尖端的溶液到达瑞利极限（Rayleigh limit），即表面电荷的库仑斥力与溶液表面张力相当的临界点时，锥尖将产生含有大量电荷的液滴。随着溶剂蒸发，液滴收缩，液滴内电荷间排斥力增大，当到达并超越瑞利极限，液滴会发生库仑爆炸，除去液滴表面的过量电荷，生成更小的带电小液滴。生成的带电小液滴进一步往复循环，最终得到气相离子。

电喷雾离子源（ESI）是目前液相色谱-质谱（LC-MS）联用最常用的接口，属软电离方式，可用于研究热不稳定和极性较大的大分子有机化合物。由于可产生带多电荷的分子离子，电喷雾离子源也可用于研究蛋白质等生物大分子。

（3）质量分析器

质量分析器是将同时进入其中的不同质量的离子，按质荷比 m/e 大小分离的装置，它的结构有单聚焦、双聚焦、四极矩、飞行时间和摆线等。

① 单聚焦扇形磁场质量分析器（Magnetic-Sector）

相同 m/z 的离子，速度相同，色散角不同，经磁场偏转后，会重新聚在一点上，即静磁场具有方向聚焦，称为单聚焦（单聚焦质量分析器也称磁分析器），如图 12.2.12 所示。离子运

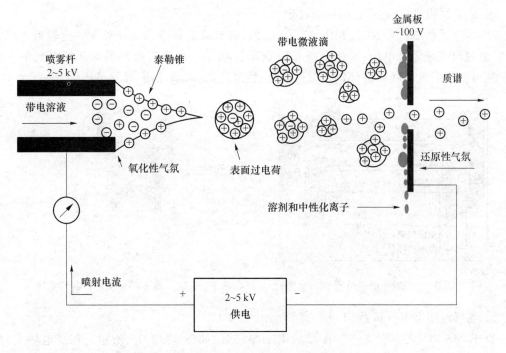

图 12.2.11　电喷雾离子源(ESI)原理示意图

行的最大半径由下式计算:

$$R = \frac{1.44 \times 10^{-2}}{B} \times \sqrt{\frac{m}{Z} \cdot V}$$

式中,m 为离子质量,单位 amu;Z 为离子电荷量,单位以电子电荷量表示;V 为离子加速电压,单位 V;B 代表磁感应强度,单位 T。

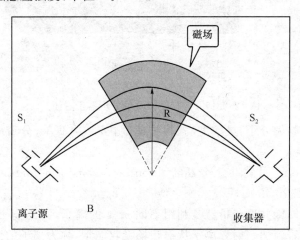

图 12.2.12　单聚焦扇形磁场质量分析器示意图

② 四极杆质量分析器(Quadrupole)

四极杆质量分析器结构如图 12.2.13 所示,其特点是结构简单、价廉、体积小、易操作、无磁滞现象、扫描速度快,适合于 GC-MS 和 LC-MS,但其分辨率不高。

③ 离子阱质量分析器(Ion Trap,IT)

IT 结构示意图如图 12.2.14 所示。在阱内,具有特定 m/z 的离子处于一定轨道上稳定旋转,通过改变端电极电压,可让不同 m/z 离子按顺序飞出阱到检测器。其特点是单一的离子阱可实现多级串联质谱(MS)、结构简单、性价比高、灵敏度高、质量范围大。

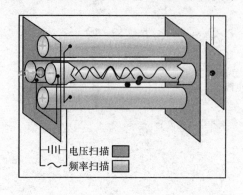

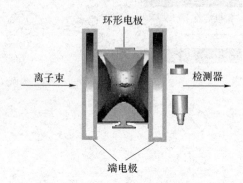

图 12.2.13 四极杆质量分析器示意图　　　图 12.2.14 离子阱质量分析器示意图

④ 飞行时间质量分析器(Time Of Flight,TOF)

TOF MS 的核心部分是一个无场的离子漂移管,如图 12.2.15 所示。在高电场下,加速后的离子具有相同的动能,即 $mv^2/2 = zv$。m/z 小的离子,漂移运动的速度快,最先通过漂移管,到达检测器;m/z 大的离子,漂移运动的速度慢,最后通过漂移管,到达检测器。检测通过漂移管的时间(t)及其相应的信号强度,可得到质谱图。

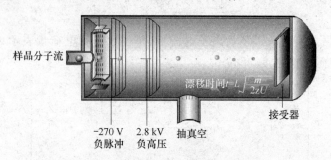

图 12.2.15 飞行时间质量分析器示意图

该方法适合于生物大分子,灵敏度高,扫描速度快,结构简单,分辨率随 m/z 的增大而降低。

⑥ 傅里叶变换离子回旋共振分析器(Fourier Transform Ion Cyclotron Resonance mass spectrometer,FT ICR)

傅立叶变换离子回旋共振分析器是利用不同 m/z 的离子,在磁场 B 的作用下,各自产生不同的回旋频率。若施加一射频离子从射频场吸收能量,称为离子的回旋共振场,使其频率等于某一 m/z 离子的回旋频率,则离子就会吸收能量而激发。激发的离子运动速度(v)增大,运动轨道半径(r)增大,称之离子的回旋运动的激发。如果磁场强度(B)一定,改变射频场的频率,即可激发不同 m/z 的离子而得到质谱。

FT-MS 的核心为分析室,分析室由三对平行的极板构成。磁力线沿 z 轴方向,离子的回旋运动垂直于 z 轴,在与 x 轴方向垂直的两极板上施加激发射频,在与 y 轴方向垂直的两极板上检测信号。

FT-MS 分辨率极高,目前可得到精确度最高的精确质量,同时其灵敏度高、质量范围宽、速度快、性能可靠。

(4)检测器

检测器是将经质量分析器分离并加以聚焦的离子束,按 m/z 的大小依次通过狭缝,到达收集器,经接收放大后被记录。经过分析器分离的同质量离子可用照相底板、法拉第筒或电子倍增器收集检测,录下质谱图。目前质谱仪的检测主要使用电子倍增器,也有的使用光电倍增管。

(5)计算机处理系统

由于色谱仪-质谱计联用后给出的信息量大,该法与计算机联用,使质谱图的规格化、背景或柱流失峰的舍弃、元素组成的给出、数据的储存和计算、多次扫描数据的累加、未知化合物质谱图的库检索,以及打印数据和出图等工作均可由计算机执行,大大简化了操作手续。

2)对质谱仪的主要技术指标要求

(1)质量范围

质量范围是指质谱仪所检测的单电荷离子的质核比范围,根据质量分析器和质谱类别的不同,要求的测试范围也不同,具体见表 12.2.3。

表 12.2.3　质谱仪质量范围

	类别	范围	
		1	2
质量分析器	四极杆	1～600 Da	1～4 000 Da
	磁质谱	1～10 000 Da	
	飞行时间质谱	无上限	
	离子阱质谱	1～2 000 Da	1～4 000 Da
质谱仪测试对象	气体分析	1～300 Da	
	气相色谱质谱	1～600 Da	1～800 Da
	有机质谱	1～2 000 Da	
	生物分子	1～10 000 Da 或更大	

(2)分辨率(R)

分辨率是质谱仪分开相邻两离子质量的能力,其数学定义为:

$$R = m/\Delta m \qquad (12.2.1)$$

式中,Δm 为质谱仪可分辨的相邻两峰的质量差,m 为可分辨的相邻两峰的平均质量,分辨率(R)是两峰间的峰谷为峰高的 10% 时的测定值,即两峰各以 5% 的高度重叠,如图 12.2.16 所示。若两个相邻峰的峰谷低于峰高的 10%,则认为是分开的。

以质量数为 28 的分子为例来解释质谱仪分辨率的

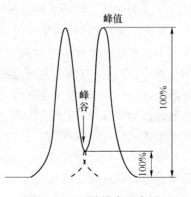

图 12.2.16　分辨率示意图

概念。有三种分子 CO、N_2 和 C_2H_4，其质量整数均为 28，但它们组成的精确质量有差异。按式（12.2.1）计算，可得到质谱仪将三种分子相互分开所需要的最低分辨率，具体见表 12.2.4。即当仪器分辨率达到 770 时，可分开 CO 和 C_2H_4 混合物；当仪器分辨率达到 1 100 时，可分开 N_2 和 C_2H_4 混合物；当仪器分辨率达到 2 490 时，可分开 CO 和 N_2 混合物；当仪器分辨率超过 2 500 时，能够分开三种分子混合物。显然，若仪器分辨力很低，如 RP＝200，则对以上三个分子不能分开，混为一峰。

一般低分辨仪器在 2 000 左右，10 000 以上时称高分辨。

表 12.2.4　三种分子 CO、N_2、C_2H_4 最低分辨率要求

分子	精确质量	R		
		CO	C_2H_4	N_2
CO	27.994 914		770	2 490
C_2H_4	28.006 158	770		1 100
N_2	28.031 299	2 490	1 100	

（3）灵敏度

灵敏度是衡量质谱仪对样品在量方面的检测能力的重要指标，它分为绝对灵敏度和相对灵敏度。绝对灵敏度是指在质谱记录仪上得到可检测的质谱信号所需的样品量（g）；相对灵敏度则是指仪表可检测到的微量杂质的最小浓度（如 $\mu g \cdot mL^{-1}$）。

（4）稳定性

质量稳定性主要是指仪器在工作时质量稳定的情况，通常用一定时间内质量漂移的质量单位来表示。例如某仪器的质量稳定性为：0.1 amu/12hr，意思是该仪器在 12 h 之内，质量漂移不超过 0.1 amu。

（5）精度

精度是指质量测定的精确程度，也称质量精度，常用相对百分比表示。例如，某化合物的质量为 1 520 473 amu，用某质谱仪多次测定该化合物，测得的质量与该化合物理论质量之差在 0.003 amu 之内，则该仪器的质量精度为百万分之二十（20 ppm）。质量精度是高分辨质谱仪的一项重要指标，对低分辨质谱仪没有太大意义。

3. 测试流程

质谱测试流程可分为样品准备、仪表测试和质谱解析三个主要步骤。

首先是样品准备，对于固体样品可通过直接进样杆将样品注入，加热使固体样品转为气体分子。有些化合物极性太强，在加热过程中易分解，例如有机酸类化合物，此时可以进行酯化处理，将酸变为酯再进行分析，由分析结果可以推测酸的结构。如果样品不能汽化也不能酯化，那就只能用溶剂先溶解，制成合适的浓度溶液，溶剂最好是水或甲醇；对液体样品，可通过传动带接口、直接液体接口和热喷雾接口，以 1～2 mL/min 的流速通过一毛细管，控制毛细管温度，使溶液接近出口处时，蒸发成细小的喷射流喷出；对气体样品，可直接导入。

样品准备好后进入仪表测试阶段。试样分子在仪表离子源作用下，在高真空条件下离子化。电离后的分子因接受了过多的能量会进一步碎裂成较小质量的多种碎片离子和中性粒子。它们在加速电场作用下获取具有相同能量的平均动能而进入质量分析器。质量分析

器是将同时进入其中的不同质量的离子,按质荷比 m/e 大小分离的装置。分离后的离子依次进入离子检测器,采集放大离子信号,经计算机处理,绘制成质谱图。

最后是对质谱图的解析,主要步骤如下:

① 校核质谱谱峰的 m/z 值,找出主要的离子峰(一般指相对强度较大的离子峰),并记录这些离子峰的质荷比(m/z 值)和相对强度;

② 确定分子离子峰,由其求得相对分子质量和分子式;

③ 对质谱图作一总的浏览,分析同位素峰簇的相对强度比及峰形,判断是否有 Cl、Br S、Si、F、P、I 等元素;

④ 计算不饱和度,确定分子式;

⑤ 研究重要的离子,如高质量端的离子(第一丢失峰 M-18-OH)、重排离子、亚稳离子和重要的特征离子等;

⑥ 推测结构单元和分子结构。通过对谱图中各碎片离子、亚稳离子、分子离子的化学式、m/z 相对峰高等信息,根据各类化合物的分裂规律,找出各碎片离子产生的途径,从而拼凑出整个分子结构。根据质谱图拼出来的结构,配合元素分析、UV、IR、NMR 和样品理化性质提出试样的结构式。最后将所推定的结构式按相应化合物裂解的规律,检查各碎片离子是否符合。若没有矛盾,就可确定可能的结构式。

4. 应用

质谱中出现的离子有分子离子、同位素离子、碎片离子、重排离子、多电荷离子、亚稳离子、负离子和离子-分子相互作用产生的离子。综合分析这些离子,可以获得化合物的分子量、化学结构、裂解规律和由单分子分解形成的某些离子间存在的某种相互关系等信息。

质谱分析法的特点是测试速度快、结果精确,广泛用于地质学、矿物学、地球化学、核工业、材料科学、环境科学、医学卫生、食品化学、石油化工等领域以及空间技术和公安工作等特种分析方面。

近年的仪器都具有单离子和多离子检测的功能,提高了灵敏度及专一性,灵敏度可提高到 10(g) 水平。用质谱计作多离子检测,可用于定性分析,例如,在药理生物学研究中能以药物及其代谢产物在气相色谱图上的保留时间和相应质量碎片图为基础,确定药物和代谢产物的存在;也可用于定量分析,用被检化合物的稳定性同位素异构物作为内标,以取得更准确的结果。

在无机化学和核化学方面,许多挥发性低的物质可采用高频火花源由质谱法测定,该电离方式需要一根纯样品电极,如果待测样品呈粉末状,可和镍粉混合压成电极。此法对合金、矿物、原子能和半导体等工艺中高纯物质的分析尤其有价值,有可能检测出含量为亿分之一的杂质。

利用存在寿命较长的放射性同位素的衰变来确定物体存在的时间,在考古学和地理学上极有意义。例如,某种放射性矿物中有放射性铀及其衰变产物铅的存在,铀 238 和铀 235 的衰变速率是已知的,则由质谱测出铀和由于衰变产生的铅的同位素相对丰度,就可估计该铀矿物生成的年代。

质谱法特别是它与色谱仪及计算机联用的方法,已广泛应用在有机化学、生化、药物代谢、临床、毒物学、农药测定、环境保护、石油化学、地球化学、食品化学、植物化学、宇宙化学和国防化学等领域。

质谱仪种类繁多,不同仪器应用特点也不同,一般来说,在 300 ℃ 左右能汽化的样品,可以优先考虑用 GC-MS 进行分析,因为 GC-MS 使用 EI 源,得到的质谱信息多,可以进行库检索,毛细管柱的分离效果也好。如果在 300 ℃ 左右不能汽化,则需要用 LC-MS 分析,此时主要得分子量信息,如果是串联质谱,还可以得一些结构信息。如果是生物大分子,主要利用 LC-MS 和 MALDI-TOF 分析,主要得分子量信息。对于蛋白质样品,还可以测定氨基酸序列。

12.2.3 红外光谱分析技术

1. 工作原理

正常情况下,物质分子不停地做振动和转动运动。分子振动是指分子中各原子在平衡位置附近做相对运动,多原子分子可组成多种振动图形。当分子中各原子以同一频率、同一相位在平衡位置附近做简谐振动时,这种振动方式称简正振动(例如伸缩振动和变角振动)。分子的振动形式可以分为两大类:伸缩振动和弯曲振动。前者是指原子沿键轴方向的往复运动,振动过程中键长发生变化;后者是指原子垂直于化学键方向的振动。伸缩振动可分为对称伸缩振动和反对称伸缩振动,从理论上来说,每一个基本振动都能吸收与其频率相同的红外光,当一束不同波长的红外射线照射到物质的分子上,分子振动的能量如与红外射线的光子能量正好对应,该特定波长的红外射线就被该分子吸收,从而引起分子对应能级的跃迁,宏观表现为红外光吸收,在红外光谱图对应的位置上出现一个吸收峰。红外射线的光子能量与分子振动的能量相等为物质产生红外吸收光谱必须满足条件之一,这决定了吸收峰出现的位置。

产生红外吸收光谱的第二个条件是红外光与分子之间有耦合作用。为了满足这个条件,分子振动时其偶极矩必须发生变化。这实际上保证了红外光的能量能传递给分子,这种能量的传递是通过分子振动偶极矩的变化来实现的。并非所有的振动都会产生红外吸收,只有偶极矩发生变化的振动才能引起可观测的红外吸收,这种振动称为红外活性振动;偶极矩等于零的分子振动不能产生红外吸收,称为红外非活性振动。另外有一些振动的频率相同,发生简并;还有一些振动频率超出了仪器可以检测的范围,这些都使得实际红外谱图中的吸收峰数目大大低于理论值。

红外谱带的强度是一个振动跃迁概率的量度,而跃迁概率与分子振动时偶极矩的变化大小有关,偶极矩变化越大,谱带强度越大。偶极矩的变化与基团本身固有的偶极矩有关,故基团极性越强,振动时偶极矩变化越大,吸收谱带越强;分子的对称性越高,振动时偶极矩变化越小,吸收谱带越弱。

组成分子的各种基团都有自己特定的红外特征吸收峰。不同化合物中,同一种官能团的吸收振动总是出现在一个窄的波数范围内,但它不是出现在一个固定波数上,具体出现在哪一波数,与基团在分子中所处的环境有关。

利用每种分子独有的红外吸收,通过检测物质的红外光谱曲线,根据红外吸收曲线的峰位、峰强以及峰形等判断化合物中含有某些官能团,并进而确定物质分子结构和鉴别化合物,这种鉴别化合物结构的分析方法就是红外光谱法。

红外光通过物体时,可以发生光的透射、散射和反射,因此红外光谱测试方法可分为透射测定法、漫透射测定法和反射测定法 3 种。透射测定法用于透明样品的分析,样品浓度与对光的吸收关系符合比尔定律。漫透射测定法,由于样品中含有光散射物质,光在穿透分析样品时,除了吸收外还有多次散射,比尔定律不适用。反射测定法,近红外光照射到样品表面后,由于样品表面状态和结构的不同,光线会发生多次反射。一般如果不特别说明,红外光谱分析法是指红外透射测定法。

透射光谱是指将待测样品置于光源与检测器之间,检测与样品分子相互作用后的透射光光强。依据比尔定律,红外吸光度、浓度和液体池长度有以下关系:

$$A = \varepsilon b c \tag{12.2.2}$$

式中,A 为吸光度;ε 为吸光系数;b 为红外池子的长度,cm;c 为样品浓度,mol/L。

实际测量中将分子吸收红外光的情况用仪器记录下来,就可得到红外光谱图。红外光谱图通常用波长(λ)或波数(σ)为横坐标,表示吸收峰的位置,用透光率($T\%$)或者吸光度(A)为纵坐标,表示吸收强度。

根据分光系统,红外光谱仪器可分为固定波长滤光片、光栅色散、快速傅立叶变换和声光可调滤光器(AOTF)四种类型。常用的红外光谱仪器有两种,其一是棱镜和光栅光谱仪,另一种是傅里叶变换红外光谱仪(FT-IR)。前者属于色散型,它的单色器为棱镜或光栅,属单通道测量;后者是非色散型的,其核心部分是一台双光束干涉仪。图 12.2.17 是傅立叶变换红外光谱仪中迈克尔逊干涉仪典型光路系统。来自红外光源的辐射,经过凹面反射镜使之变成平行光后进入迈克尔逊干涉仪,离开干涉仪的脉动光束投射到一摆动的反射镜 B,使光束交替通过样品池,再经摆动反射镜 C 后,聚焦到检测器上。

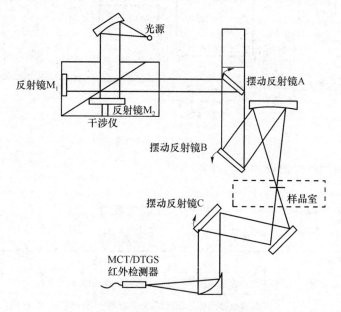

图 12.2.17 迈克尔逊干涉仪典型光路系统

迈克尔逊干涉仪是由固定不动的平面反射镜 M_1、可移动的平面反射镜 M_2 及分光束器 B 组成,平面反射镜 M_1 和 M_2 互相垂直。分光束器 B 以 $45°$ 角置于 M_1 和 M_2 之间,并将来自光源的光束分成相等的两部分,之后再以不同的光程差重新组合,使之发生干涉现象。因此通过试样后,在红外检测器上得到的是具有中心极大并向两边迅速衰减的对称干涉图。

干涉图包含光源的全部频率和与该频率相对应的强度信息,借助于数学上的 Fourier

变换技术对每个频率的光强进行计算,从而得到吸收强度或透过率随波数变化的普通红外光谱图。

傅里叶变换红外光谱仪的优点有:

① 多通道测量,使信噪比提高;

② 光通量高,提高了仪器的灵敏度;

③ 波数值的精确度可达 0.01 cm;

④ 增加动镜移动距离,可使分辨本领提高;

⑤ 工作波段可从可见区延伸到毫米区,可以实现远红外光谱的测定。

2. 红外光谱仪组成

以最常用的傅里叶变换红外光谱仪为例,其系统组成框图如图 12.2.18 所示,光源发出的辐射经干涉仪转变为干涉光,通过试样后,包含的光信息需要经过数学上的傅立叶变换解析成普通的谱图。

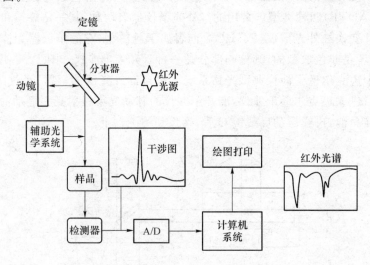

图 12.2.18　红外光谱仪系统组成框图

下面分别介绍红外光谱仪的各组件。

(1) 红外光源

红外光谱仪的光源各种各样,种类比较多,具体见表 12.2.5。

表 12.2.5　红外光谱仪用光源

序号	光源名称	特点
1	碳化硅光源	光的能量比较强,功率大,热辐射强,但需要冷却
2	EVER-GLO 光源	属改进型的碳化硅光源,发光面积小,红外辐射强,热辐射很弱,不需要冷却,寿命长,能在十年以上
3	陶瓷光源	水冷却光源和空气冷却光源,现在应用较多
4	能斯特灯光源	氧化锆、氧化钇和氧化钍烧结制成,光的能量比较强,但是需要一个预热的过程
5	白炽线圈光源	光的能量较弱

（2）干涉仪

干涉仪是红外光谱仪的"心脏"，根据结构不同，干涉仪可分为机械式（主要是角镜式）、空气轴承式、电磁式干涉仪等；根据原理不同，可分为迈克耳孙干涉仪、Sagnac 干涉仪和法布里-珀罗干涉仪等，傅里叶变换红外光谱仪（FT-IR）常采用迈克耳孙干涉仪。

（3）样品窗口材料

红外光谱测定用的窗片材料有氯化钠、溴化钾、氟化钡、氟化锂、氟化钙，它们适用于近、中红外区，其中最常用的是溴化钾（KBr）。在远红外区可用聚乙烯片或聚酯薄膜。此外，还常用金属镀膜反射镜代替透镜。

（4）检测器

检测器主要有热探测器和光电探测器，前者有高莱池、热电偶、硫酸三甘肽、氘化硫酸三甘肽等；后者有碲镉汞、硫化铅、锑化铟等。傅里叶变换红外光谱仪采用热释电（TGS）和碲镉汞（MCT）检测器，其中 TGS（硫酸三甘肽单晶）为热检测元件。其极化效应与温度有关，具有温度高表面电荷减少（热释电）、响应速度快、高速扫描等特点。

（5）配套硬件和软件

目前 FT-IR 光谱仪主要用于中红外区，但只要更换一些光学元件（光源、分束器及检测器）并配合适用的软件，就可扩展到近红外区。

配套软件包括光谱测量通用软件、化学计量学光谱分析软件和仪器自检系统。光谱测量通用软件完成近红外光谱图的获取、存储等常规功能。化学计量学光谱分析软件完成对样品的定性或定量分析，是近红外光谱快速分析技术的核心。常用的化学计量学方法有：多元线性回归、主成分分析、偏最小二乘法、人工神经网络和拓扑等。仪器自检系统完成仪器性能状态的自我检测，判定仪器是否符合样品的测试条件，仪器在硬件上要有相应的功能。

3．测试步骤

1）样品准备

不同形态的试样制备方法不同，分别如下：

（1）固体样品的制备

固体试样不应含水（结晶水或游离水），纯度应大于 98%，或者符合商业规格，这样才便于与纯化合物的标准光谱或商业光谱进行对照，多组分试样应预先用分馏、萃取、重结晶或色谱法进行分离提纯，否则各组分光谱互相重叠，难予解析。

① 压片法：红外光谱测试最常用的试样制备方法是溴化钾（KBr）压片法，将 $1\sim2$ mg 固体试样与 100 mg 干燥的优级纯 KBr 混合，研磨到粒度小于 $2\ \mu m$，装入模具内，在油压机上或手动压片制成透明薄片，即可用于测定。

② 糊状法：在玛瑙研钵中，将干燥的样品研磨成细粉末，然后滴入 $1\sim2$ 滴液体石蜡混研成糊状，涂在 KBr 或 NaCl 制成的盐窗上，进行测试。此法可消除水峰的干扰。液体石蜡本身有红外吸收，此法不能用来研究饱和烷烃的红外吸收。

③ 溶液法：把样品溶解在适当的溶液中，注入液体池内测试。所选择的溶剂应不腐蚀池窗，在分析波数范围内没有吸收，并对溶质不产生溶剂效应。一般使用 0.1 mm 的液体池，溶液浓度在 10% 左右为宜。

（2）液体样品的制备

① 液膜法：油状或黏稠液体，直接滴在两块盐片之间，形成没有气泡的毛细厚度液膜，

然后用夹具固定,放入仪器光路中进行测试。对极性样品的清洗剂一般用 $CHCl_3$,非极性样品清洗剂一般用 CCl_4。

② 液体吸收池法:对于低沸点液体样品和定量分析,要用固定密封液体池。制样时液体池倾斜放置,样品从下口注入,直至液体被充满为止,用聚四氟乙烯塞子依次堵塞池的入口和出口,进行测试。

(3) 气态样品的制备

气态样品一般直接灌注于气体池内进行测试。

(4) 特殊样品的制备

① 熔融法涂膜法:对熔点低,在熔融时不发生分解、升华和其他化学变化的物质,用熔融法制备。可将样品直接用红外灯或电吹风加热熔融后涂制成膜。

② 热压成膜法:对于某些聚合物可把它们放在两块具有抛光面的金属块间加热,样品熔融后立即用油压机加压,冷却后揭下薄膜夹在夹具中直接测试。

③ 溶液制膜法:将试样溶解在低沸点的易挥发溶剂中,涂在盐片上,待溶剂挥发后成膜来测定。如果溶剂和样品不溶于水,使它们在水面上成膜也是可行的,比水重的溶剂在汞表面成膜。

2) 样品测试

把制备好的样品放入样品架,然后插入仪器样品室的固定位置上,按仪器的操作规程测试。

3) 红外图谱解析

由光谱仪器记录下来的谱图中包含大量的被测物资的结构信息,需要对红外图谱进行解析才能获得图谱中所包含的关于物质体系信息。解析的原则是:先特征,后指纹;先强峰,后次强峰;先粗查,后细找;先否定,后肯定;寻找有关一组相关峰作为佐证,先识别特征区的第一强峰,找出其相关峰,并进行峰归属,再识别特征区的第二强峰,找出其相关峰,并进行峰归属。

解析分为人工直接解析和借助辅助系统解析这两种形式。

(1) 人工直接解析的具体流程如下:

① 将测试得到光谱与对照图谱或对照品图谱的进行比较,首先是比较各峰的峰形峰位(波数),其次是比较相邻峰之间的相对强度(透光率),如两者都能对得上,则表示供试品光谱与对照图谱一致。如其中有一项或两项都对不上,应考虑到仪器与测定条件等所存在的差异,此时应取此供试品的对照品用同法同时测定,如测得的对照品光谱与供试品光谱一致,则仍可判为符合规定。

② 从待测化合物的红外光谱特征吸收频率(波数),初步判断属何类化合物,然后查找该类化合物的标准红外谱图,待测化合物的红外光谱与标准化合物的红外光谱一致,即两者光谱吸收峰位置和相对强度基本一致时,则可判定待测化合物是该化合物或近似的同系物。

(2) 借助辅助系统解析

在实际工作中如遇到被剖析的物质不仅是单一组分,经常遇到的是二组分或多组分的样品,需要借助计算机辅助系统进行解析。

目前还不能实现复杂分子光谱谱图的直接计算,其解析主要还凭借经验,即使对专业人员来说,解析一张红外光谱谱图是一项很困难的工作。但是为了快速准确地推测出样品的组成及结构,人们一直在探索将红外图谱的解析智能化。随着商品化红外光谱仪的计算机化,出现了许多计算机辅助解析红外光谱的方法,这些方法大致可以分为三类:谱图检索系统、专家系统、模式识别方法。

① 红外光谱谱图检索。谱图检索的主要优点是能够收集大量的光谱,只要根据未知物的光谱谱图就能识别化合物而无须其他数据(例如分子式等),它的程序也比较简单。但是由于谱图库发展的局限性,它不能作为结构鉴定的一种完整的手段。

② 专家系统。计算机辅助结构解析的另一种方法是专家系统。目前设计的专家系统解析谱图的一般方法是:在计算机里预先存储化学结构形成光谱的一些规律;由未知物谱图的一些光谱特征推测出未知物的一些假想结构式;根据存储规律推导出这些假想结构式的理论谱图,再将理论谱图与实验谱图进行对照,不断对假想结构式进行修正,最后得到正确的结构式。但是,目前分子中各种基团的吸收规律,主要还是通过经验或者人工获得。人工比较大量的已知化合物的红外谱图,从中总结出各种基团的吸收规律,其结果虽比较真实地反映了红外光谱与分子结构的对应关系,却不够准确,特别是这些经验式的知识难以用计算机处理,使计算机专家解析系统难以实用化。

③ 模式识别。模式识别的发展是从 20 世纪 50 年代开始的,就是用机器代替人对模式进行分类和描述,从而实现对事物的识别。随着计算机技术的普遍应用,处理大量信息的条件已经具备,模式识别在 60 年代得到了蓬勃发展,并在 70 年代初奠定了理论基础,从而建立了它自己独特的学科体系。模式识别已经应用到分析化学领域的有关方面,其中涉及最多的是谱图解析,在一些分类问题上获得了成功。Munk 等于 1990 年首次将线性神经网络应用于红外光谱的子结构解析,把红外光谱的解析带入了一个全新的领域,从此引起红外光谱的计算机解析热潮。随后各种方法,如各种分等级的人工神经网络、偏最小二乘、信号处理方法(小波变换)和统计学习理论(包括支持向量机)等逐步引入到红外光谱的计算机解析中,使模式识别在红外光谱的应用中得到很好的发展。

4. 应用

由于红外光谱对样品的适用性相当广泛,还具有操作方便、测试迅速、重复性好、灵敏度高、试样用量少、仪器结构简单等特点,因此,它已成为现代结构化学和分析化学最常用和不可缺少的工具。目前红外光谱在高聚物的构型、构象、力学性质的研究以及物理、天文、气象、遥感、生物、医学等领域有广泛的应用。

(1) 在有机化合物结构分析中的应用

红外吸收峰的位置与强度反映了分子结构上的特点,分子结构中各种官能团的 IR 光谱特征频率是固定的,利用这些特征频率可判断官能团存在与否,这样解析能够提供许多关于官能团的信息,可以帮助确定部分乃至全部分子类型及结构,以此来鉴别未知物的结构组成或确定其化学基团。

红外光谱不但可以用来研究分子的结构和化学键,如力常数的测定和分子对称性的判据,而且还可以作为表征和鉴别化学物种的方法。例如气态水分子是非线性的三原子分子,它的 $v_1 = 3\,652\ cm$,$v_2 = 1\,596\ cm$,$v_3 = 3\,756\ cm$,而在液态水分子的红外光谱中,由于水分子间的氢键作用,使 v_1 和 v_3 的伸缩振动谱带叠加在一起,在 $3\,402\ cm$ 处出现一条宽谱带,它的变角振动 v_2 位于 $1\,647\ cm$。在重水中,由于氘的原子质量比氢大,使重水的 v_1 和 v_3 重叠谱带移至 $2\,502\ cm$ 处,v_2 为 $1\,210\ cm$。以上现象说明水和重水的结构虽然很相近,但红外光谱的差别是很大的。

红外光谱具有高度的特征性,所以采用与标准化合物的红外光谱对比的方法来做分析鉴定已很普遍,并已有几种标准红外光谱汇集成册出版,如《萨特勒标准红外光栅光谱集》收集了十万多个化合物的红外光谱图。近年来又将这些图谱贮存在计算机中,用来对比和检索。分析工作者必须熟知基团的特征频率表,如能熟悉一些典型化合物的标准红外光谱图,则可以提高 IR 光谱图的解析能力,加快分析速度。

（2）在定性分析中的应用

红外光谱是物质定性的重要方法之一,其定性分析有特征性高、分析时间短、需要的试样量少、不破坏试样、测定方便等优点。

传统的利用红外光谱法鉴定物质通常采用比较法,即与标准物质对照和查阅标准谱图的方法,但是该方法对于样品的要求较高并且依赖于谱图库的大小。如果在谱图库中无法检索到一致的谱图,则可以用人工解谱的方法进行分析,这就需要有大量的红外知识及经验积累。大多数化合物的红外谱图是复杂的,即便是有经验的专家,也不能保证从一张孤立的红外谱图上得到全部分子结构信息,如果需要确定分子结构信息,就要借助其他的分析测试手段,如核磁、质谱、紫外光谱等。尽管如此,红外谱图仍是提供官能团信息最方便快捷的方法。

（3）在定量分析中的应用

红外光谱中吸收谱带的吸收强度与化学基团的含量有关,可用于进行定量分析和纯度鉴定,进行定量分析的基本依据仍是朗伯-比尔定律,其关系式见式(12.2.2)。

红外光谱定量分析法与其他定量分析方法相比,只在特殊的情况下使用。它要求所选择的定量分析峰应有足够的强度,即摩尔吸光系数大的峰,且不与其他峰相重叠。红外光谱的定量方法主要有直接计算法、工作曲线法、吸收度比法和内标法等,常常用于异构体的分析。

随着化学计量学以及计算机技术等的发展,利用各种方法对红外光谱进行定量分析也取得了较好的结果,如最小二乘回归、相关分析、因子分析、遗传算法、人工神经网络等的引入,使得红外光谱对于复杂多组分体系的定量分析成为可能。

12.2.4 其他基础检测技术

1. 原子吸收光谱法

原子吸收光谱法基本原理是元素在热解石墨炉中被加热原子化,成为基态原子蒸汽,对空心阴极灯发射的特征辐射进行选择性吸收。在一定浓度范围内,其吸收强度与试液中被测元素的含量成正比,其定量关系可用郎伯-比耳定律。

利用待测元素的共振辐射,通过其原子蒸汽,测定其吸光度的装置称为原子吸收分光光度计。它有单光束、双光束、双波道、多波道等结构形式,广泛应用于各种气体,金属有机化合物,金属醇盐中微量元素的分析。

原子吸收分光光度计一般由四大部分组成,即光源(单色锐线辐射源)、试样原子化器、单色仪和数据处理系统(包括光电转换器及相应的检测装置)。其中原子化器是原子吸收分光光度计的核心。

原子化器主要有两大类,即火焰原子化器和电热原子化器。火焰有多种火焰,目前普遍应用的是空气-乙炔火焰,电热原子化器普遍应用的是石墨炉原子化器。前者原子化的温度在 2 100~2 400 ℃之间,后者在 2 900~3 000 ℃之间。

火焰原子吸收分光光度计,利用空气-乙炔测定的元素可达 30 多种,一般可检测到 ppm 级(10^{-6}),精密度 1% 左右。国产的火焰原子吸收分光光度计,可测定砷(As)、锑(Sb)、锗(Ge)、碲(Te)等元素。一般灵敏度在 ppb 级(10^{-9}),相对标准偏差 2% 左右。其优点是火焰原子化法的操作简便,重现性好,有效光程大,对大多数元素有较高灵敏度,因此应用广泛。缺点是原子化效率低,灵敏度不够高,而且一般不能直接分析固体样品。

石墨炉原子吸收分光光度计,可以测定近 50 种元素。石墨炉法,进样量少,灵敏度高,有的元素也可以分析到 ppt 级。其优点是原子化效率高,在可调的高温下试样利用率达 100%,灵敏度高,试样用量少,适用于难熔元素的测定。缺点是:试样组成不均匀性的影响较大,测定精密度较低,共存化合物的干扰比火焰原子化法大,干扰背景比较严重,一般都需要校正背景。

石墨炉原子化器的原子吸收分光光度法应用也有一定的局限性,即每种待测元素都要有一个能发射特定波长谱线的光源。原子吸收分析中,存在理化方面的干扰,使对难溶元素的测定灵敏度还不够理想,因此实际效果理想的元素仅 30 余个。由于仪器使用中,需用乙炔、氢气、氩气、氧化亚氮(俗称笑气)等,安全性较差。

2. 电感耦合等离子体发射光谱(ICP-OES)法

电感耦合等离子体发射光谱法,是以等离子体为激发光源的原子发射光谱分析方法,可进行多元素的同时测定。其原理是价电子受到激发跃迁到激发态,再由高能态回到较低的能态或基态时,以辐射形式放出其激发能而发射出特征波长的光。

电感耦合等离子体发射光谱仪主要由进样系统、(ICP)光源、色散系统、检测系统及相应的计算机控制及数据处理系统,冷却系统、气体控制系统组成。

测试主要包括三个过程。(1)样品激发。由光源提供的能量使样品蒸发,形成气态原子,并进一步使气态原子激发而产生光辐射;(2)分光。将光源发出的复合光经单色器分解成按波长顺序排列的谱线,形成光谱;(3)检测。检测光谱中谱线的波长和强度。根据各元素特征谱线的存在与否,鉴别样品中是否含有某种元素(定性分析),由特征谱线的强度测定样品中相应元素的含量(定量分析)。

电感耦合等离子体发射光谱法的优点:作为一种光谱分析方法,可以实现多元素同时测定的目的(同时扫描模式);自吸现象较小,校正曲线的线性范围可达 5~6 个数量级,有的可达 7~8 个数量级;稳定性和测量精度高;对大部分元素的检出限可达到 ppb(10^{-9})的水平,一些元素在洁净的试样中可达到亚 ppb 的检出限;可以对固液样品直接进行分析。缺点:对非金属测定的灵敏度低,仪器成本较高,此外,对未知和复杂基体的背景光谱干扰十分严重。

3. 电感耦合等离子质谱(ICP-MS)法

电感耦合等离子体质谱法(ICP-MS)是当代最强有力的元素分析检测手段之一。其将电感耦合等离子体(ICP)技术和质谱(MS)技术结合起来,利用等离子体作为离子源,由接口将等离子体中被电离了的试样离子引入质谱仪,用质谱仪对离子进行质量分析(按 m/z 比值将不同的离子分开)并检测记录,通过测量各种离子质谱峰的强度而进行元素的定性定量分析。

电感耦合等离子体质谱仪由主要由样品引入系统、等离子体源、接口区、离子聚焦系统、质量分析器和质量检测器以及辅助的真空系统和控制系统组成,仪器的结构示意图如图 12.2.19 所示。

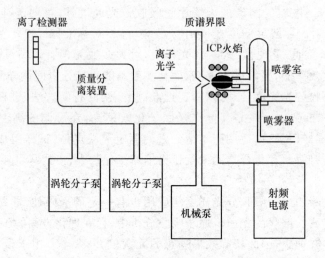

图 12.2.19　ICP-MS 基本组件示意图

样品通常以液态形式由泵提升到雾化器和雾室组成的样品引入系统,在载气作用下进入雾化室中形成小颗粒的气溶胶。在其将样品气溶胶通过炬管的最中心管路进入炬管,并通过高频的 RF 线圈使其电离。在炬管的最外层石英管中引入冷却气(又称等离子体气),将等离子体推离炬管内壁,避免炬管融化;在炬管次外层石英管引入辅助气,将等离子体推离中心样品引入管的末端,同时维持等离子体"火焰"。

离子在等离子体中形成后,通过接口锥直接引入质谱仪,同时保持真空度为 1～2 Torr (注:1 Torr＝1/760 大气压＝1 mmHg;1 Torr＝133.322 Pa),一旦离子被成功地从接口区提取出来后便进入一系列的离子透镜,压力约为 10^{-3} Torr。其主要功能室将离子束引入质量分离装置,同时阻止光子、颗粒和中性物质到达检测器。离开离子透镜后,离子束就进入了质量分离装置,此区域的运行真空度保持在 10^{-6} Torr 水平。常见的质量分离装置有四级杆型、扇形磁场、飞行时间和碰撞/反应池技术。这些技术的目的都是将不同质荷比的待测元素离子分离。最后,用离子检测器进行检测,将离子转换成电信号,目前最常用的设计称为通道式电子倍增器,产生的信号经过放大后通过信号检出系统检出。

与传统无机技术相比,电感耦合等离子体质谱技术具有更低的检出限(ppt～ppq)、更宽的动态线性范围(大于 7 个数量级)、更高的分析精密度和分析速度等优点,并且可以提供精确同位素信息,是一种可用于分析元素周期表中除碳、氢、氧外的绝大多数元素的元素分析技术,如图 12.2.20 所示。该技术不仅可以进行无机元素的定性分析、半定量分析和定量分析,同时能与激光采样(LA)、液相色谱(LC)、气相色谱(GC)、毛细管电泳(CE)、离子色谱(IC)等进样或分离技术进行联用,可以测量溶液中绝大多数含量在 ppm 至 ppt 之间的微量元素,广泛应用于半导体、地质、环境以及生物制药等行业中。

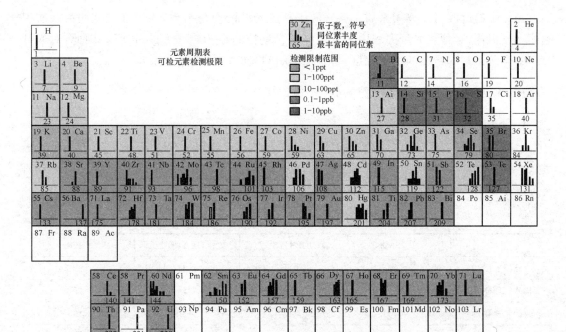

图 12.2.20   ICP-MS 检出能力

12.3   光纤材料中微量金属杂质含量的检测技术

12.3.1   金属元素杂质对光纤传输性能的影响

光纤中含有的铁、钴、镍、铜、锰、铬、钒等过渡金属元素杂质是造成光纤产生非本征吸收损耗的主要原因之一。

过渡金属元素一般以离子形式作为杂质存在于光纤材料中,由于过渡金属元素存在 α 电子结构,因此这些离子具有变形大、变价多的特点,在光的激励下容易发生振动,使 α 电子在不同的轨道间发生跃迁,从而产生光的吸收,造成光纤的非本征吸收损耗。表 12.3.1 列举出过渡金属离子杂质在光纤传输过程中产生的主要吸收峰位置,可以看出,金属离子杂质产生的吸收峰位置随离子状态的不同而不同,从紫外波段的 $0.3\ \mu m$ 起,经可见光波段 $(0.35 \sim 0.77\ \mu m)$ 直至近红外波段的 $1.1\ \mu m$ 附近均可存在金属离子杂质产生的吸收峰。

表 12.3.1   过渡金属元素离子在光纤中产生的主要吸收峰位置

离子状态	主要吸收峰位置/μm	离子状态	主要吸收峰位置/μm
Cu^{2+}	0.800	Mn^{2+}	0.500
Fe^{3+}	1.100	Co^{3+}	0.685
Ni^{2+}	0.650	V^{3+}	0.475
Cr^{3+}	0.675	V^{4+}	0.395

光纤中的过渡金属离子杂质主要来源于制造光纤的原材料中,为了降低这些由杂质引起的吸收损耗,必须将光纤原料中的金属离子含量控制在 10^{-9} g·g^{-1} 以下。因此,对光纤原料中金属元素的检测的准确程度,将直接影响到光纤产品性能的优劣。

12.3.2 金属元素的检测方法

1. 金属元素的检测方法

金属元素的检测方法主要有火焰原子吸收光谱测定法(FAAS)、石墨炉原子吸收光谱法(GFAAS)、电感耦合等离子原子发射光谱法(ICP-OES)以及电感耦合等离子体质谱分析法(ICP-MS)。表 12.3.2 对上述几种金属元素分析测试方法的技术特点进行了比较。

表 12.3.2 各种金属元素分析技术的比较

	ICP-MS	ICP-OES	GFAAS	FAAS
检测极限	优良	很好	优良	好
样品处理能力	最好	最好	差	好
分析元素数量	>75	>73	>50	>68
线性范围	9 级	8 级	2 级	3 级
精度	0.5%～3%	0.3%～2%	1%～5%	0.1%～1%
盐含量	0.1%～0.4%	2%～15%	>20%	0.5%～10%
半定量	可以	可以	不可以	不可以
同位素分析	可以	不可以	不可以	不可以
光谱干扰	少	常见	非常少	几乎没有
化学干扰	中等	少	多	多
质量数影响	有影响	没有	没有	没有
运行成本	高	高	中等	低

可以看出电感耦合等离子体质谱分析法(ICP-MS)对比其他分析测试方法具有以下优点。

① 灵敏度高:ICP-MS 仪器的灵敏度一般高出 ICP-OES 一到两个数量级,从而对多数元素能达到更低的检出限。

② 动态线性范围宽。

③ 可多元素同时分析。

④ 分析速度快,单个样品一般在几秒钟内完成。

⑤ 分析元素范围广,能分析元素周期表中的绝大多数元素。

正因为这些优点,使 ICP-MS 分析检测技术在高纯材料的痕量杂质分析中得到广泛应用。

2. 光纤材料中金属元素的电感耦合等离子体质谱分析法

光纤原材料($SiCl_4$、$GeCl_4$)中含有的杂质大多是以氯化物形式存在,氯化物的沸点如表 12.3.3 所示。根据光纤原材料和杂质的沸点不同,通过加热使样品中的基体成分 $SiCl_4$、

$GeCl_4$ 被挥发,用硝酸去除掉残渣中的有机物,使用电感耦合等离子体质谱仪(ICP-MS)对金属元素直接进行检测。

表 12.3.3　光纤材料中的杂质氯化物的沸点

序号	分子式	沸点/℃	序号	分子式	沸点/℃
1	$SiCl_4$	57.6	7	$GeCl_4$	83.1
2	$FeCl_3$	319	8	$MnCl_2$	1 190
3	$ZnCl_2$	732.4	9	$CrCl_3$	1 300
4	$CuCl_2$	1 366	10	$CoCl_2$	1 049
5	$AlCl_3$	182	11	$NiCl_2$	987
6	$PbCl_2$	954	12	VCl_3	300

使用内标法校正在分析过程中由基体效应引起的信号变化,选用铑元素作为内标元素。

3. 测试步骤

1) 测试仪表及装置准备

(1) 分析测试仪器

分析测试仪器为电感耦合等离子体质谱仪(ICP-MS)。仪器参数如下:

等离子体功率　1 400 W

蠕动泵流量　30 mL/min

冷却气体流量　13 L/min

辅助气体流量　8 L/min

雾化器流量　8 L/min

(2) 取样装置与流程

由于四氯化硅/四氯化锗样品遇到空气极易水解,整个取样操作过程必须保证密封和干燥,并需采用专门的取样装置。取样专用装置和流程如图 12.3.1 所示。

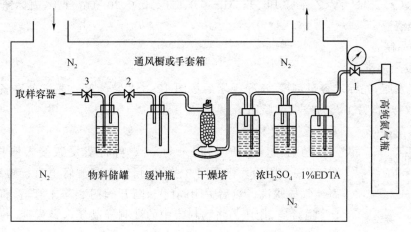

图 12.3.1　专门取样专用装置示意图

取样流程如下：

① 按图 12.3.1 所示在手套箱或抽风柜中搭建好装置,手套箱或抽风柜中放置变色硅胶和分子筛,湿度保持 2% 以下,并通入干燥 N_2。

② 取样前,关闭阀门 3,将 2 和 3 阀门之间的管道短路,关闭通向物料储罐的气路,打开阀门 1,用高纯气体吹扫气体管道。

③ 将取样容器接入系统,取样容器应能单独密封和清洗。保持通向物料储罐的气路关闭,打开阀门 3,用高纯气体吹扫 2 和 3 阀门之间的管道、储罐上的阀门和取样容器。

④ 在取样前必须保证整个管道密封且充满高纯 N_2,取样时打开储罐上的阀门,通过高纯 N_2 将被测样品压入取样容器中。

⑤ 取样完成,将取样容器密封,并从阀门 3 另一路气体管道通入高纯 N_2,将管道中多余的液体压回储罐中。

⑥ 最后将系统管道内充满高纯 N_2 后关闭所有气体管道阀门。

2）测试前准备

（1）试剂准备

ICP-MS 测试过程中所使用的主要试剂包括：

① 去离子水：电阻率 $\geqslant 18.2$ MΩ·cm,每种金属杂质含量均低于 20 ng/L。

② 硝酸：质量分数 65%,每种金属杂质含量均低于 10 ng/L。

③ 氢氟酸：质量分数 48%,每种金属杂质含量均低于 10 ng/L。

④ 盐酸：质量分数 36%～38%,每种金属杂质含量均低于 10 ng/L。

⑤ 标准贮存溶液：Fe、Cu、Mn、Cr、Co、Ni、V、Zn、Al、Pb、Ti、Mg 浓度均为 1 mg/mL,采用国内外可以量值溯源的有证标准物质。

⑥ 内标铑标准贮存溶液质量浓度为 1 mg/ml,按 GB/T602 进行配置。

（2）系列标准溶液的准备

分别配置各个待测杂质元素（Fe、Cu、Mn、Cr、Co、Ni、V、Zn、Al、Pb、Ti、Mg）系列标准溶液,步骤为：对每一待测元素,取 6 支洁净的 10 mL 比色管,分别加入 0.00、0.50、1.00、2.00 mL 标准贮存溶液,0.10 mL 硝酸,0.50 mL 铑内标,用水稀释到刻度,由此得到得到含 Fe、Cu、Mn、Cr、Co、Ni、V、Zn、Al、Pb、Ti、Mg 各 0、5.0、10.0、20.0 ng/mL,内标铑 50 ng/mL 的系列标准溶液。

（3）样品制备

① 蒸发瓶的准备

取一蒸发瓶,先标定容量刻度,洗净干燥后按图 12.3.2 装配好。测试前准备三套蒸发瓶,2 套为取样用,另 1 套为空白试验用。

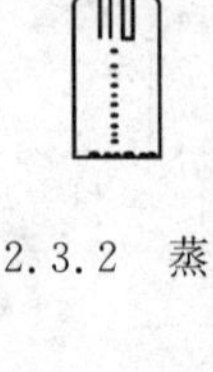

图 12.3.2 蒸发瓶

② 取样称量

精确称量其质量,记录为 w_1。再将蒸发瓶接入取样系统,如图 12.3.3 所示。将阀门 3 关闭,阀门 2 与 4 管道直接短路接通,用高纯气体吹洗。然后关闭阀门 5,断开阀门 2 与 4 管道,将阀门 3 与 4 管道接通,用压力将物料罐中的被测样品压入蒸发瓶,每次取样不超过 20 mL。

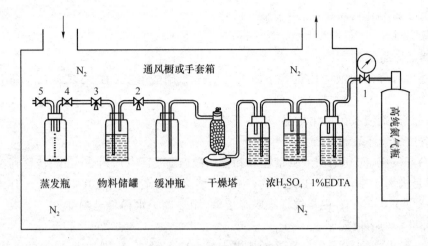

图 12.3.3　取样装置示意图

取样后,将阀门 3 关闭,阀门 2 与 4 管道直接短路接通,用高纯气体吹洗。然后关闭阀门 5、4 和 2,断开阀门 2 与 4 管道,取下蒸发瓶,在电子天平上精确称量总质量,记为 w_2。

③ 制样

将称重后的蒸发瓶接入系统,将阀门 3 关闭,阀门 2 与 4 管道直接短路接通,将吸气瓶与蒸发瓶连接,打开阀门 2,用高纯气体吹洗。然后将蒸发瓶放入带温控装置的电加热板上,如图 12.3.4 所示。

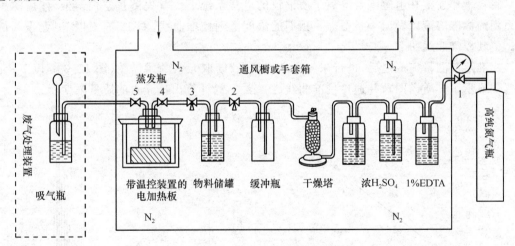

图 12.3.4　制样装置示意图

给电热板通电加热,控制蒸发瓶温度在 60 ℃(四氯化硅)或 85 ℃(四氯化锗),让四氯化硅或四氯化锗基体挥发,通过吸气瓶处理后排出。蒸发瓶中加热到无残留四氯化硅或四氯化锗液体为止,停止通电,取下电热板,关闭阀门 2、4 和 5。断开阀门 2 与 4 之间的管道,断开阀门 5 与吸气瓶之间的管道,取出蒸发瓶。加入 3 mL 盐酸,若含有有机物,则滴加几滴硝酸,通过加热将有机物去除掉。滴加稀硝酸和氢氟酸(1+1)使残渣全部溶解,溶解约 20 min,转移到 10 mL 比色管,用少量去离子水,分 2～3 次冲洗,一并转移至 10 mL 全氟烷氧基树脂(PFA)容量瓶内。

按上述步骤制作两份试样,用于平行试验。

3) 测试分析

(1) 测试样品制备

向上述含有样品溶液的比色管中加入 0.10 mL 硝酸(纯度 BV-3 级)、0.50 mL 内标铑标准贮存溶液,用去离子水稀释至刻度。

使用同样试剂制备另一组样品。

(2) 空白试验样品制备

取空白蒸发瓶,向其中加入少量盐酸和稀硝酸(比例 1:1),约 20 min,转移到 10 mL 比色管,用少量去离子水,分 2~3 次冲洗,一并转移至比色管内。向其中加入 0.10 mL 硝酸(纯度 BV-3 级)、0.50 mL 内标铑标准贮存溶液,用去离子水稀释至刻度。

(3) 标准系列溶液配制

① 取 4 支洁净的 10 mL 全氟烷氧基树脂(PFA)容量瓶,分别加入 0.00 mL、0.50 mL、1.00 mL、2.00 mL 混合标准贮存溶液;

② 向容量瓶中加入 0.10 mL 硝酸(纯度 BV-3 级)、0.50 mL 内标铑标准贮存溶液,用去离子水稀释至刻度;

③ 此标准溶液中含有 Cu、Fe、Mn、Cr、Co、V、Zn、Ni、Al、Pb 各 0、5.0、10.0、20.0 ng·mL^{-1},内标铑 50 ng·mL^{-1}。

(4) 测试步骤

将容量瓶连接在电感耦合等离子质谱仪的进样系统上。首先测量空白溶液,然后测量一系列的标准溶液以做出一条覆盖了预期的浓度范围校准曲线,图 12.3.5 以 Fe 元素为例显示了其校准曲线。

标准溶液测量完成之后,进行未知样品的测量,读取元素的质谱图(图 12.3.6 以 Fe 元素为例显示了其质谱图),并通过校准曲线(图 12.3.5)计算出该元素的质量浓度。

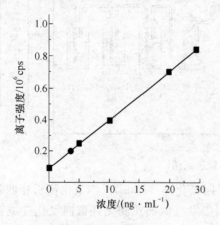

图 12.3.5 Fe 元素校准曲线图

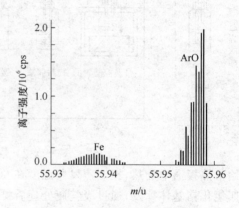

图 12.3.6 Fe 元素质谱图

(5) 结果与计算

按上述步骤对两份试样平行采用 ICP-MS 仪器直接测试 Cu、Mn、Cr、Co、Ni、V、Zn、Al、Pb、Ti、Mg 等杂质。从仪器上读取各杂质的含量,按下式计算被测试样中杂质含量:

$$C_i = \frac{c_i \times V_i}{(w_{i2} - w_{i1}) \times 10^9}$$
(12.3.1)

式中,C_i 为金属元素杂质 i 的质量分数,单位为 $\text{g} \cdot \text{g}^{-1}$;$c_i$ 以仪器测量的数据为基准,通过标准校正曲线法计算出的杂质 i 的质量浓度,单位为纳克每毫升($\text{ng} \cdot \text{mL}^{-1}$);$V_i$ 为测定体积,单位为毫升(mL);w_{i1} 为取样前蒸发瓶的质量(g);w_{i2} 为取样后蒸发瓶的质量(g)。

两份样品平行测试的结果应在 5% 误差范围内。

采用 ICP-MS 法同时对光纤材料中金属元素杂质含量进行测定,各元素的检出限在 $0.009 \sim 0.05\ \text{ng} \cdot \text{ml}^{-1}$ 之间,相对标准偏差(RSD)为 0.9% ~ 3.7%。

12.4 光纤材料中含氢和有机化合物杂质含量的检测技术

12.4.1 光纤沉积材料中含氢化合物和有机化合物对光纤性能的影响

光纤中含氢及有机化合物的来源是多方面的,其中原材料引入是主要的、最直接的。光纤制造中的主要原材料是 $SiCl_4$ 和 $GeCl_4$,由于制造工艺的特点,这两种原料中会存在 $SiHCl_3$/$GeHCl_3$、$SiOHCl_3$/$GeOHCl_3$、HCl、CH_2/CH_3 等含氢化合物或含氢基团。这些杂质会与反应系统中的氧反应,在光纤芯层、包层石英玻璃中产生 OH 基团,影响光纤的光传输性能。

图 12.4.1 为光纤的典型损耗谱曲线,图中可以看出在石英系光导纤维中,光纤中残存的氢氧基(-OH)在近红外区若干波长处有强吸收,成为石英系光导纤维成品中传输损耗的主要根源。

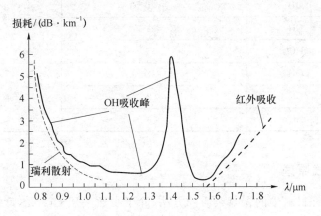

图 12.4.1 典型光纤的损耗谱

研究发现,光纤中由于含氢杂质引起的氢氧根离子的吸收振动,其基波吸收振动在 $2.73\ \mu\text{m}$,二次谐波振动在 $1.39\ \mu\text{m}$,三次谐波振动在 $0.95\ \mu\text{m}$,它们的各次振动谐波和它们的组合波,将在 $0.6 \sim 2.73\ \mu\text{m}$ 的范围内,产生若干个吸收。因此,光纤在传输过程中的损耗和原料中的氢杂质质量分数有直接的关系。

为使含氢化合物不对 $0.6 \sim 2.73\ \mu\text{m}$ 波长范围内的光纤损耗产生影响,对光纤原料中含氢化合物的含量有严格的要求。表 12.4.1 和表 12.4.2 分别为德国 Merck 和美国贝尔实验室对光纤原料的质量要求。

表 12.4.1　德国 Merck 公司光纤用高纯 $SiCl_4$ 透过率标准

（红外光谱测试，样品池 $L=10$ cm）

波数/cm^{-1}	透过率/%	杂质
3 666	>90	SiOH
3 100～3 020	>99	Aromatic-CH
2 970～2 925	>95	Aliphatic-CH
2 860～2 830	>95	HCl
2 338	>95	CO_2
2 295	>97	SiNCO
2 257	>99	$SiHCl_3$
2 023	>99	$SiCH_3$
1 540	>99	Si_2OCl_5

表 12.4.2　美国贝尔实验室对光纤原料纯度要求

原料种类	杂质种类	杂质质量分数/$\times 10^{-4}$%	测量方法
O_2	CH_4	<1	气相红外光谱
	H_2O	<0.1	气相红外光谱
$POCl_3$	OH	<1	液相红外光谱
$SiCl_4$	$SiHCl_3$	<2	液相红外光谱
	OH	<1	
	CH	<2	
	HCl	<5	
$GeCl_4$	OH	<1	液相红外光谱
	CH	<2	
	HCl	<5	

12.4.2　测试原理

国内外测定光纤材料中的含氢杂质的方法，除了少数采用 GC-MS 联合分析法以外，普遍采用红外吸收光谱法进行测量。通过测试四氯化硅和四氯化锗溶液的红外光谱可判断含氢化合物和有机物的含量。

关于红外吸收光谱法测试原理请参考 12.1 节。

12.4.3　测试流程

1. 仪器与装置准备

（1）红外光谱仪

采用傅里叶变换红外光谱仪，分辨率不大于 4 cm^{-1}，透过率精度优于 0.1%。

（2）样品池

池体为圆柱形，使用耐腐蚀的不锈钢材质或石英材质，壁厚2～4 mm，外径25～30 mm，长度（50～100 mm）±0.1 mm。池体安装有两个进出口，如图12.4.2所示。

（3）窗口材料

红外窗口材料可选用抛光锗单晶片、氯化银、溴化钾或硫化锌窗片，厚度2 mm，并确保抛光窗片与样品池体之间密封连接。

（4）取样装置

与图12.4.1类似，可直接与样品池连接。

2. 测试与分析

（1）背景扫描

采集背景光谱，让样品光路空着，采集背景光谱。将

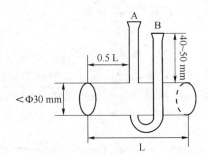

图12.4.2　样品池尺寸

空的液体样品池放到光谱仪的样品室中样品架上，确保样品池平行于光路，采集空白光谱。

（2）取样

将样品池A、B两端，如图12.4.2所示，分别安装上管道和阀门，接入取样系统，如图12.4.3所示。取样前，将阀门3和2通向物料罐的通道关闭，阀门2另一通道与阀门4其中一通道直接短路接通，用高纯气体吹扫。然后关闭阀门5与外界连接的通道，断开阀门2与阀门4直接连通的管道，接入阀门3另一通道，用压力将物料罐中的被测样品压入样品池中，被测样品要充满样品池。

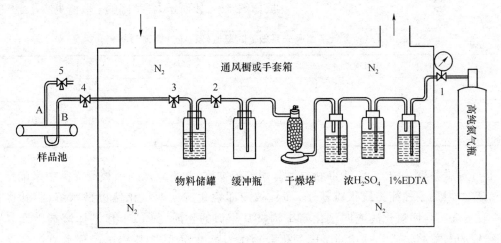

图12.4.3　红外光谱试验取样装置

样品取样后，依次将阀门5、阀门4和3所有通道关闭，断开阀门4与3之间管道，取下样品池，并将样品池固定在样品架上待测，其位置应保证光路从被测液体中平行穿过。

（3）样品测试与处理

选择锗片等材料作为窗口材料，将窗口材料用万能胶在取样池两个截面各黏接一块，即可进行光谱测量。

将样品池置于红外光谱仪样品仓中，调整仪器，采集样品光谱。用样品光谱扣除背景光谱，调整样品光谱的基线至100%后再测定样品光谱图。测量完毕，将样品池取下，重新接

入取样系统,将阀门 5 与阀门 2 另一通道接通,阀门 4 一个通道接入废液瓶,用氮气将测量完毕的样品反压回废液瓶内,并立即取下样品池,用 10% 氢氟酸清洗,烘干,放置于干燥器中,可重复使用。

(4) 测量结果处理

① 基线:通过谱带两翼透过率最大点做光谱吸收线的切线,作为该谱线的基线。

② 分析波数处的垂线与基线的交点的纵坐标为入射光线的辐射能。

③ 样品在分析波数处的最大吸收峰的透过率为透过样品的辐射能。

④ 样品在分析波数处的透过率为该波数处透过样品的辐射能与入射光的辐射能之比。

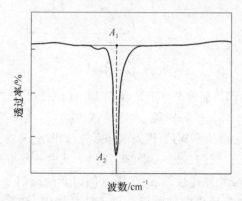

图 12.4.4 A_1、A_2 取数据示意图

⑤ 绘制从 400 cm^{-1} 到 4 000 cm^{-1} 波数范围的透过率光谱图。可以直接使用透过率光谱图进行含氢化合物定性分析,也可利用测得的透过率光谱图进行定量分析。即依据被测样品光谱图中不同特征吸收峰,按下式计算样品中含氢化合物杂质含量:

$$被测物含量(ppm) = \frac{\varepsilon \log(A_1/A_2)}{L}$$

(12.4.1)

式中,L 为样品池厚(cm);A_1 和 A_2 分别为吸收峰的最大和最小透过率;ε 为吸光系数。取 A_1 和 A_2 数据如图 12.4.4 所示,各基团的 ε 取值见表 12.4.3。

表 12.4.3　含氢基团吸光系数 ε 的取值(以 AgCl 为窗口材料)

	基团	ε 取值	备注
1	-OH	61	
2	-CH	360	氯化甲基 $\varepsilon = 1\,800$
3	HCl	1 200	

进行定量分析,最好是能够得到含氢基团的纯物质,并将其加入到被测样品中来测定其吸光系数。但是这种纯物质很难获得,而且被测四氯化硅或四氯化锗极易水解,实际操作中,一般是选用与四氯化硅或四氯化锗结构极其相似的物质,如 CCl$_4$ 作基体溶剂以及具有对称结构的与被测物质具有相同基团的化合物作为标准物质,利用标准物质分别配置系列标准溶液,测试标准溶液,得到一系列红外光谱图。从光谱图上读出被测含氢基团的特征振动峰所对应的吸收峰吸光度,以浓度为横坐标,吸光度为纵坐标做一直线,由此可得到吸光度与浓度的线性关系式,相应地从关系式上获得吸收系数,再根据 lambert-Beer 定律公式并结合红外光谱进行定量分析。具体测试步骤包括:

① 以 OH 基团为例,选择 CCl$_4$ 做基体溶剂,选三苯基硅醇做标准物质。

② 分别配置含标准物质 0.01 mg/mL、0.03 mg/mL、1 mg/mL 系列标准溶液。

③ 测量前,先用空白样品池测试背景红外光谱。

④ 将装有标准溶液的样品池置于红外光谱仪样品仓中,调整仪器,采集标准溶液的红

外光谱。用标准溶液光谱扣除背景光谱，调整标准溶液光谱的基线至 100％后再测定标准
溶液光谱图。

⑤ 按四氯化硅和四氯化锗溶液取样方法将被测溶液加入样品池中，按步骤④测试被测
样品的红外光谱。

根据测试得到的系列标准溶液红外光谱图，读
出被测含氢基团的特征振动峰对应的吸收峰吸光
度，以标准溶液浓度为横坐标，吸光度为纵坐标做
一直线，如图 12.4.5 所示，由此可得到吸光度与浓
度的线性关系式 $Y＝kX＋B$，相应地获得对应的斜
率 k。

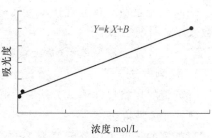

图 12.4.5　吸光度与浓度拟合曲线示意图

根据测试得到的被测样品红外光谱，得到各基
团特征峰对应的吸光度，根据 lambert-Beer 定律，
吸光度与浓度的计算公式为：

$$A＝\varepsilon Lc \tag{12.4.2}$$

式中，A 为吸光度；ε 为吸光系数；L 为红外样品池的长度（cm）；c 为样品浓度（moL/L）。

由于 $k＝\varepsilon L$，$\varepsilon＝k/L$，因此确定吸光系数后根据式（12.3.3）就可计算样品浓度 c。

12.5　光纤制造用石英玻璃材料的检测技术

光纤预制棒制造过程中，根据工艺的不同，需要采用芯层沉积用石英基管和套管用石英
管。芯层沉积用石英基管仅在 PCVD 和 MCVD 工艺中少量采用，因此本文主要介绍套管
法制造光纤工艺用石英管的检测方法。

套管用石英管的纯度和几何尺寸直接影响最终光纤的性能，在使用前需要对材料的外
观、纯度和几何尺寸包括椭圆度、偏壁度、曲度和截面积偏差等进行测试。

12.5.1　石英玻璃管的外观检测

外观检测主要检测石英管的规格尺寸，观察石英管是否存在缺陷，如气泡、气线、裂纹和
残余应力等。

1. 规格尺寸定义

石英玻璃管的规格尺寸直接影响光纤的芯径比及偏心度等几何标准，所以对其尺寸规
定了非常严格的要求，具体指标有长度、外径、壁厚、截面积以及椭圆度、偏壁度、弯曲度和截
面积偏差等。长度、外径、壁厚、截面积等四个指标是常规的，对后四个指标专门说明如下。

（1）椭圆度

石英管同一截面最大外径与最小外径之差再除以公称直径，以百分数表示。计算公式：

$$椭圆度＝（最大外径－最小外径）/公称直径×100％$$

（2）偏壁度

石英管同一截面下最大壁厚与最小壁厚之差再除以公称壁厚，以百分数表示。计算
公式：

$$偏壁度＝(最大壁厚－最小壁厚)/公称壁厚×100\%$$

（3）弯曲度

弯曲度是指石英管在长度方向的平直程度。

（4）截面积偏差

截面积偏差是沿石英管长度方向截面面积最大值与最小值之差再除以公称壁厚，以百分数表示。计算公式：

$$截面积偏差＝(最大截面积－最小截面积)/公称截面积×100\%$$

2．检测方法

石英管的规格尺寸测试方法有直接测量法和间接测量法。

（1）直接测量法

石英管的长度采用分度值为 1 mm 的钢直尺或钢卷尺直接测量。对石英管的外径、壁厚、椭圆度、偏壁度等采用分度值不大于 0.02 mm 的游标卡尺测量。

测量石英管外径、椭圆度时，要选取石英管两端和中间进行测量外径，同一截面至少要测三个点。每一测量点计算椭圆度，取三个截面最大的椭圆度值。

测量石英管壁厚、偏壁度时，要选取石英管两端测量壁厚，同一截面至少要测三个点。每一测量点计算偏壁度，取两个测量截面最大的偏壁度值。

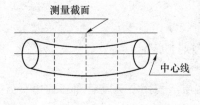

图 12.5.1　弯曲度测量示意图

测量长度时，直接沿石英管长度方向测试，取最长处与最短处的长度平均值。

弯曲度测量示意图如图 12.5.1 所示，测量时，将石英管放在准确度不低于 2 级的平台上，两端紧贴平台转动管子，用分度值不大于 0.02 mm 的塞尺测量管与平台之间的最大缝隙，用最大间隙除以最大公称长度即为石英管的弯曲度。计算公式如下：

$$弯曲度＝(最大间隙－测量点平均直径/2)/公称长度×100\%$$

（2）仪表测量法

石英管的几何尺寸可以采用专门的仪表进行测量，测量原理图如图 12.5.2 所示。

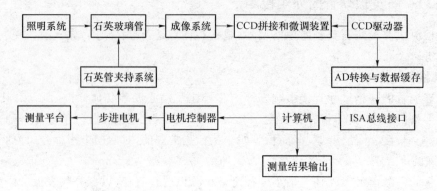

图 12.5.2　石英管的几何尺寸仪表测量法原理图

图中照明系统采用 LED 激光产生的平行光照射石英管，成像系统由成像物镜光路组成。载有石英管尺寸信息的光射进成像系统后由物镜成像到 CCD 感光面。CCD 在驱动器控制下工作，并将 CCD 输出的模拟信号送入 AD 转换电路转化成数字信号，再由 ISA 总线读入计算机内存。计算机对读入的数据进行计算并输出测量值。另外,通过多个步进电机控制石英管的转动和在平台上移动,可以测量石英管的各个截面和各个点的几何尺寸。

12.5.2　缺陷检测方法

1. 气泡及夹杂物

在周围环境照度不大于 10 lx 的黑色背景下,用照度不小于 60 000 lx 的光源(通常采用 LED 环形光源)将石英玻璃通光面对着光源用目视法检测其气泡及夹杂物,并对气泡及夹杂物做出标记。根据待测气泡及夹杂物的大小和分布,采用一定放大倍数的读数显微镜、测量显微镜或投影仪等依次测定标记内气泡或夹杂物的单向最大长度,采用分度值不大于 0.02 mm 的量具测量气泡间距。

对套管用石英管不但要求杂质总含量少,而且对于杂质富集区(杂点)的要求更为严格,这些杂质富集区表现为黑点、白点、兰点等。可采用火焰加热石英管,观察是否有红点显现出来,并做好记录。

2. 残余应力

石英玻璃应力的检测可分为定性定量两种检测方法。其中定性检测使用简式偏光仪观察应力干涉图,而定量检测采用读数偏光仪。目前主要采用偏光应力仪观察材料内部双折射效应来评定内应力,该法可快速、连续地测定光学玻璃等透明材料的应力。

图 12.5.3 为应力仪光学系统的原理图,由光源 1 发出的光束,通过隔热片 2,聚光镜 3、4,反光镜 5 和检偏镜 6 变为平面偏振光,再通过发散镜 8 和台面玻璃 9,折射到被测试样上。如果这个试样具有双折射性质(即有内应力),平面偏振光就分解为振动方向互相垂直的寻常光和非寻常光(不考虑全玻片的作用)。因为两者传播速度不同,透出试样后,就产生了一个光程差,最后通过检偏镜 11 将看到寻常光和非寻常光在同一平面内产生的具有应力特征的干涉图。

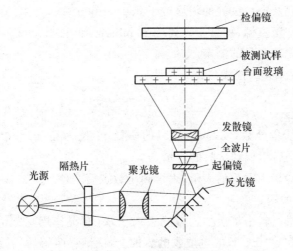

图 12.5.3　应力仪光学系统

图 12.5.4 为利用应力仪光学系统检测的石英玻璃应力双折射干涉图和对应的应力双折射值。

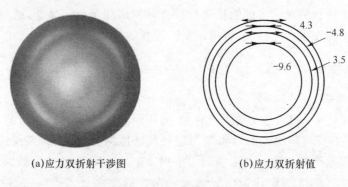

(a)应力双折射干涉图　　　　　　(b)应力双折射值

图 12.5.4　石英玻璃应力双折射干涉图和对应的应力双折射值

12.5.3　石英玻璃管的纯度测试

对石英材料的纯度检测包括金属杂质含量检测和含氢物质含量的检测。

1. 二氧化硅含量的测定

（1）方法提要和原理

试料经高温灼烧至恒量,减少的质量百分数即为烧失量,经氢氟酸和硫酸消解,使全部二氧化硅转化为四氟化硅而除去,再灼烧至恒重,可计算二氧化硅含量。反应方程式如下:

$$SiO_2 + 6HF \longrightarrow H_2SiF_6 + 2H_2O$$

$$H_2SiF_6 \longrightarrow SiF_4\uparrow + 2HF\uparrow$$

（2）检测流程

称取约 1 g 经 110 ℃烘干不少于 2 h 的试样,精确至 0.000 1 g,置于经 950～1 000 ℃灼烧恒量的铂坩埚中,盖上盖,并稍留缝隙。

① 烧失量的测定

将装有试料的坩埚及空白试验的坩埚置于 950～1 000 ℃的高温炉内,灼烧不少于 1 h,然后移入干燥器中冷却至室温,称量。再灼烧 20 min,冷却,称量。反复灼烧,直至恒量。保留恒重试料用于二氧化硅含量的测定。

烧失量的质量分数（ω_{LOI}）按式（12.5.1）计算:

$$\omega_{LOI} = \frac{m_1 - m_2}{m} \times 100 \tag{12.5.1}$$

式中,ω_{LOI} 为烧失量的质量分数,％;m 为试料的质量,单位为克（g）;m_1 为灼烧前坩埚和试料的质量,g;m_2 为灼烧后坩埚和试料的质量,g。

以平行测定结果的算术平均值表示,表示到小数点后两位。

② 二氧化硅含量的测定

向上述得到的恒量试料中依次加入数滴去离子水（润湿作用）、5 mL 氢氟酸、5 滴硫酸（1+4）,将坩埚置于 100 ℃±5 ℃的电炉或电热板上,待试料溶解后,升温至 130～160 ℃蒸干。冷却后,用去离子水洗涤坩埚壁,加入 3 mL 氢氟酸,于 130～160 ℃的电炉或电热板上蒸干。用少量去离子水洗涤坩埚壁,再次蒸干后,升温至 160 ℃驱尽二氧化硫。冷却后用湿滤纸擦净坩埚外壁,于 950～1 000 ℃高温下灼烧 30 min,移入干燥器冷却至室温后称量,反复灼烧,直至恒量。

二氧化硅的质量分数（ω_{SiO_2}）按式（12.5.2）计算：

$$\omega_{SiO_2} = \frac{m_2 - m_3 + m_0}{m} \times 100 \tag{12.5.2}$$

式中，ω_{SiO_2} 为二氧化硅的质量分数，%；m 为试料的质量，单位为克（g）；m_2 为灼烧后坩埚和试料的质量，单位为克（g）；m_3 为经氢氟酸处理后灼烧的残渣及坩埚质量，单位为克（g）；m_0 为空白试验的残渣质量，单位为克（g）。

以平行测定结果的算术平均值表示，表示到小数点后两位。

③ 允许误差

二氧化硅含量测定结果的允许差应小于等于 0.1%。

2. 石英材料金属杂质含量的检测方法

从被测石英管上取下少许样品，用一定量的氢氟酸进行腐蚀溶解。取一定量的溶解液，按 12.3 节沉积材料有关金属杂质含量检测方法进行检测。

对石英材料中锂、钠、钾 3 种碱金属元素含量的测定可采用原子吸收光谱仪火焰原子化器（FAAS）进行检测，即试料经氢氟酸溶解，冒烟除去硅、氟等，残渣用硝酸溶解后引入石墨炉原子吸收光谱仪。当光源辐射出的待测元素的特征谱线通过样品的蒸汽时，被蒸汽中待测元素的基态原子所吸收。由于在一定浓度范围，其吸收程度与溶液中待测元素的浓度呈线性关系，因此根据原子吸收光谱仪测试的光谱可得到石英材料中 3 种碱金属的含量。

3. 石英材料含氢物质的检测

从被测石英管上切取两段样品，再分别沿长度方向切割出弧长为 8～15 mm 的弧形试验各一个，用千分尺或卡尺分别测出试样的厚度，并进行清洗处理。

测试前先在样品光路和参考光路中分别装入长方形的固定光栏，并检查并调整仪表零点和 100% 透过率基准线。将处理好的试样固定在试样光路中的固定光栏架上，使其中心对准光栏中心。利用红外分光光度计进行扫描，记录试样在 2.00～3.30 μm 波长范围内的透光曲线。

在记录的光谱曲线上划出基线，分别测量出 2.73 μm 基线到零线和吸收峰到零线的距离。可按式（12.5.3）经验公式计算石英玻璃管中羟基含量：

$$[OH] = 96.5 \frac{1}{d} \lg \frac{I_0}{I} \tag{12.5.3}$$

式中，d 是试样厚度，I_0 是 2.73 μm 基线到零线的距离，I 为吸收峰到零线的距离。

每个试样取两次测试结果取算术平均值作为其羟基含量值，两个试样的羟基含量算术平均值作为被测样品的羟基含量值。

具体测试要求见国标 GB/T 12442—90。

12.5.4　石英玻璃管的热稳定性

热稳定性是反映石英玻璃承受从高温 T_1 到低温温度 T_2 剧变的能力。

1. 测试设备

主要设备包括：

（1）高温电炉

最高温度能满足温度 T_1 要求，其尺寸应适应被测石英管的尺寸，且炉膛温度在保温期间温度波动不超过±5 ℃。

（2）冷却水槽

材质:不锈钢;尺寸:直径或边长≥300 mm,高 350～400 mm;池中充满自来水,水深250～300 mm。

（3）温度计

测量范围 0～50 ℃。

2. 测试流程

根据被测石英管的尺寸规格,按 GB/T 10701—2008 规定制取试样并进行处理。一般取样两组,每组三个试样。一组试验,一组备用。将准备好的试样放在石英托架或托盘上,放入温度已加热到 T_1 的高温炉中心。保温时间根据试样厚度控制在 15～30 min。保温时间一到,用坩埚钳夹住石英托架或托盘连同试样一起迅速浸入水温控制在 T_2 的水槽中,保持 8 s 后在水中观察是否试样出现裂纹、缺口和内外表皮崩落等缺陷,检查必须在 2 min 中内完成。如果试样未破坏,则将试样捞起,用去离子水冲洗干净,再用纱布擦干,按上述步骤重复试验 3 次。

每次冷热试验后,若试样出现裂纹、缺口和内外表皮崩落等缺陷,则试样不再继续试验。一组中一个试验出现缺陷,则取另外一组继续试验,如一组中出现两个试样试验中出现缺陷,则该批产品不再进行测试。

12.6　光纤制造用气体检测技术

12.6.1　概述

光纤制造中需要使用品种多样的高纯气体,每种气体在工艺中所起作用不同,对纯度要求不同。表 12.6.1 为常用高纯气体在光纤制造中的使用。

表 12.6.1　石英光纤常用原材料及其作用

名称	主要作用
含氟气体	掺入包层,构成 Si—F ,降低折射率
氧 O_2	参加氧化反应并兼做载气,也作为燃烧气体。
氦 He	预制棒制造中增强热传导,提高沉积效率;在拉丝阶段作冷却介质
氩 Ar	维持正压或用作保护气氛
氮 N_2	冲洗、干燥保护系统和载气
氯 Cl_2	用作脱水干燥剂,在沉积芯层时和烧结阶段通入起重要作用
氢 H_2	化学气相沉积时用的燃烧气体

由于气体应用在光纤制造中的各个阶段,任何一种气体含有超过标准要求的杂质,都会污染整个供料系统。因此控制每一种气体的纯度至关重要。

光纤制作中所用的氧气、氮气、氦气、氩气和氯气等高纯气体中所含杂质的种类既有共同点,如总碳杂质和水含量等,也有不同点,如在氧气中必须严格控制氢气杂质含量,而在氢气中却不能含有氧气,否则会有使用安全风险。检测高纯气体中微量气体杂质的方法就有多种途径和手段,常用的检测方法见表 12.6.2。然而,在上述高纯气体质量分析中,对氯气中微量水分等的检测比较困难,这与氯气腐蚀仪器和有毒等因素有关。

表 12.6.2　常用的微量气体杂质测定方法

被测杂质	分析方法	最小监测量/ppm	特点
水分(H_2O)	镜面露点法	0.01	装置简单,操作容易,需耗液氮
	电解法	0.05	能连续测定自动记录,便于携带
	光谱法	0.001	灵敏度高,可连续测定,维护方便
氧气(O_2)	比色法	0.05	经典方法,手工操作,较为常用
	黄磷发光发	0.005	仪器简单,维护方便,可连续测定
	电化学法	0.05	能连续测定,自动记录,便于携带
	氧化锆法	0.1	能分析常量及微量
	气相色谱法	0.001	浓缩热导检测或直接进样氦离子化检测
氢气(H_2)	热导法	1	能连续测定,自动记录
	气相色谱法	0.01	半导体气敏检测,或氦离子化检测
氮气(N_2)	光谱法	1	能连续测定,自动记录
	电子迁移率法	1	
	气相色谱法	0.02	浓缩热导检测或直接进样氦离子化检测
	四极质谱法	0.1	设备较昂贵,可同时测定各种杂质
甲烷(CH_4)	红外吸收光谱法	1	能连续测定,自动记录
	气相色谱法	0.01	氢焰离子化检测或氦离子化检测
一氧化碳(CO) 二氧化碳(CO_2)	电导法	1	
	红外吸收光谱法	1	能连续测定,自动记录
	气相色谱法	0.001	用转化色谱法氢焰离子化检测或直接氦离子化检测
THC	氢焰色谱仪		

实际操作中,高纯气体的检测根据检测杂质成分的不同采用不同的检测方法。

12.6.2　气体水分测试方法

水分分析法通常可归结为两大类,即物理分析法和化学分析法。属于物理分析法的有干燥失重法、蒸馏法、吸附法、相对密度法、露点法、电分析法、光学分析法和气相色谱法等,化学分析法则包括气体发生法、生成酸或碱的方法及卡尔・费休法等。对于光纤制造用氢、氧、氮、氦、氖、氩、六氟化硫等气体以及由它们能够组成的混合物中水分的测定,常采用露点法、电解法和光谱法。

1. 露点法

露点的定义是在恒定的压力下,气体中所含水分达到饱和并凝结成露或霜(冰)时的温度,通过测定气体的露点来测定气体中微量水分的方法即为露点法。

(1) 测试原理

露点法是一种古老的湿度测量方法,从经典的 Regnault 露点仪算起,它也有一百多年的历史了。其原理是当一定体积的气体在恒定的压力下均匀降温时,气体和气体中水分的分压保持不变,直至气体中的水分达到饱和状态,该状态下的温度就是气体的露点。一定的气体水分含量对应一个露点温度,同时一个露点温度对应一定的气体水分含量。由露点值可以计算出气体中微量水分含量,由露点和所测气体的温度可以得到气体的相对水分含量。

如果气体的温度是 T_a,露生成的温度为 T_d,则气体的相对水分含量可以通过下式算出:

$$U=[(在露点温度 T_d 时的饱和水气压)/(在原来温度 T_a 时的饱和水气压)]\times100\%$$

通过在气体流经的测定室中安装镜面及其附件,测定在单位时间内离开和返回镜面的水分子数达到动态平衡时的镜面温度来确定气体的露点温度。根据露点温可从工程数据表查到对应饱和水汽压的数值,因此测定气体的露点温度就可以测定气体的水分含量。

露点法适用于 $0\ ℃\sim-120\ ℃$ 气体露点的测定,不适用于在水分冷凝前就冷凝的气体以及能与水分发生反应的气体。由于露点仪建立在可靠的理论基础之上,因而具有准确度高,测量范围宽的特点。虽然露点仪的测量准确度还受其他因素的影响,但随着其技术的逐步发展完善,其露点测量的准确度正不断提高,因此,它是长期以来被普遍采用的标准仪器和测量仪器,广泛用于工业过程和实验室的水分测量与控制,以及气象学中的探空测量等,在现代湿度测量技术中占有相当重要的位置。

(2) 测试仪表

露点仪依传感器的类型有不同的种类,如镜面式露点仪、电传感式测试仪、电介式露点测试仪、晶体震荡式露点仪、红外露点仪和半导体传感器式露点仪。其中镜面式露点仪是直接测量,精度高,是目前露点测试用标准测试仪表。

镜面式露点仪由镜面、制冷系统、测温元件、气路系统和光电测试系统等组成,它能够把流经测定室的气体以及镜面冷却到所需温度,降温速率和样气流速可以控制。

① 镜面

镜面应当选择憎水、导热性好、耐腐蚀、高硬度、光学性能好的材料制作。常用材料有铑合金、金、铜、不锈钢及其他合金钢等。

② 制冷系统

制冷系统主要作用是使镜面降温。常用的降温方法有半导体法(通常采用一级或多级冷堆来获得所需的温度)、液化气体制冷法(通常采用加热使液化气体汽化后使镜面制冷,也可以采用压缩气体通过液化气体浸泡的盘管冷却后制冷)、机械制冷法(采用小型冷冻机,通过介质的循环制冷,该方法通常和半导体制冷法联合使用)、绝热膨胀制冷法(采用高压气体节流膨胀产生冷量来冷却镜面)、溶剂蒸发制冷法(采用挥发性液体与镜子背面接触,向挥发性液体内通入低压气体使液体挥发来冷却镜面)和其他等效的降温方法。

③ 测温元件

用于测定镜面温度,测量露点的元件有铂电阻、热电偶、热敏电阻、水银温度计等,高精度的露点仪几乎都采用铂电阻元件。测量露点温度时要使结露状态尽量保持一致,测温元件安装点的温度应尽量和镜面温度保持一致。

④ 气路系统

气路系统的作用是输送被测气体通过测量室,连接管和取样管道应采用不锈钢管、铜管或壁厚不小于 1 mm 的聚四氟乙烯管,不允许使用乳胶管、普通橡胶管或尼龙管等。取样管道应无死体积或尽量减小死体积,采用尽可能短的小口径管。测试前应进行检漏试验以确定其气密性达到仪器的检测要求。

⑤ 光电测试系统

利用光的散射,采用光电系统来确定镜面露(霜或冰)层的形成。

随着科学技术的发展,露点技术臻于完善。现代的光电露点仪采用热电制冷,并且可以自动补偿零点和连续跟踪测量露点。带有微处理器的露点仪还可以把露点温度同时转换为相对湿度等测量单位。

(3)试验步骤

① 采样

瓶装气体的采样用耐压针形阀,至少采样三次。升、降压法吹洗采样阀及其他气路系统。管道气体的采样应使用管道上的根部采样阀,并用尽可能短的连接管将样品气直接通入露点仪。

气体微量水分的测定通常在室温下进行,当气流通过测定室时会影响体系的传热和传质过程。因此当其他条件固定时,加大流速将有利于气流和镜面之间的传质,但流速过大会造成过热问题而影响体系的热平衡。为了减小传热影响,样气流速应当控制在一定范围内。

流量校正按照仪器说明书规定的气体流速,用皂膜流量计或其他方法来确定适当的样品气流速。

② 测试流程

当整个气路系统充分置换后就可以开始测量,对不知道露点范围的气体,可先进行一次粗测,手动制冷的露点仪当镜面温度离露点约 5 ℃时,该缓慢地降低镜面温度,以尽量减小降温的惯性影响。到露点出现时,记录露点值。消露(霜)后重复测定一次,当两次平行测定的误差满足仪器规定的要求时即可停止测定。

③ 结果处理

取两次平行测定结果的算术平均值作为露点值,通过露点值按式(12.6.1)计算气体中水含量的体积分数(V/V):

$$V_r = \frac{f \cdot e_d}{p - f \cdot e_d} \times 10^6 \qquad (12.6.1)$$

式中,V_r 为体积比,单位为微升每升(ttL/L);e_d 为在露点温度下的饱和水蒸气压,单位为帕(Pa);p 为大气压,单位为帕(Pa);f 为增强因子。

2.电解法

对于不与五氧化二磷发生除吸湿以外的各种反应的气体微量水分的测定,可采用电解法。

(1)测试原理

用涂敷了磷酸的两电极形成一个电解池,在两电极间施加一直流电压,气体中的水分被池内作为吸湿剂的五氧化二磷膜层连续吸收,生成磷酸,并被电解为氢和氧,同时五氧化二磷得以再生。当吸收和电解达到平衡后,进入电解池的水分全部被五氧化二磷膜层吸收,并全部被电解。反应过程如下:

$$P_2O_5 + H_2O \longrightarrow 2HPO_3$$

$$4HPO_3 \longrightarrow 2H_2 + O_2 + 2P_2O_5$$

在电解过程中,产生电解电流。若已知环境温度、环境压力和样气流量,电解电流正比于水分含量,测定电解电流就可得到气体中水分的含量。

根据法拉第电解定律,有:

$$m = \frac{M}{nF} \times It \tag{12.6.2}$$

式中,m 是被电解的水分质量;M 是水摩尔质量,$M=18.02$;n 电解中电子变化数,$n=2$;F 为法拉第常数,$F=96\ 458$,C/mol;I 为电解电流;t 为电解时间。

被电解的水蒸气体积可表示为:

$$V = \frac{22.4 \times \dfrac{Tp_0}{T_0 p}}{nF} \times It \tag{12.6.3}$$

式中,V 是被电解的水蒸气体积,$T_0 = 273.2$ K;p_0 为标准状态下的气压,101 325 Pa;T 和 p 分别为电解池温度和压力。

当 $T=20\ ℃$,$p=p_0$,按式(12.6.3)计算得:

$$V = 124.56\ \mu\text{L} \times It \tag{12.6.4}$$

电解法属绝对测量方法,测量精度高,不需要现场校准和标定。

(2)测试仪表

电解式微量水分检测仪由检测元件、气路系统和显示部分组成,检测元件即电解池。

电解池由电极、芯棒(管)和外套管三部分组成,有两种结构,一种是外绕式,另一种是内绕式,如图 12.6.1 所示。五氧化二磷涂敷在电解池芯棒(管)内壁上,电解池长度应满足被测气体中水分能够完全吸收,材料为不锈钢内抛管或内衬玻璃管。

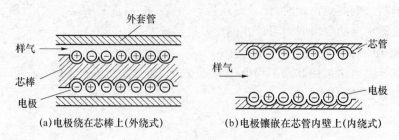

图 12.6.1 电解池结构示意图

(3)试验步骤

电解法测试过程包括采样、试验前准备和测量等步骤。试验前对仪表的选择要注意,在通常情况下,仪器的检测限应比被测气体的水含量低一个数量级,当被测气体中水的体积分数小于 5×10^{-6} 时,仪器的检测限应至少小于被测气体的水含量的 50%。采样与露点法类似,但采样的温度、压力应控制在接近仪表标明的温度、压力范围内。被测气体进入仪器前应平衡至环境温度,使电解池内被测气体的压力接近大气压同时应将仪表的本底值降得越低越好,否则会增加分析结果的误差。

电解法属绝对测量方法,测量精度高,不需要现场校准和标定。测量的数据可直接显示被测气体中水的体积分数。一般测量时至少测试两次以上,取平均值。

3. 光腔衰荡光谱法

(1) 测试原理

一束单波长激光进入光腔后,光束在腔镜之间来回反射。当切断光源后,其能量就会随时间而衰减,衰减的速度与光腔自身的损耗(包括透射、散射)和腔内被测组分(介质)的吸收有关。对于给定的光腔,其自身的损耗为常量。光能量衰减的速度与被测组分的含量有关。通常被测组分的含量与其分子在光腔内的密度成正比,分子的密度由衰荡时间按式(12.6.5)确定。

$$D = \frac{1}{c \cdot \delta(\nu)} \cdot \left(\frac{1}{\tau(\nu)} - \frac{1}{\tau_0} \right) \qquad (12.6.5)$$

式中,D 为被测分子密度,与含量成正比,单位为分子数每立方米(分子数/m³);c 为光速;$\delta(\nu)$ 为分子在激光频率 ν 的吸收横截面,单位为平方米(m²);$\tau(\nu)$ 代表有吸收介质的衰荡时间,单位为秒(s);τ_0 为无吸收介质的衰荡时间,单位为秒(s)。

被测组分的含量根据式(12.6.6)确定。

$$[C] = \frac{D}{D_{\text{总}}} = \frac{D}{\frac{nPV}{RT}} = \frac{RT}{nPVc\delta(v)} \cdot \left(\frac{1}{\tau(v)} - \frac{1}{\tau_0} \right) \qquad (12.6.6)$$

令 $\alpha = \dfrac{nPV\delta(v)}{RT}$,则有:

$$[C] = \frac{1}{c\alpha} \cdot \left(\frac{1}{\tau(v)} - \frac{1}{\tau_0} \right) \qquad (12.6.7)$$

式中,$[C]$ 为被测组分含量,单位为摩尔每摩尔(mol/mol);$D_{\text{总}}$ 代表气体分子总密度,单位为分子数每立方米(分子数/m³);P 代表光腔池中的压力,单位为 Pa;T 为光腔池中的温度,单位为 K;n 为阿伏伽德罗常数,$6.022\,136\,7 \times 10^{23}$ 个/mol;R 为气体常数,$8.314\,510$ Pa·m³/(mol·K);c 为光速,单位为米每秒(m/s);V 为光腔池的体积,单位为立方米(m³)。

因此在保持光腔池中的温度和压力恒定的情况下,α 就是常数,只需要测量光腔衰荡时间来测量被测气体中的水分含量。

基于光腔衰荡光谱法可检测最低水分含量达 2×10^{-9},不但可以快速、准确地分析气体中水分含量,而且不需要标准样气。此外此方法还可以用于腐蚀性和有毒气体中微量水分的检测,其缺点是仪表价格昂贵,不利普及。

(2) 测试装置

光腔衰荡光谱法测试装置示意图如图 12.6.2 所示,主要由五部分组成:光源、反射镜、衰荡腔、光电探测器和气路系统。光源为脉冲激光器,衰荡腔由两个反射率在 99% 以上的反射镜组成,衰荡腔中为被测气体,脉冲激光束入射衰荡腔,并在两个反射镜之间来回反射,衰荡腔外部采用高响应速率的光电探测器接受随时间变化的输出光强。该输出光强与反射镜的透过率、腔内物质的吸收率以及反射镜的衍射效应等有关。由于选用的反射镜的反射率很高,光在衰荡腔中来回振荡的次数可以达到很大,即吸收光程很大,因此可以大大提高气体的检出限,实现微量气体的检测。组成气路系统的管线应采用内抛光的不锈钢管,尽可能短,管径尽可能小。管壁对水分应无吸附,接头应无渗漏,应无死体积,不得使用铜管、聚四氟乙烯管、乳胶管、普通橡胶管或尼龙管等。

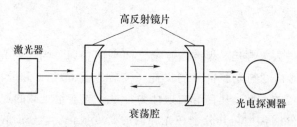

图 12.6.2　光腔衰荡光谱法测试装置结构示意图

（3）试验步骤

① 按测试仪表操作规程开启仪器。

② 用待测气体吹扫气路系统。

③ 选择待测气体的种类。

④ 将仪器设定为测量状态,按仪器说明书调节气体压力和流量,测定待测气体。

⑤ 当仪器稳定时,读取水分含量值。

⑥ 结果处理。

当仪器稳定时,读取气体中水分含量的体积分数。每隔 10 min 读数一次,连续读两次,当两次读数的相对偏差小于 4% 时,取两次读数的算术平均值为最终分析结果。

12.6.3　高纯气体中含碳化合物含量测试方法

光纤制造中所用每一种气体中均存在包括 CO、CH_4、CO_2 及总碳氢化合物等含碳化合物杂质,其中总碳氢化合物常以两种方法表示,一种是包括甲烷在内的碳氢化合物,称为总烃（THC）,另一种是除甲烷以外的碳氢化合物,称为非甲烷烃（NMHC）。测定高纯气体中含碳化合物的主要方法有:气相色谱法、质谱检测法或这两种方法组合等。

1. 测试原理

气相色谱法、质谱检测方法已在 12.1 节中详细介绍过,本节只就两种方法组合测试技术原理进行阐述。

基本技术原理为:先将被测气体中一氧化碳、二氧化碳和碳氢化合物经甲烷化转化器转化为甲烷,用氢火焰离子化检测器（FID）进行测定。转化反应如下:

$$CO + 3H_2 \xrightarrow{\quad 350\sim380\ ℃, Ni\ 催化剂 \quad} CH_4 + H_2O$$

$$CO_2 + 4H_2 \xrightarrow{\quad 350\sim380\ ℃, Ni\ 催化剂 \quad} CH_4 + 2H_2O$$

$$C_mH_n + \frac{4m-n}{2}H_2 \xrightarrow{\quad 350\sim380\ ℃, Ni\ 催化剂 \quad} mCH_4$$

其中 C_mH_n 为饱和烃或不饱和烃。

当分项测定一氧化碳、二氧化碳、甲烷时,试样进样后先经色谱柱分离,再进入甲烷化转化器转化;当测定一氧化碳、二氧化碳和碳氢化合物总量时,样品进样后先经甲烷化转化器转化,再进入色谱柱分离;当测定总烃时,样品不转化也不分离。

2. 测试仪表及辅助材料

采用配有火焰离子化检测器和甲烷化转化器的气相色谱仪,主要包括色谱柱、甲烷化转化柱、火焰离子化检测器、气路系统以及辅助材料。

（1）色谱柱

有两根色谱柱,柱 1:长约 40 cm,内径约 2 mm,内装粒度为 0.25～0.4 mm 的 TDX-01 碳分子筛,或其他等效的色谱柱。该柱用于一氧化碳、二氧化碳、甲烷的分项测定和总碳的测定;柱 2:长约 1 m,内径约 2 mm,内装粒度为 0.2～0.25 mm 的 6201 红色载体,或硅烷化玻璃微球载体,或其他等效柱。该柱用于总烃的测定。

（2）甲烷化转化柱

采用长 20～30 cm,内径约 3 mm,内装粒度为 0.4～0.25 mm 的镍催化剂的不锈钢柱。转化温度:350～380 ℃,转化率应不低于 95％。测定总烃时,不使用该转化柱。

（3）火焰离子化检测器

采用氢火焰离子化检测器与色谱柱配套。

（4）辅助材料

① 载气:氮、氩、氢、氧、空气等均可用作载气。通常,选择的载气与试样主组分相同,例如测定氢中杂质时可用氢做载气。载气与主组分也可以不同,但试样主组分不应产生大的干扰信号。载气中待测定组分含量应比试样中该组分的含量低约一个数量级,否则应对载气进行纯化处理。

② 燃气:高纯氢。

③ 转化气:高纯氢。

④ 助燃气:空气（压缩空气）,经分子筛干燥。

⑤ 标准样品:补充气应与待测样品主组分相同。目的组分含量与待测试样相近,通常为 $1×10^{-6}～5×10^{-6}$（摩尔分数）。

⑥ 纯化器:当载气不符合要求时,应使用纯化器以脱除其中的一氧化碳、二氧化碳和碳氢化合物。

（5）气路系统

测量不同的高纯气体时,仪器气路不同。

① 氮中一氧化碳、二氧化碳和甲烷的测定

测定氮中一氧化碳、二氧化碳和甲烷时,采用图 12.6.3 所示气路系统。

② 氩中一氧化碳、二氧化碳和碳氢化合物总含量的测定

测定氩中一氧化碳、二氧化碳和碳氢化合物总含量时,采用图 12.6.4 所示气路系统。

③ 氧气中总烃的测定

测定氧气中总烃时,采用图 12.6.5 所示气路系统。

④ 氢中总烃的测定

测定氢中总烃时,采用图 12.6.6 所示气路系统。

3. 试验步骤

（1）采样

对不同的气体状态,可采取不同取样方式。对被测气体为气态样品时,应使用针形阀减压后经采样管直接送入色谱仪;对被测气体为液化气体时,可将所采样品汽化后经采样管直

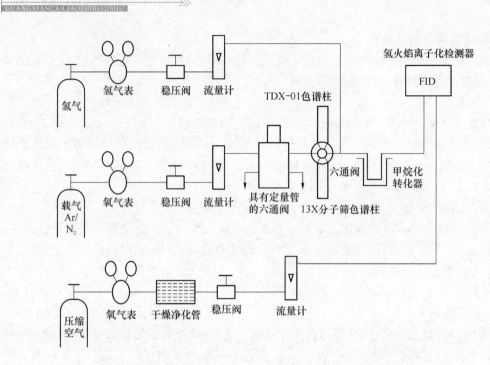

图 12.6.3　测定氮中一氧化碳、二氧化碳和甲烷气路系统示意图

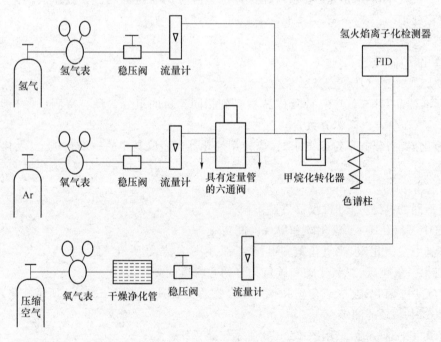

图 12.6.4　测定氩中一氧化碳、二氧化碳和碳氢化合物总含量气路系统示意图

接送入色谱仪;对管道输送气体在采样点采取试样,应采用采样器或采样管将试样送入色谱仪;对于被测气体为常压或负压样品,可采用抽吸器将样品直接送入色谱仪。

（2）测试前准备

按测试仪表操作规程开启仪器,设定仪器各项操作参数至仪器基线稳定正常,按表 12.6.3 控制操作参数。

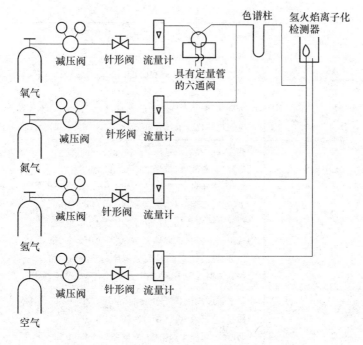

图 12.6.5　测定氧气中总烃气路系统示意图

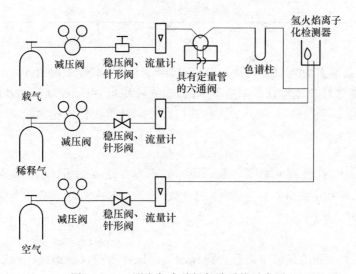

图 12.6.6　测定氢中总烃气路系统示意图

表 12.6.3　控制操作参数

被测气体	测试项目	操作参数
N₂	一氧化碳、二氧化碳和甲烷	色谱柱:柱 1(TDX-01),柱温:约 40 ℃; 检测器温度:100 ℃±2 ℃; 甲烷化转化器温度:350～380 ℃; 载气:氮或氢,流量约 35 mL/min; 燃气:高纯氢,流量约 35 mL/min; 助燃气:压缩空气,流量:400～500 mL/min

被测气体	测试项目	操作参数
Ar	一氧化碳、二氧化碳和碳氢化合物总含量	载气：氩，流量约 35 mL/min； 燃气：氢，流量约 35 mL/min； 助燃气：压缩空气，流量：400～500 mL/min； 色谱柱：TDX 01 碳分子筛，柱温：约 40 ℃；检测器温度：100±2 ℃； 甲烷化转化器温度：350～380 ℃
O₂	总烃	载气：高纯氧，流量 4.8～10 mL/min 稀释气：高纯氮，流量 20～60 mL/min； 燃气：高纯氢，流量 33～60 mL/min； 助燃气：压缩空气，流量 380～400 mL/min； 载气氧的净化柱：长 20 cm，内径 4 cm，把相对于载体 0.3%的铂、钯混合物载附于卜氧化铝载体上 50 ℃下使用； 不分离柱：柱 2(6201 红色载体)，柱温约 60 ℃； 检测器温度约 100 ℃
H₂	总烃	载气：氢，流量：55～60 mL/min； 稀释气：氩或氮，流量：40～60 mL/min； 助燃气：压缩干燥空气，流量：300～450 mL/min； 不分离柱：柱 2(6201 红色载体)，柱温约 60 ℃； 检测器温度约 60 ℃

（3）标定

将标准样品经采样管与仪器连接。开启试样充分吹扫取样系统直至取得代表样后，转动取样阀，向仪器进样。测量仪器响应值（峰面积或峰高）。重复进样至少 2 次，直至响应值偏差小于 5%时取其平均值 A_s（或 h_s）。按式(12.6.8)计算仪器的检测限：

$$D_i = \frac{2N \times \phi_i}{h_i} \tag{12.6.8}$$

式中，D_i 为组分 i 的检测限（体积分数），10^{-6}；N 为标定条件下仪器噪声，单位为毫米（mm）；ϕ_i 为标准样品中组分 i 的含量（体积分数），10^{-6}；h_i 为标定条件下标准样品中组分 i 的响应值，单位为毫米（mm）。

（4）测定

在与标定完全相同的条件下进行。将样品气经取样管与仪器连接。开启试样充分吹扫取样系统直至取得代表样后，转动取样阀，向仪器进样。测量仪器响应值（峰面积或峰高）。重复进样至少 2 次，直至响应值相对偏差小于 5%时取其平均值 A_i（或 h_i）。

（5）结果处理

按式(12.6.9)计算：

$$\phi_i = \phi_s \times \frac{A_i（或 h_i）}{A_s（或 h_s）} \tag{12.6.9}$$

式中，ϕ_i 为样品气中组分 i 的含量；ϕ_s 为标准样品中组分 i 的含量，10^{-6}；A_i（或 h_i）为样品中组分 i 的响应平均值[峰面积，单位为平方毫米（mm²）或峰高，单位为毫米（mm）]；A_s（或 h_s）为标准样品中组分 i 的响应平均值[峰面积，单位为平方毫米（mm²）或峰高，单位为毫米（mm）]。

以两次平行测定结果的算术平均值作为最终分析结果,两次测定值相对偏差不大于士 10%。

12.6.4　微量氧的测试

1. 测试原理

在生产过程中,微量氧含量的测量方法很多,包括电化学法、化学法、比色法、氧化锆浓差电池法、黄磷发光法、磁式氧分析、气相色谱法、气-质联用法等。

（1）电化学法

电化学法是指将被测组分以适当形式置于电化学反应器——化学电池中进行检出和测定的各种类型的方法,包括原电池法、燃料电池法及赫兹电池法。其基本原理是含微量氧的样品气通过装有 Au(阴极)2Pb(阳极)电极和电解液的原电池,氧在阴极上被还原为氢氧根离子,同时阳极被腐蚀,产生电流,电流值正比于样品气中的氧含量。化学反应式如下:

$$1/2O_2 + H_2O + 2e \longrightarrow 2OH^-$$

（2）化学法

化学法又可分为化学比色法和容量法。

① 化学比色法

气体中的氧与无色的一价铜氨离子定量反应,生成蓝色的二价铜氨离子。与二价铜氨溶液标准色阶比较,确定氧含量。

② 化学容量法

氧气与一价铜氨离子反应而导致体积减小量,即为氧含量。

（3）比色法

在密闭的分析器中,样品气体中的氧与一价无色铜氨溶液定量反应生成二价蓝色的铜氨溶液,与准色阶进行目视比色。由比色所选定的标准色阶相当的氧量与样品气体的体积之比即为氧在样品气中的含量(体积分数)。

氧与一价铜的反应如下:

$$[Cu_2(NH_3)_4]Cl_2 + 2NH_4OH + 2NH_4Cl + \frac{1}{2}O_2 \longrightarrow 2[Cu(NH_3)_4]Cl_2 + 3H_2O$$

据此反应方程,可计算出 1 mL 的 0.05 mol/L 硫酸铜溶液相当于 20 ℃、101.3 kPa 状态下 0.300 mL 氧。按色阶的可分辨性和合理的色阶差,用不同量的 0.05 mol/L 硫酸铜溶液制备系列标准色阶。各准色阶相当的氧量按式(12.6.10)计算:

$$V_1 = 0.300V_2 \tag{12.6.10}$$

式中,V_1 为标准色阶相当的氧量,单位为毫升(mL);V_2 为各标准色阶溶液中所加入的 0.05 mol/L 硫酸铜溶液的量,单位为毫升(mL)。

（4）氧化锆法

氧化锆是一种固体电解质,具有陶瓷性质,在常温下具有单斜晶系结构。在氧化锆中加入氧化钙或氧化钇作为稳定剂,再经过高温焙烧,可形成不随温度变化且晶形稳定的萤石立方晶系,具有很高的氧离子导电性。

氧化锆微量氧传感器由氧化钇作稳定剂的氧化锆制成,由一个固定在相同材料的管子上的氧化钇稳定氧化锆盘组成,盘的表面涂了一层金属铂,并安装在很小的温度控制圆筒腔内。当盘的两边暴露在含氧的气体中时,构成一个浓差池,产生电势 E。输出的信号与盘的两边获得的氧浓度比值的对数成正比,采用测量电势的方法,即可得到样气中的氧含量。电势差与氧含量的关系由式(12.6.11)决定:

$$E = f(P_0/P) \tag{12.6.11}$$

式中,P_0 为参比气氧分压;P 为样品气氧分压。

(5)黄磷发光法

黄磷与氧反应发出一定强度的光,在一定范围内光强度与氧的浓度成一定的函数关系。将光强度转化成电流信号加以测量。

(6)磁式氧分析

含氧气体进入被加热的磁场,氧的磁化率随温度的升高而降低,变热的氧分子被冷的氧分子挤出磁场,形成热磁对流。热磁对流使敏感元件产生不同程度的冷却,改变了敏感元件的电阻值,热磁对流的大小与氧含量成正比。

(7)气相色谱法

利用各种物质在色谱柱内的保留时间来定性,利用响应值来定量,此方法也可测定气体中氧含量。

(8)气-质联用法

利用各种物质在色谱柱内的保留时间和分子及碎片的 m/e 来定性,利用响应值来定量,此方法也可测定气体中氧含量。

各种方法的特点如表 12.6.4 所示。

表 12.6.4　气体中微量氧测试方法

测试方法	测试范围	取样量	备注
电化学法	测定非酸性气体中的氧含量	＞30 L	相对定量法
化学容量法	50％～100％O_2	＞10 L	绝对定量法,不需要校对
化学比色法	测定非酸性气体中的氧含量	＞30 L	绝对定量法,也是气体中微量氧测定的仲裁方法
氧化锆浓差电池法	0～100％O_2;最佳＜$10×10^{-6}O_2$	＞20 L	在线和便携均可
黄磷发光法	由于黄磷的毒性大,现很少应用	/	相对定量法需要用标准气体来校对
磁氧分析法	98％～100％O_2	/	相对定量法,需要用标准气体来校对,用于工厂在线测定
气相色谱法	＜$10×10^{-9}O_2$	＜1 L	相对定量法,需要用标准气体来定标实验室用检测设备
气-质联用法	＜$10×10^{-9}O_2$	＜1 L	相对定量法

在光纤材料检测中,常用电化学法和比色法。

2. 测试装置

(1)电化学法测试装置

电化学法测试分为比较测定法和直接测定法,其装置示意图如图 12.6.7 所示。测试装置有三部分组成:进样系统、原电池和流量计。其中原电池电极中不被腐蚀的阴极用螺旋形银(或金)丝织成的网制成,被腐蚀的阳极用铅片制成,也可以将阴极和阳极做成其他形式。电解液为氢氧化钾溶液或醋酸-醋酸钠缓冲液。

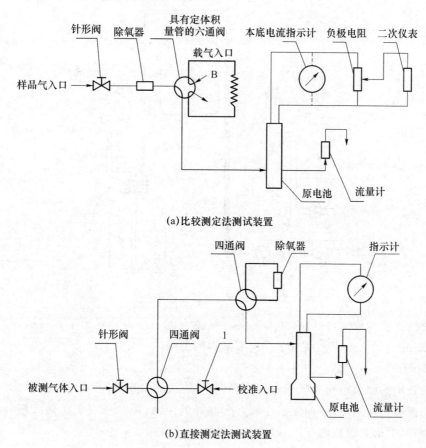

(a)比较测定法测试装置

(b)直接测定法测试装置

图 12.6.7 电化学法测试装置示意图

(2) 比色法

比色法测试装置由氧分析器、比色管、储液瓶、吸气瓶等组成,如图 12.6.8 所示。

① 氧分析器

分析器由硬质玻璃烧制,玻璃壁厚 $1\sim2$ mm。分析器的容积用称量水的方法测定,被测气体中氧的含量决定了其容积大小:当样品气体中氧含量低于 5×10^{-6}(体积分数)时,分析器的容积不低于 $3\,000$ mL;当样品气体中氧含量低于 100×10^{-6}(体积分数)时,分析器的容积不低于 $1\,500$ mL;当样品气体中氧含量低于 $1\,000\times10^{-6}$(体积分数)时,分析器的容积约为 500 mL。

比色管容积(两通活塞到取液量标线间的容积)控制在 25.00 mL。

② 比色管

比色管用硬质无色玻璃烧制。各标准比色管的长度、直径、壁厚、玻璃质量、透光性能等与分析器上的比色管应完全相同。

③ 储液瓶

储液瓶的容积为 $5\sim10$ L,用于贮放铜氨反应液,其放置的高度以方便反应液的取出为

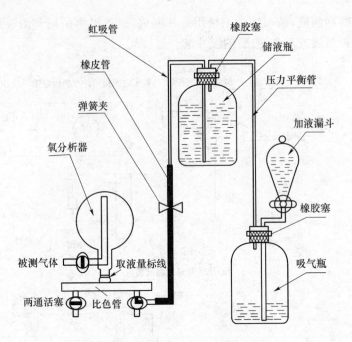

图 12.6.8　比色法测试装置示意图

宜。反应液经虹吸管取出,虹吸管插入离储液瓶底约 20 mm 处。压力平衡管插入贮液瓶橡胶塞下约 20 mm,始终处于贮液瓶中反应液液面的上部。

④ 吸气瓶

宜采用备用的储液瓶作为吸气瓶,向吸气瓶中充入氧含量(体积分数)小于 10×10^{-6} 的氮气或其他气体。使用时,经加液漏斗加入配制好的溶液,吸气瓶用于向储液瓶补充气体,经压力平衡管,平衡贮液瓶内气压,以便反应液能顺利取出。

3. 试验步骤

1)电化学法测试流程

(1)直接测定法

按仪表操作规程开启设备,仪表稳定后通入被测气体,当仪器示值恒定之后记录的读数值即为被测气中氧含量。

(2)比较测定法

本方法由于不直接显示出气体中氧含量,需接二次仪表的分析仪器。具体操作按仪器操作的规程。分别引入被测气体和标准气体物质,待氧出峰完毕后,记录气体标准物质和被测气体的响应值 R_1,R_2。

按式(12.6.12)计算样品气中氧含量:

$$\varphi_2 = \frac{\varphi_1}{R_1} R_2 \tag{12.6.12}$$

式中,φ_1 为标准气体物质中氧的体积分数,10^{-6};R_1 为标准气体物质中氧响应值;φ_2 为样品气中氧的体积分数,10^{-6};R_2 为样品气中氧响应值。

(3)分析结果

至少重复测试两次,测出结果的算术平均值为测定结果,它们之间的相对偏差,当氧的

体积分数小于 3×10^{-6} 时,不应超过 10%;当氧的体积分数为 $3 \times 10^{-6} \sim 10 \times 10^{-6}$ 时,不应超过 5%;当氧的体积分数大于 10×10^{-6} 时,不应超过 3%。

2)比色法测试流程

(1)系列标准色阶的制备

① 配制 0.05 mol/L 硫酸铜溶液(A 液)并标定;

② 将饱和氯化铵溶液与氨水按 1:1 体积比配制成混合溶液(B 液);

③ 系列标准色阶配制。

用 5 mL 微量滴定管,分别在 25 个 25 mL 容量瓶中(或在刻有 25.00 mL 刻线的比色管中)加入 A 液(0~4.5 mL),然后用 B 液稀释至刻度(25 mL)。混合均匀后分别置于标有编号 1 号~25 号的系列比色管中,并封闭之。在"0"号比色管中加入 25 mL 的 B 液,并封闭之。

每一比色管中的溶液对应气体微量氧的含量。

(2)反应液的制备

将直径 1~2 mm 铜线绕制成直径约 5 mm、长约 20~50 mm 的螺旋圈,经脱脂处理后,用 1:1 盐酸除去表面氧化层,再用蒸馏水或离子交换水冲洗至中性,装入储液瓶至约 4/5 处,塞紧带有虹吸管和压力平衡管的橡胶塞。

称取 2.5 g 硫酸铜($CuSO_4 \cdot 5H_2O$),溶于 2 000 mL 的 B 液。将该溶液加入储液瓶至将铜丝圈完全淹没,静置还原至无色,当反应液不能被还原至无色或者反应液颜色比"0"号比色管深时,反应液应重新制备。

(3)取样

用蒸馏水或离子交换水洗净分析器,开通分析器全部活塞,将分析器的被测气体的支管用优质橡皮管与金属取样管紧密连接。开启样品气,调节流速至 1 000~5 000 mL/min,用高于分析器容积 10 倍的样品气充分吹洗分析器。减小样品气流速,先后关闭氧分析器上的所有活塞,取下分析器。迅速转动被测气体通道,将氧分析器内气体压力平衡至常压,读取并记录室内温度和大气压。

(4)取反应液

将储液瓶虹吸管出口的橡皮管与氧分析器的取液活塞的支管连接,打开弹簧夹,转动分析器的取液活塞,放掉部分反应液至完全无色后,再转动分析器的取液活塞,将反应液取入氧分析器比色管至标线,关闭。

(5)零点比色

在反应前,将所取反应液与标准色阶进行比色,即零点比色。记录零点比色所选定的标准色阶号码及对应的含氧量。零点比色结果应为"0"号,或不高于"1"号。

(6)反应比色

倒置氧分析器,将反应液倒入球体,激烈振荡 3~5 min。再将反应液返回并充满分析器比色管,选取与分析器比色管中反应液颜色相同或相近的标准色阶进行比色。记录比色所选定的标准色阶号码及相当的氧量。

重复上述操作,直至比色结果一致。

当比色结果界于两个标准色阶之间时,则同时记录两个标准色阶号,其间用"-"隔开,此时所相当的氧量为该二标准色阶相当氧量的平均值。

(7) 气体中氧含量按式(12.6.13)计算：

$$\varphi = \frac{V_1 - V_0}{K \times V_3} \times 10^6 \qquad (12.6.13)$$

式中，φ 为气体中氧含量(体积分数)，10^{-6}；V_1 为反应比色选定的标准色阶相当的氧量，单位为毫升(mL)；V_0 为零点比色所选定的标准色阶相当的氧量，单位为毫升(mL)；V_3 为分析器的容积，单位为毫升(mL)；K 为将试样体积校正到 20 ℃、101.3 kPa 状态下的校正系数，由式(12.6.14)计算：

$$K = \frac{293}{273 + t} \times \frac{p}{101.3} \qquad (12.6.14)$$

式中，t 为试样气体的温度(测定时的室温)，单位为摄氏度(℃)；p 为测定时室内大气压，单位为千帕(kPa)。

当两次平行测定结果之差符合重复性(r)要求时，或者两个实验室的测定结果之差符合再线性(R)要求时，取其算术平均值为最终测定结果。

12.6.5 高纯气体中微量氢的测试方法

1. 测试原理

国内外标准均采用气相色谱法对产品中痕量氢气进行测定，使用的色谱鉴定器有：热传导检测器、氦离子化鉴定器、氩离子化鉴定器、质谱鉴定器、气体密度鉴定器、氧化锆浓差电池鉴定器、氢敏元件鉴定器等。除氧化锆及氢敏鉴定器外，其他均为通用型色谱鉴定器，可以完成 $10^{-5} \sim 10^{-8}$ 数量级的痕量氢气的测定。

高纯气体中微量氢的测试常采用气相色谱法，采用气敏半导体(气敏电阻)作为色谱检测器。被检测组分氢被载气带入色谱柱分离后进入检测器，引起气敏半导体电导率的变化，这种变化在一定范围内与氢的含量成正比。监测气敏半导体性能变化，并用标准气体作对比，可确定被测气体中微量氢的含量。

2. 测试设备

采用带有气敏半导体检测器的气相色谱仪，仪器检测限：0.02×10^{-6}(体积分数)，结构示意图如图 12.6.9 所示。仪表参数选择如下。

载气：空气(或氧气)，流速 20～40 mL/min。也可以采用惰性气体做载气。

色谱柱：长约 1.5 m，内径 3～4 mm 不锈钢柱，内装 0.25～0.4 mm 5A 分子筛。

样品体积：0.5～2 mL。

检测器及色谱柱温度：室温。

3. 测试步骤

1) 准备

(1) 硅干燥管的准备

将变色硅胶于烘箱中在略高于 100 ℃ 温度下干燥脱水至完全变为蓝色，装入干燥管备用。

(2) AgX 分子筛净化管的准备

将 AgX 分子筛置于马弗炉中，按 AgX 分子筛使用说明书，缓慢升温至约 500 ℃，保持约 2 h 后取出，置于干燥器中冷却，装入净化管备用。

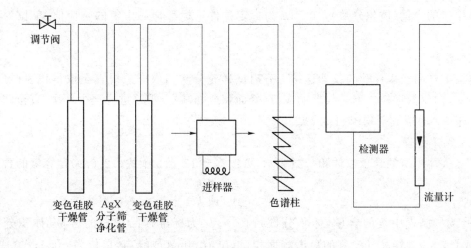

图 12.6.9　气相色谱检测仪结构示意图

（3）色谱柱的准备

将 $250\sim425\ \mu m$ 的 5A(或 13X)分子筛于马福炉中在约 500 ℃下活化 $4\sim6$ h,取出置于干燥器中冷至室温,装入色谱柱备用;或将装有分子筛的色谱柱在约 300 ℃下通干燥氩(或氮)气活化 $6\sim8$ h,冷却后备用。

（4）仪器的准备

将已准备好的干燥管、净化管、色谱柱按色谱流程图接入色谱仪。开启载气并调节流速至选定值。开启仪器电源,按仪器使用说明书和检测灵敏度的要求选定仪器操作条件,至仪器工作稳定。

（5）标准样品准备

① 测定用标准样品通常为定值组分氢和稀释气组成的二元混合气,也可使用三元以上混合气,但其余组分应对氢的测定不产生干扰。

② 标准样品中氢的含量应与待测样品中氢的浓度相近,通常不大于被测样品中氢含量的 200%,也不小于被测样品中氢含量的 50%。

③ 标准样品的稀释气应与待测样品气主成分相同。

（6）被测样品准备

压缩气体的采样应使用减压阀减压,在用样品气以至少 3 次升、降压的方法充分置换之取得代表样后,经采样管直接送入分析仪器;液化气体应汽化后送入分析仪器;管道输送气体在采样点采取试样,经采样器或采样管将试样送入色谱仪;常压或负压样品采用抽吸器将样品直接送入分析仪器。

2）试验流程

（1）确定仪器检测限

① 在标定条件下,测量仪器噪声 N。

② 按式(12.6.15)计算仪器对氢的检测限:

$$D = \frac{2N \times \phi_s}{h} \tag{12.6.15}$$

式中,D 为检测限(体积分数),10^{-6};N 为标定条件下仪器噪声,单位为毫米(mm);ϕ_s 为标准样品中氢的含量(体积分数),10^{-6};h 为标定条件下标准样品中氢的响应值,单位为毫米(mm)。

(2)检测

将标准样品经采样管与仪器连接。开启试样充分吹扫取样系统直至取得代表样后,转动取样阀,向仪器进样。测量仪器响应值(峰面积或峰高)。重复进样至少 3 次,直至响应值偏差小于 5‰时取其平均值 A_s(或 h_s)。

(3)结果处理

样品气体中氢的含量以体积分数表示,可按本节 12.6.3 中式(12.6.9)计算氢的含量:

$$\phi_i = \phi_s \times \frac{A_i(\text{或 } h_i)}{A_s(\text{或 } h_s)}$$

式中,ϕ_i 为样品气中氢的含量(体积分数),10^{-6};ϕ_s 为标准样品中氢的含量(体积分数),10^{-6};A_i(或 h_i)为样品气中氢的色谱峰面积,单位为 mm^2(或峰高,单位为 mm);A_s(或 h_s)为标准气中氢的色谱峰面积,单位为 mm^2(或峰高,单位为 mm)。

12.6.6　高纯气体中颗粒度的测试方法

高纯气体中除了气体杂质外,还有颗粒物杂质。气体中的颗粒物一般是指气体中所含的机械杂质、小颗粒等固体类杂质,光纤用气体对颗粒物的要求主要体现在两个方面:颗粒物的大小(即颗粒度)和颗粒物的含量。颗粒物的组成十分复杂,而且变动很大。其对光纤制造存在两方面的影响:一方面气体中颗粒物的含量较高时,容易堵塞气体管路,另一方面颗粒会随着气体黏附到预制棒或光纤表面,影响光纤质量甚至会导致光纤非正常断裂。因此光纤制造过程中使用的气体必须控制其颗粒度。

高纯气体中颗粒的测定根据测量方式的不同,可以分为接触式测量法和非接触式测量法两种;根据测定原理的不同,颗粒的测定又可分为多种方法。而测量仪器从简单到结构极为复杂且带有数据处理的高级装置,种类繁多。目前测试气体中颗粒度常用的方法有过滤法、计数法、散射法、显微图像法等。

1. 测试原理

(1)过滤法

过滤法也称重量浓度法,即让一定体积的气体通过装有滤纸或滤膜的过滤器,根据气体过滤前后滤纸或滤膜重量之差计算颗粒状物质的重量,再按式(12.6.16)计算:

$$[P] = \frac{W_1 - W_0}{V} \tag{12.6.16}$$

式中,$[P]$ 为颗粒物含量,单位 g/m^3;W_0、W_1 分别为过滤材料在气体通过前后的重量,单位 g(克);V 为通过过滤器的气体体积数,单位 m^3。

过滤器可用滤纸、聚苯乙烯的微滤膜等材料,过滤材料的孔径依据气体实际标准要求有不同的尺寸,一般测试高纯气体用 $1.0~\mu m$ 左右。

过滤法是测定高纯气体中颗粒物含量可靠方法之一,但高纯气体中的颗粒物含量极低,在测量时引入的误差大大高于气体中实际颗粒物的含量,造成分析结果有较大的偏差。并且过滤法所需时间很长,所消耗的气体体积在 $3~m^3$ 以上,相当于一个气体钢瓶中的气体含量,造成一定的浪费。

（2）计数法

粒子计数法可分为直接法和间接法，直接法是将已知气体体积中的固态颗粒沉降在一透明表面上，然后在显微镜下数出尘粒数目，测量结果用每 cm^3 内的粒子数表示，必要时可换算成含尘浓度，其换算的近似值为：每 cm^3 有 500 个尘粒相当于在标准状态下含尘浓度每立方米约 2 mg；2 000 个尘粒约为每 m^3 10 mg；20 000 个尘粒约为每 m^3 100 mg。

间接法利用激光粒子计数器测量气体颗粒度，其测定原理是利用激光散射效应来测定气浮颗粒的浓度及粒度分布。在传感器的测量室内，随气体吸入的细小颗粒被激光照亮，根据颗粒在各个角度散射光的强度，即可确定颗粒直径或体积，并得到一定体积下某一粒度范围内颗粒的数目，然后根据气体中颗粒的粒度及数目，估算出气体中颗粒物的含量。

固体物质的质量可按公式（12.6.17）计算：

$$m = \rho \times V \tag{12.6.17}$$

式中，m 为固体物质的质量，kg；ρ 为一定温度下固体物质的密度，kg/m^3；V 为该温度下的体积，m^3。

气体中颗粒物以微小颗粒的形态存在，颗粒物的含量是指一定体积下大于某一粒度（如 1.0 μm）的微小颗粒的质量之和。在数学上可用式（12.6.18）表示：

$$C = \frac{1\,000}{V} \sum_{i=1}^{n} m_i = \frac{1\,000}{V} \sum_{i=1}^{n} \rho_i V_i \tag{12.6.18}$$

式中，C 为颗粒物含量，mg/m^3；V 为气体样品的体积，L；n 为该气体样品体积内所含大于某一粒度（如 1.0 μm）颗粒的数目；m_i 为第 i 个颗粒的质量，mg；ρ_i 为第 i 个固体颗粒的密度，$mg/\mu m^3$；V_i 为第 i 个固体颗粒的体积，μm^3。

在实际的测量中，应用气体对颗粒度的要求要小于 20 μm，可将气体中所含有的颗粒分为 0.5～1.0 μm，1～5 μm，5～20 μm 三个范围进行计数，数目分别为 n_1、n_2、n_3，采样体积为 28.3 L。一般情况下，固体物质的密度小于 20 g/mL，可认为固体颗粒的密度均为 20 g/ml。这样就只需测试颗粒数目 n_1、n_2、n_3，即可计算气体中颗粒物的含量。

目前，普遍采用间接计数法测量气体颗粒物的浓度，和过滤法相比，大大缩短了测量时间，使气体颗粒度在线检测成为可能。

（3）光散射法

光在传播过程中遇到颗粒（障碍物）时，会有一部分偏离原来的传播方向。颗粒尺寸越小，偏离量越大；颗粒尺寸越大，偏离量越小。散射现象可用电磁波理论来描述。

① Mie 散射理论

Mie 散射理论是麦克斯韦方程组对处在均匀介质中的均匀球颗粒在平面单色波照射下的严格的数学解。它是基于三个假设：粒子为球形且各向同性、不考虑粒子间的多重散射、粒子的散射波间不存在干涉。如果特定波长的光束遇到一个颗粒后，颗粒便产生了与发射光源相同频率的电磁振动，即与光波波长、颗粒直径以及颗粒和介质的折射率无关。颗粒调谐并接收特定的波长，同时如同继电器一样在特定的空间角度分布内重新发射能量。通过探测微粒的散射能量和相应的散射角度，可计算出粒径分布。

假定颗粒是均匀的、各向同性的圆球，根据 Mie 散射理论，距离散射体 r 处 p 点的散射光强为

$$I_s = I_0 g \frac{\lambda^2}{8\pi^2 r^2} I(\theta, \varphi) \tag{12.6.19}$$

$$I(\theta, \varphi) = |S_1(\theta)|^2 \sin^2 \varphi + |S_2(\theta)|^2 \cos^2 \varphi \tag{12.6.20}$$

式(12.6.19)和式(12.6.20)中 λ 为光波波长，I_0 入射光强，I_s 为散射光强，θ 为散射角，φ 为偏振光的偏振角。

$$S_1(\theta) = \sum_{i=1}^{\infty} \frac{2i+1}{i(i+1)} [a_i \pi_i + b_i \tau_i] \tag{12.6.21}$$

$$S_2(\theta) = \sum_{i=1}^{\infty} \frac{2i+1}{i(i+1)} [a_i \tau_i + b_i \pi_i] \tag{12.6.22}$$

式(12.6.21)和式(12.6.22)中 $S_1(\theta)$ 和 $S_2(\theta)$ 是振幅函数，a_i 和 b_i 是与贝塞尔函数和汉克尔函数有关的函数，π_i 和 τ_i 为连带勒让特函数的函数，仅与散射角 θ 有关。其中：

$$a_i = \frac{\varphi_i(a)\varphi'_i(ma) - m\varphi'_i(a)\varphi_i(ma)}{\varepsilon_i(a)\varphi'_i(ma) - m\varepsilon'_i(a)\varphi_i(ma)} \tag{12.6.23}$$

$$b_i = \frac{m\varphi_i(a)\varphi'_i(ma) - \varphi'_i(a)\varphi_i(ma)}{m\varepsilon_i(a)\varphi'_i(ma) - \varepsilon'_i(a)\varphi_i(ma)} \tag{12.6.24}$$

式(12.6.23)和式(12.6.24)中 $\varphi_i(a)$ 和 $\varepsilon_i(a)$ 分别是贝塞尔函数和第一类汉克尔函数 $\varphi'_i(a)$ 和 $\varepsilon'_i(a)$ 是 $\varphi_i(a)$ 和 $\varepsilon_i(a)$ 的导数，a 为无因次直径，$a = \frac{\pi D}{\lambda}$，$D$ 为颗粒的实际直径，λ 是入射光的波长，m 是散射颗粒相对于周围介质的折射率，它是一个复数，虚部是颗粒对光的吸收的量化。

由以上公式可见 Mie 散射计算的关键是振幅函数 $S_1(\theta)$ 和 $S_2(\theta)$，求解振幅函数的关键是计算 a_i 和 b_i，它们是一个无穷求和的过程，所以 Mie 散射的计算难点是求解 a_i 和 b_i。

② 夫琅和费(Fraunhofer)理论

Mie 氏散射理论是严格的散射光场的强度分布理论，适用任何大小颗粒。但求解较难，为解决此问题，夫琅和费提出当颗粒粒径小于等于波长时，消光系数为常数将不再适用，并即忽略了 Mie 理论的虚数子集和光散射系数和吸收系数，得到近似解：

$$I(\theta) = I_0 \left[\frac{2J_1(a \cdot \sin \theta)}{a \cdot \sin \theta} \right]^2 \tag{12.6.25}$$

式(12.6.25)中 J_1 阶第一类贝塞尔函数；I_0 入射光强；$I(\theta)$：θ 角处的出射光强。夫琅和费认为当光通过颗粒时产生衍射现象，衍射光的角度与颗粒的大小成反比，不同大小的颗粒在通过激光光束时其衍射光会落在透镜不同的位置，位置信息反映颗粒大小，而同样大的颗粒通过激光光束时其衍射光会落在相同的位置，衍射光强度的信息反映出样品中相同大小的颗粒所占的百分比多少。假设颗粒后存在一块透镜，由式(12.6.25)可推出在透镜的焦平面上的光强有：

$$I(\theta) = I_0 \left[\frac{2J_1(X)}{X} \right]^2 \tag{12.6.26}$$

式(12.6.26)中 $X = \frac{\pi D}{\lambda} \sin \theta \approx \frac{\pi D}{\lambda f}$ 称为特征粒子，其中 S 为焦点到观察点的距离，f 为焦距，λ 为入射波长，D 为颗粒尺寸。

以此为理论基础，通过探测器测试光通过颗粒后的衍射能量分布及其相应的衍射角度，使用衍射模型，通过数学反演，由此计算出被测样品的粒径分布。

通常根据此原理设计的仪器测量范围是 $3 \sim 1\,000\ \mu m$，相比较而言，基于 Mie 散射理论的仪器在测量小粒径范围的颗粒的精度要比基于夫朗和费衍射理论的仪器要高，因此颗粒度测试仪器的设计在算法模型上是基于两种方法的结合。

（4）显微图像法

显微图像法属于显微镜法的范畴。其原理是采用光学显微镜或电子显微镜等从正上方观测散布在平面上的颗粒，颗粒的成像通过专门设备采集下来，得到颗粒的投影图，通过计算机图像处理得到颗粒的大小和形状信息。

显微镜常用来标定或检验其他的粒径测量仪器，是一种对颗粒的大小和形状分类的绝对测试方法。测试手段有人工、半自动和全自动三类，其显微方式有光学显微镜和电子显微镜。

利用计算机图像处理技术完成颗粒实际尺寸的测定，采用 CCD 或 CMOS 摄像系统对显微放大的颗粒进行图像采集，采集到的图像可以直接呈现在显示器上，颗粒的大小和形状信息通过相应的检测系统进行判断统计，通过对每一个颗粒的测量，选用特定的参数进行描述，得到颗粒的粒度粒形分布，从而直观地测量颗粒形状以及粒度分布。

显微图像法是一种非常直观的测量方法，它可以在测量的过程中显示颗粒的形状和大小，实时的对颗粒的大小和形状进行监控，通过不断地完善图像处理的算法，可以使得这种测量方法实现精确的在线测量。

2. 测试设备

气体中的颗粒度检测有多种方法，仪表种类众多，其使较多的是激光粒度仪。典型装置结构示意图如图 12.6.10 所示，它由发射、接受和测量窗口等三部分组成。

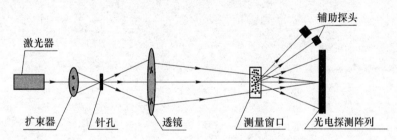

图 12.6.10　激光粒度仪典型结构示意图

（1）发射部分

由光源和光束处理器件组成，主要是为仪器提供单色的平行光作为照明光。除了主照明光束之外，为扩大仪器的测量下限，可采取双光源或多光源技术。

（2）透镜

采用傅里叶透镜，该类透镜针对物方在无限远、像方在后焦面的情况，以消除像差。为了增大散射光的接收角，也可采用双（多）镜头技术的光学结构。

（3）探测器

由多个中心在光轴上的同心圆环组成，每一环是一个独立的探测单元。这样的探测器又称为环形光电探测器阵列，简称光电探测器阵列。探测器放在透镜的后焦面上，因此相同传播方向的平行光将聚焦在探测器的同一点上。

（4）测量窗口

主要是让被测样品在完全分散的悬浮状态下通过测量区，以便仪器获得样品的粒度信息。

3. 检测步骤

（1）调试仪器和测定空白

先开启仪器，检查光学系统和气路。如果需要，应调整测定范围和透镜，选择适当的粒度系列和仪器的光学部件的组合。通过观测探测器上的强度，确认探测器对准中庭，并位于透镜的焦平面上。用无颗粒的气体进行空白测定，测得的信号储存备用。在以后的样品测定过程中，样品测得的信号减去空白信号，才是样品的真正信号。空白信号应该低于一个具体的临界值。否则就需要检查，必要时应清洁光学部件，以保证仪表正常运行。

（2）被测气体样品测定

将被测气体通过洁净采样瓶或洁净管道导入测量窗口，从激光器发出的激光束经显微镜聚焦、针孔滤波和准直镜准直后，变成直径约 10 mm 的平行光束，该光束照射到待测的颗粒上，一部分光被散射，散射光经傅里叶透镜后，照射到光电探测器阵列上。由于光电探测器处在傅里叶透镜的焦平面上，因此探测器上的任一点都对应于某一确定的散射角。光电探测器阵列由一系列同心环带组成，每个环带是一个独立的探测器，能将投射到上面的散射光能线性地转换成电压，然后送给数据采集卡，该卡将电信号放大，在进行 A/D 转换后送入计算机。

高纯气体多数粒度小于 10 μm 的样品，需选择合适的光学模型，结合散射图计算出粒度的分布。如果可能，应测试三次，取三次的平均值，平均值与标准值之差应小于 5%。

根据得到的粒度分布，就可得到 0.5～1.0 μm，1～5 μm，5～20 μm 三个范围内颗粒数量 n_1、n_2、n_3，利用式（12.6.18）简化处理后就可计算气体中颗粒的含量。

参考文献

[1] Bahaa E. A. Saleh，Malvin Carl Teic，Fundamentals of Photonics[R]. John Wiley & Sons，Inc.，1991.

[2] The Royal Swedish Academy of Sciences，Scientific Background on the Nobel Prize in Physics 2009：TWO REVOLUTIONARY OPTICAL TECHNOLOGIES[R]. 2009.

[3] 苏君红. 光纤材料技术[M]. 杭州：浙江科学技术出版社，2009.

[4] ITU-T Draft Recommendation G. 652（2016），Characteristics of a single-mode optical fibre cable[S].

[5] ITU-T Recommendation G. 653（2000），Characteristics of a dispersion-shifted single-mode optical fibre cable[S].

[6] ITU-T Recommendation G. 654（2000），Characteristics of a cut-off shifted single-mode optical fibre cable[S].

[7] ITU-T Recommendation G. 655（2006），Characteristics of a non-zero-dispersion shifted single-mode optical fibre cable[S].

[8] ITU-T Draft Recommendation G. 657（2016），Characteristics of a bending-loss insensitive single-mode optical fibre and cable[S].

[9] 赵梓森，等. 中国材料工程大典：第十卷第十篇[M]. 北京：化学工业出版社，2006.

[10] 何方荣，魏忠诚. 光纤预制棒制造技术最新发展趋势[J]. 光通信研究，2002(4)：44-48.

[11] Kay Schuster，etc. Trends in optical-fiber technologies [J]. Advanced Optical Technologies，Volume 3(4)：447-468.

[12] 魏忠诚，等. 第五届全国光通信学会论文集[C]，天津，1991.

[13] S. Sakka. 玻璃非晶态科学. 1 版.[M]. 蒋幼梅，等. 北京：中国建筑工业出版社，1986.

[14] Wei Zhongcheng. Tang Renjie et al. Proceedings of ⅩⅤⅡ International Congress on Glass[C]. BEIJING，1995.

[15] 黄定国. 关于多模梯度光纤维的结构参数的设计[J]. 光通信技术，1984(4)：32-36.

[16] 慕成斌，等. 通信光纤光缆材料及产业发展.[M]. 上海：同济大学出版社，2015.

[17] 王德荣. 光纤拉丝技术理论综述[J]. 网络电信，2002(7)：30-34.

[18] 王德荣. 光纤拉丝技术理论综述(续)[J]. 网络电信，2002(8)：34-38.

[19] 王玉芬，刘连城. 石英玻璃[M]，北京：化学工业出版社，2007.

[20] 郭典清，刘木清. 石英玻璃中羟基含量的红外光谱法测量[J]. 照明工程学报，2007，18(2)：17-19.

[21] GB/T 12442—1990，石英玻璃中羟基含量试验方法[S].

[22] 魏忠诚. 光纤预制棒用高纯四氯化硅和四氯化锗技术要求与测试方法研究[R]. 中国通信标准化协会，2015.

[23] 毛威，苏小平，王铁艳，等. $SiCl_4$ 中 $SiHCl_3$ 的去除及检测方法研究进展[J]. 稀有金

属,2011,35(1):143-149.

[24] SJ2593-85 高纯四氯化硅[S].1985.

[25] 孙福星,王铁艳,袁琴,等.国内外光纤用 SiCl₄ 研究进展[J].稀有金属,2008,32(4):
513-517.

[26] 袁永春.副产 SiCl₄ 生产光纤用高纯 SiCl₄[J].四川有色金属,1998,1:31-37.

[27] 丁明.稻壳硅及其应用[J].无机盐工业,1992,1:36-39.

[28] 吴绪礼.锗及其冶金[M].北京:冶金工业出版社,1987.

[29] 王吉坤.现代锗冶金[M].北京:冶金工业出版社,2005.

[30] 王少龙,等.四氯化锗提纯工艺研究进展[J].材料导报,2006,20(7):35-37.

[31] 中国工业气体工业协会.中国工业气体大全[M].大连:大连理工大学出版社,2008.

[32] GB/T 14604—2009,电子工业用气体氧[S].

[33] GB/T 18867—2002.电子工业用气体六氟化硫[S].

[34] GB/T 7746—2011.工业无水氟化氢[S].

[35] GB/T 7744—2008.工业氢氟酸[S].

[36] GB/T 16942—2009.电子工业用气体氢[S].

[37] GB/T 7445—1995.纯氢、高纯氢和超纯氢[S].

[38] 林小芹,等.氢气分离技术的研究现状[J].材料导报,2005,19(8):33-35.

[39] 王永锋,张雷.氢气提纯工艺及技术选择[J].化工设计,2015,25(2):14-17.

[40] 王向新,等.以氟硅酸为原料生产无水氟化氢新工艺[J].化工设计,2011,21(6):3-5.

[41] 徐术,郑彦健,王立铁.液氯生产工艺选择[J],科技视界 2012,17:292-293.

[42] 孙福楠,等.超高纯氯气的大规模产业化生产[J],低温与特气,208,26(1):1-2.

[43] U.S.P 3443902.

[44] 孔祥芝.氯气提纯方法[J].低温与特气,1985,2:14-24.

[45] GB/T 8979—1996.纯氮[S].

[46] GB/T 8980—1996.高纯氮[S].

[47] GB/T 4844—2011.纯氦、高纯氦和超高纯氦[S].

[48] GB/T 16945—2009.电子工业用气体 氩[S].

[49] 周俊波,王奎升,王少波,等.高纯氖的应用、制取以及研究进展[J].舰船科学技术,
2002,24:45-48.

[50] 黄亚,张洪彬,刘晓林,等.氘气制备技术研究[J].舰船科学技术,2006,24(2):
26-29.

[51] 章炎生.超高纯度氮、氢、氧的制备[J],深冷技术,1998,101-104.

[52] 聂俊,等.光固化涂料研究进展[J],涂料工业,2009,39(12):13-15.

[53] 刘文早,高虎军.光纤高速拉丝的工艺控制[C].2002 年光缆电缆学术年会论文集,
2002,17-21.

[54] 陈鹏,塑料光纤技术发展与应用分析研究[J].电信科学,2011,8:94-100.

[55] 江源,等.聚合物光纤用 P(3FEM)聚合工艺[J].化工科技,2003.11(6):8-11.

[56] 于荣金.塑料通信光纤[J].光电子激光,2002,13(3):15-20.

[57] 宋斌,等.塑料光纤的研究进展与应用前景[J].江汉大学学报(自然科学版),2015

（2）:127-131.

[58]　GB/T 14599—1993,高纯氧[S].

[59]　GB/T 14604—93,电子工业用气体氧[S].

[60]　GB/T 5832.2—2008,气体中微量水分的测定第 2 部分 露点法[S].

[61]　GB/T 5832.3—2011,气体中微量水分的测定 第 3 部分：光腔衰荡光谱法[S].

[62]　GB/T 5832.1—1986,气体中微量水分的测定 电解法[S].

[63]　GB/T 5831—2011,气体中微量氧的测定 比色法[S].

[64]　GB/T 6285—2003,气体中微量氧的测定 电化学法[S].

[65]　GB/T 14852—1993,气体中微量氧的测定 黄磷发光法[S].

[66]　GB/T 8981—2008,气体中微量氢的测定 气相色谱法[S].

[67]　GB/T 8984—2008,气体中一氧化碳、二氧化碳和碳氢化合物总含量的测定气相色谱法[S].